Inhalt

Autorenteam:
Mag.ª Judith Bachmann, MPOS
Mag. Harald Lederer
Mag.ª Katharina Luksch

Abdruck der Matura-Aufgaben 2015 mit freundlicher Genehmigung des Bundesinstituts für Bildungsforschung, Innovation & Entwicklung des österreichischen Schulwesens (www.bifie.at)

Vorwort

Liebe Schülerinnen und Schüler,
die standardisierte kompetenzorientierte schriftliche Reifeprüfung in Mathematik wird österreichweit seit dem Schuljahr 2014/15 durchgeführt.

Das bifie (Bundesinstitut für Bildungsforschung, Innovation und Entwicklung des österreichischen Schulwesens) wurde beauftragt, diese neue Form der Abschlussprüfungen in Österreich zu entwickeln, durchzuführen und zu evaluieren. Auf der Homepage des bifie (www.bifie.at) finden Sie neben allen rechtlichen Informationen auch den **Katalog der Grundkompetenzen** sowie den **Kontextkatalog**, auf die sich die Aufgabenstellungen in diesem Übungsbuch beziehen. Darüber hinaus können Sie Aufgaben von Probeklausuren und Modellschularbeiten sowie Aufgaben, die bei der standardisierten kompetenzorientieren Reifeprüfung im Schulversuch 2014 bzw. in der Zentral-Matura 2015 eingesetzt wurden, auf der bifie-Homepage finden und zu Übungszwecken verwenden.

In einer kurzen Einführung werden Sie am Beginn dieses Buches über die **organisatorischen Rahmenbedingungen** im Hinblick auf die Durchführung der zentralen schriftlichen Reifeprüfung informiert: Zeitangaben für die Einzelteile der Klausuren, Fragenformate und Bewertung der einzelnen Aufgabenstellungen.

Den Hauptteil des Buches bildet eine umfangreiche Sammlung an Übungsaufgaben im Stil der **Teil 1-Aufgaben**. Diese Aufgaben testen Ihr Grundwissen und Ihre Grundfertigkeiten und sind für eine positive Beurteilung der schriftlichen Klausur zentral. Sie können sowohl mit als auch ohne Hilfsmittel wie Taschenrechner oder PC gelöst werden.

In einem weiteren Teil werden Ihnen **Teil-2-Aufgaben** zum Üben angeboten, die die Grundkompetenzen aus dem oben genannten Katalog vernetzen. Sie sind umfangreicher und komplexer als die Teil-1-Aufgaben.

Im letzten Teil des Buches finden Sie zwei **Probeklausuren**, wie Sie tatsächlich vom Umfang und Schwierigkeitsgrad aussehen könnten, dazu die vollständigen Original-Prüfungsaufgaben des **Haupttermins 2015**. Mit diesen Maturaangaben können Sie nicht nur Ihr Wissen und Können selbst testen, sondern auch die von Ihnen benötigte Bearbeitungszeit kontrollieren.

Mithilfe der Aufgaben in diesem Buch können Sie sich optimal auf die zentrale Reifeprüfung vorbereiten. Zu allen angebotenen Aufgaben gibt es nicht nur vollständige Lösungsvorschläge, sondern auch separate Tipps und Hinweise, die den entscheidenden Impuls beim selbstständigen Lösen der Aufgaben geben.

Das Autorenteam

Grundkompetenzen

1/12 bzw. **M2**/1 bzw. **2015**/5 bedeutet, dass die genannte Grundkompetenz in der Probeklausur **1** in Aufgabe 12 bzw. in der Probe**m**atura **2** (im Teil 1) in Aufgabe 1 bzw. in der Matura **2015** (im Teil 1) in Aufgabe 5 geprüft wird.

Algebra und Geometrie (AG)

Grundbegriffe der Algebra

- AG 1.1 **1**/1; **3**/1; **4**/1; **5**/1; **6**/1; **7**/1; **M1**/1
- AG 1.2 **1**/2; **2**/1; **3**/2; **4**/2; **5**/2; **6**/2; **7**/2; **8**/1; **M1**/2

(Un-)Gleichungen und Gleichungssysteme

- AG 2.1 **2**/2; **8**/2; **M2**/1; **2015**/1
- AG 2.2 **1**/3; **2**/3; **3**/3; **5**/3; **6**/3; **M1**/3; **M2**/2; **2015**/2
- AG 2.3 **2**/4; **4**/3; **5**/4; **6**/4; **7**/3; **8**/3; **M1**/4; **M2**/3
- AG 2.4 **3**/4; **5**/5; **6**/5
- AG 2.5 **1**/4; **2**/5; **4**/4; **5**/6; **7**/4; **8**/4

Vektoren

- AG 3.1 **2**/6; **4**/5; **7**/5; **8**/5; **M1**/5; **M2**/4
- AG 3.2 **3**/5
- AG 3.3 **1**/5; **2**/7; **4**/6; **6**/6; **M1**/6; **M2**/5; **2015**/3
- AG 3.4 **3**/6; **5**/7; **6**/7; **7**/6; **8**/6; **M1**/7; **M2**/6; **2015**/4
- AG 3.5 **1**/6; **4**/7; **8**/7; **2015**/5

Trigonometrie

- AG 4.1 **1**/7; **2**/8; **6**/8; **7**/7; **8**/8; **M1**/8; **M2**/7; **2015**/6
- AG 4.2 **1**/8; **3**/7; **4**/8; **5**/8; **6**/9; **7**/8; **M1**/9; **M2**/8

Funktionale Abhängigkeiten (FA)

Funktionsbegriff, reelle Funktion, Darstellungsformen und Eigenschaften

- FA 1.1 **2**/9; **4**/9; **6**/10
- FA 1.2 **2**/10; **7**/9; **8**/9; **M2**/9; **2015**/7
- FA 1.3 **1**/9; **6**/11; **7**/10
- FA 1.4 **3**/8; **6**/12; **7**/11; **M1**/10; **M2**/10; **2015**/8
- FA 1.5 **4**/10; **M1**/11; **M2**/11; **2015**/9
- FA 1.6 **3**/9
- FA 1.7 **5**/9; **7**/12; **M1**/12
- FA 1.8 **3**/10
- FA 1.9 **1**/10; **7**/13; **8**/10; **M1**/13; **M2**/12

Analysis (AN)

Ableitungsfunktion / Stammfunktion
- AN 3.1 **1**/18; **4**/18; **5**/19; **6**/19; **7**/18; **M2**/17
- AN 3.2 **3**/19; **M1**/18; **2015**/16
- AN 3.3 **2**/19; **M1**/19; **M2**/18; **2015**/17

Summation und Integral
- AN 4.1 **2**/20; **6**/20; **8**/18
- AN 4.2 **3**/20; **5**/20; **7**/19; **8**/19
- AN 4.3 **1**/19; **4**/19; **M1**/20; **M2**/19; **2015**/18

Wahrscheinlichkeit und Statistik (WS)

Beschreibende Statistik
- WS 1.1 **2**/21; **6**/21; **8**/20; **2015**/19
- WS 1.2 **3**/21; **5**/21; **8**/21
- WS 1.3 **1**/20; **4**/20; **5**/22; **7**/20; **8**/22; **M1**/21; **M2**/20; **2015**/20
- WS 1.4 **1**/21; **4**/21; **6**/22; **7**/21; **M2**/21

Wahrscheinlichkeitsrechnung
- WS 2.1 **2**/22; **7**/22
- WS 2.2 **5**/23; **M1**/22; **M2**/22
- WS 2.3 **1**/22; **2**/23; **4**/22; **6**/23; **M1**/23; **M2**/23; **2015**/21
- WS 2.4 **3**/22; **7**/23; **8**/23; **2015**/22

Wahrscheinlichkeitsverteilung(en)
- WS 3.1 **3**/23; **4**/23; **8**/24; **2015**/23
- WS 3.2 **1**/23; **2**/24; **3**/24; **4**/24; **6**/24; **M2**/24; **2015**/24
- WS 3.3 **5**/24; **7**/24; **M1**/24
- WS 3.4 **1**/24

Standardisierte schriftliche Reifeprüfung – Mathematik
Hinweise und Tipps

Allgemeines zur Reifeprüfung

skRp

Im Schuljahr 2014/2015 wurde die **standardisierte kompetenzorientierte Reifeprüfung** (skRp) in Österreich für alle SchülerInnen der AHS eingeführt. Die neue Form der Matura besteht aus sieben Teilprüfungen: Sie verfassen eine Vorwissenschaftliche Arbeit und legen wahlweise drei (oder vier) schriftliche sowie drei (oder zwei) mündliche Prüfungen ab. Die schriftliche Klausur in Mathematik ist verpflichtend. Die Aufgabenstellungen für die skRp werden vom Bundesinstitut für Bildungsforschung, Innovation und Entwicklung des österreichischen Schulwesens (bifie) gestellt. Ihre Lehrperson korrigiert Ihre Klausur entsprechend den vom bifie ausgearbeiteten Korrekturvorgaben und beurteilt diese nach einem vom bifie vorgegebenen Notenschlüssel. So wird gewährleistet, dass die Arbeiten aller SchülerInnen *gleich* korrigiert werden.

Die skRp in Mathematik

Die skRp in Mathematik ist zweigeteilt. Die **Teil-1-Aufgaben** prüfen Ihr Grundwissen und Ihre Grundfertigkeiten in Mathematik. In den **Teil-2-Aufgaben** werden die Grundkompetenzen (GK) vernetzt sowie in neuartigen Kontexten geprüft. Zur Vorbereitung auf diese zwei Teile dient Ihnen der **Grundkompetenzenkatalog**, welcher auf der Internet-Homepage des bifie unter www.bifie.at/node/1442 („Die standardisierte schriftliche Reifeprüfung in Mathematik") zu finden ist. Hier sind u. a. alle Inhaltsbereiche (Seiten 6 bis 18) und die Rahmenbedingungen für die Durchführung der Prüfung (Seiten 23 bis 25) erläutert.
Verschaffen Sie sich so zeitig wie möglich einen Überblick über die GK aus diesem Katalog. Ab der 5. Klasse werden Sie diese im Unterricht mit Ihren Lehrerinnen und Lehrern erarbeiten und festigen.

Folgende Inhaltsbereiche sind Prüfungsstoff:

Grundkompetenzenkatalog

- **Algebra und Geometrie mit den GK:**
  - Grundbegriffe der Algebra
  - (Un-)Gleichungen und Gleichungssysteme
  - Vektoren
  - Trigonometrie
- **Funktionale Abhängigkeiten mit den GK:**
  - Funktionsbegriff, reelle Funktion, Darstellungsformen und Eigenschaften
  - Lineare Funktion
  - Potenzfunktion

- Polynomfunktion
- Exponentialfunktion
- Sinusfunktion, Cosinusfunktion

- **Analysis mit den GK:**
  - Änderungsmaße
  - Regeln für das Differenzieren
  - Ableitungsfunktion/Stammfunktion
  - Summation und Integral

- **Wahrscheinlichkeit und Statistik mit den GK:**
  - Beschreibende Statistik
  - Wahrscheinlichkeitsrechnung
  - Wahrscheinlichkeitsverteilung(en)
  - Schließende/Beurteilende Statistik

Auf den ersten Blick erscheint der Prüfungsstoff sehr umfangreich. Bedenken Sie, dass die genannten Inhalte auf die gesamte Oberstufe aufgeteilt gelehrt werden, was eine große Zeitspanne umfasst. Mathematik ist ein aufbauendes Fach. Es wird z. B. die Wahrscheinlichkeitsrechnung in der 6. Klasse unterrichtet, die Wahrscheinlichkeitsverteilungen, welche auf dem Wissen der Wahrscheinlichkeitsrechnung aufbauen, sind dann Stoff der 7. und 8. Klasse. Durch ständiges Wiederholen im Unterricht, bei Schularbeiten und beim eigenständigen Lernen zu Hause werden Sie das nötige Grundwissen und die nötigen Grundfertigkeiten für die skRp in Mathematik erlangen.

zweigeteilte Klausur

Der erste Teil der Mathematikklausur besteht aus **18 bis 25 Teil-1-Aufgaben**, der zweite Teil setzt sich aus **vier bis sechs Teil-2-Aufgaben** mit jeweils zwei bis sechs Teilaufgaben zusammen.

Teil-1-Aufgaben sind kurze Beispiele, bei denen jeweils eine Grundkompetenz aus dem GK-Katalog im Vordergrund steht. Ihr Grundwissen sowie Ihre mathematischen Grundfertigkeiten werden geprüft.

Teil-2-Aufgaben sind umfangreichere Beispiele in unterschiedlichen Kontexten, welche die GK aus dem Katalog vernetzen. Hier sollen Sie zeigen, dass Sie Ihr Grundwissen und Ihre Grundfertigkeiten selbstständig in neuartigen bzw. weniger vertrauten Kontexten anwenden können. Eigenständigkeit sowie die Anwendung, Vernetzung und Reflexion von Wissen sind hier gefragt. In dem bereits genannten Dokument „Die standardisierte schriftliche Reifeprüfung in Mathematik" finden Sie ebenfalls den **Kontextkatalog** (Seiten 19 bis 22). Hier sind die für die Teil-2-Aufgaben relevanten Kontexte (finanzmathematische Grundlagen, Kosten- und Preistheorie, Einheiten und Größen sowie physikalische Größen und Definitionen) angegeben. Ihre Kenntnis dieser Kontexte wird vorausgesetzt bzw. bei den Aufgabenstellungen nicht näher erläutert. Verschaffen Sie sich rechtzeitig einen Überblick dieser Kontexte! Sollte bei einer Aufgabe ein „neuer" Kontext vorkommen, so wird dieser ausführlich beschrieben sein.

Antwort-formate

Zu den Teil-1- und Teil-2-Aufgaben gibt es insgesamt acht verschiedene **Antwortformate**.

- **Offenes Antwortformat**
  Hier wird es eine Aufgabenstellung geben und Sie sollen eigenständig eine Antwort formulieren. Ein Beispiel finden Sie in der Probeklausur 1 mit der Aufgabe 6.
  Tipps zur Bearbeitung: Lesen Sie aufmerksam die Aufgabenstellung. Was wird von Ihnen verlangt? Wie sollen Sie die Antwort angeben?

- **Halboffenes Antwortformat**
  Ähnlich wie beim offenen Format sollen Sie eine Antwort abliefern, jedoch ist der „Anfang“ bereits gegeben. Ein Beispiel ist in der Probeklausur 2 die Aufgabe 18.
  Tipps zur Bearbeitung: Hier ist es etwas einfacher als bei der offenen Antwort, denn es ist ersichtlich, was Sie berechnen bzw. angeben sollen. Seien Sie dennoch aufmerksam beim Lesen der Angabe und beim Lösen des Beispiels.

- **Lückentext**
  Hier sollen Sie einen Satz mit zwei Lücken korrekt vervollständigen. Ihnen stehen pro Lücke drei Antworten zur Verfügung. Ein Beispiel ist in der Probeklausur 2 die Aufgabe 19.
  Tipps zur Bearbeitung: Die Angabe eines unvollständigen Satzes mit zwei Lücken und jeweils drei Antwortmöglichkeiten ergibt insgesamt neun mögliche Sätze. Es kann hilfreich sein, sich alle möglichen Sätze anzuschreiben und so die Richtigkeit jedes einzelnen Satzes zu überprüfen. Dies kann u. U. viel Zeit in Anspruch nehmen. Wenn Sie bereits beim Lesen der Antwortmöglichkeiten eine ausschließen können, wird die Anzahl der möglichen Sätze reduziert. Seien Sie aber nicht zu voreilig, oft steckt ein wesentliches Detail in der Angabe. Lesen Sie daher die Angabe und Aufgabenstellung aufmerksam!

- **Multiple-Choice-Aufgabenformate**
  - 2 aus 5
  - 1 aus 6
  - x aus 5

  Es gibt eine Frage und entweder fünf oder sechs Antwortmöglichkeiten, wobei Sie die richtige(n) ankreuzen müssen. Bei sechs Antwortmöglichkeiten ist immer genau eine Antwort richtig. Sollten fünf Antwortmöglichkeiten angegeben sein, lesen Sie aus der Aufgabenstellung ab, ob Sie genau zwei Antworten finden sollen oder ob die Anzahl der zutreffenden Antwortmöglichkeiten offen ist („Kreuzen Sie die zutreffende(n) Antwortmöglichkeit(en) an!“). Es wird zumindest eine Antwortmöglichkeit anzukreuzen sein. Den Fall, dass keine Antwortmöglichkeit zutreffend ist, gibt es nicht! Beispiele finden Sie in der Probeklausur 1 mit den Aufgaben 1 (2 aus 5), 11 (1 aus 6) und 20 (x aus 5).

Tipps zur Bearbeitung: Lesen Sie aufmerksam die Aufgabenstellung! Sollen Sie die richtige Antwortmöglichkeit ankreuzen oder die falsche? Wenn genau zwei Antwortmöglichkeiten anzukreuzen sind, dann seien Sie achtsam beim Suchen nach zwei identen Antworten. Es könnten beide Antwortmöglichkeiten falsch sein. Schließen Sie unpassende Antwortmöglichkeiten aus und überlegen Sie bei den verbleibenden Antwortmöglichkeiten genau, welche infrage kommen. Machen Sie sich gegebenenfalls auch Notizen oder Skizzen.

- **Zuordnungsformat**
  Hier sollen Aussagen, Informationen, Tabellen oder Abbildungen gegebenen Antwortmöglichkeiten zugeordnet werden, wobei die Anzahl der Antwortmöglichkeiten nicht mit der Anzahl der Aussagen übereinstimmen muss. Sie lösen diese Aufgaben, indem Sie die Buchstaben der Antwort bei der zutreffenden Aussage eintragen. Ein Beispiel finden Sie in der Probeklausur 2 mit der Aufgabe 5.
  Tipps zur Bearbeitung: Lesen Sie alle Aussagen, Informationen, Tabellen oder Abbildungen sowie die Antwortmöglichkeiten genau durch! Bei welcher Zuordnung sind Sie sich absolut sicher? Diesen Buchstaben schreiben Sie gleich an. Welche Antwortmöglichkeit können Sie auf alle Fälle ausschließen? Streichen Sie diese zumindest gedanklich. Gehen Sie die verbleibenden Aussagen und Antwortmöglichkeiten dann nochmals durch, um die fehlenden Zuordnungen machen zu können.

- **Konstruktionsformat**
  In ein gegebenes Koordinatensystem sollen z. B. Punkte, Graphen, Vektoren eingetragen werden. Ein Beispiel ist in der Probeklausur 1 die Aufgabe 5.
  Tipps zur Bearbeitung: Achten Sie beim gegebenen Koordinatensystem auf die Achsenbeschriftungen und die Skalierung. Arbeiten Sie am besten mit Bleistift und Geodreieck! Halten Sie für allfällige Korrekturen einen Radiergummi bereit.

Ablauf der Prüfung

Zuerst werden Sie den **ersten Teil** der Mathematikklausur erhalten und bearbeiten. Nach 120 Minuten geben Sie Ihre Bearbeitung ab. Sie erhalten den **zweiten Teil** der Mathematikklausur, für dessen Bearbeitung Sie 150 Minuten Zeit haben.

Hilfsmittel

Vorerst (mindestens bis einschließlich der Prüfung zum Haupttermin 2016/2017) ist es so, dass Sie Ihre **gewohnten Hilfsmittel** für die Bearbeitung der Teil-1- und Teil-2-Aufgaben verwenden dürfen. Darunter versteht man alle Hilfsmittel, die Sie im Unterricht bzw. bei Schularbeiten in der Oberstufe einsetzen. Dies sind z. B. eine Formelsammlung, ein Taschenrechner, ein Laptop oder ein Schul-PC mit dynamischer Geometrie-Software, CAS und Tabellenkalkulation. Fragen Sie bei Unklarheiten diesbezüglich bei Ihrer Lehrperson nach. Die zentralen Aufgaben werden so gestellt sein, dass die zur Verfügung stehenden Hilfsmittel keine bedeutsame Rolle bei der Lösung haben.

Vorgehensweise bei der Bearbeitung der Mathematikklausur

erster Teil

Sie erhalten zunächst den **ersten Teil** Ihrer Klausur. Bearbeiten Sie zuerst jene Teil-1-Aufgaben, die Ihnen leicht erscheinen bzw. vertraut vorkommen. Sie müssen sich nicht an die Reihenfolge der gestellten Aufgaben halten. Es ist ratsam, sich nicht allzu lange mit für Sie schwierigen Aufgaben zu beschäftigen, damit Sie genügend Zeit haben, alle gestellten Aufgaben bearbeiten zu können. Die neuen Aufgabenformate bedeuten nicht, dass nichts mehr zu rechnen ist. Bei vielen Aufgaben ist es notwendig und sinnvoll, Berechnungen durchzuführen, bevor Sie z. B. ein „Kreuzerl“ machen. Bei Termen kann es hilfreich sein, verschiedene Zahlen einzusetzen und Werte zu berechnen, um eine „Tendenz“ herauszulesen. Ebenfalls kann bei Funktionsgleichungen das Erstellen einer Wertetabelle oder das Zeichnen einer Skizze des Graphen Klarheit bringen. Das Ablesen von Punkten (Wertepaaren) aus Graphen kann für das Ermitteln der (richtigen) Funktionsgleichung oder für das Berechnen fehlender Parameter entscheidend sein. Vielfach ist es sinnvoll, durch eine „Probe“ die Richtigkeit einer Rechnung oder einer Überlegung zu überprüfen.

Ihre Notizen, Skizzen, Berechnungen fließen nicht in die Beurteilung ein – außer eventuell beim offenen Aufgabenformat, wenn ein Lösungsweg gefragt ist. Streichen Sie Ihre Notizen durch, wenn sie nicht Teil der Lösung sind.

Denken Sie daran, dass der erste Teil ausschlaggebend für eine positive Beurteilung Ihrer Klausur ist. Im Hinblick auf das Ziel, möglichst viele Punkte zu erreichen, ist es schließlich sinnvoller, bei Multiple-Choice-Aufgaben die vermuteten richtigen Antworten anzukreuzen als Aufgaben unbearbeitet zu lassen!

zweiter Teil

Beim **zweiten Teil** wählen Sie zunächst jene Aufgabe, die Ihnen leicht fällt. Die einzelnen Teilaufgaben sind voneinander unabhängig und können in beliebiger Reihenfolge bearbeitet werden. Anders als bei einer Teil-1-Aufgabe kann man mit einer Teilaufgabe einer Teil-2-Aufgabe 0, 1 oder 2 Punkt(e) erreichen. Sie müssen eine Aufgabe nicht vollständig lösen. Sobald eine Teilaufgabe richtig ist, erhalten Sie hierfür Punkte.

Ausgleichsaufgaben

Es sind bei den Teil-2-Aufgaben stets Teilaufgaben enthalten und entsprechend gekennzeichnet, die ausschließlich eine Grundkompetenz abfragen. Diese Teilaufgabe könnte quasi eine Teil-1-Aufgabe sein. Solche Aufgaben im zweiten Teil sind sogenannte **Ausgleichsaufgaben**. Sollten Sie im ersten Teil Ihrer Klausur zu wenige Punkte erreichen, können Ihnen richtig gelöste Ausgleichsaufgaben aus dem zweiten Teil die notwendigen Punkte für eine positive Beurteilung bringen.

Beurteilung der skRp

Für jede richtig gelöste Aufgabe erhalten Sie bei den **Teil-1-Aufgaben** jeweils einen Punkt. Bei falsch bzw. nicht gelösten Aufgaben sind es null Punkte. Bei den **Teil-2-Aufgaben** erhalten Sie für jede Teilaufgabe zwei, einen oder null Punkt(e), je nachdem ob die Teilaufgabe richtig, teilweise richtig oder falsch bzw. nicht gelöst wurde.

Gesamtbeurteilung

Für die Gesamtbeurteilung Ihrer Klausur gibt es einen vom bifie zur Verfügung gestellten Punkteschlüssel. Dieser ist abhängig von der Anzahl der Teil-1- und Teil-2-Aufgaben. Somit lässt sich an dieser Stelle kein allgemein gültiger Notenschlüssel angeben.

Die Leistungsbeurteilungsverordnung (LBVO) ist die Grundlage für den vom bifie erstellten Notenschlüssel. Der § 14 der LBVO gibt die folgenden fünf Beurteilungsstufen vor: Sehr gut; Gut; Befriedigend; Genügend; Nicht genügend

Die Tabelle auf der gegenüberliegenden Seite beschreibt die Anforderungen für diese fünf Beurteilungsstufen.

In den ersten beiden Zeilen ist von den **wesentlichen Bereichen** die Rede. Damit meint man die Grundkompetenzen, die im ersten Teil der Klausur abgeprüft werden. Somit ist ersichtlich, dass der erste Teil über eine positive Beurteilung entscheidet. Um mit „Genügend“ beurteilt zu werden, sollten Sie den Großteil der Teil-1-Aufgaben bzw. die Ausgleichsaufgaben aus dem zweiten Teil richtig lösen.

„Befriedigend“

Die Beurteilung „Befriedigend“ erhalten Sie, wenn Sie entweder alle Teil-1-Aufgaben richtig lösen, oder – bei wenigen Defiziten im ersten Teil – einige Aufgaben aus dem zweiten Teil richtig lösen oder – bei etwas größeren Defiziten im ersten Teil – etliche Aufgaben, aber jedenfalls die Ausgleichsaufgaben aus dem zweiten Teil richtig lösen.

„Gut“ bzw. „Sehr gut“

Für die Beurteilung „Gut“ bzw. „Sehr gut“ lösen Sie, aufbauend auf die Anforderungen der Note „Befriedigend“, einen höheren bzw. deutlich höheren Anteil der Teil-2-Aufgaben richtig.

Sie haben sicher bei Ihren Schularbeiten diese „neue“ Beurteilung kennengelernt. Mit der Zeit werden Sie sich selber gut einschätzen können.

Als Beispiel, wie dieses Beurteilungsschema konkret ausschauen kann, ist der Beurteilungsschlüssel angeführt, der beim Haupttermin am 11. Mai 2015 vorgegeben war: 24 Teil-1-Aufgaben (=24 Punkte), 24 Punkte für Teil-2-Aufgaben, davon 4 Ausgleichspunkte (siehe auch unter www.bifie.at/node/3014)

Sehr gut:	41–48 Punkte
Gut:	33–40 Punkte
Befriedigend:	24–32 Punkte
Genügend:	16–23 Punkte (mindestens 16 Punkte aus Teil 1 mit Berücksichtigung der Ausgleichspunkte aus Teil 2)
Nicht genügend:	Weniger als 16 Punkte aus Teil 1 (inkl. Ausgleichspunkte)

	Sehr gut	Gut	Befriedigend	Genügend	Nicht genügend
Erfassung und Anwendung des Lehrstoffes	in **weit über das Wesentliche hinausgehendem** Ausmaß erfüllt	in **über das Wesentliche hinausgehendem** Ausmaß erfüllt	in den wesentlichen Bereichen **zur Gänze** erfüllt	in den wesentlichen Bereichen **überwiegend** erfüllt	in den wesentlichen Bereichen **überwiegend nicht** erfüllt
Durchführung der Aufgabe	in **weit über das Wesentliche hinausgehendem** Ausmaß erfüllt	in **über das Wesentliche hinausgehendem** Ausmaß erfüllt	in den wesentlichen Bereichen **zur Gänze** erfüllt	in den wesentlichen Bereichen **überwiegend** erfüllt	in den wesentlichen Bereichen **überwiegend nicht** erfüllt
Eigenständigkeit	**zwingend**	**merkliche** Ansätze	Mängel in der Durchführung werden durch merkliche Ansätze zur Eigenständigkeit ausgeglichen		
Selbstständige Anwendung des eigenen Wissens und Könnens in neuartigen Aufgaben	**zwingend**	bei entsprechender **Anleitung**			

Ihre persönliche Vorbereitung auf die skRp

Um sich gut auf die Klausur in Mathematik vorzubereiten, erstellen Sie am besten einen **eigenen GK-Katalog**. Dort können Sie jene GK, die Sie schon gut beherrschen, abhaken und sehen deutlich, was Sie noch üben müssen. Die Übersicht (nach dem Vorwort), in der alle Beispiele dieses Bandes dem GK-Katalog zugeordnet sind, hilft Ihnen, gezielt jene Bereiche zu üben, in denen Sie Unsicherheiten vermuten.
Wesentlich für die Bearbeitung der Aufgabenstellungen ist die Kenntnis und sichere Anwendung von **Fachbegriffen**. Fachvokabular in der Mathematik ist präzise definiert, wobei Begriffe auch synonym oder mit überschneidenden Bedeutungsinhalten verwendet werden. Bei diesbezüglichen Unsicherheiten hilft Ihnen das Anlegen einer Mathematik-Vokabelliste.
Das bifie hat ein Dokument veröffentlicht, in dem die **mathematischen Schreibweisen**, die Sie lesen und verwenden sollen, aufgelistet sind. Beispielsweise ist die Schreibweise für ein offenes Intervall (a; b) und für ein halb offenes Intervall (a; b] bzw. [a; b). Im Unterricht haben Sie bestimmt unterschiedliche Schreibweisen kennengelernt. Um zu überprüfen, ob Sie hier schon sattelfest sind, lesen Sie dieses Dokument aufmerksam durch!
Überprüfen Sie rechtzeitig, ob Sie alle vom bifie vorgegebenen **Kontexte und Anwendungsbereiche** kennen. Falls Sie noch Defizite haben, üben Sie gezielt jene Kontexte, bei denen Sie noch unsicher sind.
Falls Sie mit einer **Formelsammlung** bei Ihrer Klausur arbeiten dürfen, dann kontrollieren Sie diese auf Vollständigkeit. Sie dürfen in eine gekaufte Formelsammlung nichts eigenständig hinzufügen. Seien Sie sicher, dass Sie sich in Ihrer Formelsammlung gut zurechtfinden. Kaufen Sie nicht unmittelbar vor der Klausur eine Ihnen unbekannte Formelsammlung!
Wenn Sie mit einem **Taschenrechner** arbeiten dürfen, dann kontrollieren Sie vor der Klausur, ob die Batterien ausreichen. Bei Laptops müssen Sie den Akku aufladen bzw. für Stromzufuhr während der Klausur sorgen.
Sorgen Sie für Ihr **persönliches Wohlbefinden**, insbesondere am Tag der Klausur. Gehen Sie am Vorabend rechtzeitig schlafen und nehmen Sie ein Frühstück zu sich. Nehmen Sie eine Jause mit Nüssen, Bananen oder anderer „Gehirnnahrung“ mit und vor allem ausreichend Flüssigkeit. Bedenken Sie, dass etwas Anspannung und Nervosität leistungssteigernd wirkt!

Hinweis: Dieser Übungsband enthält neben den Original-Prüfungsaufgaben der Zentral-Matura 2015 zusätzliche Aufgaben zum Üben bzw. zur Vorbereitung auf die standardisierte kompetenzorientierte schriftliche Reifeprüfung in den vorgegebenen Aufgabenformaten. Alle Aufgaben können als Ergänzung zum Fachunterricht für das Selbststudium eingesetzt werden. Die zusätzlichen Aufgaben wurden nicht feldgetestet und sind daher nicht so valide wie die Aufgaben, die bei der skRp eingesetzt werden.

Aufgabe 1
Zahlenmengen

Gegeben sind Aussagen über die Zuordnung von Zahlen zu den Zahlenmengen $\mathbb{N}$, $\mathbb{Z}$, $\mathbb{Q}$, $\mathbb{R}$, $\mathbb{C}$.

Aufgabenstellung: Kreuzen Sie die beiden zutreffenden Aussagen an!

$3{,}67 \cdot 10^2 \in \mathbb{Z}$	$\frac{2\pi}{3} \in \mathbb{Q}$	$\frac{\sqrt[3]{64}}{2} \in \mathbb{N}$	$\frac{\sqrt{3}}{3} \in \mathbb{Q}$	$3 \cdot 10^{-2} \in \mathbb{Z}$
☒	☐	☒	☐	☐

Aufgabe 2
Gleichungen und Gleichungssysteme

Gegeben sind drei Texte und sechs mathematische Ausdrücke.

Aufgabenstellung: Ordnen Sie den Texten jeweils den passenden mathematischen Ausdruck zu!

A Die Summe zweier Zahlen beträgt 38. Das Doppelte der ersten Zahl ist um 1 größer als die zweite Zahl.

B Die Differenz zweier natürlicher Zahlen beträgt 34.

C In einem Stall sind Hühner und Kaninchen. Es sind insgesamt 35 Tiere mit insgesamt 94 Beinen.

$x - y = 34$	$x = 34 - y$	I: $x + y = 38$ II: $y = 2x - 1$	I: $x + y = 38$ II: $y = 2x + 1$	I: $4x + 2y = 94$ II: $x = 2y$	I: $x + y = 35$ II: $4x + 2y = 94$
[B]	☐	[A]	☐	☐	[C]

Aufgabe 3
Zahlenrätsel

Bei einer zweiziffrigen Zahl ist die Zehnerziffer um 7 größer als die Einerziffer. Vertauscht man die Ziffern und addiert die beiden Zahlen, so erhält man 99.

Aufgabenstellung: Kreuzen Sie die beiden richtigen Gleichungen zum gegebenen Text an!

- ☐ $(x+7)+x+x+(x+7)=99$
- ☐ $2 \cdot ((x+7)+x)=99$
- ☐ $(x+7) \cdot 10+x+x \cdot 10+(x+7)=99$
- ☐ $(x+7) \cdot 10+x=99-(x \cdot 10+(x+7))$
- ☐ $2 \cdot (10x+7+x)=99$

Aufgabe 4
Lösungen von Gleichungssystemen

Gegeben ist ein Gleichungssystem in zwei Variablen.

Aufgabenstellung: Vervollständigen Sie folgende Sätze, sodass sie mathematisch richtig sind!

Das Gleichungssystem $ax + by = c$ und $dx + ey = f$ hat bei ① unendlich viele Lösungen. Die entsprechenden Geraden im Koordinatensystem liegen zueinander ②.

①		②	
[ ]	$a = d$, $b = e$, $c \neq f$	[ ]	schneidend
[x]	$a = d$, $b = e$, $c = f$	[ ]	parallel
[ ]	$a \in \mathbb{R} \setminus \{d\}$, $b \in \mathbb{R} \setminus \{e\}$, $c \in \mathbb{R} \setminus \{f\}$	[x]	ident

Aufgabe 5
Vektoren veranschaulichen

Gegeben sind die Vektoren

$\vec{a} = \begin{pmatrix} 1 \\ 2 \end{pmatrix}$, $\vec{b} = \begin{pmatrix} -2 \\ 3 \end{pmatrix}$, $\vec{c} = \begin{pmatrix} -3 \\ -1 \end{pmatrix}$.

Aufgabenstellung: Veranschaulichen Sie die Rechnung $\vec{d} = \frac{1}{2} \cdot (\vec{a} + \vec{b} + \vec{c})$ im Koordinatensystem und beschriften Sie die Vektoren!

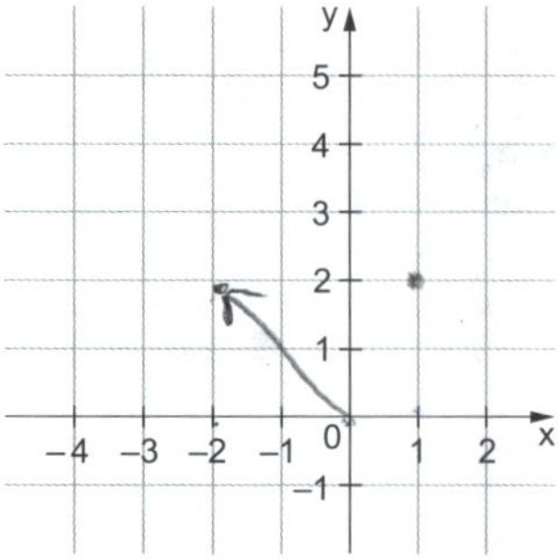

$d = \frac{1}{2} \cdot \begin{pmatrix} -4 \\ 4 \end{pmatrix} = \begin{pmatrix} -2 \\ 2 \end{pmatrix}$

Aufgabe 6
Normalvektor

Gegeben sind die Vektoren $\vec{a} = \begin{pmatrix} 3 \\ 4 \end{pmatrix}$ und $\vec{b} = \begin{pmatrix} -8 \\ 6 \end{pmatrix}$.

Aufgabenstellung: Begründen Sie rechnerisch, dass die Vektoren aufeinander normal stehen!

$\begin{pmatrix} 3 \\ 4 \end{pmatrix} \begin{pmatrix} -8 \\ 6 \end{pmatrix} = -24 + 24 = 0$

Aufgabe 7
Definition von Winkelfunktionen

Gegeben sind vier rechtwinklige Dreiecke.

Aufgabenstellung: Geben Sie für jedes Dreieck an, welche Winkelfunktion definiert ist!

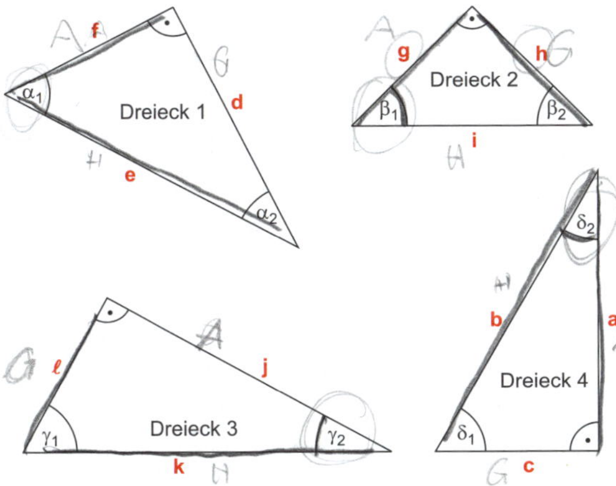

Dreieck 1: cos $\alpha_1 = \frac{f}{e}$ Dreieck 2: tan $\beta_1 = \frac{h}{g}$

Dreieck 3: sin $\gamma_2 = \frac{\ell}{k}$ Dreieck 4: cos $\delta_2 = \frac{a}{b}$

Aufgabe 8
Winkelfunktionen

Gegeben ist der Winkelfunktionswert $\sin\alpha = 0{,}7$.

Aufgabenstellung: Ermitteln Sie alle zugehörigen Winkel α im Intervall $[0°; 360°)$, die den angegebenen Winkelfunktionswert haben!

$\alpha_1 = 44{,}42°$

$\alpha_2 = 135{,}58°$

sin α = 0,7 = 44,42

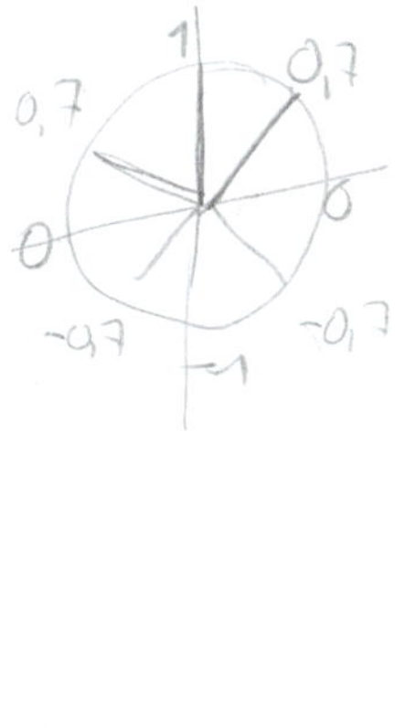

Aufgabe 9
Wertetabelle einer reellen Funktion

Die Wertetabelle der abgebildeten reellen Funktion ist nicht korrekt. In der unten stehenden Tabelle ist nur eine Zeile korrekt.

Aufgabenstellung: Kreuzen Sie die korrekte Zeile an!

korrekt	x	y
☐	–1,5	1
☐	–1,5	–1
☐	4	0
☒	3,5	1
☐	2,5	0,5
☐	0	–4

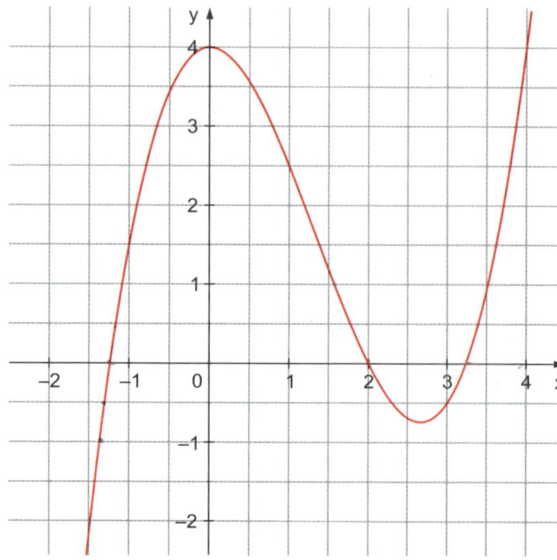

Aufgabe 10
Erhöhung des Arguments um 1

Gegeben sind die Funktionsgleichungen von sechs Funktionen.

Aufgabenstellung: Welche Aussage über den Funktionswert bei der Erhöhung des Arguments um 1 ist für welche Funktion passend? Tragen Sie die Buchstaben in die Kästchen der zutreffenden Aussagen ein!

A $f(x) = x^2$

B $f(x) = x + 2$

C $f(x) = 2x$

D $f(x) = 2^x$

E $f(x) = \frac{2}{x}$

F $f(x) = 2$

[D] $f(x+1) = 2 \cdot f(x)$

[F] $f(x+1) = f(x)$

[B] $f(x+1) = f(x) + 1$

[C] $f(x+1) = f(x) + 2$

Aufgabe 11
Funktionen bewerten

Die vorgegebenen Beschreibungen sollen als lineare Funktionen interpretiert werden. Welche der Aussagen stellt keinen linearen Zusammenhang dar?

Aufgabenstellung: Kreuzen Sie die nicht zutreffende Aussage an!

☐ In einer Fabrik erhalten die Arbeitnehmerinnen und Arbeitnehmer jeder ein monatliches Fixum und 11 Euro pro Stunde.

- ☐ Die Anreise in den Urlaub hat eine Gesamtlänge von 645 km. Es kann mit einer Durchschnittsgeschwindigkeit von 110 km/h gerechnet werden.
- ☒ Die Arbeiter am Fließband erhalten kein Fixum, aber im ersten Monat 5 Euro pro Stunde, im zweiten 6 Euro, im dritten 7 Euro usw., bis zu einem Höchstwert von 25 Euro pro Stunde.
- ☐ Zu Beginn ist das Pool komplett leer. Durch den Schlauch fließen gleichmäßig 12 ℓ pro Minute in das Becken.
- ☐ Äpfel kosten am Markt 0,99 Euro pro Kilo.
- ☐ Ein Werkstoff hat zu Beginn des Experiments 25 cm Länge und dehnt sich bei Erwärmung um 1° um $\frac{1}{4}$ cm.

Aufgabe 12
Funktionsgraphen und Funktionsgleichungen

Gegeben sind Graphen und Gleichungen von Funktionen in der Form $f(x) = a \cdot x^z + b$ mit $z \in \mathbb{Z}$.

Aufgabenstellung: Ordnen Sie den Graphen die richtige Funktionsgleichung zu!

A	B	C	D	E	F
$f(x)=3x^3+1$	$f(x)=3x^3-1$	$f(x)=3x^{-3}+1$	$f(x)=\frac{1}{3}x^3+1$	$f(x)=\frac{1}{3}x^3-1$	$f(x)=\frac{1}{3}x^{-3}+1$

☐ F
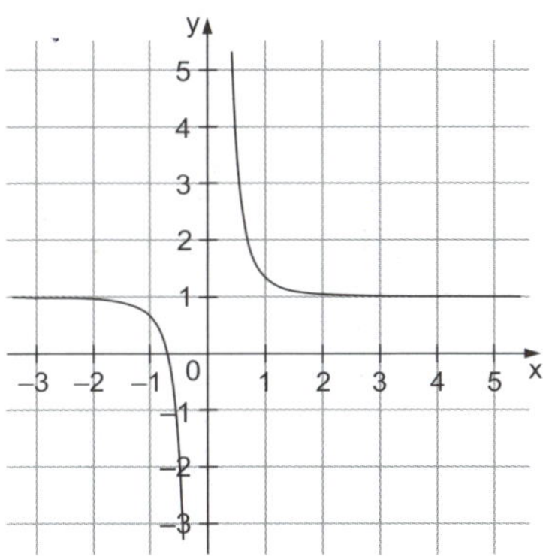

☐ C
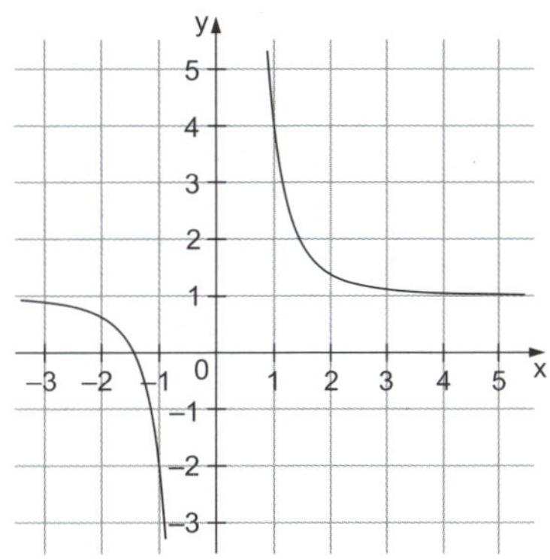

☐ A
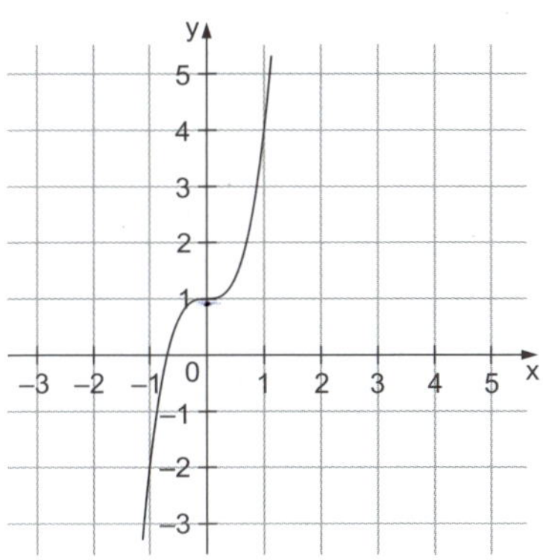

☐ D
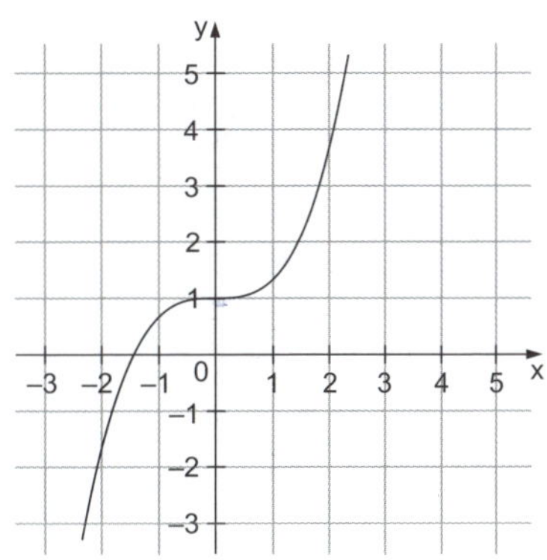

Aufgabe 13
Polynomfunktionen

Gegeben sind Aussagen über die Eigenschaften von Polynomfunktionen.

Aufgabenstellung: Kreuzen Sie je eine der angegebenen Möglichkeiten so an, dass eine mathematisch korrekte Aussage entsteht!

Der Graph einer Polynomfunktion 4. Grades hat ① drei ②.

①		②	
☒	höchstens	☒	Nullstellen
☐	mindestens	☒	Extremwerte
☐	genau	☐	Wendepunkte

Aufgabe 14
Chemischer Zerfall

Ein chemischer Stoff zerfällt exponentiell mit einer Halbwertszeit von 5,2 Jahren. Welcher Anteil der ursprünglichen Menge ist daher nach 10,4 Jahren noch übrig?

Aufgabenstellung: Geben Sie den Anteil der noch vorhandenen Menge des Stoffes an!

$f(x) = c \cdot a^x$

$1/4$

Aufgabe 15
Allgemeine Sinusfunktion

Gegeben sind drei Funktionsgleichungen von allgemeinen Sinusfunktionen:

$f_1(x) = 2 \cdot \sin(3x)$, $f_2(x) = 3 \cdot \sin(2x)$, $f_3(x) = 3 \cdot \sin\left(\frac{1}{2}x\right)$

Aufgabenstellung: Ermitteln Sie aus den angegebenen allgemeinen Sinusfunktionen jene Funktionsgleichung, deren Amplitude 3 beträgt und deren kleinste Periode π ist!

f_2

Aufgabe 16
Änderungsmaße einer Funktion

Die Polynomfunktion p(x) ist in Form einer Wertetabelle gegeben.

x	–6	–5	–4	–3	–2	–1	0
p(x)	–1	–3	–4	–3	–2	0	2

Aufgabenstellung: Kreuzen Sie die beiden zutreffenden Aussagen an!

☒ Die absolute Änderung der Funktion im Intervall [–6; –4] beträgt –3.

☐ Die relative Änderung der Funktion im Intervall [–4; 0] bezogen auf den Wert f(–4) ist größer als 0.

☐ Der Differenzenquotient der Funktion im Intervall [–5; –2] beträgt $-\frac{1}{3}$.

☐ Die durchschnittliche Änderung der Funktion im Intervall [–6; –4] ist positiv.

☒ Die relative Änderung der Funktion im Intervall [–3; 0] bezogen auf den Wert f(–3) ist kleiner als 0.

Aufgabe 17
Ableitung zweier Funktionen

Die Summe zweier Funktionen f(x) und g(x) wird abgeleitet.

Aufgabenstellung: Kreuzen Sie die richtige Aussage an!

☒ $f'(x)+g'(x)$

☐ $f'(x)\cdot g(x)+f(x)\cdot g'(x)$

☐ $\frac{f'(x)\cdot g(x)-f(x)\cdot g'(x)}{[g(x)]^2}$

☐ $f'(x)+g(x)+f(x)+g'(x)$

☐ $f(x)+g(x)$

☐ existiert nicht

Aufgabe 18
Funktionen

Gegeben sind Begriffe zur Beschreibung von Funktionen.

Aufgabenstellung: Vervollständigen Sie den Satz so, dass er mathematisch korrekt ist!

Die Funktion $f(x)=3x^2+6x-4$ ist eine ① der Funktion g(x) = ②.

①		②	
☒	Stammfunktion	☐	$3x^2+6x$
☒	Ableitungsfunktion	☒	$6x+6$
☐	Umkehrfunktion	☒	x^3+3x^2-4

Aufgabe 19
Bewegung eines Körpers

Die Funktion $F(s)=\sqrt{5s}$ ordnet jeder Strecke s (in m), die ein Körper bewegt wird, die aufzubringende Kraft F(s) (in Newton N) zu.

Aufgabenstellung: Stellen Sie die Arbeit W, die notwendig ist, um einen Körper 7 m weit zu bewegen, durch ein Integral dar und berechnen Sie dieses!

Aufgabe 20
Befragung

Es werden 12 Personen befragt, wie viele Haustiere sie besitzen. Die Erhebung ergab folgende Antworten:

	1. Person	2. Person	3. Person	4. Person	5. Person	6. Person
Anzahl Tiere	1	2	0	0	1	7

	7. Person	8. Person	9. Person	10. Person	11. Person	12. Person
Anzahl Tiere	3	2	2	0	2	2

Aufgabenstellung: Kreuzen Sie die zutreffende(n) Aussage(n) an!

☐ Die Anzahl der Haustiere der befragten Personen liegt bei durchschnittlich zwei.

☒ Rund 42 % der befragten Personen haben zwei Haustiere.

☒ Mehr als 50 % der befragten Personen haben zwei oder mehr Haustiere.

☐ Der Anteil der befragten Personen ohne Haustier beträgt 30 %.

☒ Mehr als drei Viertel der befragten Personen haben höchstens zwei Haustiere.

Aufgabe 21
Schularbeitsergebnis

Bei der letzten Schularbeit in der 8C haben 17 SchülerInnen folgende Noten erhalten:
8C: 1, 1, 1, 1, 2, 2, 2, 2, 2, 3, 4, 5, 5, 5, 5, 5, 5; zwei SchülerInnen haben gefehlt

Das arithmetische Mittel ist $\overline{x} = 3$ und der Median $x_{med} = 2$.

Aufgabenstellung: Welche der Aussagen über das arithmetische Mittel bzw. den Median sind richtig? Kreuzen Sie die zutreffende(n) Aussage(n) an!

Hätten die zwei fehlenden SchülerInnen …

☐ … ein „Gut“ und ein „Befriedigend“ bekommen, würde der Median gleich bleiben.

☐ … ein „Nicht genügend“ bekommen, wäre der Median $x_{med} = 3$.

☐ … ein „Nicht genügend“ bekommen, wäre das arithmetische Mittel $\overline{x} \approx 3{,}5$.

☐ … ein „Gut“ und ein „Befriedigend“ bekommen, würde das arithmetische Mittel kleiner.

☐ … ein „Befriedigend“ bekommen, wäre der Median $x_{med} = 3$.

Aufgabe 22
Ziehen aus der Urne

Aus einer Urne werden drei Kugeln mit Zurücklegen gezogen. Der Zufallsversuch ist im folgenden Baumdiagramm dargestellt:

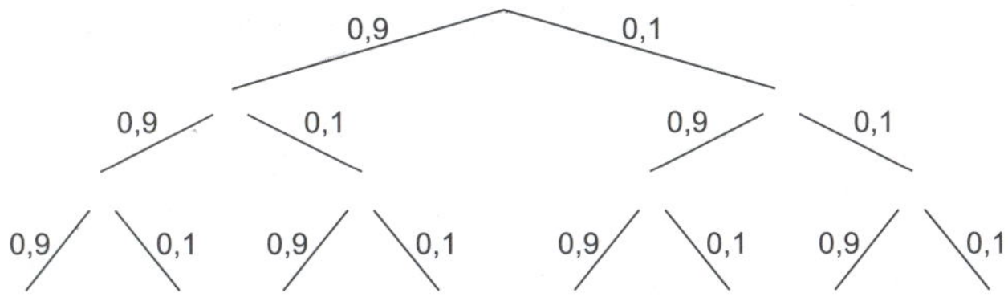

Aufgabenstellung: Wie viele rote, grüne und blaue Kugeln sind in der Urne und welches Ereignis ist im Baumdiagramm dargestellt? Kreuzen Sie je eine der angegebenen Möglichkeiten so an, dass eine mathematisch korrekte Aussage entsteht!

Aus einer Urne mit 10 Kugeln, ①, werden die ② Kugeln gezogen.

①		②	
[x]	4 rote, 5 grüne und 1 blaue	[ ]	roten
[ ]	2 rote, 5 grüne und 3 blaue	[ ]	grünen
[ ]	4 rote, 3 grüne und 3 blaue	[x]	blauen

Aufgabe 23
Nobelrestaurant

Ein kleines Nobelrestaurant hat 5 Tische. Wegen der hohen Nachfrage werden täglich 6 Reservierungen angenommen, weil üblicherweise 6 % der Gäste nicht kommen, die einen Tisch hätten.

Aufgabenstellung: Berechnen Sie, mit wie vielen nicht in Anspruch genommenen Reservierungen das Restaurant an einem Abend rechnen muss!

$E = n \cdot p = 6 \cdot 0{,}06 = 0{,}36$

Aufgabe 24
Fischteich

In einem Fischteich stellen die Fischer Pilzbefall an manchen Tieren fest. Daraufhin werden 250 Tiere gefangen und kontrolliert, um eine Ausbreitung zu verhindern. Vom Amtsarzt wird das Ansteckungsrisiko zwischen den Fischen mit 45 % angegeben!

Aufgabenstellung: Berechnen Sie die Wahrscheinlichkeit, dass mindestens die Hälfte der gefangenen Tiere an Pilzbefall leidet und der Teich damit geschlossen werden muss!

$n = 250 \quad p = 0{,}45 \quad P(X \geq 125)$

$z = \frac{x - \mu}{\sigma}$

Hinweise und Tipps

Aufgabe 1

- Versuchen Sie, die gegebenen Zahlen so exakt wie möglich auszurechnen.

Aufgabe 2

- Entscheiden Sie, ob für die Lösung des gegebenen Beispiels eine Gleichung oder ein Gleichungssystem in zwei Variablen notwendig ist.
- Die Antworten 3 und 4 unterscheiden sich nur in der 2. Gleichung. Welche Gleichung passt zu dem Satz „Das Doppelte der ersten Zahl ist um 1 größer als die zweite Zahl“?
- Die Antworten 5 und 6 unterscheiden sich nur in einer Gleichung. Welche Gleichung passt zur Aussage „Es sind insgesamt 35 Tiere“?

Aufgabe 3

- Die Zahl 27 wird durch die Ziffern 2 und 7 dargestellt und lässt sich als $2 \cdot 10 + 7$ berechnen.
- Machen Sie sich eine Tabelle, in der Sie die Einer- und Zehnerziffer der beiden Zahlen sowie die beiden Zahlen selbst auflisten.

Aufgabe 4

- Hat ein Gleichungssystem unendlich viele Lösungen, dann liegen die Geraden ident.

Aufgabe 5

- Bei der Addition zweier Vektoren werden die Vektoren aneinander gezeichnet und die Summe der beiden Vektoren ist jener Pfeil, der vom ersten Anfangspunkt zum zweiten Endpunkt führt.
- Wird ein Vektor mit einem Skalar a multipliziert, dann ist der Ergebnisvektor a-mal so lang.

Aufgabe 6

- Welchen Wert nimmt das Skalarprodukt $\vec{a} \cdot \vec{b}$ ein?

Aufgabe 7

- Wie lauten die Definitionen der Winkelfunktionen im rechtwinkligen Dreieck?

Aufgabe 8

- Der Taschenrechner gibt nur einen Wert aus, insgesamt gibt es zwei.
- Es gilt: $\sin x = \sin(180° - x)$

Aufgabe 9

- Lesen Sie jeweils die Funktionswerte der Funktion auf der y-Achse ab.

Aufgabe 10

- Berechnen Sie für jede Funktion $f(x+1)$ und vergleichen Sie das Ergebnis mit $f(x)$.

Aufgabe 11

- Lineare Funktionen kennzeichnet eine konstante Steigung/Zunahme/Abnahme pro Stück/Zeiteinheit.

Aufgabe 12

- Beobachten Sie jeweils den Punkt $(1\,|\,f(1))$.
- Überlegen Sie, wie sich das Vorzeichen von z auf den Graphen auswirkt.
- Denken Sie bei den gegebenen Funktionen an die zugehörige Grundfunktion mit $a=1$ und $b=0$.
- Überlegen Sie, wie sich der Faktor a bei $a<0$ bzw. $a>0$ auf den Funktionsgraphen auswirkt.
- Wo können Sie b in der Grafik ablesen?

Aufgabe 13

- Welche Beziehung besteht zwischen der Anzahl der Nullstellen einer Polynomfunktion und ihrem Grad?

Aufgabe 14

- Welcher Anteil ist nach Ablauf der Halbwertszeit übrig? Wenn danach die Halbwertszeit noch einmal verstreicht, ist von diesem Anteil erneut nur dieser Anteil übrig.

Aufgabe 15

- Welcher Zusammenhang besteht zwischen den Parametern a und b in der allgemeinen Gleichung $f(x)=a\cdot\sin(bx)$ und der Amplitude sowie der kleinsten Periode?

Aufgabe 16

- Die absolute Änderung beschreibt den tatsächlichen Zuwachs (die tatsächliche Abnahme) einer Funktion auf dem Intervall [a; b]: $f(b)-f(a)$
- Die mittlere oder durchschnittliche Änderung (= Differenzenquotient) beschreibt den durchschnittlichen Zuwachs (die durchschnittliche Abnahme) einer Funktion auf dem Intervall [a; b]: $\frac{f(b)-f(a)}{b-a}$
- Die relative Änderung beschreibt den Zuwachs (die Abnahme) einer Funktion auf dem Intervall, bezogen auf den Anfangswert der Funktion im Intervall [a; b]: $\frac{f(b)-f(a)}{f(a)}$

Aufgabe 17

- Es gibt eine einfache Regel für die Ableitung einer Summe von Funktionen.

Aufgabe 18

- Differenzieren bzw. integrieren Sie die gegebenen Funktionen.

Aufgabe 19

- Die Arbeit W lässt sich mit $W = \int_a^b F(s)\,ds$ berechnen. Die Einheit der Arbeit wird mit Joule (J) angegeben.
- Überlegen Sie, was die Grenzen des Integrals sein können. Denken Sie an den zurückgelegten Weg.

Aufgabe 20

- Berechnen Sie das arithmetische Mittel.
- Wie viele der 12 befragten Personen haben genau 2 Haustiere, wie viele haben 2 oder mehr, wie viele haben 2 oder weniger?

Aufgabe 21

- Wie verändert sich das arithmetische Mittel bzw. der Median, wenn 2 Daten hinzukommen?

Aufgabe 22

- Wie können sich die Wahrscheinlichkeiten 0,1 bzw. 0,9 ergeben?

Aufgabe 23

- Gefragt ist, wie viele nicht in Anspruch genommene Reservierungen das Restaurant *erwarten* kann.

Aufgabe 24

- Mindestens die Hälfte des Fischbestandes heißt mindestens 125 Tiere. Berechnen Sie über die Standardisierungsfomel z und verwenden Sie die $\Phi(0; 1)$-Tabelle.

Lösungsvorschlag

Aufgabe 1
Zahlenmengen

$3{,}67 \cdot 10^2 \in \mathbb{Z}$	$\frac{2\pi}{3} \in \mathbb{Q}$	$\frac{\sqrt[3]{64}}{2} \in \mathbb{N}$	$\frac{\sqrt{3}}{3} \in \mathbb{Q}$	$3 \cdot 10^{-2} \in \mathbb{Z}$
☒	☐	☒	☐	☐

$3{,}67 \cdot 10^2 = 3{,}67 \cdot 100 = 367 \in \mathbb{Z}$ und $\frac{\sqrt[3]{64}}{2} = \frac{\sqrt[3]{4^3}}{2} = \frac{4}{2} = 2 \in \mathbb{N}$
$\frac{2\pi}{3} \notin \mathbb{Q}$ wegen $\pi \notin \mathbb{Q}$; $\frac{\sqrt{3}}{3} \notin \mathbb{Q}$ wegen $\sqrt{3} \notin \mathbb{Q}$ und $3 \cdot 10^{-2} = 3 \cdot 0{,}01 = 0{,}03 \notin \mathbb{Z}$

Aufgabe 2
Gleichungen und Gleichungssysteme

$x - y = 34$	$x = 34 - y$	I: $x + y = 38$ II: $y = 2x - 1$	I: $x + y = 38$ II: $y = 2x + 1$	I: $4x + 2y = 94$ II: $x = 2y$	I: $x + y = 35$ II: $4x + 2y = 94$
B	☐	A	☐	☐	C

Lösungsweg **A**: Die erste Zahl sei x, die zweite Zahl y. Das Doppelte der ersten Zahl ist 2x, die Summe beider Zahlen $x + y$. Daher sind es zwei Gleichungen in zwei Variablen:
I: $x + y = 38$
II: $y = 2x - 1$

Lösungsweg **B**: Die erste Zahl sei x, die zweite Zahl y. Die Differenz beider Zahlen ist $x - y$. Sie beträgt 34, daher ist $x - y = 34$.

Lösungsweg **C**: Die Anzahl der Kaninchen sei x, die Anzahl der Hühner y. Die Anzahl der Kaninchenbeine ist 4x, die Anzahl der Hühnerbeine ist 2y. Daher sind es zwei Gleichungen in zwei Variablen:
I: $x + y = 35$
II: $4x + 2y = 94$

Aufgabe 3
Zahlenrätsel

- ☐ $(x+7)+x+x+(x+7)=99$
- ☐ $2 \cdot ((x+7)+x)=99$
- ☒ $(x+7) \cdot 10+x+x \cdot 10+(x+7)=99$
- ☒ $(x+7) \cdot 10+x=99-(x \cdot 10+(x+7))$
- ☐ $2 \cdot (10x+7+x)=99$

	Zehnerziffer	Einerziffer	Zahl
1. Zahl	$x+7$	x	$(x+7) \cdot 10+x$
2. Zahl	x	$x+7$	$x \cdot 10+(x+7)$

1. Zahl + 2. Zahl = 99

Aufgabe 4
Lösungen von Gleichungssystemen

Das Gleichungssystem $ax + by = c$ und $dx + ey = f$ hat bei **$a = d$, $b = e$, $c = f$** unendlich viele Lösungen. Die entsprechenden Geraden im Koordinatensystem liegen zueinander **ident**.

- Bei $a = d$, $b = e$, $c \neq f$ hat das Gleichungssystem keine Lösung.
- Im letzten Fall kann keine allgemeingültige Aussage getroffen werden.

Aufgabe 5
Vektoren veranschaulichen

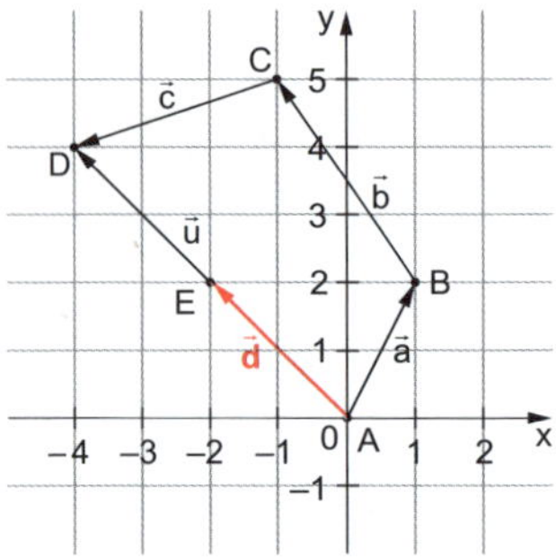

$\vec{a} = \begin{pmatrix} 1 \\ 2 \end{pmatrix}$

$\vec{b} = \begin{pmatrix} -2 \\ 3 \end{pmatrix}$

$\vec{c} = \begin{pmatrix} -3 \\ -1 \end{pmatrix}$

$\vec{u} = \vec{a} + \vec{b} + \vec{c} = \begin{pmatrix} -4 \\ 4 \end{pmatrix}$

$\vec{d} = \frac{1}{2}\vec{u} = \begin{pmatrix} -2 \\ 2 \end{pmatrix}$

- Die drei Vektoren $\vec{a}$, $\vec{b}$ und $\vec{c}$ werden aneinander gezeichnet.
- Der Summenvektor wird halbiert.

Aufgabe 6
Normalvektor

Für Vektoren, die einen rechten Winkel einschließen, gilt $\vec{a} \cdot \vec{b} = 0$.

$\begin{pmatrix} 3 \\ 4 \end{pmatrix} \cdot \begin{pmatrix} -8 \\ 6 \end{pmatrix} = 3 \cdot (-8) + 4 \cdot 6 = 0$

Aufgabe 7
Definition von Winkelfunktionen

Dreieck 1: $\cos\alpha_1 = \frac{f}{e}$ Dreieck 2: $\tan\beta_1 = \frac{h}{g}$

Dreieck 3: $\sin\gamma_2 = \frac{\ell}{k}$ Dreieck 4: $\cos\delta_2 = \frac{a}{b}$

- $\sin\alpha = \frac{\text{Gegenkathete}}{\text{Hypotenuse}}$; $\cos\alpha = \frac{\text{Ankathete}}{\text{Hypotenuse}}$; $\tan\alpha = \frac{\text{Gegenkathete}}{\text{Ankathete}}$

Aufgabe 8
Winkelfunktionen

$\alpha_1 \approx 44{,}43°$

$\alpha_2 \approx 135{,}57°$

- Die Summe beider Winkelgrößen muss 180° ergeben.

Aufgabe 9
Wertetabelle einer reellen Funktion

korrekt	x	y	
☐	–1,5	1	f(–1,5) = –2
☐	–1,5	–1	
☐	4	0	f(4) = 4
☒	3,5	1	f(3,5) = 1
☐	2,5	0,5	f(2,5) ≈ –0,6
☐	0	–4	f(0) = 4

Aufgabe 10
Erhöhung des Arguments um 1

D $f(x+1) = 2 \cdot f(x)$
F $f(x+1) = f(x)$
B $f(x+1) = f(x)+1$
C $f(x+1) = f(x)+2$

$f(x) = x^2 \Rightarrow f(x+1) = (x+1)^2 = x^2+2x+1$
$f(x) = x+2 \Rightarrow f(x+1) = (x+1)+2 = x+3 = (x+2)+1 = f(x)+1$
$f(x) = 2x \Rightarrow f(x+1) = 2(x+1) = 2x+2 = f(x)+2$
$f(x) = 2^x \Rightarrow f(x+1) = 2^{x+1} = 2^x \cdot 2 = f(x) \cdot 2$
$f(x) = \frac{2}{x} \Rightarrow f(x+1) = \frac{2}{x+1}$
$f(x) = 2 \Rightarrow f(x+1) = 2 = f(x)$

Aufgabe 11
Funktionen bewerten

- ☐ In einer Fabrik erhalten die Arbeitnehmerinnen und Arbeitnehmer jeder ein monatliches Fixum und 11 Euro pro Stunde.
- ☐ Die Anreise in den Urlaub hat eine Gesamtlänge von 645 km. Es kann mit einer Durchschnittsgeschwindigkeit von 110 km/h gerechnet werden.
- ☒ Die Arbeiter am Fließband erhalten kein Fixum, aber im ersten Monat 5 Euro pro Stunde, im zweiten 6 Euro, im dritten 7 Euro usw., bis zu einem Höchstwert von 25 Euro pro Stunde.
- ☐ Zu Beginn ist das Pool komplett leer. Durch den Schlauch fließen gleichmäßig 12 ℓ pro Minute in das Becken.
- ☐ Äpfel kosten am Markt 0,99 Euro pro Kilo.
- ☐ Ein Werkstoff hat zu Beginn des Experiments 25 cm Länge und dehnt sich bei Erwärmung um 1° um $\frac{1}{4}$ cm.

Bei der dritten Aussage ist die Zunahme nicht konstant, da ab dem Höchstwert keine weitere Zunahme mehr erfolgt.

Aufgabe 12
Funktionsgraphen und Funktionsgleichungen

F

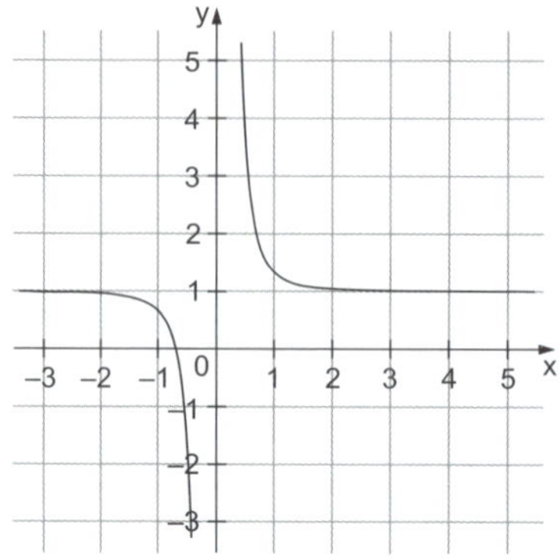

C

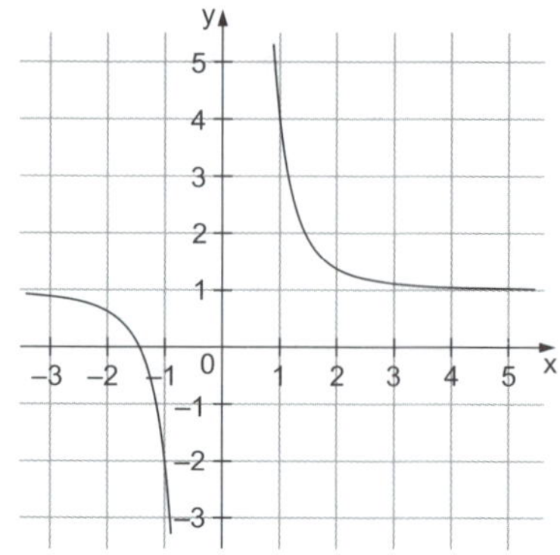

A

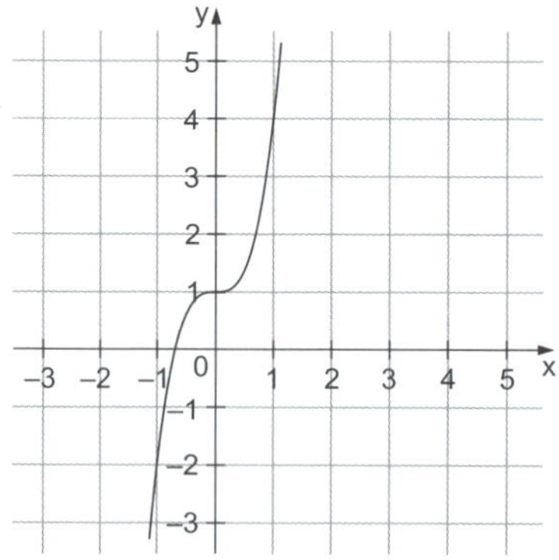

D

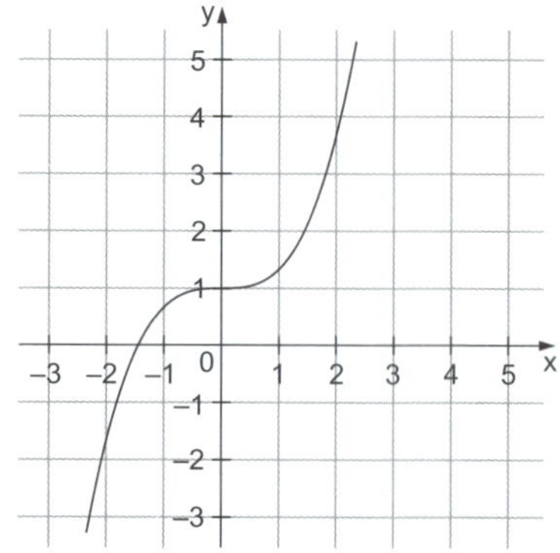

Links sehen Sie den Graphen der Funktion $g(x) = x^{-3}$ in roter Farbe. Die Funktionsgleichung wird nun so verändert, dass die Potenz mit unterschiedlichen Faktoren multipliziert und mit verschiedenen Summanden ergänzt wird. Die zugehörigen Funktionsgraphen sind in unterschiedlichen Linienarten dargestellt.
Rechts sehen Sie dasselbe mit der Funktion $g(x) = x^3$.

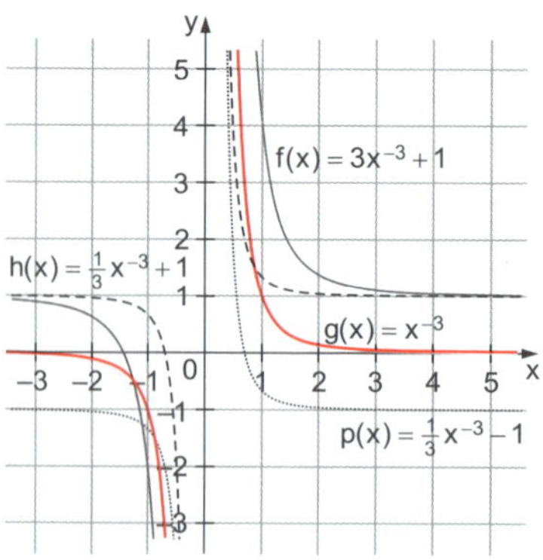

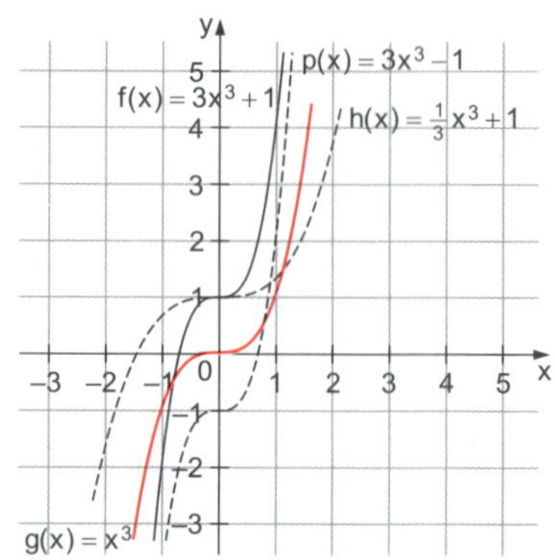

Aufgabe 13
Polynomfunktionen

Der Graph einer Polynomfunktion 4. Grades hat **höchstens** drei **Extremwerte**.

Eine Polynomfunktion n. Grades hat höchstens n Nullstellen. Da die 1. Ableitung den Grad $n-1$ hat, geht es hier um die Nullstellen der Ableitung, also um die Maximalanzahl von Extremwerten.

Aufgabe 14
Chemischer Zerfall

Es sind noch **25 %** oder $\frac{1}{4}$ übrig.

Die Zeitspanne von 10,4 Jahren entspricht der doppelten Halbwertszeit. Vom Stoff ist nach 5,2 Jahren noch die Hälfte, nach 10,4 Jahren also nur die Hälfte von der Hälfte übrig: $\frac{1}{2} \cdot \frac{1}{2} = \frac{1}{4}$

Aufgabe 15
Allgemeine Sinusfunktion

$\mathbf{f_2}$

In der allgemeinen Gleichung $f(x) = a \cdot \sin(bx)$ ist a die Amplitude. Für die kleinste Periode p gilt $p = \frac{2\pi}{b}$. Gefordert ist $a = 3$ und $p = \pi$.

Aufgabe 16
Änderungsmaße einer Funktion

- [x] Die absolute Änderung der Funktion im Intervall [–6; –4] beträgt –3.
- [ ] Die relative Änderung der Funktion im Intervall [–4; 0] bezogen auf den Wert f(–4) ist größer als 0.
- [ ] Der Differenzenquotient der Funktion im Intervall [–5; –2] beträgt $-\frac{1}{3}$.
- [ ] Die durchschnittliche Änderung der Funktion im Intervall [–6; –4] ist positiv.
- [x] Die relative Änderung der Funktion im Intervall [–3; 0] bezogen auf den Wert f(–3) ist kleiner als 0.

$f(-4) - f(-6) = -4 - (-1) = -4 + 1 = -3$

$\frac{f(0) - f(-4)}{f(-4)} = \frac{2 - (-4)}{-4} = \frac{2+4}{-4} = \frac{6}{-4} = -1{,}5 < 0$

$\frac{f(-2) - f(-5)}{-2 - (-5)} = \frac{-2 - (-3)}{-2 + 5} = \frac{-2+3}{3} = \frac{1}{3}$

$\frac{f(-4) - f(-6)}{-4 - (-6)} = \frac{-4 - (-1)}{-4 + 6} = \frac{-4+1}{2} = \frac{-3}{2} < 0$

$\frac{f(0) - f(-3)}{f(-3)} = \frac{2 - (-3)}{-3} = \frac{2+3}{-3} = -\frac{5}{3} < 0$

Aufgabe 17
Ableitung zweier Funktionen

- [x] $f'(x)+g'(x)$
- [ ] $f'(x)\cdot g(x)+f(x)\cdot g'(x)$
- [ ] $\frac{f'(x)\cdot g(x)-f(x)\cdot g'(x)}{[g(x)]^2}$
- [ ] $f'(x)+g(x)+f(x)+g'(x)$
- [ ] $f(x)+g(x)$
- [ ] existiert nicht

Jede Funktion wird für sich abgeleitet.
Die zweite Aussage stellt die Produktregel, die dritte die Quotientenregel dar.

Aufgabe 18
Funktionen

Die Funktion $f(x)=3x^2+6x-4$ ist eine **Stammfunktion** der Funktion $g(x)=\mathbf{6x+6}$.

Die Ableitung der gegebenen Funktion f(x) ist $f'(x)=6x+6$.
Die Ableitung der Funktion $g(x)=x^3+3x^2-4$ ist $g'(x)=3x^2+6x$.

Aufgabe 19
Bewegung eines Körpers

$$W=\int_0^7 F(s)\,ds=\int_0^7 \sqrt{5s}\,ds=\sqrt{5}\cdot\frac{2}{3}\cdot s^{\frac{3}{2}}\Big|_0^7=\sqrt{5}\cdot\frac{2}{3}\cdot(7^{\frac{3}{2}}-0^{\frac{3}{2}})\approx \mathbf{27{,}61\ J}\text{ (Joule)}$$

Es ist $\sqrt{s}=s^{\frac{1}{2}}$.

Aufgabe 20
Befragung

- [ ] Die Anzahl der Haustiere der befragten Personen liegt bei durchschnittlich zwei.
- [x] Rund 42 % der befragten Personen haben zwei Haustiere.
- [x] Mehr als 50 % der befragten Personen haben zwei oder mehr Haustiere.
- [ ] Der Anteil der befragten Personen ohne Haustier beträgt 30 %.
- [x] Mehr als drei Viertel der befragten Personen haben höchstens zwei Haustiere.

Das arithmetische Mittel ist: $\overline{x}=\frac{1+2+1+7+3+2+2+2+2}{12}=\frac{22}{12}\approx 1{,}8$

Aufgabe 21
Schularbeitsergebnis

Hätten die zwei fehlenden SchülerInnen …

- ☒ … ein „Gut“ und ein „Befriedigend“ bekommen, würde der Median gleich bleiben.
- ☒ … ein „Nicht genügend“ bekommen, wäre der Median $x_{med} = 3$.
- ☐ … ein „Nicht genügend“ bekommen, wäre das arithmetische Mittel $\overline{x} \approx 3,5$.
- ☒ … ein „Gut“ und ein „Befriedigend“ bekommen, würde das arithmetische Mittel kleiner.
- ☒ … ein „Befriedigend“ bekommen, wäre der Median $x_{med} = 3$.

Wenn die zwei fehlenden SchülerInnen ein „Nicht genügend“ bekommen, haben nur 9 von 19 SchülerInnen die Note „Gut“ oder „Sehr gut“, also wäre der Median $x_{med} = 3$; für das arithmetische Mittel ergäbe sich:

$$\overline{x} = \frac{17 \cdot 3 + 5 + 5}{19} = \frac{61}{19} \approx 3,2$$

Analog ergibt sich bei „Gut“ und „Befriedigend“:

$$\overline{x} = \frac{17 \cdot 3 + 2 + 3}{19} = \frac{56}{19} \approx 2,9 < 3$$

Aufgabe 22
Ziehen aus der Urne

Aus einer Urne mit 10 Kugeln, **4 rote, 5 grüne und 1 blaue**, werden die **blauen** Kugeln gezogen.

$10 \cdot 0,1 = 1$, also muss es eine Farbe mit genau 1 Kugel geben.

Aufgabe 23
Nobelrestaurant

Erwartungswert $E(X) = n \cdot p = 6 \cdot 0,06 =$ **0,36**

Es werden $n = 6$ Reservierungen angenommen, von denen jede mit einer Wahrscheinlichkeit von $p = 0,06$ nicht wahrgenommen wird.

Aufgabe 24
Fischteich

ca. **5,59 %**

Mit $n = 250$, $k = 125$ und $p = 0,45$ liefert die Standardisierungsformel:

$$z = \frac{125 - 250 \cdot 0,45}{\sqrt{250 \cdot 0,45 \cdot (1 - 0,45)}} \approx 1,589$$

Damit folgt:

$$\begin{aligned} P(\text{mindestens 125 Tiere befallen}) &= 1 - P(\text{weniger als 125 Tiere befallen}) \\ &\approx 1 - \Phi(1,589) \approx 1 - 0,9441 = 0,0559 \\ &= 5,59\,\% \end{aligned}$$

Aufgabe 1
Lösungen einer quadratischen Gleichung

Gegeben ist eine quadratische Gleichung der Form $ax^2 + bx + c = 0$ mit $a \neq 0$.

Aufgabenstellung: Kreuzen Sie die beiden zutreffenden Aussagen an!

- ☐ Die Gleichung hat immer Lösung(en) in $\mathbb{R}$.
- ☐ Es gibt entweder gar keine, genau eine oder unendlich viele Lösungen in $\mathbb{R}$.
- ☒ Es gibt entweder genau eine, genau zwei oder gar keine Lösung in $\mathbb{R}$.
- ☐ Es muss immer zumindest eine reelle Lösung geben.
- ☒ Die Gleichung hat immer Lösung(en) in $\mathbb{C}$.

Aufgabe 2
Gekochtes Gemüse

Gemüse verliert beim Kochen $\frac{1}{10}$ seines Volumens, weil ein Teil des enthaltenen Wassers verdampft.

Aufgabenstellung: Stellen Sie eine Gleichung für das Volumen des gekochten Gemüses auf, die diesen Sachverhalt mathematisch beschreibt!

Aufgabe 3
Lineare Gleichungen

Zu jeder gegebenen Gleichung passt genau ein Objekt (Graph, Punkt des Graphen oder Interpretation).

Aufgabenstellung: Ordnen Sie jeder Gleichung das entsprechende Objekt zu!

A

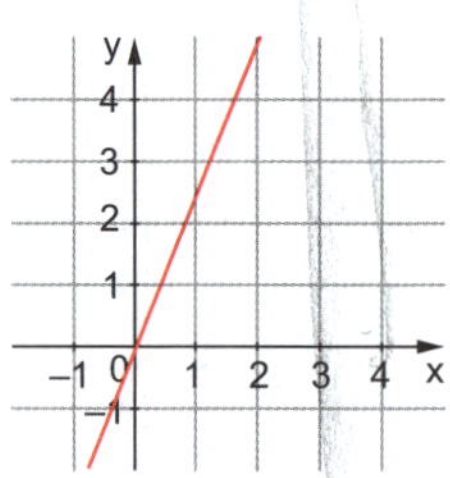

B

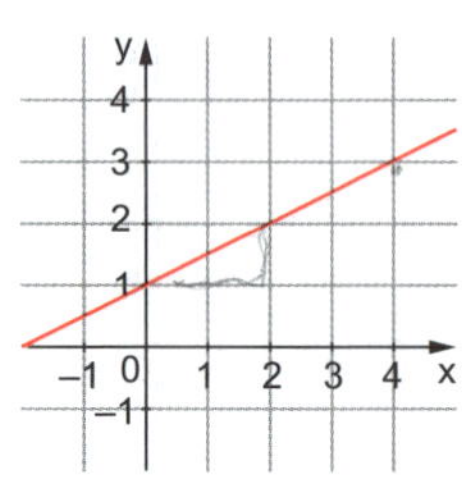

C P(4 | 5) liegt auf dem Graphen.

D Die Steigung beträgt –1.

E Die Steigung beträgt $-\frac{1}{2}$.

F Die Größen x und y stehen in einem direkt proportionalen Verhältnis.

$-x + 2y = 2$	$5x - 2y = 10$	$x + y = 5$	$7y = 3x$
☐	☐	☐	☐

Aufgabe 4
Lösungsmenge quadratischer Gleichungen

Gegeben sind quadratische Gleichungen, verschiedene Zahlenmengen als Grundmenge sowie die Lösungsmenge.

Aufgabenstellung: Kreuzen Sie je eine der angegebenen Möglichkeiten so an, dass eine mathematisch korrekte Aussage entsteht!

Die Gleichung ① hat in der Grundmenge der ② die Lösungsmenge $L = \{-2\}$.

①
- ☒ $3x^2 + x - 10 = 0$
- ☐ $\frac{x^2}{4} + \frac{x}{2} = 0$
- ☐ $3x^2 = 12$

②
- ☐ reellen Zahlen
- ☒ ganzen Zahlen
- ☐ rationalen Zahlen

Aufgabe 5
Gleichungssysteme

Gegeben sind Gleichungssysteme in zwei Variablen und Grafiken zweier Geraden.

Aufgabenstellung: Ordnen Sie den Grafiken die entsprechenden Gleichungssysteme zu!

A

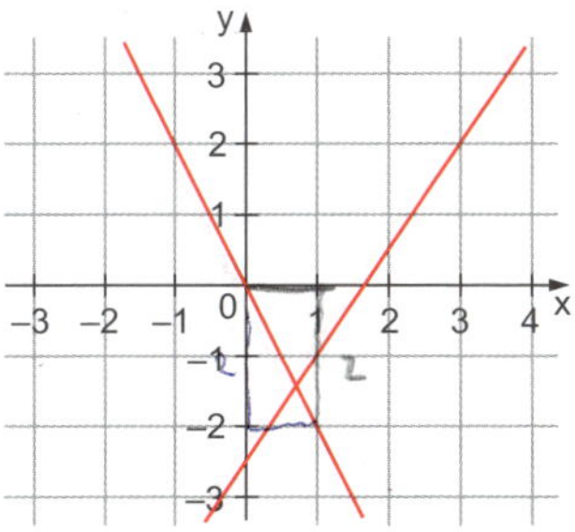

B

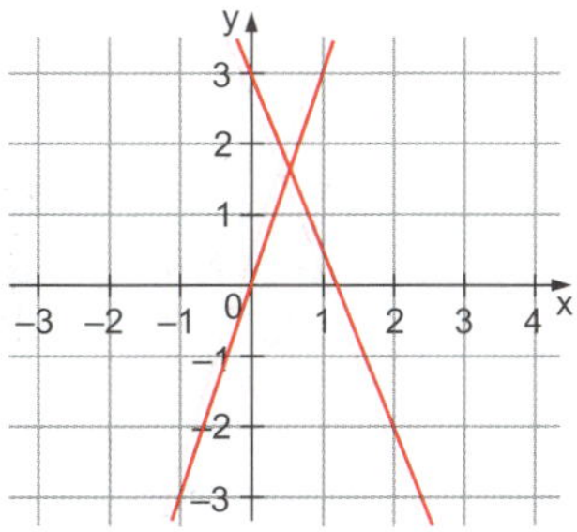

C

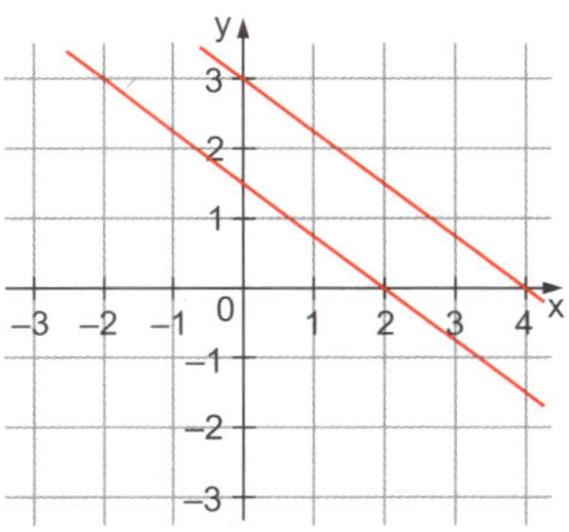

D

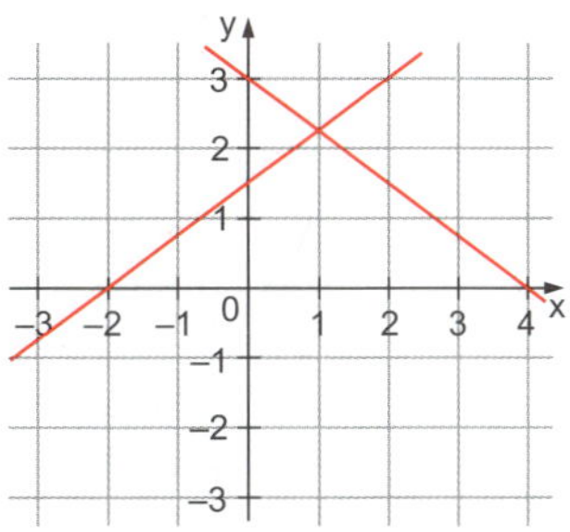

- ☐ I: $y = -\frac{2}{5}x + 3$
  II: $y = \frac{1}{3}x$
- ☐ I: $-2x + 3y = 5$
  II: $2x + y = 0$
- ☐ I: $y = -2{,}5x + 3$
  II: $y = 3x$
- ☐ I: $3x - 2y = 5$
  II: $2x + y = 0$
- ☐ I: $-3x + 4y = 6$
  II: $1{,}5x + 2y = 6$
- ☐ I: $3x + 4y = 6$
  II: $1{,}5x + 2y = 6$

Aufgabe 6
Container

Auf ein Schiff werden Waren in drei unterschiedliche Typen von Containern geladen. Es gibt die kleinen 20-Fuß-Container, die Standard 40-Fuß-Container und die High-Cube-Container.

Der Vektor $C = \begin{pmatrix} 33{,}3 \\ 67{,}7 \\ 76{,}3 \end{pmatrix}$ gibt das Volumen der drei Container in m^3 an.

Der Vektor $Z = \begin{pmatrix} 105 \\ 304 \\ z \end{pmatrix}$ gibt die Anzahl der Container pro Typ an.

Die Container haben insgesamt ein Volumen von rund 27 000 m^3.

Aufgabenstellung: Berechnen Sie, wie viele High-Cube-Container geladen wurden!

Aufgabe 7
Skalarmultiplikation

Gegeben sind zwei Vektoren $\vec{a} = \begin{pmatrix} x_a \\ y_a \end{pmatrix}$ und $\vec{b} = \begin{pmatrix} x_b \\ y_b \end{pmatrix}$.

Aufgabenstellung: Wie wird die Skalarmultiplikation der beiden Vektoren berechnet? Kreuzen Sie die beiden zutreffenden Aussagen an!

$x_a \cdot x_b + y_a \cdot y_b$	$\begin{pmatrix} x_a \cdot x_b \\ y_a \cdot y_b \end{pmatrix}$	$x_a \cdot x_b - y_a \cdot y_b$	$\sqrt{x_a \cdot x_b + y_a \cdot y_b}$	$\begin{pmatrix} x_a \\ y_a \end{pmatrix} \cdot \begin{pmatrix} x_b \\ y_b \end{pmatrix}$
☒	☒	☐	☐	☒

Aufgabe 8
Würfel

Gegeben ist ein Würfel mit der Seitenlänge a.

Aufgabenstellung: Geben Sie im rechtwinkligen Dreieck ACG drei Möglichkeiten an, φ mittels Winkelfunktionen zu berechnen!

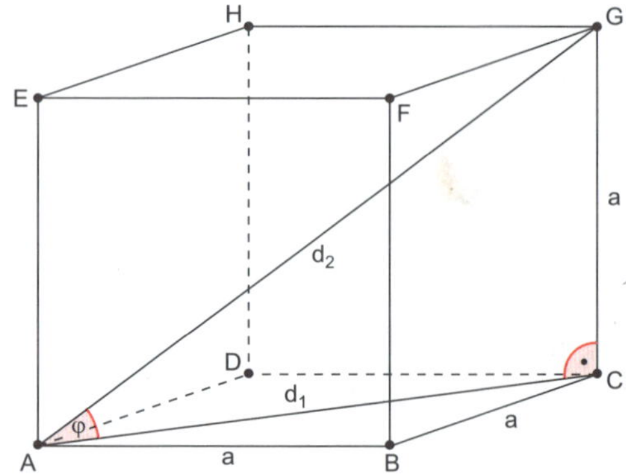

Aufgabe 9
Funktionale Zuordnungen erkennen

Die jeweils zweite Größe steht in Abhängigkeit zur ersten. Bei welchen der gegebenen Zusammenhänge kann von einer Funktion gesprochen werden?

Aufgabenstellung: Kreuzen Sie die zutreffende(n) Zuordnung(en) an!

- ☒ Person ↦ Schuhgröße
- ☒ Jedem Staat wird seine Verschuldung zugeordnet.
- ☐ Jedem Betrag wird die Person zugeordnet, die diesen Betrag verdient.
- ☐ Geburtstag ↦ Person
- ☒ Person ↦ Geburtstag

Aufgabe 10
Formeln mit mehreren Variablen

Gegeben ist die Formel $x = \frac{5st^2}{ru^2}$ mit r, s, t, $u \in \mathbb{R}^+$. Sind die Variablen – bis auf eine – konstant, so ist x nur von dieser einen Variablen abhängig und kann als Funktion dieser Variablen aufgefasst werden.

Aufgabenstellung: Welcher Funktionstyp entspricht welchem Graphen? Tragen Sie die Buchstaben in die Kästchen der zutreffenden Bedingungen für die Variablen ein!

A

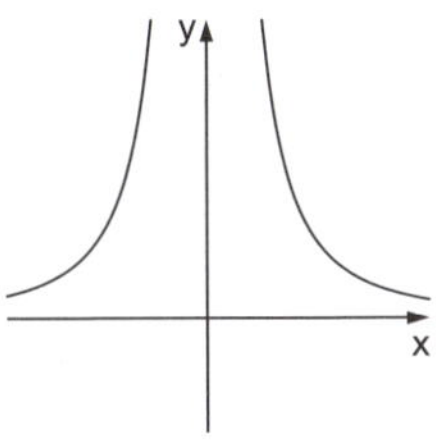

B

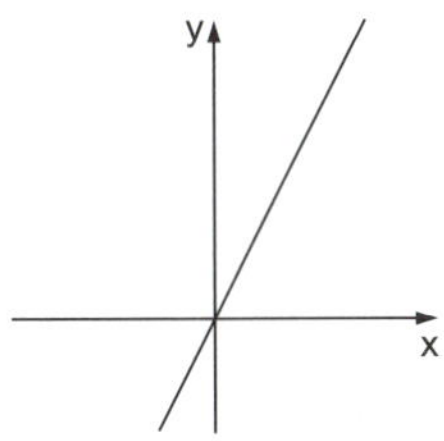

C

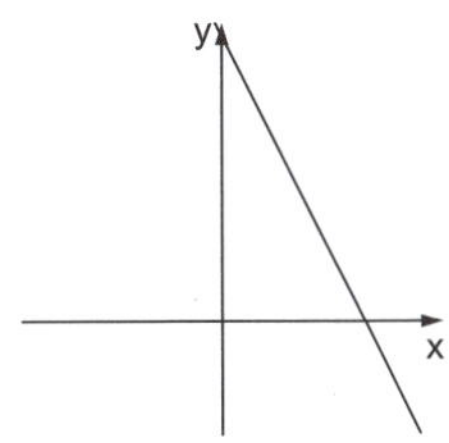

D

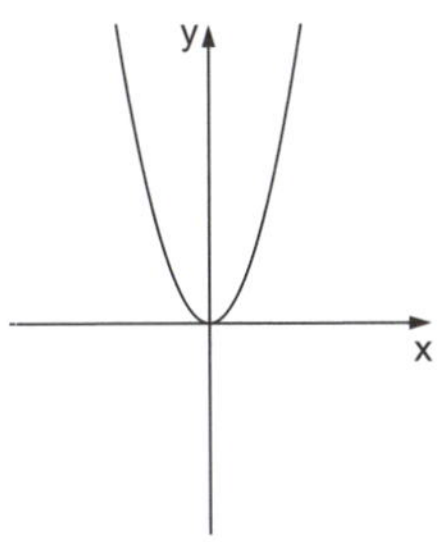

E

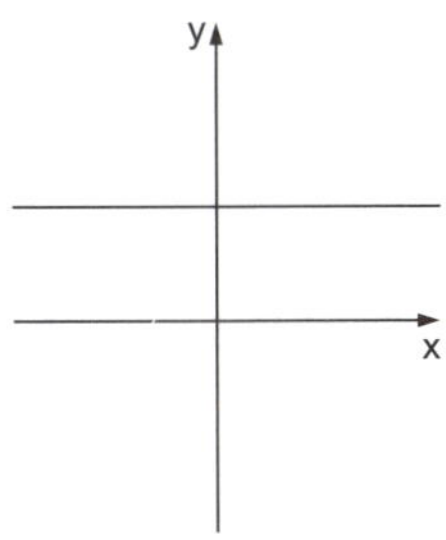

F

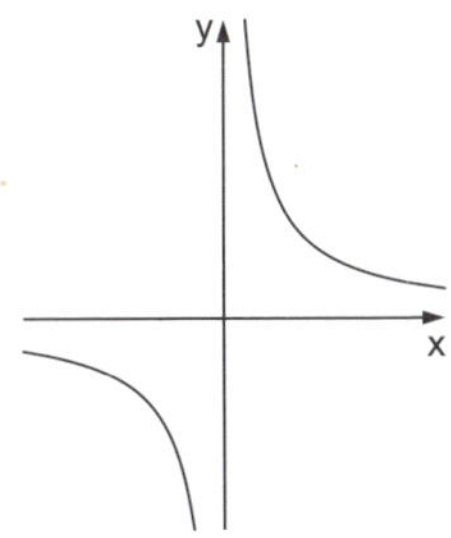

r, t, u sind konstant, $x = f(s)$	r, s, u sind konstant, $x = f(t)$	s, t, u sind konstant, $x = f(r)$	r, s, t sind konstant, $x = f(u)$
☐	☐	☐	☐

B D F A

Aufgabe 11
Bremsvorgang

Bei einem gleichmäßigen Bremsvorgang kann mit der Formel $v = v_0 - b \cdot t$ die Geschwindigkeit des Fahrzeuges in Abhängigkeit der Zeit bestimmt werden.

Aufgabenstellung: Zeichnen Sie den zugehörigen Funktionsgraphen für $v_0 = 135$ km/h, $b = 15$ km/h (pro Sekunde), bis das Fahrzeug zum Stillstand gekommen ist!

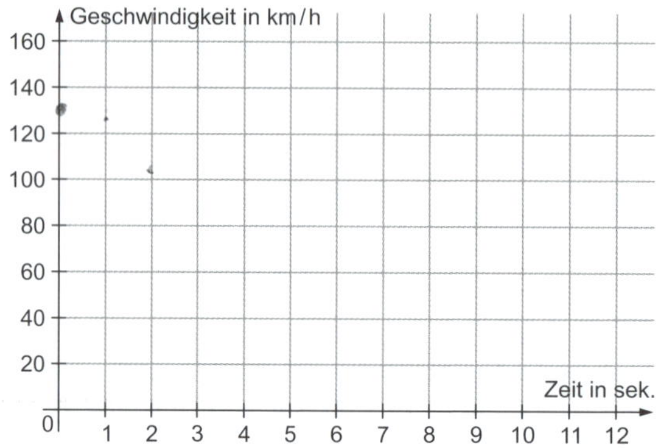

Aufgabe 12
Potenzfunktionen

Gegeben sind sechs Gleichungen von Potenzfunktionen.

Aufgabenstellung: Kreuzen Sie jene Funktionsgleichung an, die weder das Wertepaar (0|0) noch das Wertepaar (1|1) enthält!

$f(x) = x^2$	$g(x) = x^3$	$h(x) = x^{-2}$	$p(x) = -x^{-2}$	$q(x) = -x^2$	$r(x) = x^{0,5}$
☐	☐	☐	☐	☐	☐

Aufgabe 13
Kubische Funktion

Gegeben ist die Funktionsgleichung $f(x) = a \cdot x^3 + b$ mit $a, b \in \mathbb{R}$.

Aufgabenstellung: Vervollständigen Sie den folgenden Satz so, dass er mathematisch korrekt ist!

Ist ①, dann ist der zugehörige Funktionsgraph im Vergleich zum Graphen von $g(x) = x^3$ stets ②.

①		②	
☐	$a < 0$ und $b < 0$	☐	breiter und in den positiven y-Bereich verschoben
☐	$a < 0$ und $b > 0$	☐	schmäler und in den negativen y-Bereich verschoben
☐	$a > 1$ und $b < 0$	☐	gespiegelt an der x-Achse und breiter

Aufgabe 14
Polynomfunktionen

Gegeben sind die Graphen von drei Polynomfunktionen:

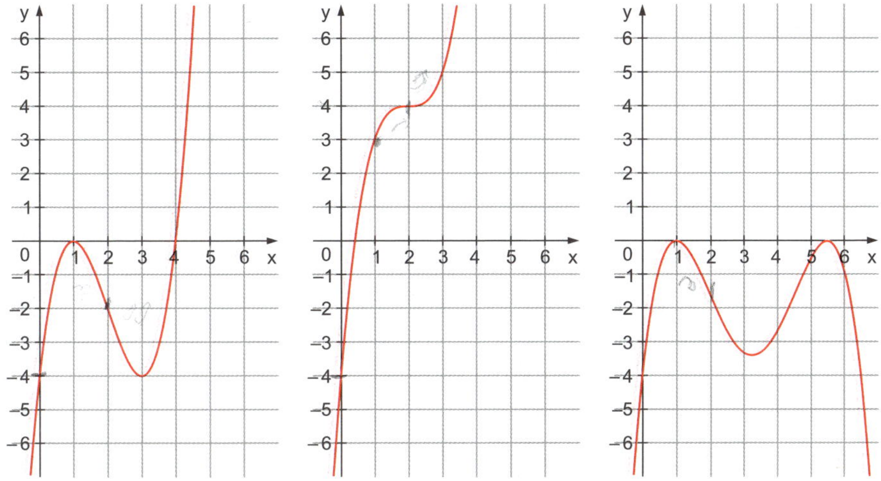

Aufgabenstellung: Welche Eigenschaften gelten für alle drei Graphen? Kreuzen Sie die Aussage/n an, die für alle drei Graphen zutrifft/zutreffen!

- ☐ An der Stelle $x = 1$ befindet sich eine Nullstelle.
- ☐ Im Intervall $(2; \infty)$ ist die Funktion positiv gekrümmt.
- ☐ Die y-Achse wird bei $y = -4$ geschnitten.
- ☐ An der Stelle $x = 2$ ändert sich das Krümmungsverhalten.
- ☐ Im Intervall $(-\infty; 1)$ ist die Funktion streng monoton steigend.

Aufgabe 15
Polynomfunktion

Gegeben ist der Graph einer Polynomfunktion.

Aufgabenstellung: Kreuzen Sie je eine der angegebenen Möglichkeiten so an, dass eine mathematisch korrekte Aussage entsteht!

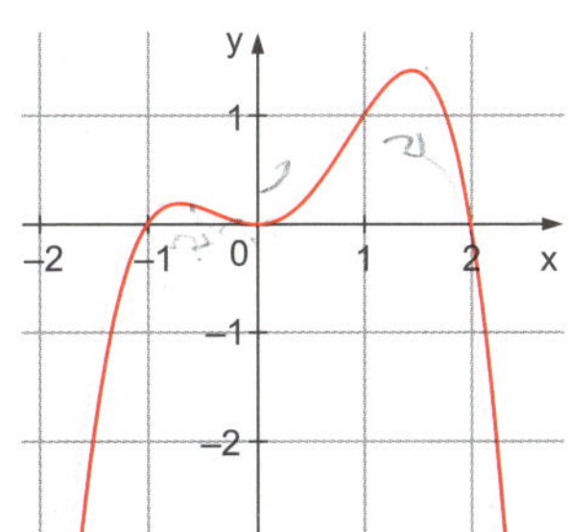

Die Abbildung zeigt eine Polynomfunktion, die zwei ① besitzt und deren ② sich dreimal ändert.

①		②	
☐	Nullstellen	☐	Monotonieverhalten
☐	Extremwerte	☐	Vorzeichen der y-Werte
☐	Wendepunkte	☐	Krümmungsverhalten

Aufgabe 16
Allgemeine Sinusfunktion

Gegeben sind die Graphen der Funktionen:
$f(x) = \sin x$, $g(x) = \sin(tx)$, $h(x) = t \cdot \sin x$ mit $t > 1$

Aufgabenstellung: Beschriften Sie die Graphen!

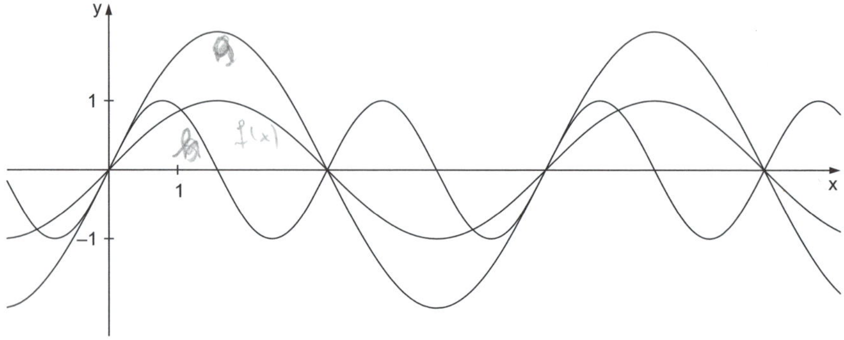

Aufgabe 17
Tauchsicherheit

Beim Tauchen nimmt der Druck (p in bar) unter Wasser mit steigender Tiefe (t in m) zu. Die Funktion p(t) beschreibt diesen Zusammenhang.

Aufgabenstellung: Interpretieren Sie die Ausdrücke $p(35) - p(17)$ sowie $\frac{p(35) - p(17)}{p(17)}$ in diesem Zusammenhang!

Aufgabe 18
Ableitung von Polynomfunktionen

Gegeben ist die Polynomfunktion $f(x) = 3x^2 + 5x - 3$.

Aufgabenstellung: Geben Sie die Ableitungsfunktionen f'(x) und f''(x) an!

f'(x) = 6x + 5 ; f''(x) = 6

Aufgabe 19
Spezielle Punkte einer Funktion

Gegeben sind Begriffe zu Funktionen.

Aufgabenstellung: Vervollständigen Sie den Satz so, dass er mathematisch korrekt ist!

Hat die Ableitungsfunktion f'(x) an einer Stelle ①, dann kann die Funktion f(x) an dieser Stelle ② haben.

①		②	
☐	ein Extremum	☐	keinen Wendepunkt
☐	eine Lücke	☐	keine Nullstelle
☒	eine Nullstelle	☒	ein Extremum

Aufgabe 20
Flächenberechnung

Der Graph der Funktion f schließt mit der x-Achse im Intervall [a; b] ein Flächenstück ein. Der Flächeninhalt A des beschriebenen Flächenstücks wird von A_4 angenähert (färbig markierte Fläche in der Grafik):

$A_4 = \Delta x \cdot f(x_1) + \Delta x \cdot f(x_2) + \Delta x \cdot f(x_3) + \Delta x \cdot f(x_4)$

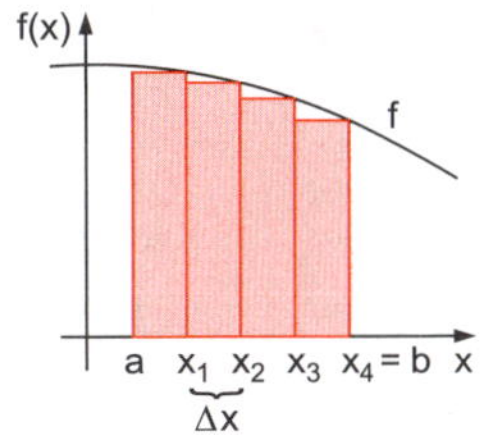

Aufgabenstellung: Kreuzen Sie die zutreffende(n) Aussage(n) an!

☐ Die Variable Δx ist die gleichbleibende „Breite der Rechteckstreifen" bei einer Unterteilung des Intervalls [a; b] in vier Teilintervalle.

☐ Wird im Intervall [a; b] die Anzahl der Teilintervalle $[x_i; x_{i+1}]$ verdoppelt, dann wird der Wert von Δx halbiert.

☐ Die Variable Δx bleibt bei unterschiedlichen Unterteilungen des Intervalls [a; b] gleich groß.

☐ Wird im Intervall [a; b] die Anzahl der Teilintervalle $[x_i; x_{i+1}]$ verdoppelt, dann liegt der Flächeninhalt $A_8 = \Delta x \cdot f(x_1) + \Delta x \cdot f(x_2) + \ldots + \Delta x \cdot f(x_8)$ näher beim Flächeninhalt A des Flächenstücks unter der Kurve.

☐ Die Werte $f(x_i)$ sind die „Höhen der Rechteckstreifen" und bleiben bei verschiedenen Unterteilungen des Intervalls [a; b] gleich.

Aufgabe 21
Gehälter

Der Boxplot in der Abbildung gibt einen Überblick über das Bruttojahreseinkommen der Angestellten eines Unternehmens in Euro:

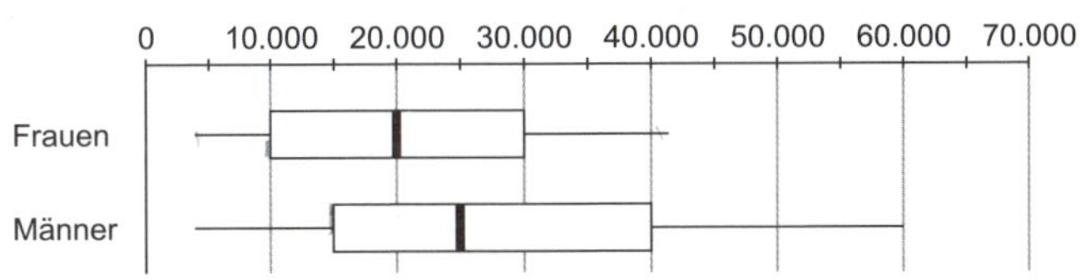

Aufgabenstellung: Welche der folgenden Aussagen stimmen mit der Grafik überein? Kreuzen Sie die zutreffende(n) Aussage(n) an!

☐ 25 % der Frauen verdienen weniger als 10.000 Euro im Jahr.

☐ Das bestverdienende Viertel der Männer verdient jährlich zwischen 40.000 Euro und 60.000 Euro.

☐ Das arithmetische Mittel beim Jahreseinkommen der Frauen beträgt 20.000 Euro.

☐ 75 % der Männer verdienen mindestens 15.000 Euro im Jahr.

☐ Die Spannweite beim Verdienst der Männer ist größer als beim Verdienst der Frauen.

Aufgabe 22
Zwei Würfel

Beim ersten Zufallsversuch wird ein Würfel zweimal hintereinander geworfen. Ein zweiter Zufallsversuch besteht darin, zwei nicht unterscheidbare Würfel gleichzeitig zu werfen.

Aufgabenstellung:

a) Wie unterscheiden sich die Versuchsausfälle des ersten vom zweiten Zufallsversuch?

b) Geben Sie den Grundraum Ω_1 sowie Ω_2 der beiden Zufallsversuche an!

Aufgabe 23
Zusammengesetzte Wahrscheinlichkeit

Eine Untersuchung über das Fernsehverhalten von SchülerInnen kam zu folgendem Ergebnis: 76 % der SchülerInnen aus dem Burgenland (100 Befragte), 82 % der SchülerInnen in Niederösterreich (150 Befragte) und 67 % der SchülerInnen in Wien (250 Befragte) sehen täglich zwei oder mehr Stunden fern.

Aufgabenstellung: Ermitteln Sie die Wahrscheinlichkeit, mit der einer der befragten Jugendlichen täglich zwei oder mehr Stunden fern sieht!

p= ________ %

Aufgabe 24
Varianz und Standardabweichung einer binomialverteilten Zufallsgröße

Gegeben ist eine binomialverteilte Zufallsgröße X, der Stichprobenumfang n=25 und die Wahrscheinlichkeit p=0,25.

Aufgabenstellung: Berechnen Sie den Erwartungswert sowie die Varianz und die Standardabweichung dieser binomialverteilten Zufallsgröße!

$\mu = n \cdot p = 25 \cdot 0,25$

Hinweise und Tipps

Aufgabe 1

- Denken Sie an die Lösungsformeln von quadratischen Gleichungen. Die Diskriminante gibt Aussage über die Lösung.
- In welcher Zahlenmenge kann die Wurzel aus negativen Zahlen bestimmt werden?

Aufgabe 2

- Wie hängt das Volumen des gekochten Gemüses von dem des rohen ab?

Aufgabe 3

- Formen Sie die Gleichungen auf die bekannte Form $y = kx + d$ um und versuchen Sie aufgrund der Parameter k und d die Geraden zuzuordnen.

Aufgabe 4

- Lösen Sie die drei Gleichungen.

Aufgabe 5

- Die Grafiken **A**, **B**, **D** zeigen jeweils einen Schnittpunkt, d. h., die Gleichungen dürfen (eventuell nach Umformung) nicht ident sein (idente Lage) bzw. die Koeffizienten von x und y dürfen (eventuell nach Umformung) nicht ident sein (parallele Lage).
- Formen Sie die Gleichungen in die Darstellung $y = k \cdot x + d$ um, so können Sie die Geraden besser ablesen, nämlich d auf der y-Achse, k mithilfe des Steigungsdreiecks („1 rüber in x-Richtung und k hinauf bzw. hinunter parallel zur y-Achse").

Aufgabe 6

- Stellen Sie eine Gleichung für die Unbekannte z auf und lösen Sie diese.
- Was wird durch das skalare Produkt $Z \cdot C$ berechnet?

Aufgabe 7

- Die Skalarmultiplikation ist die Multiplikation zweier Vektoren und liefert eine Zahl.

Aufgabe 8

- Benützen Sie Sinus, Cosinus und Tangens.

Aufgabe 9

- Überlegen Sie, ob die Zuordnungen eindeutig sind, d. h., ob für die erste Größe genau eine zweite Größe existiert.
- Ein Beispiel: Die Zuordnung Auto $\mapsto$ PS ist eindeutig und daher eine Funktion, weil jedes Auto genau eine PS-Anzahl hat.

Aufgabe 10

- Setzen Sie die konstanten Variablen z. B. alle gleich 1.

Aufgabe 11

- Formen Sie die Gleichung zu $v = -bt + v_0$ um. Welcher Wert entspricht nun der „Steigung“, welcher Wert dem Parameter d einer Geraden?
- t ist die veränderliche Größe, daher ist b als Koeffizient von t die „Steigung“.

Aufgabe 12

- Denken Sie an die Funktionsgraphen oder setzen Sie die Wertepaare in die Funktionsgleichungen ein.

Aufgabe 13

- Skizzieren Sie die Funktion $f(x) = x^3$ und wählen Sie beliebige Werte für a und b, um die Veränderung zu erkennen.

Aufgabe 14

- Bei den Wendepunkten ändert sich das Krümmungsverhalten.

Aufgabe 15

- Was passiert bei einem Extremwert bzw. bei einem Wendepunkt?

Aufgabe 16

- Wie gehen die Graphen zu g und h aus dem Graphen zu f hervor?

Aufgabe 17

- p(t) gibt den Wasserdruck in t Meter Tiefe an.

Aufgabe 18

- Verwenden Sie die Summenregel, die Potenzregel und die Regel für konstante Faktoren.

Aufgabe 19

- Wie finden bzw. berechnen Sie ein Extremum, einen Wendepunkt, eine Nullstelle?
- Achten Sie auf das Wort „kann“.

Aufgabe 20

- Wie hängt Δx mit der Anzahl der Teilintervalle zusammen?
- Wenn die Anzahl der Teilintervalle verdoppelt wird, muss jedes Teilintervall halbiert werden. Wie wirkt sich dies auf die Höhe der Rechteckstreifen aus?

Aufgabe 21

- Lesen Sie aus dem Kastenschaubild jeweils die Quartile, den Median und die Spannweite ab.

Aufgabe 22

- Nur bei einem der beiden Zufallsversuche kommt es auf die Reihenfolge an.

Aufgabe 23

- Berechnen Sie, wie viele SchülerInnen insgesamt befragt wurden. Welcher Prozentsatz hiervon sieht täglich zwei oder mehr Stunden fern?

Aufgabe 24

- Für den Erwartungswert und die Varianz binomialverteilter Zufallsgrößen gibt es einfache Formeln.

Lösungsvorschlag

Aufgabe 1
Lösungen einer quadratischen Gleichung

☐ Die Gleichung hat immer Lösung(en) in $\mathbb{R}$.
☐ Es gibt entweder gar keine, genau eine oder unendlich viele Lösungen in $\mathbb{R}$.
☒ Es gibt entweder genau eine, genau zwei oder gar keine Lösung in $\mathbb{R}$.
☐ Es muss immer zumindest eine reelle Lösung geben.
☒ Die Gleichung hat immer Lösung(en) in $\mathbb{C}$.

$ax^2+bx+c=0$

Lösungsformel: $x_{1,2}=\frac{-b\pm\sqrt{b^2-4ac}}{2a}$

Wenn die Diskriminante (Ausdruck unter der Wurzel)

- $b^2-4ac<0$ ist, dann kann nur in $\mathbb{C}$ die Wurzel gezogen werden, in $\mathbb{R}$ gibt es keine Lösung.
- $b^2-4ac=0$ ist, dann ist die Wurzel 0 und es gibt nur eine Lösung der quadratischen Gleichung, nämlich $\frac{-b}{2a}$.
- $b^2-4ac>0$ ist, dann kann die Wurzel in $\mathbb{R}$ (und in $\mathbb{C}$) gezogen werden und es gibt in $\mathbb{R}$ (und in $\mathbb{C}$) zwei Lösungen.

Aufgabe 2
Gekochtes Gemüse

$V_{gek}=V_{roh}-\frac{1}{10}V_{roh}$ oder $V_{gek}=\frac{9}{10}V_{roh}$

Weil $\frac{1}{10}$ des Volumens verloren geht, muss vom Ausgangsvolumen $\frac{1}{10}$ abgezogen werden. Alternativ: Bei Verlust von $\frac{1}{10}$ bleiben $\frac{9}{10}$ des Volumens übrig.

Aufgabe 3
Lineare Gleichungen

$-x+2y=2$	$5x-2y=10$	$x+y=5$	$7y=3x$
B	C	D	F

Bei **A** ist die Gerade mit der Gleichung $y=2{,}5x$ dargestellt.
Keine Gleichung stellt eine Gerade mit der Steigung $-\frac{1}{2}$ dar.

Aufgabe 4
Lösungsmenge quadratischer Gleichungen

Die Gleichung $\mathbf{3x^2+x-10=0}$ hat in der Grundmenge der **ganzen Zahlen** die Lösungsmenge $L=\{-2\}$.

Die zweite Lösung dieser Gleichung ist $x=\frac{5}{3}$, also rational und reell, aber nicht ganz.
Die Gleichung $\frac{x^2}{4}+\frac{x}{2}=0$ hat die Lösungsmenge $L=\{-2;0\}$, für die Gleichung $3x^2=12$ gilt $L=\{-2;2\}$. In beiden Fällen besteht daher die Lösungsmenge auch bei der Grundmenge der ganzen Zahlen nicht nur aus –2.

Aufgabe 5
Gleichungssysteme

☐ I: $y = -\frac{2}{5}x + 3$
II: $y = \frac{1}{3}x$

☐ I: $-2x + 3y = 5$
II: $2x + y = 0$

B I: $y = -2{,}5x + 3$
II: $y = 3x$

A I: $3x - 2y = 5$
II: $2x + y = 0$

D I: $-3x + 4y = 6$
II: $1{,}5x + 2y = 6$

C I: $3x + 4y = 6$
II: $1{,}5x + 2y = 6$

Die beiden Geraden zu $y = \frac{1}{3}x$ und zu $-2x + 3y = 5$ (die man äquivalent zu $y = \frac{2}{3}x + \frac{5}{3}$ umformen kann) sind nicht dargestellt.

Aufgabe 6
Container

Es wurden **38** High-Cube-Container geladen.

Es soll $Z \cdot C = 27\,000$ gelten:

$$105 \cdot 33{,}3 + 304 \cdot 67{,}7 + z \cdot 76{,}3 = 27\,000 \quad \Leftrightarrow \quad 24077{,}3 + 76{,}3z = 27\,000$$
$$76{,}3z = 2922{,}7$$
$$z \approx 38{,}3$$

Aufgabe 7
Skalarmultiplikation

$x_a \cdot x_b + y_a \cdot y_b$	$\begin{pmatrix} x_a \cdot x_b \\ y_a \cdot y_b \end{pmatrix}$	$x_a \cdot x_b - y_a \cdot y_b$	$\sqrt{x_a \cdot x_b + y_a \cdot y_b}$	$\begin{pmatrix} x_a \\ y_a \end{pmatrix} \cdot \begin{pmatrix} x_b \\ y_b \end{pmatrix}$
☒	☐	☐	☐	☒

Die Definition der Skalarmultiplikation lautet: $\begin{pmatrix} x_a \\ y_a \end{pmatrix} \cdot \begin{pmatrix} x_b \\ y_b \end{pmatrix} = x_a \cdot x_b + y_a \cdot y_b$

Aufgabe 8
Würfel

$\sin \varphi = \frac{a}{d_2}$ oder $\varphi = \arcsin \frac{a}{d_2}$

$\cos \varphi = \frac{d_1}{d_2}$ oder $\varphi = \arccos \frac{d_1}{d_2}$

$\tan \varphi = \frac{a}{d_1}$ oder $\varphi = \arctan \frac{a}{d_1}$

a ist die Gegenkathete, d_1 die Ankathete und d_2 die Hypotenuse.

Aufgabe 9
Funktionale Zuordnungen erkennen

☒ Person $\mapsto$ Schuhgröße
☒ Jedem Staat wird seine Verschuldung zugeordnet.
☐ Jedem Betrag wird die Person zugeordnet, die diesen Betrag verdient.
☐ Geburtstag $\mapsto$ Person
☒ Person $\mapsto$ Geburtstag

Verschiedene Personen können denselben Betrag verdienen bzw. am selben Tag Geburtstag haben. Daher sind diese Zuordnungen nicht eindeutig.

Aufgabe 10
Formeln mit mehreren Variablen

r, t, u sind konstant, $x = f(s)$	r, s, u sind konstant, $x = f(t)$	s, t, u sind konstant, $x = f(r)$	r, s, t sind konstant, $x = f(u)$
B	D	F	A

Zu **C** gehört $y = k \cdot x + d$ mit $k < 0$ und $d > 0$, zu **E** gehört $y = c$ mit $c > 0$.

Aufgabe 11
Bremsvorgang

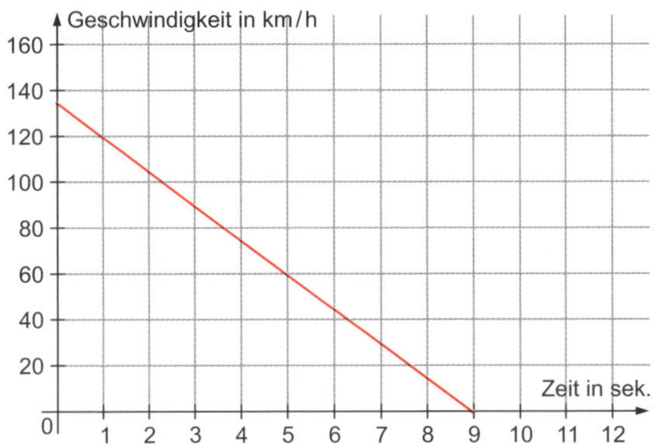

$y = k \cdot x + d$ mit $k = -b = -15$ und $d = v_0 = 135$: Nach 1 Sekunde ist das Fahrzeug um 15 km/h langsamer, fährt also nur mehr 120 km/h.

Aufgabe 12
Potenzfunktionen

$f(x) = x^2$	$g(x) = x^3$	$h(x) = x^{-2}$	$p(x) = -x^{-2}$	$q(x) = -x^2$	$r(x) = x^{0,5}$
☐	☐	☐	☒	☐	☐

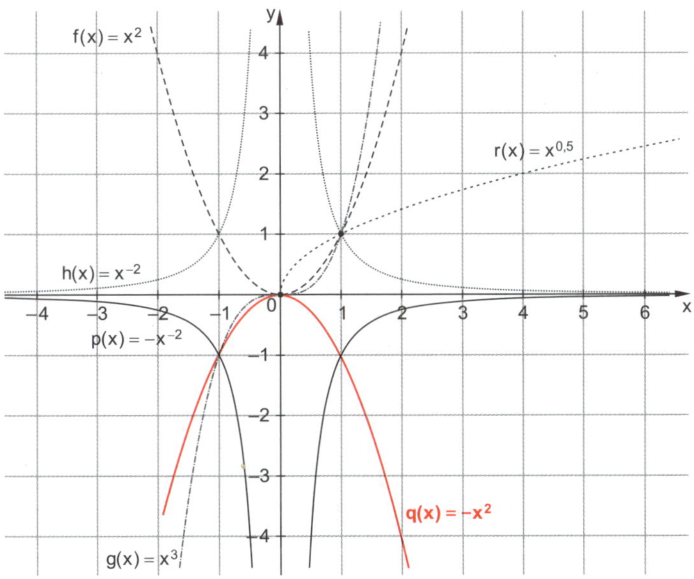

Aufgabe 13
Kubische Funktion

Ist **$a > 1$ und $b < 0$**, dann ist der zugehörige Funktionsgraph im Vergleich zum Graphen $g(x) = x^3$ stets **schmäler und in den negativen y-Bereich verschoben**.

Der Faktor a bewirkt ein Strecken bzw. Stauchen, der Summand b eine Verschiebung in Richtung der y-Achse.
In der nebenstehenden Abbildung ist:
1) $a = 0{,}5,\ b = 0$
2) $a = 2,\ b = 0$
3) $a = 1,\ b = 2$
4) $a = 1,\ b = -2$

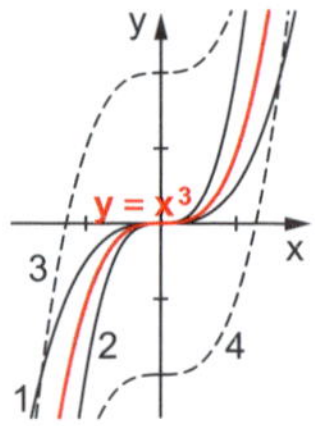

Aufgabe 14
Polynomfunktionen

- [ ] An der Stelle $x = 1$ befindet sich eine Nullstelle.
- [ ] Im Intervall $(2; \infty)$ ist die Funktion positiv gekrümmt.
- [x] Die y-Achse wird bei $y = -4$ geschnitten.
- [x] An der Stelle $x = 2$ ändert sich das Krümmungsverhalten.
- [x] Im Intervall $(-\infty; 1)$ ist die Funktion streng monoton steigend.

Der mittlere Graph hat bei $x = 1$ keine Nullstelle (sondern nimmt den Wert 3 an), der rechte ist für $x > 5$ negativ gekrümmt.

Aufgabe 15
Polynomfunktion

Die Abbildung zeigt eine Polynomfunktion, die zwei **Wendepunkte** besitzt und deren **Monotonieverhalten** sich dreimal ändert.

Die Funktion hat drei Nullstellen, drei Extremwerte und zwei Wendepunkte. Sie ändert dreimal das Monotonieverhalten, aber nur zweimal das Krümmungsverhalten sowie das Vorzeichen der y-Werte.

Aufgabe 16
Allgemeine Sinusfunktion

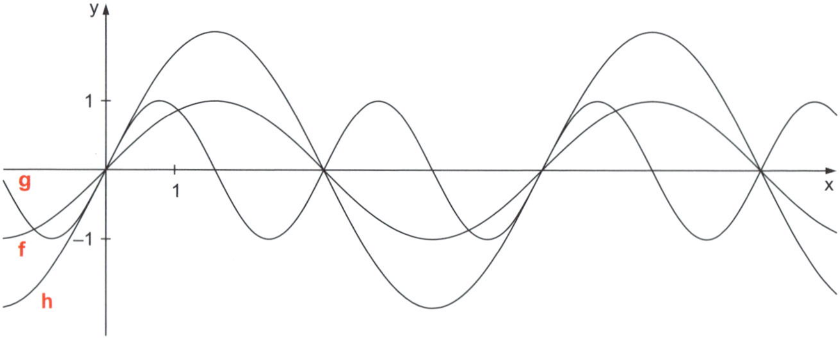

Der Graph von g entsteht durch eine Stauchung des Graphen von f entlang der x-Achse, der Graph von h durch eine Streckung entlang der y-Achse.

Aufgabe 17
Tauchsicherheit

Der erste Ausdruck beschreibt die Veränderung des Wasserdrucks zwischen 35 und 17 Meter Tiefe. Der zweite Ausdruck gibt die relative (prozentuelle) Änderung des Wasserdrucks in Bezug auf den Ausgangswert in 17 Meter Tiefe an.

p(35) ist der Druck (in bar) in 35 Meter Tiefe, p(17) derjenige in 17 Meter Tiefe. Der erste Ausdruck beschreibt die Veränderung des Wasserdrucks zwischen diesen Tiefen.

Aufgabe 18
Ableitung von Polynomfunktionen

$f'(x) = \mathbf{6x + 5}$; $f''(x) = \mathbf{6}$

$f'(x) = 2 \cdot 3 \cdot x + 5$; die Hochzahl wird zum Faktor, die neue Hochzahl ist um 1 kleiner. Die Ableitung einer Konstanten (hier –3 bzw. 5) ist 0.

Aufgabe 19
Spezielle Punkte einer Funktion

Hat die Ableitungsfunktion f'(x) an einer Stelle **eine Nullstelle**, dann kann die Funktion f(x) an dieser Stelle **ein Extremum** haben.

Die Bedingung $f'(x) = 0$ ist für ein Extremum notwendig, aber nicht hinreichend. Die hinreichende Bedingung lautet $f''(x) \neq 0$.

Beispiel für „Extrempunkt“
$f'(x_1) = 0$ und $f''(x_1) \neq 0$

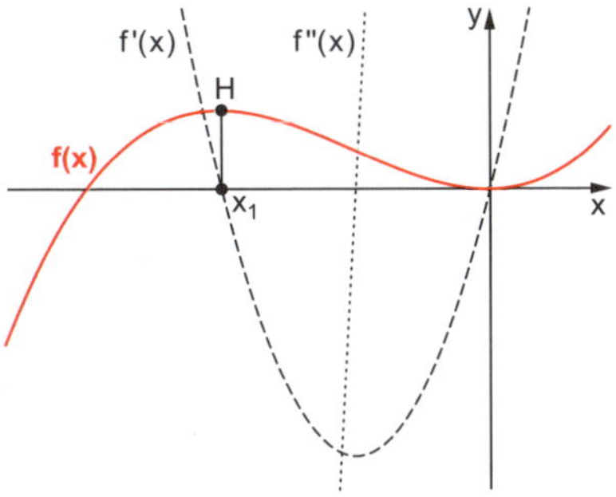

Beispiel für „kein Extrempunkt“
$f'(x_1) = 0$ und $f''(x_1) = 0$

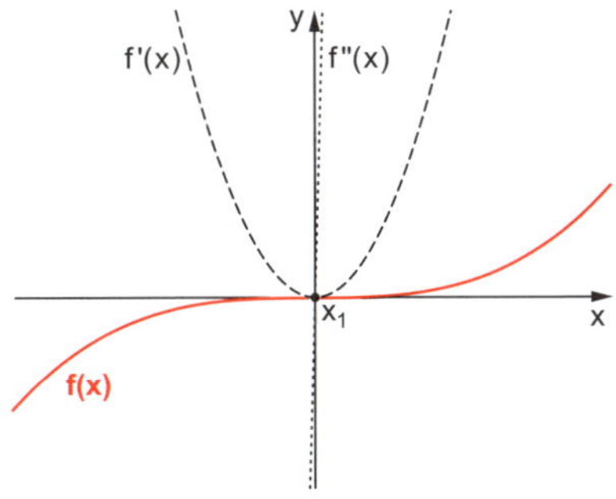

Aufgabe 20
Flächenberechnung

☒ Die Variable Δx ist die gleichbleibende „Breite der Rechteckstreifen“ bei einer Unterteilung des Intervalls [a; b] in vier Teilintervalle.

☒ Wird im Intervall [a; b] die Anzahl der Teilintervalle $[x_i; x_{i+1}]$ verdoppelt, dann wird der Wert von Δx halbiert.

☐ Die Variable Δx bleibt bei unterschiedlichen Unterteilungen des Intervalls [a; b] gleich groß.

☒ Wird im Intervall [a; b] die Anzahl der Teilintervalle $[x_i; x_{i+1}]$ verdoppelt, dann liegt der Flächeninhalt $A_8 = \Delta x \cdot f(x_1) + \Delta x \cdot f(x_2) + \ldots + \Delta x \cdot f(x_8)$ näher beim Flächeninhalt A des Flächenstücks unter der Kurve.

☐ Die Werte $f(x_i)$ sind die „Höhen der Rechteckstreifen“ und bleiben bei verschiedenen Unterteilungen des Intervalls [a; b] gleich.

Da alle Rechteckstreifen dieselbe Breite Δx haben, ist die Länge des Intervalls [a; b] gleich dem Produkt aus Δx und der Anzahl der Rechteckstreifen.

Aufgabe 21
Gehälter

- [x] 25 % der Frauen verdienen weniger als 10.000 Euro im Jahr.
- [x] Das bestverdienende Viertel der Männer verdient jährlich zwischen 40.000 Euro und 60.000 Euro.
- [ ] Das arithmetische Mittel beim Jahreseinkommen der Frauen beträgt 20.000 Euro.
- [x] 75 % der Männer verdienen mindestens 15.000 Euro im Jahr.
- [x] Die Spannweite beim Verdienst der Männer ist größer als beim Verdienst der Frauen.

Der Median beim Jahreseinkommen der Frauen beträgt 20.000 Euro.

Aufgabe 22
Zwei Würfel

a) Beim ersten Zufallsversuch gibt es eine Reihenfolge der gewürfelten Augenzahl, d. h., die Versuchsausfälle sind Zahlenpaare. Beim zweiten Zufallsversuch sind die Versuchsausfälle Mengen mit je zwei Elementen (oder nur einem, wenn beide Würfel dieselbe Augenzahl zeigen), da beim „gleichzeitigen Werfen" keine Reihenfolge gegeben ist.

b) $\Omega_1 = \{(1|1);\ (1|2);\ \ldots,\ (2|1);\ (2|2);\ \ldots\} = \{(x\,|\,y)\,|\,1 \le x \le 6 \wedge 1 \le y \le 6\}$

$\Omega_2 = \{\{1; 1\};\ \{1; 2\};\ \ldots\ \{2; 2\};\ \{2; 3\},\ \ldots\} = \{\{x; y\}\,|\,1 \le x \le 6 \wedge 1 \le y \le 6\}$

Bei Ω_2 sind die Elemente Mengen, für die z. B. $\{1; 2\} = \{2; 1\}$ gilt. Die Menge $\{1; 1\}$ enthält nur ein Element, nämlich 1.

Aufgabe 23
Zusammengesetzte Wahrscheinlichkeit

p = **73,3** %

Insgesamt werden $100 + 150 + 250 = 500$ SchülerInnen befragt. Der Anteil der Jugendlichen, der täglich zwei oder mehr Stunden fernsieht, berechnet sich somit:

$$\frac{100 \cdot 0{,}76 + 150 \cdot 0{,}82 + 250 \cdot 0{,}67}{500} = \frac{366{,}5}{500} = 0{,}733$$

Aufgabe 24
Varianz und Standardabweichung einer binomialverteilten Zufallsgröße

Erwartungswert: $E(X) = 25 \cdot 0{,}25 = \mathbf{6{,}25}$

Varianz: $V(X) = 25 \cdot 0{,}25 \cdot 0{,}75 = \mathbf{4{,}6875}$

Standardabweichung: $\sigma = \sqrt{25 \cdot 0{,}25 \cdot 0{,}75} \approx \mathbf{2{,}1651}$

Für Erwartungswert E(X), Varianz V(X) und Standardabweichung σ einer binomialverteilten Zufallsgröße X gelten die Formeln:

$E(X) = n \cdot p;\quad V(X) = n \cdot p \cdot (1-p);\quad \sigma = \sqrt{V(X)}$

Aufgabe 1
Rechnen in verschiedenen Zahlenmengen

Gegeben sind Aussagen über Rechenoperationen in verschiedenen Zahlenmengen.

Aufgabenstellung: Kreuzen Sie die zwei zutreffenden Aussagen an!

- ☐ Die Differenz zweier Zahlen ist null, wenn eine Zahl die Gegenzahl (Kehrwert) der anderen Zahl ist.
- ☒ Die Summe einer rationalen und einer irrationalen Zahl ist eine irrationale Zahl.
- ☒ Die Addition ist in der Menge der negativen reellen Zahlen abgeschlossen.
- ☐ Das Produkt von zwei irrationalen Zahlen ergibt stets eine irrationale Zahl.
- ☐ Der Quotient aus einer Zahl ungleich null und dem Kehrwert der Zahl ist immer eins.

Aufgabe 2
Algebraische Begriffe

Gegeben sind Begriffe aus der Algebra.

Aufgabenstellung: Vervollständigen Sie den folgenden Satz so, dass er mathematisch korrekt ist!

① sind ②, wenn sie genau die gleichen Lösungen haben.

①		②	
☐	Terme	☒	äquivalent
☒	Gleichungen	☐	wahr
☐	Variablen	☐	falsch

Aufgabe 3
Fuß

Ein Fuß (Einheit ft vom englischen *foot*) ist ein früher in aller Welt verwendetes Längenmaß, das je nach Land meist 28 cm bis 32 cm maß. Es ist eine der ältesten Längeneinheiten. Heute gilt: 1 ft = 30,48 cm. Dies entspricht in etwa einer Schuhgröße von 48,5. Seit 1980 ist 1 ft das globale Höhenmaß in der Luftfahrt.

Aufgabenstellung:

a) Wie viele Fuß hat ein Meter?

b) Ein Passagierflugzeug erreicht eine Maximalhöhe von 41 010 ft. Geben Sie die Flughöhe in km an!

a) $\frac{1}{0,3048} = 3,28$ ft b) $41\,010 \cdot 0,3048 = 12,5$ km

Aufgabe 4
Ungleichung lösen

Gegeben ist die Ungleichung $-8x-3<-3x+42$.

Aufgabenstellung: Lösen Sie die gegebene Ungleichung nach x auf!

Aufgabe 5
Grafische Darstellung von Vektoren

Gegeben sind die Punkte $A=(-1|2)$, $B=(3|4)$ und $C=(2|-2)$.

Aufgabenstellung: Zeichnen Sie die Vektoren $\overrightarrow{AB}$, $\overrightarrow{BC}$, $\overrightarrow{CA}$ in das gegebene Koordinatensystem ein und geben Sie die Vektoren durch ihre Koordinaten an!

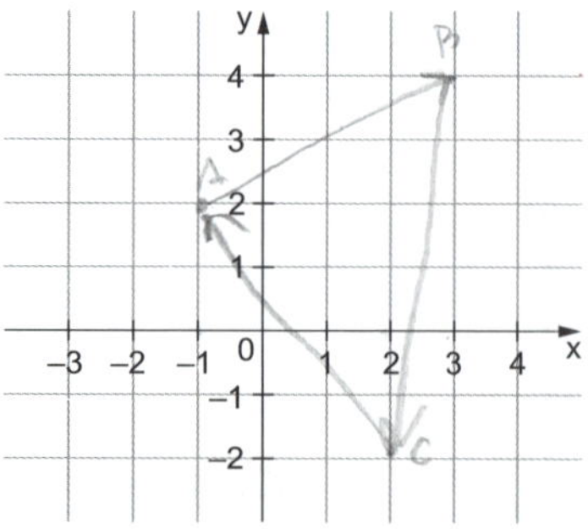

Aufgabe 6
Punkte auf Geraden

Gegeben ist die Gerade g: $X=\begin{pmatrix}1\\5\end{pmatrix}+s\cdot\begin{pmatrix}3\\-2\end{pmatrix}$.

Aufgabenstellung: Kreuzen Sie jene(n) Punkt(e) an, der/die auf der Geraden liegt/en!

(0|0)	(7|1)	(–2|7)	(6|2)	(10|–1)
☐	☐	☐	☐	☒

Aufgabe 7
Winkelfunktionen im Einheitskreis

Gegeben ist der Einheitskreis ($r=1$).

Aufgabenstellung:

a) Zeichnen Sie den Winkelfunktionswert $\sin\alpha=-0{,}6$ ein!

b) Zeichnen Sie alle Winkel im Intervall [0°; 360°) ein, für die gilt: $\sin\alpha=-0{,}6$

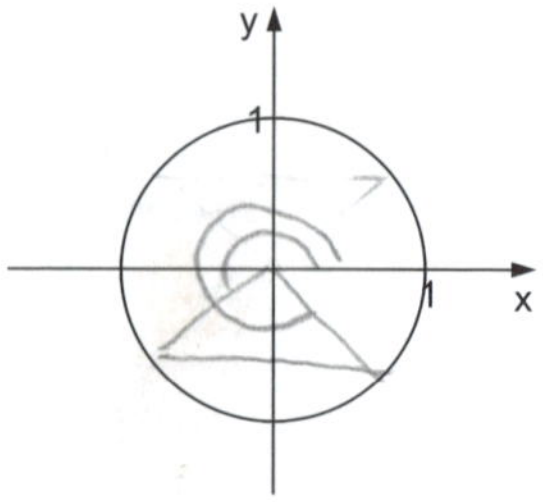

Aufgabe 8
Füllvorgänge von Gartenpools

Vier Nachbarn einer Gartensiedlung haben idente, zylinderförmige Pools in ihren Gärten. Alle füllen diese mit Wasser. Die folgenden Graphen zur Füllhöhe der Pools ergeben sich aus verschiedenen Füllvorgängen.

Aufgabenstellung: Ordnen Sie den gegebenen Graphen die entsprechenden Aussagen zu!

A Nach 3 Stunden ist der Pegelstand im Pool nicht gestiegen.

B Um 6 Uhr früh betrug der Pegelstand im Pool 40 cm.

C Die Füllung des Pools startete um 4 Uhr morgens.

D Genau 1,2 m hoch stand das Wasser um 10 Uhr im Pool.

E Eine 1,70 m große Person kann am Ende im Pool nicht mehr stehen.

F Das Pool wird ohne Unterbrechung gefüllt.

E

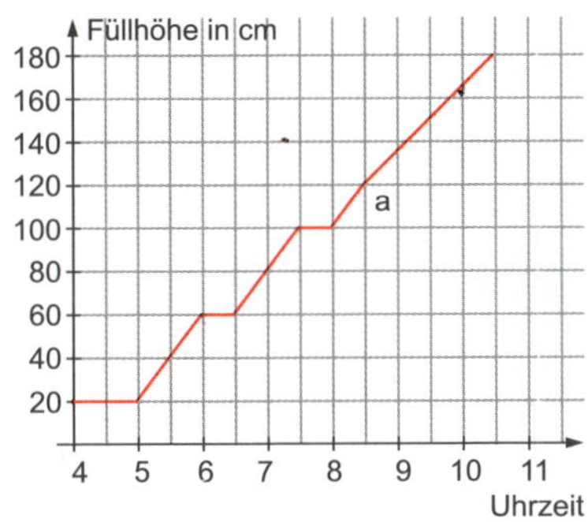

A

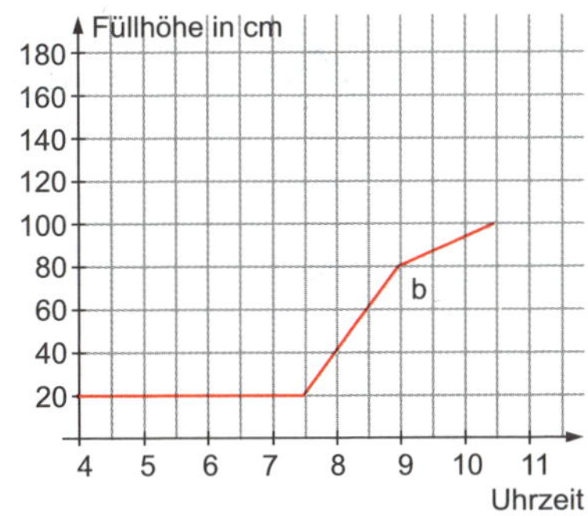

B

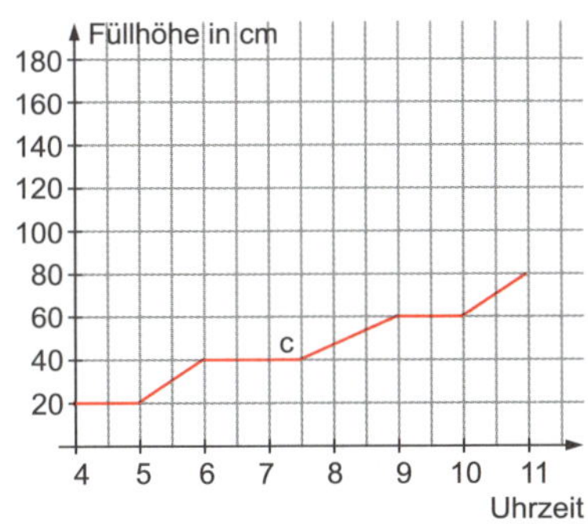

C

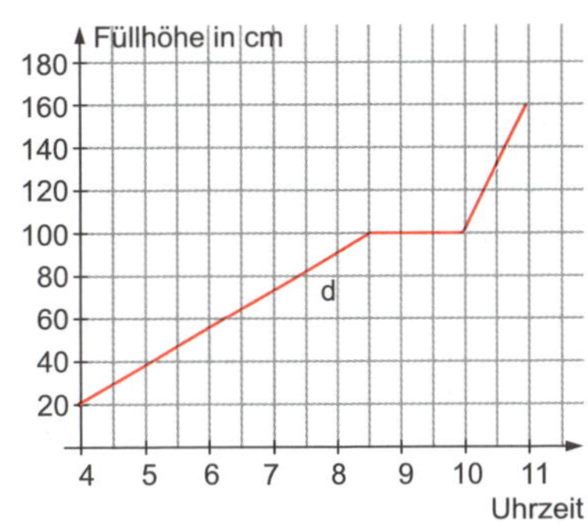

Aufgabe 9
Zwei Funktionen

Gegeben sind zwei Funktionsgleichungen von reellen Funktionen f und g:
$f(x) = x^2 + 6x$ und $g(x) = \frac{1}{2}x^3 + 3x^2$

Aufgabenstellung: Geben Sie die Koordinaten der gemeinsamen Punkte der Funktionen an!

$S(0|0)$ $S_2(2|16)$ $S_3(-6|0)$

Aufgabe 10
Kreissektor

Der Flächeninhalt A eines Kreissektors wird mit der Formel

$$A(r, \alpha) = \frac{\pi \cdot r^2 \cdot \alpha}{360°}$$

berechnet. Der Öffnungswinkel α und der Radius r werden verändert.

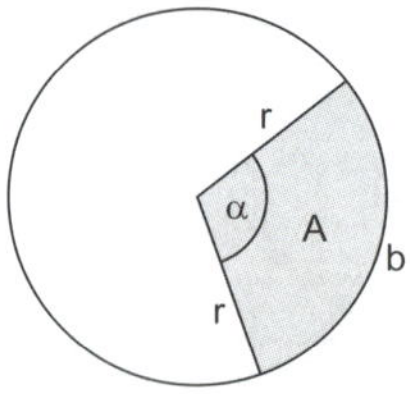

Aufgabenstellung: Kreuzen Sie die beiden zutreffenden Aussagen an!

Der Flächeninhalt A ist bei …

- ☐ … doppelt so großem Öffnungswinkel α und doppelt so großem Radius r viermal so groß.
- ☒ … doppelt so großem Öffnungswinkel α doppelt so groß.
- ☐ … doppelt so großem Öffnungswinkel α viermal so groß.
- ☐ … doppelt so großem Radius doppelt so groß.
- ☒ … doppelt so großem Radius viermal so groß.

Aufgabe 11
Linearer Bremsvorgang

Die Tabelle beschreibt den gleichmäßigen Bremsvorgang eines Fahrzeuges.

Aufgabenstellung: Ermitteln Sie aus diesen Daten für die lineare Funktion $y = k \cdot x + d$ die Parameter k und d!

t	0	1	2	3	4	5	6	7	8	9
km/h	135	120	105	90	75	60	45	30	15	0

y= 15x + 135

Aufgabe 12
Funktion

Aufgabenstellung: Vervollständigen Sie den folgenden Satz, sodass er mathematisch korrekt ist!

Eine ① Funktion kennzeichnet sich dadurch, dass der Wert der Zunahme bzw. Abnahme pro Zeiteinheit ②.

①		②	
☐	quadratische	☒	konstant bleibt
☒	lineare	☐	abnimmt
☐	exponentielle	☐	keine Regelmäßigkeiten hat

Aufgabe 13
Quadratische Funktion

Gegeben ist der Graph einer quadratischen Funktion sowie fünf Tangenten des Graphen.

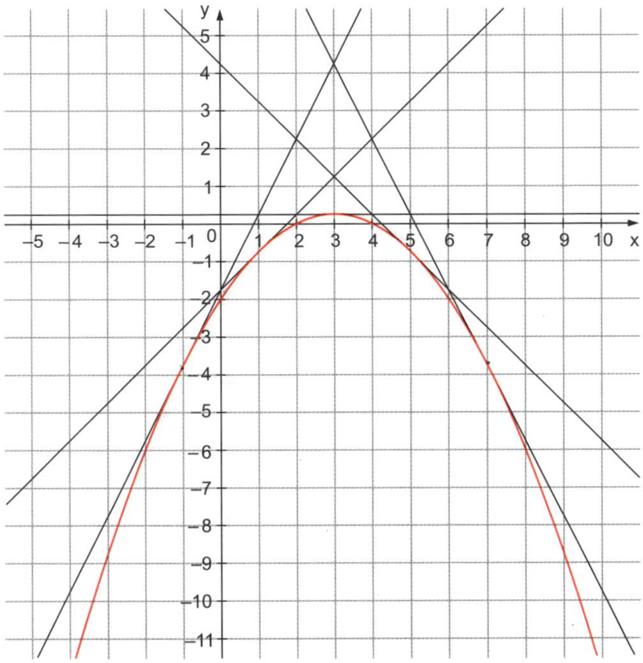

Aufgabenstellung: Vervollständigen Sie anhand des Graphen die Tabelle!
(k … Steigung der Tangenten)

x	f(x)	k
–1	–3,75	2
1	-0,75	1
3	0,25	0
5	–0,75	–1
7	-3,75	–2

Aufgabe 14
Sinusfunktion

Gegeben sind verschiedene Funktionsgleichungen.

Aufgabenstellung: Kreuzen Sie die Funktionsgleichung/en an, die eine allgemeine Sinusfunktion $f(x) = a \cdot \sin(bx)$ darstellt/darstellen!

$f(x) = x \cdot \sin\pi$	$f(x) = 2 \cdot \sin x$	$f(x) = \sin(2\pi)$	$f(x) = 2 \cdot \sin(\pi x)$	$f(x) = \pi \cdot \sin(2x)$
☐	☒	■	☒	☒

Aufgabe 15
Periodizität der Sinusfunktion

Die Sinusfunktion ist eine periodische Funktion, d. h., nach Ablauf der Periode p ($p \in \mathbb{R}$) wiederholen sich die Funktionswerte: $f(x+p)=f(x)$
Die kleinste Zahl p wird „primitive Periode“ genannt.

Aufgabenstellung: Kreuzen Sie die zutreffende(n) Aussage(n) über die primitive Periode der Sinusfunktion an!

- ☐ Innerhalb der primitiven Periode hat jede Sinusfunktion einen Hoch- und einen Tiefpunkt.
- ☐ Die primitive Periode von $\sin\left(\frac{1}{2}x\right)$ ist doppelt so lang wie die primitive Periode von $\sin x$, nämlich 4π.
- ☐ Innerhalb der primitiven Periode gibt es zu jedem Winkelfunktionswert genau zwei zugehörige Winkel.
- ☐ Durch eine Verschiebung der Sinusfunktion in x- oder in y-Richtung verändert sich die primitive Periode nicht.
- ☐ Die primitive Periode von $\sin(2x)$ ist halb so lang wie die primitive Periode von $\sin x$, nämlich $\frac{\pi}{2}$.

Aufgabe 16
Differenzenquotient vs. Differentialquotient

Aufgabenstellung: Ordnen Sie den gegebenen Bezeichnungen die entsprechenden Gleichungen für das Intervall [a; b] zu!

A $\frac{f(b+a)-f(b)}{a}$

B $\lim\limits_{\Delta x \to 0} \frac{\Delta f(x)}{\Delta x}$

C $\frac{f(b)-f(a)}{b-a}$

D $\lim\limits_{\Delta x \to 0} \frac{f(b)-f(a)}{b-a}$

E

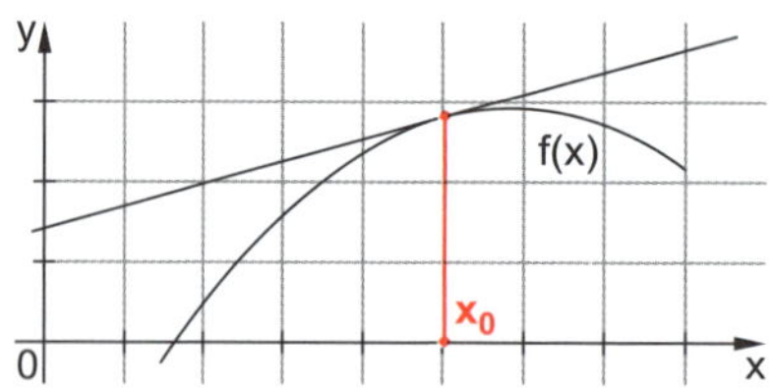

F

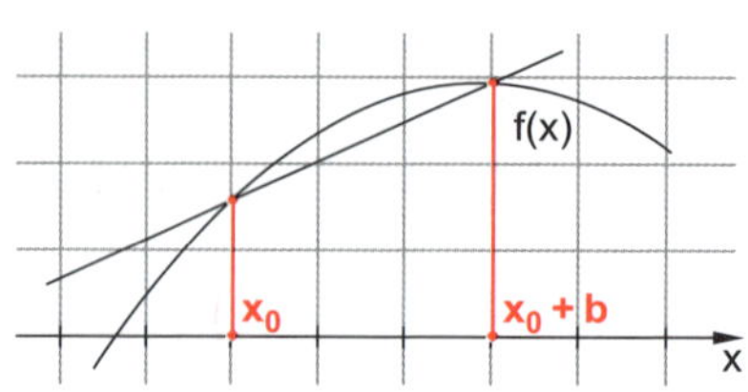

- ☐ Differentialquotient an der Stelle x_0 ist größer als 0
- ☐ Differenzenquotient im Intervall [a; b]
- ☐ momentane Änderungsrate
- ☐ positive Sekantensteigung

Aufgabe 17
Wohltätige Stiftung

500.000 Euro des Erbes eines berühmten Musikers fließen in eine wohltätige Stiftung. Jeden Monat werden davon 10 % an karitative Zwecke ausbezahlt. Gleichzeitig zahlen Spender Beträge von 8 % des aktuellen Kapitals in die Stiftung ein.

Aufgabenstellung: Beschreiben Sie die Kapitalentwicklung der Stiftung durch eine Differenzengleichung!

$K_{n+1} =$ $K_n \cdot 0{,}98$

Aufgabe 18
Ableitungsregeln

Gegeben ist die Funktion $f(x) = 3 \cdot \sin x + \frac{\pi}{2}$.

Aufgabenstellung: Wie lautet die Ableitungsfunktion f'(x)? Kreuzen Sie den zutreffenden Ausdruck an!

$3 \cdot \cos x$	$\cos x + \frac{\pi}{2}$	$3 \cdot \cos x + \frac{\pi}{2}$	$3 \cdot \cos x \cdot \frac{\pi}{2}$	$-3 \cdot \cos x$	$-3 \cdot \cos x \cdot \sin x$
☒	☐	☐	☐	☐	☐

Aufgabe 19
Graphisches Differenzieren

Gegeben sind Funktionsgraphen.

Aufgabenstellung: Ordnen Sie den vier quadratischen Funktionsgraphen (auf der nächsten Seite) jeweils den richtigen Ableitungsfunktionsgraphen zu!

A
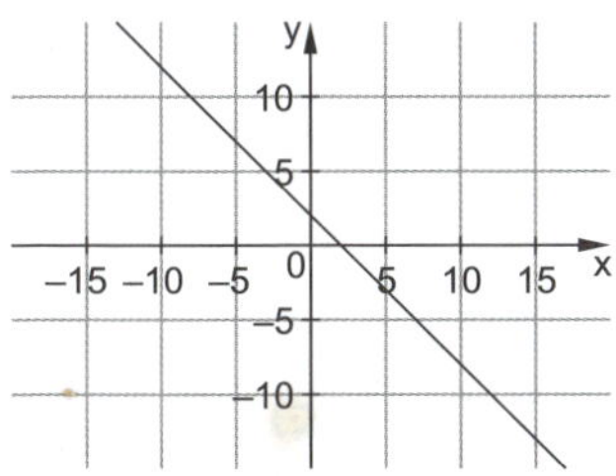

B
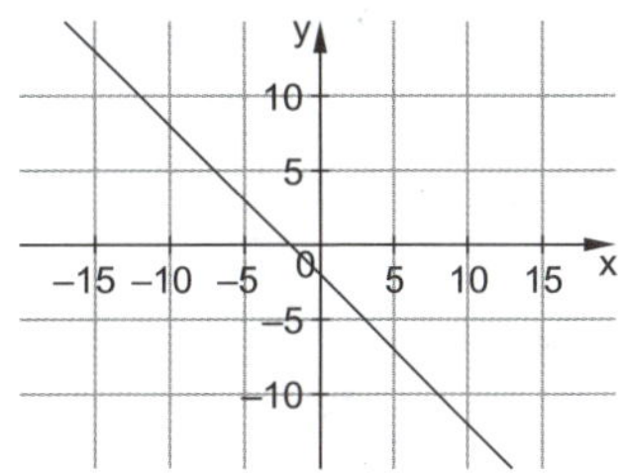

C
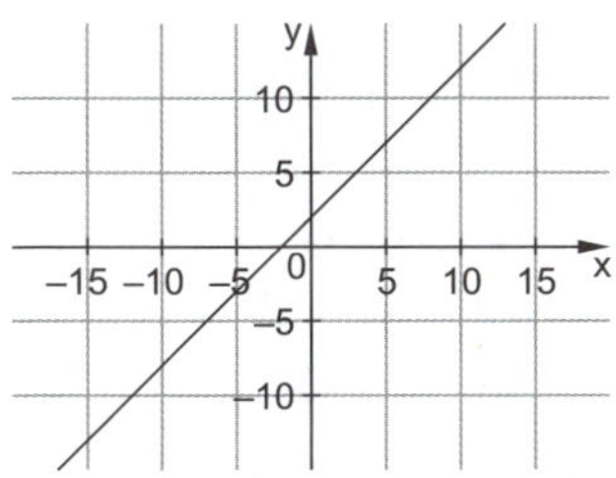

D
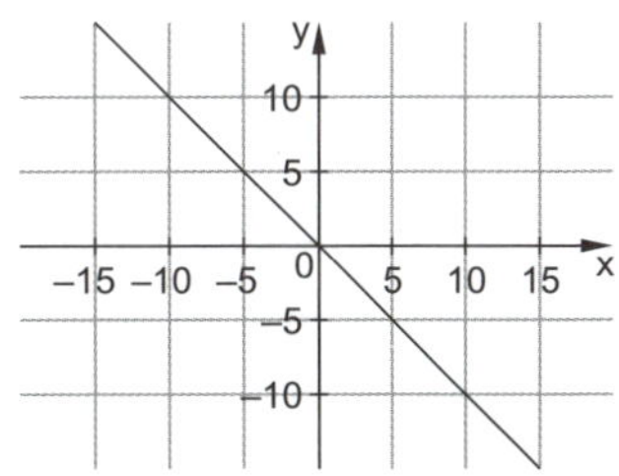

E
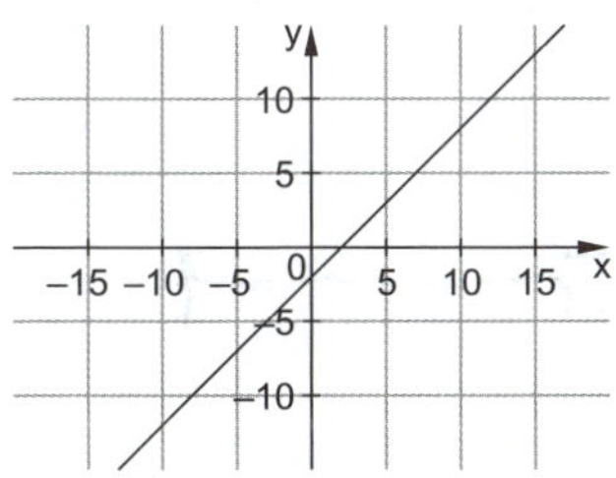

F
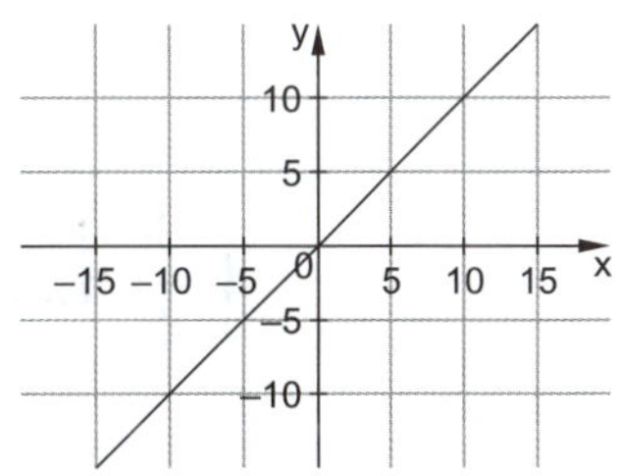

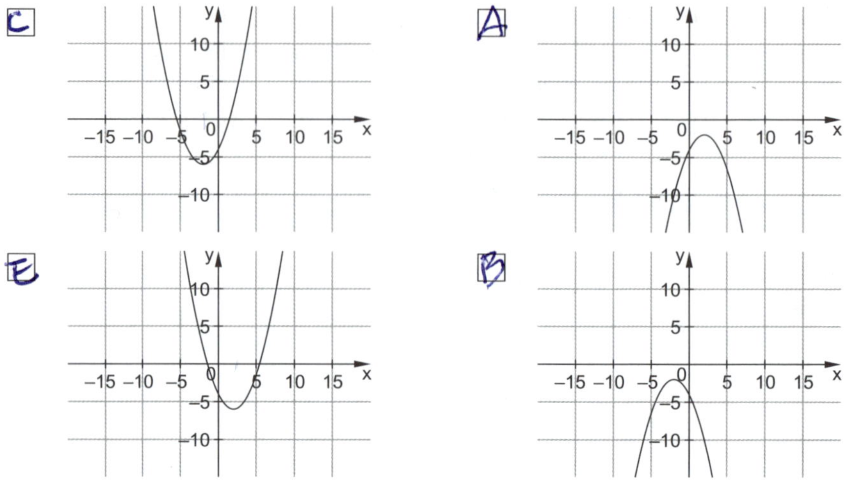

Aufgabe 20
Stammfunktion ermitteln

Gegeben sind Aussagen über die Lösung eines unbestimmten Integrals.

Aufgabenstellung: Kreuzen Sie die zwei zutreffenden Aussagen an!

- [x] $\int 3(x+2)^2\,dx = (x+2)^3 + c$
- [ ] $\int 3(x+2)^2\,dx = \frac{1}{3}(3x+6)^3 + c$
- [ ] $\int 3(x+2)^2\,dx = 3(x^3+6x^2+12x) + c$
- [x] $\int 3(x+2)^2\,dx = x^3+6x^2+12x + c$
- [ ] $\int 3(x+2)^2\,dx = (3x+6)^3 + c$

Aufgabe 21
Boxplot

Eine Datenreihe besteht aus folgenden Werten:

0,08	0,1	0,15	0,19	0,25	0,25	0,3
0,33	0,4	0,42	0,46	0,5	0,7	

Aufgabenstellung: Zeichnen Sie ein Boxplot-Diagramm!

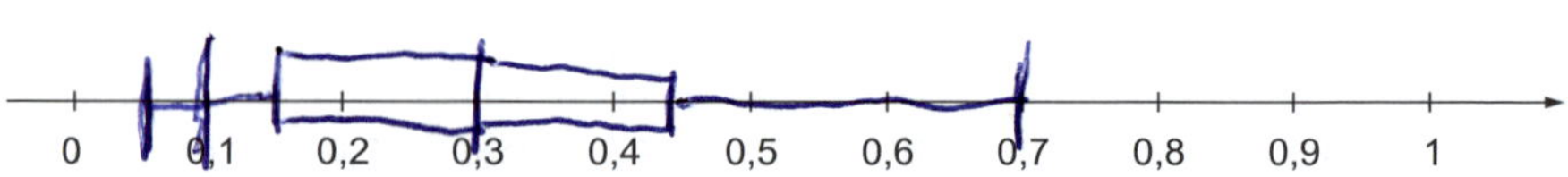

Aufgabe 22
Urne

Aus einer Urne mit 4 schwarzen und 3 weißen Kugeln wird 5-mal mit Zurücklegen gezogen. Die Wahrscheinlichkeit, genau k schwarze Kugeln zu ziehen, wird mit folgender Formel berechnet:

$$P(X = k) = \binom{5}{k} \left(\frac{4}{7}\right)^k \left(\frac{3}{7}\right)^{5-k}$$

Aufgabenstellung: Kreuzen Sie die zutreffende(n) Aussage(n) an!

- ☒ Der Binomialkoeffizient $\binom{5}{k}$ gibt an, wie viele Pfade im zugehörigen Baumdiagramm zum Ereignis „genau k schwarze Kugeln ziehen" führen.
- ☐ Der Zufallsversuch „Ziehen einer Kugel" wird k-mal unter denselben Bedingungen durchgeführt.
- ☒ Das zugehörige Baumdiagramm besteht aus 5 Stufen.
- ☐ Für die Berechnung des Binomialkoeffizienten gilt: $\binom{5}{k} = \binom{k}{5}$
- ☒ Im zugehörigen Baumdiagramm führen gleich viele Pfade zum Ereignis „genau k schwarze Kugeln ziehen" wie zum Ereignis „genau 5 – k schwarze Kugeln ziehen", weil gilt: $\binom{5}{k} = \binom{5}{5-k}$

Aufgabe 23
Glücksspiel

Bei einem Glücksspiel soll mit zwei Würfeln, die gleichzeitig geworfen werden, eine möglichst hohe Augensumme erzielt werden. Die Zufallsvariable X beschreibt die Summe der gewürfelten Augenzahlen.

Aufgabenstellung: Vervollständigen Sie den Satz, sodass er mathematisch korrekt ist!

Die Zufallsvariable ist ① und der Grundraum ist ②.

①		②	
☒	diskret	☒	$\Omega = \{2; 3; 4; 5; 6; 7; 8; 9; 10; 11; 12\}$
☐	stetig	☐	$\Omega = \{1; 2; 3; 4; 5; 6; 7; 8; 9; 10; 11; 12\}$
☐	kontinuierlich	☐	unendlich

Aufgabe 24
Würfel

Es wird mit einem „fairen" Würfel 4-mal geworfen. X ist die Anzahl der Versuche, bei denen ein Sechser gewürfelt wird.

Aufgabenstellung: Geben Sie die Verteilung grafisch und tabellarisch an!

Hinweise und Tipps

Aufgabe 1
- Überlegen Sie, was Zahl und Gegenzahl (bzw. Kehrwert) miteinander zu tun haben.

Aufgabe 2
- Terme haben nur dann eine Lösung, wenn man für Variablen einsetzt.
- Eine Variable ist ein Platzhalter für eine unbekannte Zahl oder Größe.

Aufgabe 3
- 1 ft = 30,48 cm … umwandeln in m
- 1 ft = 0,3048 m … auf beiden Seiten durch 0,3048 dividieren

Aufgabe 4
- Gehen Sie wie beim Lösen einer Gleichung vor.
- Beachten Sie beim Multiplizieren bzw. Dividieren mit negativen Zahlen, dass sich das Ungleichheitszeichen umdreht.

Aufgabe 5
- Denken Sie an die Regel „Spitze minus Schaft“.

Aufgabe 6
- Setzen Sie die angegebenen Punkte statt X ein und überprüfen Sie zeilenweise, ob Sie für den Parameter s denselben Wert erhalten.

Aufgabe 7
- Wo am Einheitskreis können Sie den Sinus ablesen?

Aufgabe 8
- Wenn ein Pool nicht befüllt wird, bleibt die Füllhöhe konstant. Wie verläuft der Graph in dieser Zeit?

Aufgabe 9
- Setzen Sie die Funktionen gleich und lösen Sie die entstehende Gleichung.
- Vergessen Sie nicht die y-Koordinaten der Schnittpunkte.

Aufgabe 10
- Setzen Sie in die Formel statt r nun $2 \cdot r$ bzw. statt α nun $2 \cdot \alpha$ ein.

Aufgabe 11
- k ergibt sich aus der „Steigung“, also aus der Differenz der Geschwindigkeit pro Zeiteinheit. d ergibt sich aus dem Wert an der Stelle $t = 0$.

Aufgabe 12
- Was gilt für die Steigung quadratischer, linearer bzw. exponentieller Funktionen?

Aufgabe 13
- Nützen Sie die Symmetrie aus.

Aufgabe 14
- Schauen Sie genau, wo x jeweils steht.

Aufgabe 15
- Überlegen Sie, wie die primitive Periode p und der Faktor b in $y = \sin(bx)$ zusammenhängen.

Aufgabe 16
- Die beiden Abbildungen zeigen eine Sekante und eine Tangente. Achten Sie auf deren Steigungen.

Aufgabe 17
- Das Anfangskapital beträgt K_n. Davon ausgehend soll das Kapital K_{n+1} nach einem Monat beschrieben werden.
- Jeden Monat wird das Kapital um 2 Prozent verringert.

Aufgabe 18
- Leiten Sie jeden Summanden für sich ab und bilden Sie anschließend die Summe dieser Ableitungen (Summenregel).

Aufgabe 19
- Der Scheitel der Parabel liefert die Nullstelle der Ableitungsfunktion.
- Achten Sie auf die Krümmung der Parabel, sie liefert die Monotonie der Ableitungsfunktion.

Aufgabe 20
- Multiplizieren Sie die Klammern aus und berechnen Sie das bestimmte Integral mit der Summenregel.
- Alternativ können Sie auch zuerst das Integral direkt ausrechnen und dann ausmultiplizieren.

Aufgabe 21
- Ermitteln Sie den Median und die Quartile.

Aufgabe 22
- Beachten Sie den Unterschied zwischen der Anzahl der Ziehungen (5) und der Anzahl der gezogenen schwarzen Kugeln (k).

Aufgabe 23
- Auf welche Ergebnisse kommt es hier an?
- Welche Augenzahlsummen sind möglich?

Aufgabe 24
- Die Wahrscheinlichkeit, einen Sechser zu würfeln, beträgt $\frac{1}{6}$.
- Wie groß ist die Wahrscheinlichkeit, dass 0-mal, 1-mal, 2-mal, 3-mal, 4-mal ein Sechser gewürfelt wird?

Lösungsvorschlag

Aufgabe 1
Rechnen in verschiedenen Zahlenmengen

- ☐ Die Differenz zweier Zahlen ist null, wenn eine Zahl die Gegenzahl der anderen Zahl ist.
- ☒ Die Summe einer rationalen und einer irrationalen Zahl ist eine irrationale Zahl.
- ☒ Die Addition ist in der Menge der negativen reellen Zahlen abgeschlossen.
- ☐ Das Produkt von zwei irrationalen Zahlen ergibt stets eine irrationale Zahl.
- ☐ Der Quotient aus einer Zahl ungleich null und dem Kehrwert der Zahl ist immer eins.

Die Summe von Zahl und Gegenzahl ist null. Das Produkt von Zahl und Kehrwert ist eins. Die irrationale Zahl $\sqrt{2}$ ergibt mit sich selbst multipliziert die rationale Zahl 2.

Aufgabe 2
Algebraische Begriffe

Gleichungen sind **äquivalent**, wenn sie genau die gleichen Lösungen haben.

Nur Aussagen können wahr oder falsch sein.

Aufgabe 3
Fuß

a) $1 \text{ ft} = 0{,}3048 \text{ m} \quad | : 0{,}3048$
$\mathbf{3{,}280839895 \text{ ft}} = 1 \text{ m}$

b) $41\,010 \cdot 0{,}3048 \text{ m} = 12\,499{,}848 \text{ m} \approx \mathbf{12{,}5 \text{ km}}$

$1 \text{ km} = 1\,000 \text{ m}$

Aufgabe 4
Ungleichung lösen

$\mathbf{x > -9}$

$$
\begin{aligned}
-8x - 3 &< -3x + 42 && |+8x - 42\\
-45 &< 5x && |:5\ (>0)\\
-9 &< x
\end{aligned}
$$

Aufgabe 5
Grafische Darstellung von Vektoren

$\overrightarrow{AB} = \begin{pmatrix} 4 \\ 2 \end{pmatrix}$, $\overrightarrow{BC} = \begin{pmatrix} -1 \\ -6 \end{pmatrix}$, $\overrightarrow{CA} = \begin{pmatrix} -3 \\ 4 \end{pmatrix}$

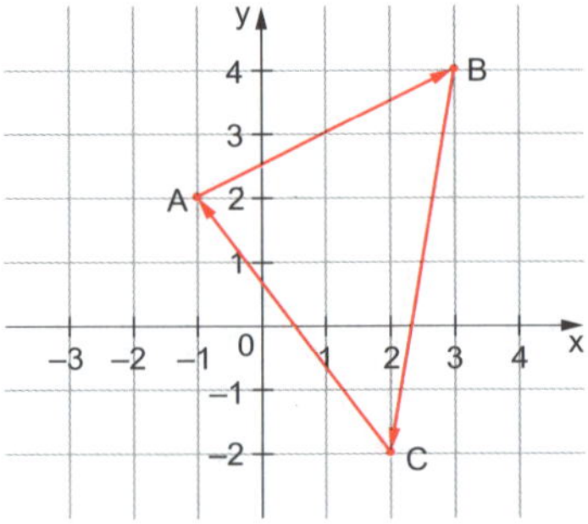

Die Punkte werden in das Koordinatensystem gezeichnet, indem man die positive x-Koordinate nach rechts vom Ursprung aus misst und die positive y-Koordinate hinauf entlang der y-Achse misst.

Die Vektoren werden mit der Regel „Spitze minus Schaft" berechnet.

$\overrightarrow{AB}$: $\begin{pmatrix}3\\4\end{pmatrix}-\begin{pmatrix}-1\\2\end{pmatrix}=\begin{pmatrix}3+1\\4-2\end{pmatrix}=\begin{pmatrix}4\\2\end{pmatrix}$

$\overrightarrow{BC}$: $\begin{pmatrix}2\\-2\end{pmatrix}-\begin{pmatrix}3\\4\end{pmatrix}=\begin{pmatrix}2-3\\-2-4\end{pmatrix}=\begin{pmatrix}-1\\-6\end{pmatrix}$

$\overrightarrow{CA}$: $\begin{pmatrix}-1\\2\end{pmatrix}-\begin{pmatrix}2\\-2\end{pmatrix}=\begin{pmatrix}-1-2\\2+2\end{pmatrix}=\begin{pmatrix}-3\\4\end{pmatrix}$

Aufgabe 6
Punkte auf Geraden

(0 | 0)	(7 | 1)	(–2 | 7)	(6 | 2)	(10 | –1)
☐	☒	☒	☐	☒

Für s = –1, s = 2 bzw. s = 3 erhält man die drei angekreuzten Punkte. Für die beiden anderen ergibt sich jeweils eine falsche Aussage.

Aufgabe 7
Winkelfunktionen im Einheitskreis

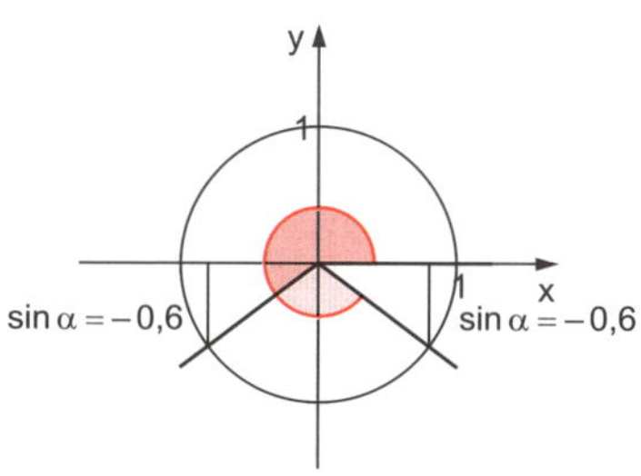

Der Sinuswert steht normal auf die x-Achse und verbindet die Kreislinie mit der x-Achse. Bis auf ±1 werden alle Funktionswerte des Sinus im Intervall [0°; 360°) genau zweimal angenommen.

Aufgabe 8
Füllvorgänge von Gartenpools

E

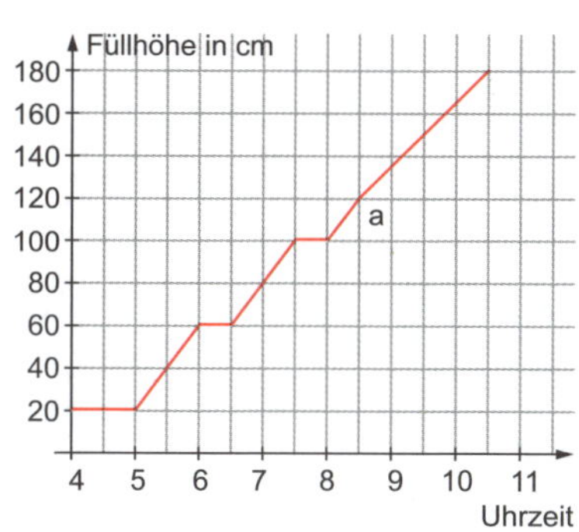

A

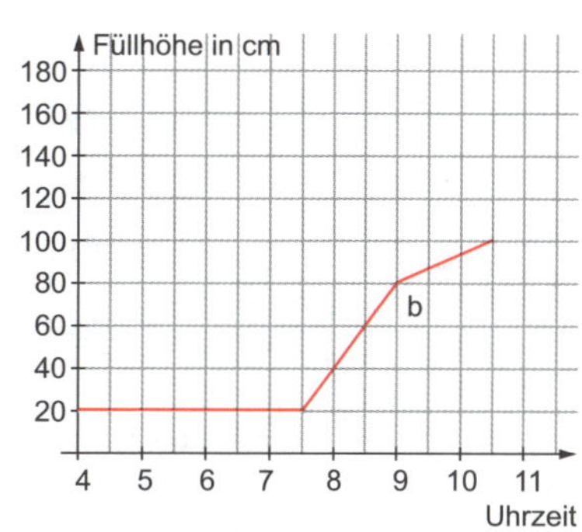

B
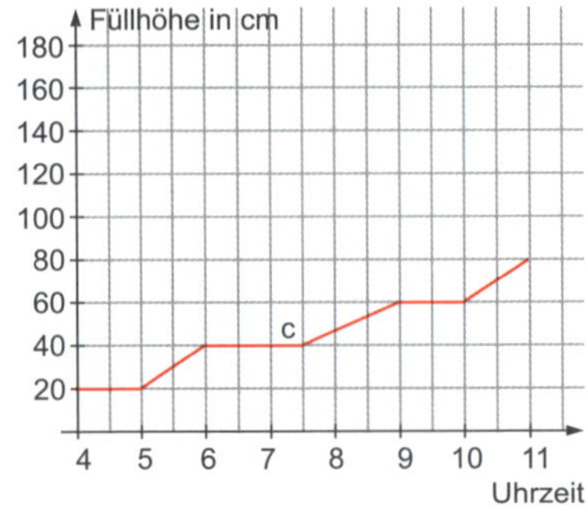

C
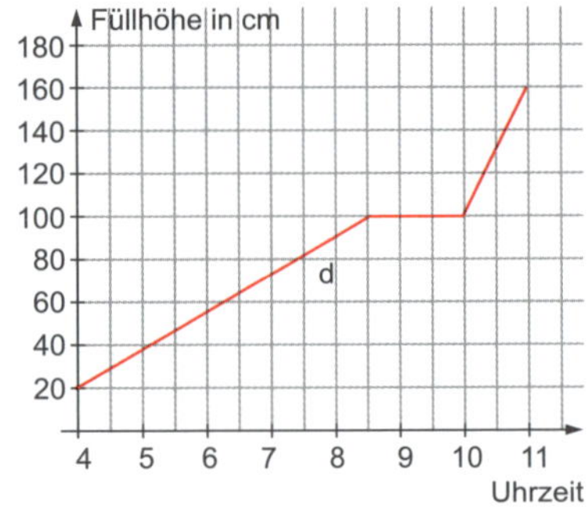

Um 10 Uhr beträgt in keinem Pool die Füllhöhe 1,2 m.
Bei allen vier Füllvorgängen verläuft der Graph zeitweise konstant, was eine Unterbrechung des Füllvorgangs bedeutet.

Aufgabe 9
Zwei Funktionen

$S_1 = (-6|0)$; $S_2 = (0|0)$; $S_3 = (2|16)$

$$f(x) = g(x) \quad \Rightarrow \quad x^2 + 6x = \tfrac{1}{2}x^3 + 3x^2$$

$$\tfrac{1}{2}x^3 + 2x^2 - 6x = 0 \qquad |\ x \text{ herausheben}$$

$$x \cdot (\tfrac{1}{2}x^2 + 2x - 6) = 0 \qquad |\ \text{Produkt-Null-Satz}$$

$$x_1 = 0 \quad \text{oder} \quad \tfrac{1}{2}x^2 + 2x - 6 = 0$$

Mit der großen Lösungsformel:

$$x_{2;3} = \frac{-2 \pm \sqrt{4+12}}{1} = -2 \pm 4 \quad \Rightarrow \quad x_2 = 2; \ x_3 = -6$$

Berechnung der Funktionswerte:

$$f(0) = g(0) = 0; \ f(2) = g(2) = 16; \ f(-6) = g(-6) = 0$$

Aufgabe 10
Kreissektor

- [ ] … doppelt so großem Öffnungswinkel α und doppelt so großem Radius r viermal so groß.
- [x] … doppelt so großem Öffnungswinkel α doppelt so groß.
- [ ] … doppelt so großem Öffnungswinkel α viermal so groß.
- [ ] … doppelt so großem Radius doppelt so groß.
- [x] … doppelt so großem Radius viermal so groß.

$$A(2r, \alpha) = \frac{\pi \cdot (2r)^2 \cdot \alpha}{360°} = \frac{\pi \cdot 4r^2 \cdot \alpha}{360°} = 4 \cdot \frac{\pi \cdot r^2 \cdot \alpha}{360°}$$

Dies ist im Vergleich zu $A(r, \alpha) = \frac{\pi \cdot r^2 \cdot \alpha}{360°}$ viermal so groß.

$$A(r, 2\alpha) = \frac{\pi \cdot r^2 \cdot 2\alpha}{360°} = 2 \cdot \frac{\pi \cdot r^2 \cdot \alpha}{360°}$$

Dies ist im Vergleich zu $A(r, \alpha) = \frac{\pi \cdot r^2 \cdot \alpha}{360°}$ zweimal so groß.

Aufgabe 11
Linearer Bremsvorgang

$k = -15, \; d = 135$

$$k = \frac{y(1) - y(0)}{1 - 0} = -15; \quad d = y(0) = 135$$

Aufgabe 12
Funktion

Eine **lineare** Funktion kennzeichnet sich dadurch, dass der Wert der Zunahme bzw. Abnahme pro Zeiteinheit **konstant bleibt**.

Bei einer quadratischen Funktion ist die Ab- bzw. Zunahme linear, bei einer exponentiellen Funktion ist die prozentuelle Ab- bzw. Zunahme exponentiell.

Aufgabe 13
Quadratische Funktion

x	f(x)	k
–1	–3,75	**2**
1	**–0,75**	1
3	0,25	**0**
5	–0,75	–1
7	**–3,75**	–2

Im Scheitelpunkt ist die Tangente waagrecht. Weiters ist der Graph symmetrisch zur Geraden $x = 3$ (Parallele zur y-Achse durch den Scheitelpunkt).

Aufgabe 14
Sinusfunktion

$f(x) = x \cdot \sin\pi$	$f(x) = 2 \cdot \sin x$	$f(x) = \sin(2\pi)$	$f(x) = 2 \cdot \sin(\pi x)$	$f(x) = \pi \cdot \sin(2x)$
☐	☒	☐	☒	☒

Wegen $\sin\pi = 0$ bzw. $\sin(2\pi) = 0$ ist $f(x) = x \cdot \sin\pi = 0$ bzw. $f(x) = \sin(2\pi) = 0$.

Aufgabe 15
Periodizität der Sinusfunktion

☒ Innerhalb der primitiven Periode hat jede Sinusfunktion einen Hoch- und einen Tiefpunkt.

☒ Die primitive Periode von $\sin\left(\frac{1}{2}x\right)$ ist doppelt so lang wie die primitive Periode von $\sin x$, nämlich 4π.

☐ Innerhalb der primitiven Periode gibt es zu jedem Winkelfunktionswert genau zwei zugehörige Winkel.

☒ Durch eine Verschiebung der Sinusfunktion in x- oder in y-Richtung verändert sich die primitive Periode nicht.

☐ Die primitive Periode von $\sin(2x)$ ist halb so lang wie die primitive Periode von $\sin x$, nämlich $\frac{\pi}{2}$.

Zu den Extrempunkten gibt es jeweils nur einen Winkel innerhalb der primitiven Periode.
Es gilt $p = \frac{2\pi}{b}$ für die primitive Periode p der Funktion $y = \sin(bx)$.

Aufgabe 16
Differenzenquotient vs. Differenzialquotient

E Differentialquotient an der Stelle x_0 ist größer als 0

C Differenzenquotient im Intervall [a; b]

B momentane Änderungsrate

F positive Sekantensteigung

Der Bruch in **A** beschreibt zwar einen Differenzenquotienten, allerdings nicht im Intervall [a; b]. Es ist jedoch die Intervalllänge a.
Der Limes in **D** ist sinnlos, weil Δx gegen 0 strebt, aber x im restlichen Ausdruck nicht vorkommt.

Aufgabe 17
Wohltätige Stiftung

$K_{n+1} = \mathbf{K_n - K_n \cdot 0{,}02}$ oder $K_{n+1} = \mathbf{0{,}98 \cdot K_n}$ für $n \in \mathbb{N}$

Mit $K_0 = 500\,000$ gilt beispielsweise:
$K_1 = 500\,000 \cdot 0{,}9 + 500\,000 \cdot 0{,}08 = 500\,000 \cdot 0{,}98 = 490\,000$
$K_2 = 490\,000 \cdot 0{,}98 = 480\,200$
$K_3 = 480\,200 \cdot 0{,}98 = 470\,596$

Aufgabe 18
Ableitungsregeln

$3 \cdot \cos x$	$\cos x + \frac{\pi}{2}$	$3 \cdot \cos x + \frac{\pi}{2}$	$3 \cdot \cos x \cdot \frac{\pi}{2}$	$-3 \cdot \cos x$	$-3 \cdot \cos x \cdot \sin x$
☒	☐	☐	☐	☐	☐

Die Regel sagt: $(\sin x)' = \cos x$. Die 3 ist ein konstanter Faktor und bleibt beim Differenzieren erhalten. $\left(\frac{\pi}{2}\right)' = 0$.

Aufgabe 19
Graphisches Differenzieren

C

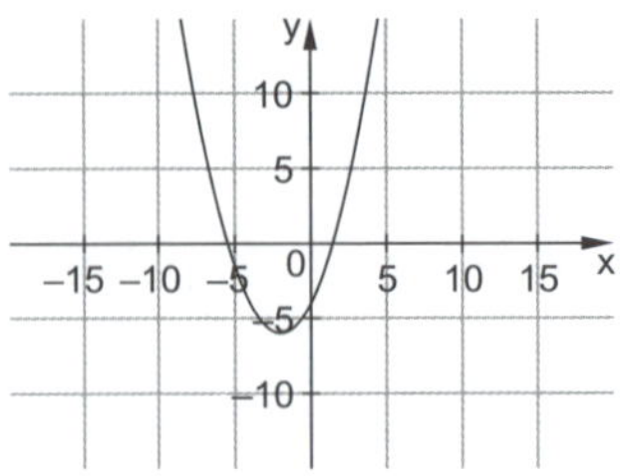

A

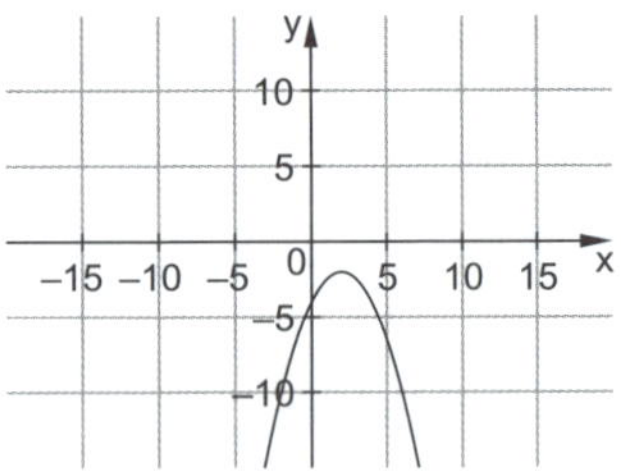

E

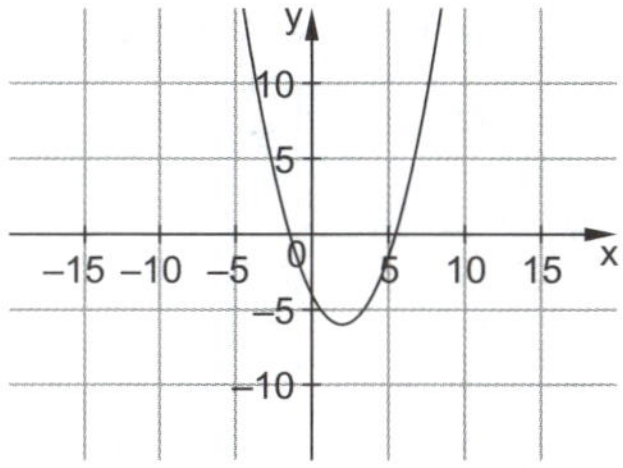

B

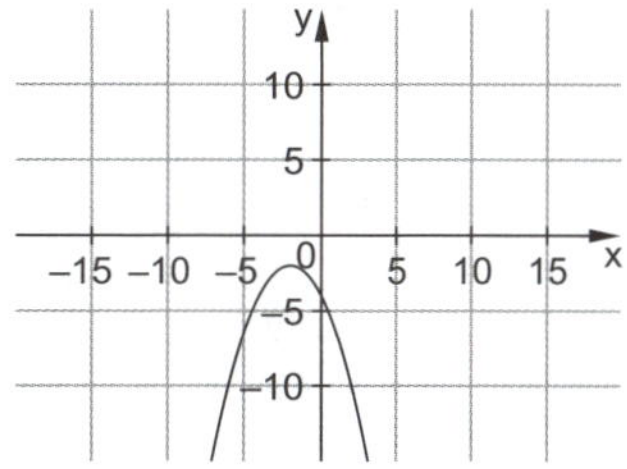

Ist die Parabel nach oben offen (positiv gekrümmt), so ist die Ableitungsfunktion steigend, andernfalls fallend.

Aufgabe 20
Stammfunktion ermitteln

☒ $\int 3(x+2)^2\,dx = (x+2)^3 + c$

☐ $\int 3(x+2)^2\,dx = \frac{1}{3}(3x+6)^3 + c$

☐ $\int 3(x+2)^2\,dx = 3(x^3+6x^2+12x) + c$

☒ $\int 3(x+2)^2\,dx = x^3+6x^2+12x + c$

☐ $\int 3(x+2)^2\,dx = (3x+6)^3 + c$

Das Integral kann man direkt ausrechnen:

$$\int 3(x+2)^2\,dx = (x+2)^3 + c = x^3+6x^2+12x+8+c = x^3+6x^2+12x+c'$$

Die additive Konstante 8 kann zur Konstanten c hinzugenommen werden.

Alternativ kann auch zuerst ausmultipliziert werden:

$$\int 3(x+2)^2\,dx = \int (3x^2+12x+12)\,dx = x^3+6x^2+12x+c$$

Aufgabe 21
Boxplot

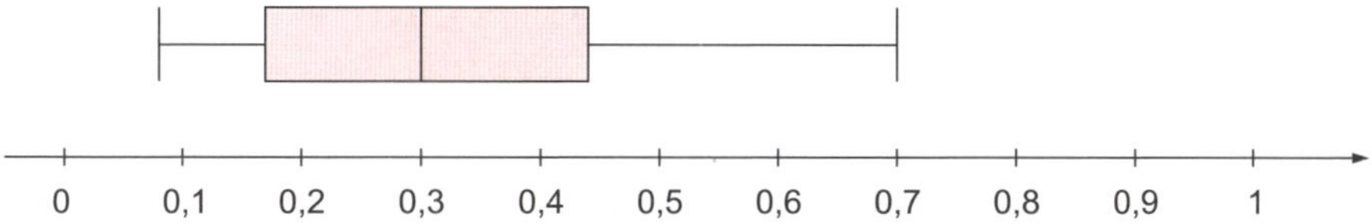

Der Median ist 0,3, das untere Quartil 0,17, das obere Quartil 0,44.

Aufgabe 22
Urne

☒ Der Binomialkoeffizient $\binom{5}{k}$ gibt an, wie viele Pfade im zugehörigen Baumdiagramm zum Ereignis „genau k schwarze Kugeln ziehen“ führen.

☐ Der Zufallsversuch „Ziehen einer Kugel“ wird k-mal unter denselben Bedingungen durchgeführt.

- [x] Das zugehörige Baumdiagramm besteht aus 5 Stufen.
- [ ] Für die Berechnung des Binomialkoeffizienten gilt: $\binom{5}{k} = \binom{k}{5}$
- [x] Im zugehörigen Baumdiagramm führen gleich viele Pfade zum Ereignis „genau k schwarze Kugeln ziehen" wie zum Ereignis „genau 5 – k schwarze Kugeln ziehen", weil gilt: $\binom{5}{k} = \binom{5}{5-k}$

Der Versuch wird 5-mal ausgeführt.

Aufgabe 23
Glücksspiel

Die Zufallsvariable ist **diskret** und der Grundraum ist $\Omega = \{2; 3; 4; 5; 6; 7; 8; 9; 10; 11; 12\}$.

Die Zufallsvariable ist diskret, weil es nur endlich viele Möglichkeiten gibt.
Die Augensumme liefert eine natürliche Zahl im Intervall [2; 12].

Aufgabe 24
Würfel

k	P(X = k)
0	$\left(\frac{5}{6}\right)^4 \approx 0{,}4823$
1	$\binom{4}{1} \cdot \left(\frac{1}{6}\right) \cdot \left(\frac{5}{6}\right)^3 \approx 0{,}3858$
2	$\binom{4}{2} \cdot \left(\frac{1}{6}\right)^2 \cdot \left(\frac{5}{6}\right)^2 \approx 0{,}1157$
3	$\binom{4}{3} \cdot \left(\frac{1}{6}\right)^3 \cdot \left(\frac{5}{6}\right) \approx 0{,}0154$
4	$\left(\frac{1}{6}\right)^4 \approx 0{,}0008$

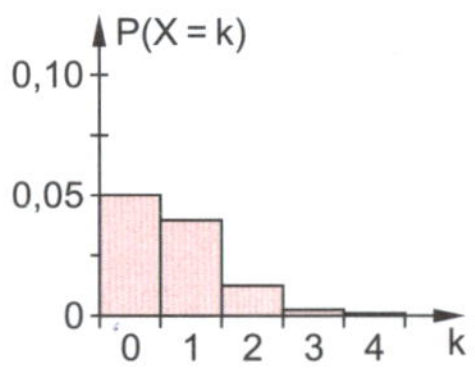

Als grafische Darstellung bietet sich ein Histogramm an.

Aufgabe 1
Addition in Zahlenmengen

Folgende Aussage bezieht sich auf die Abgeschlossenheit der Addition in verschiedenen Zahlenmengen.

Aufgabenstellung: Kreuzen Sie je eine der angegebenen Möglichkeiten so an, dass eine mathematisch korrekte Aussage entsteht!

Die Summe zweier ① Zahlen ergibt immer eine ② Zahl.

①		②	
☐	ungerader natürlicher	☐	irrationale
☐	irrationaler	☐	negative rationale
☐	negativer rationaler	☐	ungerade natürliche

Aufgabe 2
Terme, Gleichungen und Gleichungssysteme

Gegeben sind drei Grafiken und fünf mathematische Ausdrücke.

Aufgabenstellung: Ordnen Sie den Grafiken jeweils den passenden mathematischen Ausdruck zu!

A

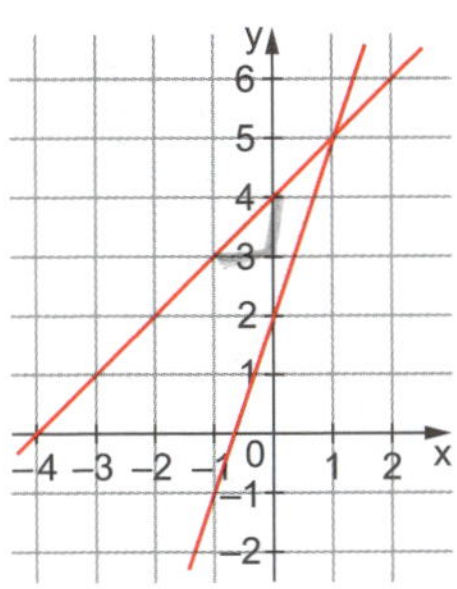

B

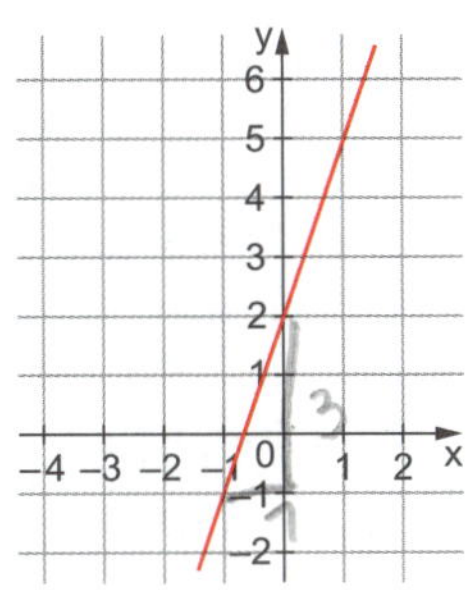

C

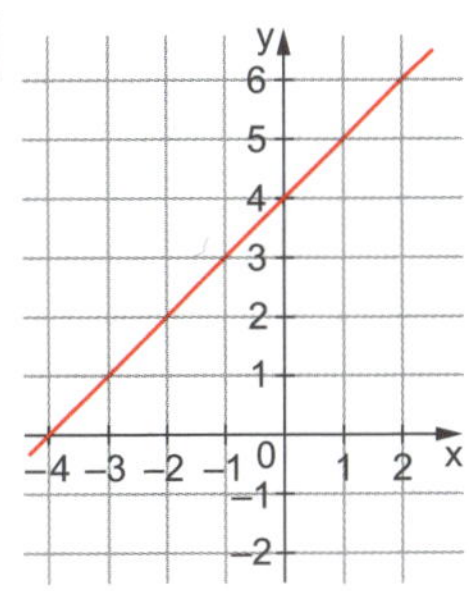

$y = 3x + 2$	I: $y = 3x + 2$ II: $y = x + 4$	$f(x) = x + 4$	$x + 4$	$3x + 2$
☐	☐	☐	☐	☐

Aufgabe 3
Äquivalenzumformungen

Gegeben ist die Gleichung $6x^2 + 3x - 24 = 0$.

Aufgabenstellung: Welche Gleichungen sind äquivalent zur gegebenen Gleichung? Kreuzen Sie die zwei zutreffenden Gleichungen an!

$12x^2 + 6x = 24$	$2x^2 + x = 8$	$\frac{3}{2}x^2 = 4 - \frac{1}{2}x$	$2x^2 = x - 4$	$x^2 = 4 - \frac{1}{2}x$
☐	☐	☐	☐	☐

Aufgabe 4
Gleichungssystem

Gegeben ist ein Gleichungssystem in zwei Variablen.

Aufgabenstellung: Geben Sie die Variablen a und c so an, dass es keine, genau eine bzw. unendlich viele Lösungen gibt!

I: $3x - 4y = c$
II: $ax + 4y = 15$

keine Lösung: a = 3 c = 14

genau eine Lösung: a = 5 c = 7

unendlich viele Lösungen: a = 3 c = 15

Aufgabe 5
Textilreinigung

Nebenstehend sind die Preise für die Reinigung von Kleidungsstücken aufgelistet.
Herr Kurz bringt folgende Kleidungsstücke in die Reinigung: drei Hosen, sieben Hemden, ein Sakko und zwei Anzüge.

Hose	€	6,50
Sakko	€	7,50
Anzug	€	14,00
Gilet	€	5,00
Mantel	€	13,00
Mantel lang	€	14,00
Jacke / Blouson	€	10,00
Kleid ab	€	10,00
Cocktailkleid	€	14,50
Abendkleid ab	€	21,00
Seidenbluse / Hemd	€	5,00
Damenrock ab	€	8,00

Aufgabenstellung: Schreiben Sie den Preisvektor P an, der die Preise für die Reinigung von Kleidungsstücken in der angegebenen Reihenfolge angibt! Ermitteln Sie weiters den Auftragsvektor A, der die Anzahl der Kleidungsstücke von Herrn Kurz in der Reihenfolge der Preistabelle angibt, und berechnen Sie, wie viel Herr Kurz für die Reinigung bezahlen muss!

P = 6,50 / 5 / 7,5 A = 3 / 7 / 1 / 2

P · A = 90 €

Aufgabe 6
Rechenoperationen von Vektoren

Gegeben sind die Vektoren $\vec{a} = \binom{1}{2}$ und $\vec{b} = \binom{-2}{2}$.

Aufgabenstellung: Ordnen Sie den gegebenen Rechenoperationen die richtigen Rechenergebnisse zu!

A $\vec{a} + \vec{b} =$ **B** $\vec{a} \cdot \vec{b} =$ **C** $\vec{a} + (-\vec{b}) =$ **D** $2 \cdot \vec{a} =$

$\binom{-2}{4}$	2	$\binom{3}{0}$	$\binom{-1}{4}$	6	$\binom{2}{4}$
☐	☐ B	☐ C	☐ A	☐	☐ D

$\binom{1}{2} + \binom{-2}{2} =$ Vektor x Vektor = Skalar

$\binom{1}{2} \binom{-2}{2} = \frac{-2}{4}$

Aufgabe 7
Geraden-darstellung

Gegeben ist die Gerade g: $2x + y = 5$.

Aufgabenstellung: Geben Sie die Gerade in Parameterform an!

Aufgabe 8
Winkelfunktionen im Einheitskreis

Gegeben ist ein Winkel im Einheitskreis.

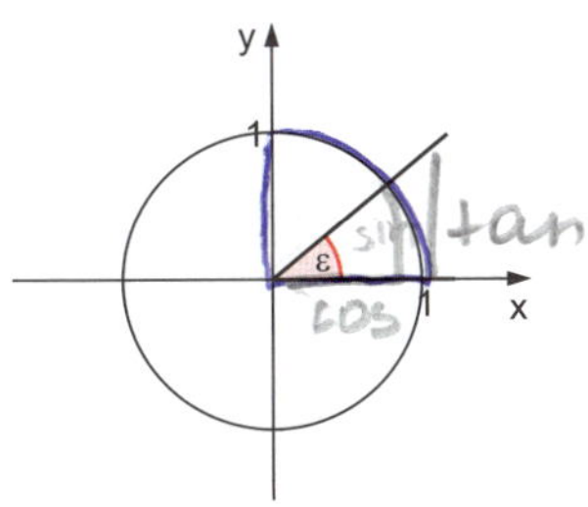

Vorzeichen	
sin ε	+
cos ε	+
tan ε	+

Aufgabenstellung: Kennzeichnen Sie den Sinus, den Cosinus und den Tangens des gegebenen Winkels und beschriften Sie die entsprechenden Längen! Geben Sie jeweils das Vorzeichen des Winkelfunktionswerts an!

Aufgabe 9
Schuhgrößen

Kurt erstellt eine Grafik, die den Schuhgrößen die Familienmitglieder zuordnet.

Aufgabenstellung: Argumentieren Sie anhand der dargestellten Figur, ob hier eine Funktion vorliegt!

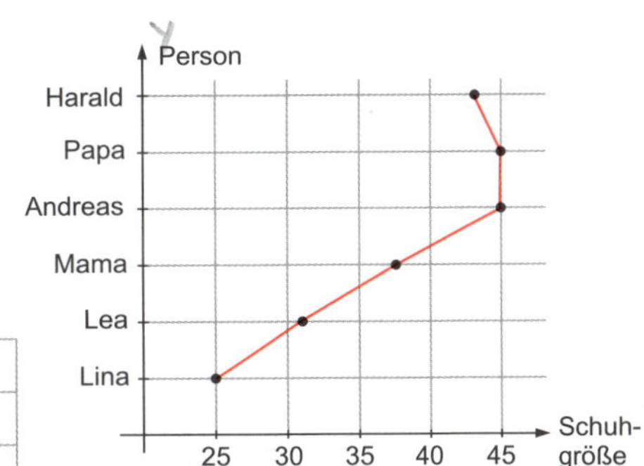

Aufgabe 10
Entwicklung der Kinderzahl

Der Graph zeigt die Entwicklung der durchschnittlichen Kinderzahl pro Frau in Österreich.

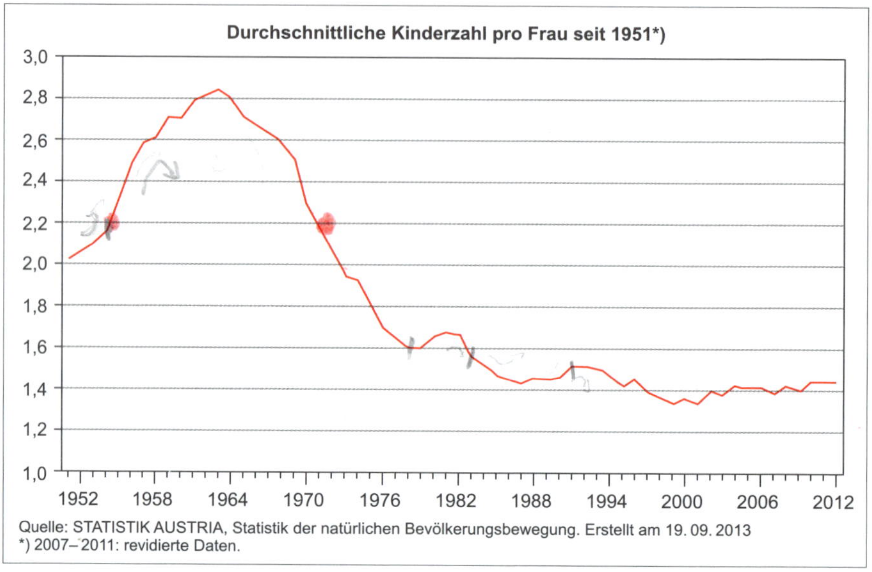

Quelle: STATISTIK AUSTRIA, Statistik der natürlichen Bevölkerungsbewegung. Erstellt am 19. 09. 2013
*) 2007–2011: revidierte Daten.

Aufgabenstellung: Zu welchen Zeitpunkten ist in der dargestellten Kurve ein „Wendepunkt" zu erkennen? Zeichnen Sie die gefragten Punkte des Graphen in der Skizze ein und interpretieren Sie die Bedeutung der Wendepunkte im Kontext!

Aufgabe 11
Wasser verteilen

8 Liter Wasser sind auf gleich große Becher gerecht aufzuteilen. x sei die Füllmenge pro Becher. f(x) gibt die Anzahl der befüllten Becher an. Der Graph der zugehörigen Funktion ist gegeben ($f(x)\colon \mathbb{R}^+ \to \mathbb{R}$).

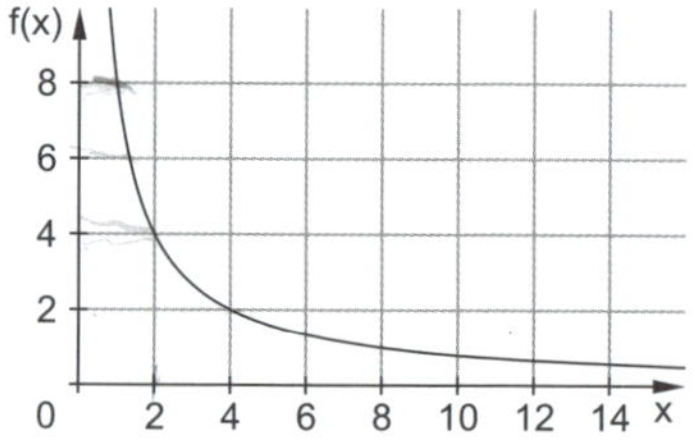

Aufgabenstellung: Kreuzen Sie die richtige(n) Aussage(n) an!

- ☒ Die Funktionsgleichung lautet $f(x) = \frac{8}{x}$.
- ☐ Die Funktionsgleichung lautet $f(x) = 8^x$.
- ☐ Die Funktionsgleichung lautet $f(x) = 8^{-x}$.
- ☐ Die Füllmenge x pro Becher ist indirekt proportional zur Anzahl der befüllten Becher.
- ☐ Die Füllmenge x pro Becher ist direkt proportional zur Anzahl der befüllten Becher.

Aufgabe 12
Polynomfunktionen

Gegeben sind die Graphen von drei Polynomfunktionen:

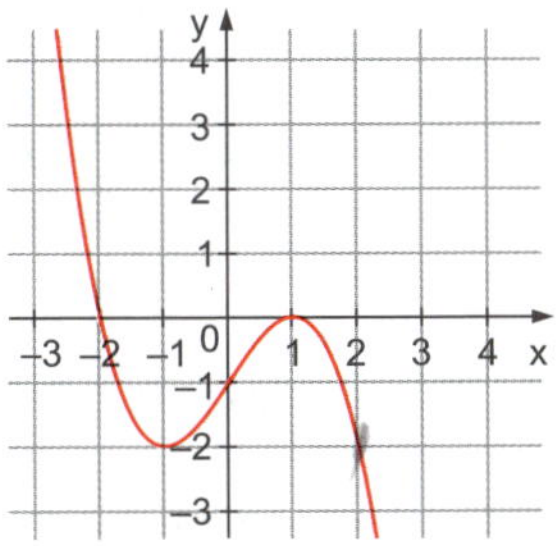

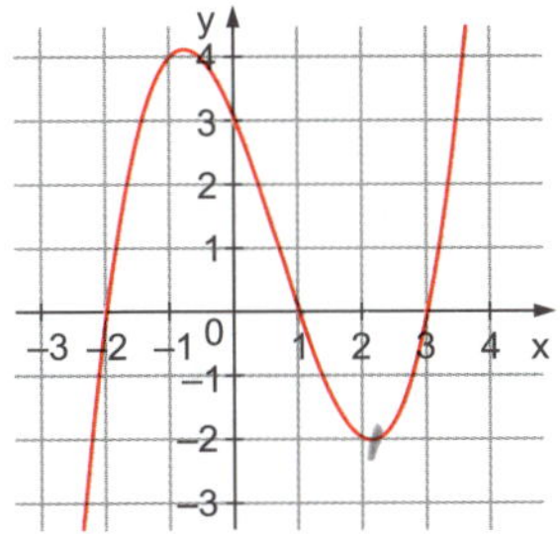

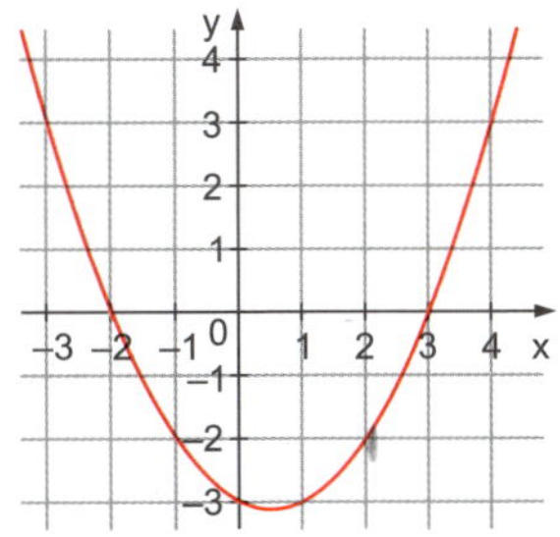

Aufgabenstellung: Geben Sie die Koordinaten jener zwei Punkte P und Q an, die auf allen drei Graphen liegen!

P=(2 | −2), Q=(−2 | 0)

Aufgabe 13
Abbau eines Medikamentes

Der Abbau von Medikamenten im Körper kann näherungsweise mit exponentiellen Modellen beschrieben werden. Welcher der folgenden Graphen veranschaulicht den beschriebenen Abbau des Narkosemedikaments am besten?

Aufgabenstellung: Kreuzen Sie den zutreffenden Graphen an!

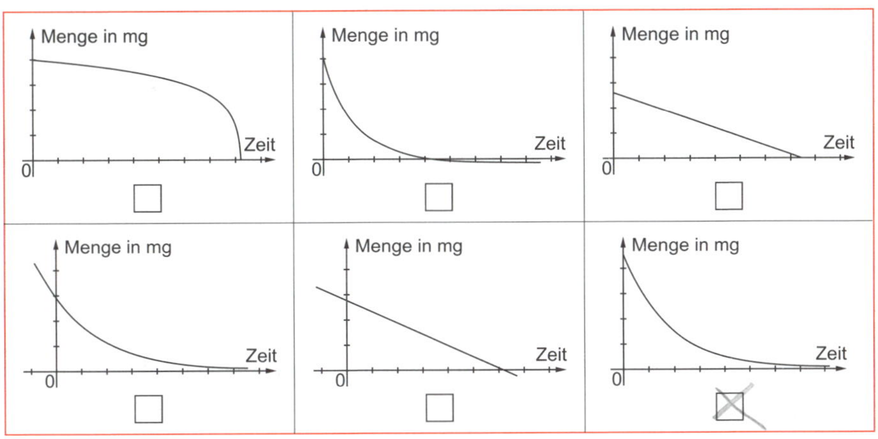

Aufgabe 14
Exponentielles Modell?

In welchen Fällen ist aufgrund des Wachstumsverhaltens eine Modellierung mittels Exponentialfunktionen gerechtfertigt?

Aufgabenstellung: Kreuzen Sie die zutreffende(n) Aussage(n) an, in denen exponentielle Zusammenhänge vorliegen!

- ☒ Trainingslauf: In jeder Runde wird das Tempo verdoppelt.
- ☐ Taschengeld: Jeden Monat wird die Hälfte des erhaltenen Geldes auf ein Konto eingezahlt.

☐ Urlaubsgeld: Am ersten Tag wird die Hälfte des Geldes ausgegeben, am zweiten Tag die Hälfte des Restgeldes, am dritten Tag die Hälfte vom verbleibenden Geld usw.

☐ Bremsung: Das Fahrzeug wird pro Sekunde um 25 km/h langsamer.

☐ Chemie: Von einem radioaktiven Stoff zerfallen pro Tag 50 %.

Aufgabe 15
Sinusfunktionen

Gegeben sind Aussagen über die Gleichheit von verschiedenen Winkelfunktionen.

Aufgabenstellung: Kreuzen Sie die zwei zutreffenden Aussagen an!

☐ $\sin x = -(\cos x)'$

☐ $\cos x = (\sin x)' + \pi$

☐ $3 \cdot (\cos x)' = -3 \cdot \sin x$

☐ $\sin(2x) = [\cos(2x)]'$

☐ $5 \cdot \cos x = -5 \cdot (\sin x)'$

Aufgabe 16
Tauchsicherheit

Beim Tauchen nimmt der Druck (p in bar) unter Wasser mit steigender Tiefe (t in m) zu. Die Funktion p(t) beschreibt diesen Zusammenhang.

Aufgabenstellung: Interpretieren Sie den Ausdruck $\frac{p(12) - p(8)}{12 - 8}$ in diesem Zusammenhang!

Aufgabe 17
Ableitung von Winkelfunktionen

Gegeben ist die Winkelfunktion $f(x) = \cos(4x)$.

Aufgabenstellung: Geben Sie die Ableitungsfunktionen f'(x) und f''(x) an!

$f'(x) =$ ____________ ; $f''(x) =$ ____________

Aufgabe 18
Eigenschaften von Funktionen

Gegeben sind Begriffe zur Beschreibung von Funktionen.

Aufgabenstellung: Vervollständigen Sie den Satz so, dass er mathematisch korrekt ist!

Hat eine Funktion ①, dann hat ihre Ableitungsfunktion an dieser Stelle ②.

①	②
☐ einen Wendepunkt	☐ einen Extrempunkt
☐ einen Hochpunkt	☐ einen Wendepunkt
☐ eine Nullstelle	☐ einen Fixpunkt

Aufgabe 19
Taschengeld

Es sei F eine Funktion, deren Funktionswerte F(x) die Anzahl der Schülerinnen und Schüler einer Schule mit einem Taschengeldbetrag von x Euro angibt.

Aufgabenstellung: Stellen Sie den Gesamtbetrag jener Schülerinnen und Schüler, die höchstens x_1 als Taschengeld bekommen, mit einem Integral dar!

Aufgabe 20
Längenmessung

Die Länge von Metallstiften kann mithilfe einer Messschraube auf hundertstel Millimeter genau gemessen werden. Bei der Messung von 10 Stiften ergaben sich die folgenden leicht schwankenden Messergebnisse (in Millimeter) sowie die daraus ermittelten Kennzahlen:

2,14 2,22 2,15 2,17 2,18 2,25 2,22 2,17 2,18 2,15

$\bar{x} = 2{,}183;\ v = 0{,}0012;\ s = 0{,}0341$

Aufgabenstellung: Welche Aussagen über die Messergebnisse bzw. die berechneten statistischen Kennzahlen sind richtig? Kreuzen Sie die zutreffende(n) Aussage(n) an!

☐ Innerhalb des einfachen Streuungsbereichs $[\bar{x}-s;\ \bar{x}+s]=[2{,}149;\ 2{,}217]$ liegen bei dieser Messung genau 60 % der Messwerte.

☐ Die Standardabweichung $s=0{,}0341$ ist ein Maß dafür, wie die Messwerte um den Mittelwert gestreut sind, und wird ebenfalls in Millimeter angegeben.

☐ Bei der Berechnung der Standardabweichung werden die Abstände der Messwerte zum Mittelwert quadriert, die Summe der Abstandsquadrate wird durch n dividiert und aus dem Quotienten wird die Wurzel gezogen.

☐ Der einfache Streuungsbereich ist $[\bar{x}-s;\ \bar{x}+s]=[2{,}149;\ 2{,}217]$; wäre das Intervall größer, so würden die Messwerte näher beieinander liegen.

☐ Für das arithmetische Mittel $\bar{x}$ gilt, dass die Summe der Abweichungen aller Messwerte vom Mittelwert null ergibt:
$(x_1-\bar{x})+(x_2-\bar{x})+\ldots+(x_{10}-\bar{x})=0$

Aufgabe 21
Gehälter

Für die sieben MitarbeiterInnen eines Betriebes werden monatlich folgende Gehälter ausbezahlt:

€ 1.240 € 980 € 8.760 € 950 € 1.200 € 1.120 € 1.500

Aufgabenstellung: Welche der folgenden Aussagen über die Verteilung der Gehälter in diesem Betrieb sind richtig? Kreuzen Sie die zutreffende(n) Aussage(n) an!

☐ Der Median ist die in der Mitte gelegene Zahl, nämlich 950 Euro.

☒ Die Differenz von mehr als 1.000 Euro zwischen dem arithmetischen Mittel und dem Median ist ein Hinweis auf Ausreißer nach oben.

☐ Eine Erhöhung der drei niedrigsten Gehälter um 100 Euro würde den Mittelwert erhöhen und den Median unverändert lassen.

☒ Der Median wäre ohne das höchste Gehalt (8.760 Euro) der Mittelwert zwischen den beiden mittleren Werten, nämlich zwischen 1.120 Euro und 1.200 Euro.

☒ Das arithmetische Mittel wäre ohne das höchste Gehalt (8.760 Euro) um mehr als 1.000 Euro niedriger.

Aufgabe 22
Defektes Gerät

Eine Maschine produziert technische Geräte mit einer Fehlerquote von 5 %.

Aufgabenstellung: Kreuzen Sie je eine der angegebenen Möglichkeiten so an, dass eine mathematisch korrekte Aussage entsteht!

Die Wahrscheinlichkeit, dass von drei geprüften Geräten ①, kann folgendermaßen berechnet werden: ②

①		②	
☐	alle drei defekt sind	☐	$1-\left(\frac{5}{100}\right)^3$
☒	mindestens eines defekt ist	☐	$0{,}95^3$
☐	höchstens eines defekt ist	☒	$1-0{,}95^3$

Aufgabe 23
Glücksspiel

Bei einem Glücksspiel soll mit zwei Würfeln, die gleichzeitig geworfen werden, eine möglichst hohe Augensumme erzielt werden. Die Zufallsvariable X beschreibt die Summe der gewürfelten Augenzahlen.

Aufgabenstellung: Geben Sie für die Ergebnismenge Ω an, welche Werte die Zufallsvariable annehmen kann!

Ω = { 2, 3, 4, 5, 6, 7, 8, 9, 10, 11, 12 }

Aufgabe 24
Münzwurf

Eine Münze wird 5-mal geworfen. X sei die Anzahl der geworfenen Köpfe.

Aufgabenstellung: Stellen Sie die Verteilung von X in einer Tabelle und grafisch dar!

p = 0,5

Hinweise und Tipps

Aufgabe 1

- Wählen Sie eine Zahl aus jeder angeführten Zahlenmenge aus und addieren Sie diese mit sich selbst.

Aufgabe 2

- In **A** wird ein Gleichungssystem mit 2 Gleichungen in 2 Variablen dargestellt.
- In **B** und **C** ist eine lineare Funktion abgebildet.
- Die Ausdrücke $x+4$ und $3x+2$ sind Terme.

Aufgabe 3

- Führen Sie mit der gegebenen Gleichung Äquivalenzumformungen durch.

Aufgabe 4

- Wenn ein Gleichungssystem keine Lösung hat, sind die entsprechenden Geraden im Koordinatensystem parallel. Hat das Gleichungssystem genau eine Lösung, dann gibt es einen Schnittpunkt und hat das Gleichungssystem unendlich viele Lösungen, dann sind die Geraden ident.
- Wenn die Koeffizienten von x und y in beiden Gleichungssystemen (eventuell nach Umformung) gleich sind, dann gibt es entweder keine oder unendlich viele Lösungen, je nachdem ob die Zahl c unterschiedlich oder ebenfalls gleich ist.

Aufgabe 5

- Berechnen Sie das skalare Produkt $A \cdot P$.

Aufgabe 6

- Beim Addieren bzw. Subtrahieren werden Vektoren koordinatenweise addiert bzw. subtrahiert.
- Die Multiplikation zweier Vektoren liefert eine Zahl, daher der Name Skalarmultiplikation.
- Die Multiplikation eines Vektors mit einem Skalar (Zahl) liefert einen Vektor, ein Vielfaches des ursprünglichen Vektors.

Aufgabe 7

- Parameterform: g: $X = A + t \cdot \vec{a}$
- Überlegen Sie, wie Sie zu einem Punkt von g kommen.
- Wie können Sie einen Richtungsvektor $\vec{a}$ von g angeben?

Aufgabe 8

- Zeichnen Sie zwei (übereinanderliegende) rechtwinklige Dreiecke: Ziehen Sie durch die Schnittpunkte der Winkelschenkel mit der Kreislinie jeweils eine Parallele zur y-Achse; die zweite Kathete liegt auf der x-Achse.

- Wenden Sie im kleineren Dreieck die Definition des Sinus und des Cosinus sowie im größeren Dreieck die Definition des Tangens an.

Aufgabe 9

- Nur wenn jedem Argument (Schuhgröße) genau ein Funktionswert (Person) zugeordnet werden kann, liegt eine Funktion vor.

Aufgabe 10

- Ein Wendepunkt liegt dort vor, wo sich das Krümmungsverhalten einer Kurve von einer Richtung in die andere ändert.

Aufgabe 11

- Je mehr Becher zur Verfügung stehen, desto weniger kann pro Becher eingeschenkt werden.
- Direkt proportional: je mehr – desto mehr, je weniger – desto weniger
- Indirekt proportional: je mehr – desto weniger, je weniger – desto mehr

Aufgabe 12

- Erstellen Sie Wertetabellen zu den drei Graphen.

Aufgabe 13

- Sortieren Sie zunächst diejenigen Graphen aus, die keinen exponentiellen Verlauf darstellen.

Aufgabe 14

- Ein exponentieller Zusammenhang besteht zwischen zwei Größen, wenn die prozentuelle Zunahme/Abnahme konstant ist.

Aufgabe 15

- Wenden Sie die Ableitungsregeln für den Sinus bzw. Cosinus an.

Aufgabe 16

- p(12) gibt den Wasserdruck auf 12 Meter Tiefe an. Was bedeutet der Ausdruck $\frac{\text{absolute Druckzunahme}}{\text{überwundene Meter}}$?

Aufgabe 17

- Denken Sie an die Kettenregel.

Aufgabe 18

- Skizzieren Sie einen beliebigen Funktionsgraphen (z. B. $f(x) = 3x^3 + 2x^2$) und zeichnen Sie die Ableitungsfunktion in dasselbe Koordinatensystem ein. Ermitteln Sie dazu Tangenten an den Funktionsgraphen f(x) und bestimmen Sie den Anstieg in einigen Punkten. Diese Werte sind dann die y-Koordinaten der Ableitungsfunktion.
- Hat eine Funktion einen Hoch- oder Tiefpunkt, dann hat deren Ableitungsfunktion an dieser Stelle eine Nullstelle.

- An der Nullstelle einer Funktion hat deren Ableitungsfunktion nichts Besonderes.

Aufgabe 19

- Angenommen 5 SchülerInnen bekommen 10 Euro und 3 SchülerInnen bekommen 12 Euro, dann sind das insgesamt: $5 \cdot 10 + 3 \cdot 12 = 50 + 36 = 86$ [Euro]
- Bedenken Sie, dass es unterschiedliche Taschengeldbeträge gibt, die die Schülerinnen und Schüler erhalten. Diese müssen aufsummiert werden.
- Nehmen Sie vereinfachend an, dass nur ganzzahlige Taschengeldbeträge vorkommen.

Aufgabe 20

- Wie wird das arithmetische Mittel bzw. die Standardabweichung berechnet?
- Beschreiben Sie die Formel zur Berechnung der Standardabweichung mit Worten:
  $$s = \sqrt{\frac{(x_1 - \overline{x})^2 + (x_2 - \overline{x})^2 + \ldots + (x_n - \overline{x})^2}{n}}$$
- Was bedeutet „einfacher Streuungsbereich“?

Aufgabe 21

- Welche wesentlichen Eigenschaften haben der Median bzw. das arithmetische Mittel?

Aufgabe 22

- Erstellen Sie ein Baumdiagramm mit drei Ziehungen.

Aufgabe 23

- Der Grundraum Ω gibt alle möglichen Werte an, die die Zufallsvariable annehmen kann.

Aufgabe 24

- Überlegen Sie, wie groß p bei diesem Zufallsversuch ist. Da 5-mal geworfen wird, kann k die Werte 0, 1, 2, 3, 4, 5 annehmen. Berechnen Sie für jedes k die Wahrscheinlichkeit $P(X = k)$ und listen Sie diese Wahrscheinlichkeiten auf.
- Für die Grafik beschriften Sie die Achsen mit k und $P(X = k)$.

Lösungsvorschlag

Aufgabe 1
Addition in Zahlenmengen

Die Summe zweier **negativer rationaler** Zahlen ergibt immer eine **negative rationale** Zahl.

Die Summe zweier ungerader natürlicher Zahlen ergibt eine gerade natürliche Zahl. Die Summe zweier irrationaler Zahlen kann, muss aber nicht irrational sein, z. B.: $\pi+(-\pi)=0$

Aufgabe 2
Terme, Gleichungen und Gleichungssysteme

$y=3x+2$	I: $y=3x+2$ II: $y=x+4$	$f(x)=x+4$	$x+4$	$3x+2$
B	A	C	☐	☐

Lösungsweg **A**:
I: $y=3x+2$ — $d=2,\ k=3$
Vom Punkt $(0|2)$ aus zeichnen Sie das Steigungsdreieck mit 1 nach rechts und 3 hinauf.
II: $y=x+4$ — $d=4,\ k=1$
Vom Punkt $(0|4)$ aus zeichnen Sie das Steigungsdreieck mit 1 nach rechts und 1 hinauf.

Lösungsweg **B**:
$y=3x+2$ — $d=2,\ k=3$
Vom Punkt $(0|2)$ aus zeichnen Sie das Steigungsdreieck mit 1 nach rechts und 3 hinauf.

Lösungsweg **C**:
$f(x)=x+4$ oder auch $y=x+4$ — $d=4,\ k=1$
Vom Punkt $(0|4)$ aus zeichnen Sie das Steigungsdreieck mit 1 nach rechts und 1 hinauf.

Aufgabe 3
Äquivalenzumformungen

$12x^2+6x=24$	$2x^2+x=8$	$\frac{3}{2}x^2=4-\frac{1}{2}x$	$2x^2=x-4$	$x^2=4-\frac{1}{2}x$
☐	☒	☐	☐	☒

Zur Gleichung $6x^2+3x-24=0$ wären auch äquivalent:
$12x^2+6x=28$; $\frac{3}{2}x^2=6-\frac{3}{4}x$; $2x^2=-x+8$

Aufgabe 4
Gleichungssystem

keine Lösung: **(parallel) bei $a=-3,\ c\in\mathbb{R}\setminus\{-15\}$**
genau eine Lösung: **(Schnittpunkt) bei $a\in\mathbb{R}\setminus\{-3\}$ und $c\in\mathbb{R}$**
unendlich viele Lösungen: **(ident) bei $a=-3$ und $c=-15$**

Keine Lösung

I: $3x - 4y = \mathbf{4}$

II: $\mathbf{-3x} + 4y = 15$

Lösen Sie mit dem Additionsverfahren:

I + II: $0 = 19$

Liefert eine falsche Aussage, daher hat das Gleichungssystem keine Lösung.

Genau eine Lösung

I: $3x - 4y = \mathbf{3}$

II: $4y = 15$

Wählen Sie z. B. c = 3 und a = 0 und lösen Sie mit dem Additionsverfahren:

I + II: $3x = 18,\quad x = 6$ und $y = \frac{15}{4}$, also genau eine Lösung $S = \left(6 \,\middle|\, \frac{15}{4}\right)$

Unendlich viele Lösungen

I: $3x - 4y = \mathbf{-15}$

II: $\mathbf{-3x} + 4y = 15$

Wählen Sie a = –3 und c = –15 und lösen Sie mit dem Additionsverfahren:

I + II: $0 = 0$

Liefert eine wahre Aussage, daher hat das Gleichungssystem unendlich viele Lösungen.

Aufgabe 5
Textilreinigung

$P = \mathbf{(6{,}50 \mid 7{,}50 \mid 14 \mid 5 \mid 13 \mid 14 \mid 10 \mid 10 \mid 14{,}50 \mid 21 \mid 5 \mid 8)}$;

$A = \mathbf{(3 \mid 1 \mid 2 \mid 0 \mid 0 \mid 0 \mid 0 \mid 0 \mid 0 \mid 0 \mid 7 \mid 0)}$

Herr Kurz muss **90 Euro** bezahlen.

$A \cdot P = 3 \cdot 6{,}50 + 1 \cdot 7{,}50 + 2 \cdot 14 + 7 \cdot 5 = 19{,}50 + 7{,}50 + 28 + 35 = 90$

Aufgabe 6
Rechenoperationen von Vektoren

$\begin{pmatrix}-2\\4\end{pmatrix}$	2	$\begin{pmatrix}3\\0\end{pmatrix}$	$\begin{pmatrix}-1\\4\end{pmatrix}$	6	$\begin{pmatrix}2\\4\end{pmatrix}$
☐	B	C	A	☐	D

A: $\vec{a} + \vec{b} = \begin{pmatrix}1\\2\end{pmatrix} + \begin{pmatrix}-2\\2\end{pmatrix} = \begin{pmatrix}1-2\\2+2\end{pmatrix} = \begin{pmatrix}-1\\4\end{pmatrix}$

B: $\vec{a} \cdot \vec{b} = \begin{pmatrix}1\\2\end{pmatrix} \cdot \begin{pmatrix}-2\\2\end{pmatrix} = 1 \cdot (-2) + 2 \cdot 2 = -2 + 4 = 2$

C: $\vec{a} + (-\vec{b}) = \begin{pmatrix}1\\2\end{pmatrix} + \begin{pmatrix}2\\-2\end{pmatrix} = \begin{pmatrix}1+2\\2-2\end{pmatrix} = \begin{pmatrix}3\\0\end{pmatrix}$

D: $2 \cdot \vec{a} = 2 \cdot \begin{pmatrix}1\\2\end{pmatrix} = \begin{pmatrix}2\\4\end{pmatrix}$

Aufgabe 7
Geradendarstellung

Für einen Punkt A von g muss die Gleichung erfüllt werden: Wählen Sie für die x-Koordinate von A z. B. $x=0$ und berechnen Sie dann die y-Koordinate.
$2\cdot 0+y=5 \quad \Rightarrow \quad y=5 \quad \Rightarrow \quad A=(0\,|\,5)$

Die Koeffizienten 2 und 1 bilden einen Normalvektor von g, daher ist $\begin{pmatrix}-1\\2\end{pmatrix}$ ein Richtungsvektor („Vertauschen Sie die Koordinaten und wechseln Sie ein Vorzeichen."). Somit gilt:

$$\mathbf{g\colon\ X=\begin{pmatrix}0\\5\end{pmatrix}+t\cdot\begin{pmatrix}-1\\2\end{pmatrix}}$$

Aufgabe 8
Winkelfunktionen im Einheitskreis

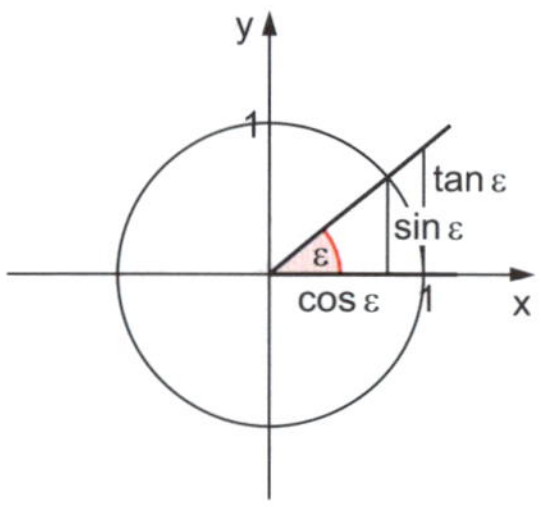

	Vorzeichen
sin ε	+
cos ε	+
tan ε	+

Im kleineren Dreieck gilt
$\sin\varepsilon=\frac{G}{H}=G$ und $\cos\varepsilon=\frac{A}{H}=A$,
weil $H=r=1$ ist (r … Radius des Einheitskreises).
Im größeren Dreieck gilt
$\tan\varepsilon=\frac{G}{A}=G$,
weil $A=r=1$ ist.

Aufgabe 9
Schuhgrößen

Nein, es handelt sich nicht um eine Funktion, da der Schuhgröße 45 zwei Personen (Papa und Andreas) zugeordnet sind. Für eine Funktion muss die Zuordnung jedoch eindeutig sein.

Aufgabe 10
Entwicklung der Kinderzahl

Die beiden „Wendepunkte" liegen etwa 1954 und 1971. Zu diesen Zeitpunkten herrscht die stärkste Zunahme (1954) bzw. die stärkste Abnahme (1971) der Kinderzahl.

Die zweite Ableitung beschreibt das Krümmungsverhalten einer Kurve und als Ableitung der Ableitung auch die Änderung der Abnahme (oder Zunahme) der Geburtenzahl. Der Wendepunkt beschreibt also jenen Punkt, an dem sich die Geburtenzahl am stärksten ändert.

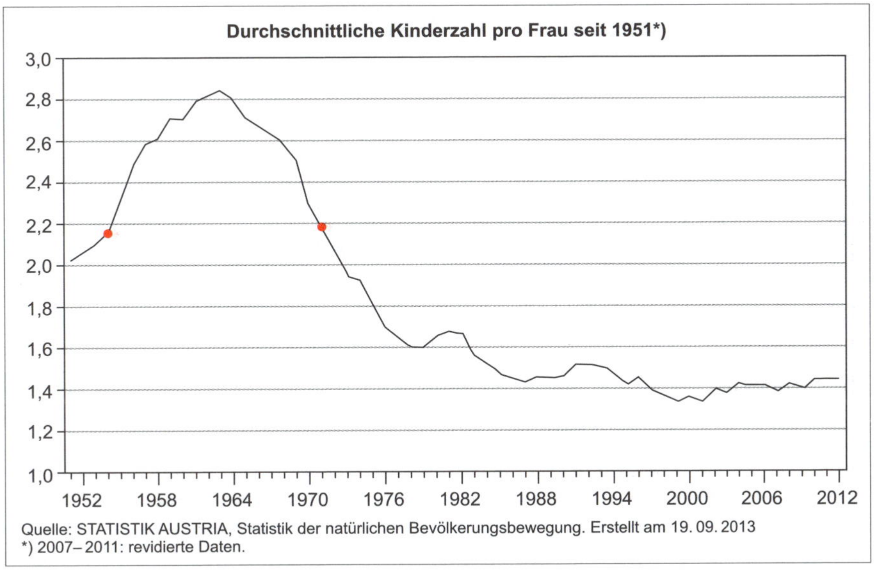

Aufgabe 11
Wasser verteilen

- [x] Die Funktionsgleichung lautet $f(x) = \frac{8}{x}$.
- [ ] Die Funktionsgleichung lautet $f(x) = 8^x$.
- [ ] Die Funktionsgleichung lautet $f(x) = 8^{-x}$.
- [x] Die Füllmenge x pro Becher ist indirekt proportional zur Anzahl der befüllten Becher.
- [ ] Die Füllmenge x pro Becher ist direkt proportional zur Anzahl der befüllten Becher.

Die Funktion $f(x) = 8^x$ ist eine Exponentialfunktion.
Die Funktion $f(x) = 8^{-x}$ kann in $f(x) = \frac{1}{8^x}$ umgewandelt werden. Es ist eine Exponentialfunktion.
Die Füllmenge x pro Becher ist direkt proportional zur Anzahl der befüllten Becher, bedeutet, dass eine größere Füllmenge eine Erhöhung der Anzahl der Becher liefert. Die Füllmenge ist jedoch auf 8 Liter beschränkt.

Aufgabe 12
Polynomfunktionen

$P = (-2 \mid 0)$, $Q = (2 \mid -2)$

Aufgabe 13
Abbau eines Medikamentes

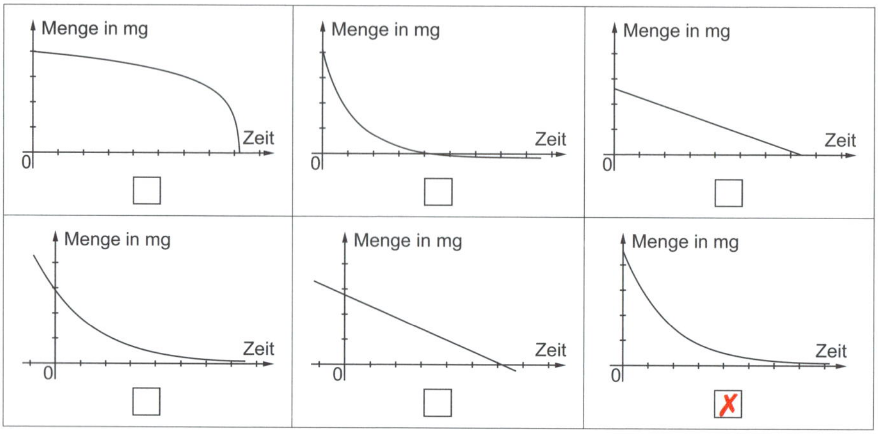

✎ Die beiden Geraden kommen als Schaubilder von exponentiellen Verläufen keinesfalls infrage, ebenso der Verlauf oben links, der keinen prozentuellen, sondern einen logarithmischen Abbauvorgang zeigt.
Die beiden Funktionen (oben in der Mitte und unten links) zeigen negative Funktionswerte (also eine negative Medikamentendosis) und negative Argumente (negative Zeit) und sind daher im Kontext sinnlos.

Aufgabe 14
Exponentielles Modell?

- ☒ Trainingslauf: In jeder Runde wird das Tempo verdoppelt.
- ☐ Taschengeld: Jeden Monat wird die Hälfte des erhaltenen Geldes auf ein Konto eingezahlt.
- ☒ Urlaubsgeld: Am ersten Tag wird die Hälfte des Geldes ausgegeben, am zweiten Tag die Hälfte des Restgeldes, am dritten Tag die Hälfte vom verbleibenden Geld usw.
- ☐ Bremsung: Das Fahrzeug wird pro Sekunde um 25 km/h langsamer.
- ☒ Chemie: Von einem radioaktiven Stoff zerfallen pro Tag 50 %.

✎ Trainingslauf: + 100% des Tempos der Vorrunde in jeder neuen Runde.
Urlaubsgeld: – 50% des Restgeldes jeden Tag.
Taschengeld: Jeden Monat wird ein konstanter Betrag eingezahlt.
Bremsweg: Das Fahrzeug wird um einen konstanten Wert langsamer.

Aufgabe 15
Sinusfunktionen

- ☒ $\sin x = -(\cos x)'$
- ☐ $\cos x = (\sin x)' + \pi$
- ☒ $3 \cdot (\cos x)' = -3 \cdot \sin x$
- ☐ $\sin(2x) = [\cos(2x)]'$
- ☐ $5 \cdot \cos x = -5 \cdot (\sin x)'$

- $(\sin x)' + \pi = \cos x + \pi$
- Bei $[\cos(2x)]' = -2\sin(2x)$ muss die Kettenregel angewandt werden: Die Ableitung von $\cos x$ (äußere Funktion) ist $-\sin x$ und dies wird multipliziert mit der Ableitung von 2x (innere Funktion), also mit 2.
- $-5 \cdot (\sin x)' = -5 \cdot \cos x$

Aufgabe 16
Tauchsicherheit

Der Bruch beschreibt die durchschnittliche Zunahme des Wasserdrucks zwischen 8 Meter und 12 Meter Tiefe.

- Der Zähler beschreibt die Veränderung des Wasserdrucks zwischen 8 Meter und 12 Meter Tiefe.

Aufgabe 17
Ableitung von Winkelfunktionen

$f'(x) = \mathbf{-4 \cdot \sin(4x)}$; $f''(x) = \mathbf{-16 \cdot \cos(4x)}$

- Die Ableitung von $\cos x$ ist $-\sin x$. Die Ableitung von $4 \cdot x$ ist 4. Weiters ist die Kettenregel zu beachten.
- Die Ableitung von $\sin x$ ist $\cos x$.

Aufgabe 18
Eigenschaften von Funktionen

Hat eine Funktion **einen Wendepunkt**, dann hat ihre Ableitungsfunktion an dieser Stelle **einen Extrempunkt**.

- Hat eine Funktion einen Hoch- oder Tiefpunkt, dann hat deren Ableitungsfunktion an dieser Stelle eine Nullstelle.
- An der Nullstelle einer Funktion hat deren Ableitungsfunktion nichts Besonderes.

Aufgabe 19
Taschengeld

$$\int_0^{x_1} \mathbf{F(x) \cdot x \, dx}$$

- Die Anzahl F(x) der Schülerinnen und Schüler mit ein und demselben Taschengeldbetrag muss mit dem Geldbetrag x multipliziert werden.

Aufgabe 20
Längenmessung

- [x] Innerhalb des einfachen Streuungsbereichs $[\bar{x} - s;\ \bar{x} + s] = [2{,}149;\ 2{,}217]$ liegen bei dieser Messung genau 60 % der Messwerte.
- [x] Die Standardabweichung $s = 0{,}0341$ ist ein Maß dafür, wie die Messwerte um den Mittelwert gestreut sind, und wird ebenfalls in Millimeter angegeben.
- [x] Bei der Berechnung der Standardabweichung werden die Abstände der Messwerte zum Mittelwert quadriert, die Summe der Abstandsquadrate wird durch n dividiert und aus dem Quotienten wird die Wurzel gezogen.
- [ ] Der einfache Streuungsbereich ist $[\bar{x} - s;\ \bar{x} + s] = [2{,}149;\ 2{,}217]$; wäre das Intervall größer, so würden die Messwerte näher beieinander liegen.

☒ Für das arithmetische Mittel $\overline{x}$ gilt, dass die Summe der Abweichungen aller Messwerte vom Mittelwert null ergibt:
$(x_1 - \overline{x}) + (x_2 - \overline{x}) + \ldots + (x_{10} - \overline{x}) = 0$

Wäre der einfache Streuungsbereich ein größeres Intervall, dann würden die Messwerte weiter um den Mittelwert gestreut liegen.

Aufgabe 21
Gehälter

☐ Der Median ist die in der Mitte gelegene Zahl, nämlich 950 Euro.

☒ Die Differenz von mehr als 1.000 Euro zwischen dem arithmetischen Mittel und dem Median ist ein Hinweis auf Ausreißer nach oben.

☐ Eine Erhöhung der drei niedrigsten Gehälter um 100 Euro würde den Mittelwert erhöhen und den Median unverändert lassen.

☒ Der Median wäre ohne das höchste Gehalt (8.760 Euro) der Mittelwert zwischen den beiden mittleren Werten, nämlich zwischen 1.120 Euro und 1.200 Euro.

☒ Das arithmetische Mittel wäre ohne das höchste Gehalt (8.760 Euro) um mehr als 1.000 Euro niedriger.

Der Median ist die in der Mitte gelegene Zahl einer geordneten Liste. Vor der Erhöhung ist der Median 1.200 Euro, danach $1\,120 + 100 = 1\,220$ [Euro].

Aufgabe 22
Defektes Gerät

Die Wahrscheinlichkeit, dass von drei geprüften Geräten **mindestens eines defekt ist**, kann folgendermaßen berechnet werden: $\mathbf{1 - 0{,}95^3}$

P(alle drei Geräte sind defekt) $= 0{,}05^3$

P(höchstens ein Gerät ist defekt) $= 0{,}95^3 + 0{,}95^2 \cdot 0{,}05 \cdot 3$

Aufgabe 23
Glücksspiel

$\Omega = \{\mathbf{2; 3; 4; 5; 6; \ldots; 11; 12}\}$

Die Augensumme beträgt mindestens $1 + 1 = 2$, höchstens $6 + 6 = 12$.

Aufgabe 24
Münzwurf

k	P(X = k)
0	0,03125
1	0,15625
2	0,3125
3	0,3125
4	0,15625
5	0,03125

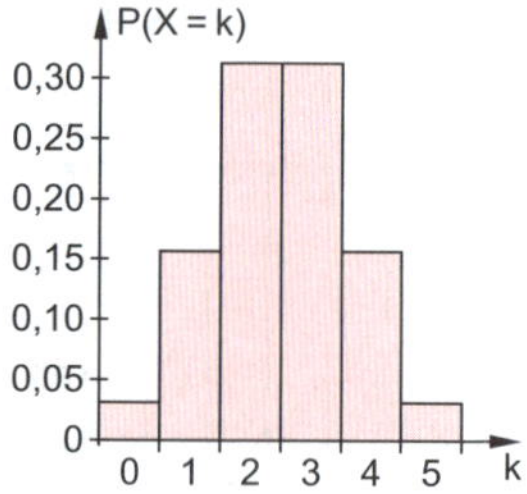

Die Verteilung ist symmetrisch, da $p = 0{,}5$ ist.

Aufgabe 1
Darstellung von Zahlen

Gegeben sind Zahlen in unterschiedlichen Darstellungen.

Aufgabenstellung: Ordnen Sie passende Zahlen einander zu, indem Sie die entsprechenden Buchstaben in die Kästchen eintragen!

A $5{,}67 \cdot 10^{-2}$

B $567 \cdot 10^{-2}$

C $5{,}67 \cdot 10^{2}$

D $567 \cdot 10^{2}$

E $567 \cdot 10^{-3}$

F $5{,}67 \cdot 10^{3}$

□ $\frac{567}{100}$

□ 567

□ $5\,670$

□ $\frac{567}{1\,000}$

Aufgabe 2
Lösung einer quadratischen Gleichung

Gegeben ist eine quadratische Gleichung der Form $ax^2 + b = 0$ mit $a \neq 0$.

Aufgabenstellung: Geben Sie eine Lösung in $\mathbb{R}$ und eine dafür notwendige Bedingung für die Variablen a und b an!

$x =$ ______, für a gilt: ______, für b gilt: ______

Aufgabe 3
Fahrrad-bestellung

Ein Sportartikelhändler bestellt zwei Typen von Fahrrädern. Es werden x Rennräder und y Mountainbikes geordert. Die Rennräder kosten im Einkauf a Euro und die Mountainbikes b Euro.
Welcher Zusammenhang wird von der Gleichung $ax + by = 14\,590$ beschrieben?

Aufgabenstellung: Interpretieren Sie die Gleichung im gegebenen Kontext!

Aufgabe 4
Lösungsfälle quadratischer Gleichungen

Gegeben ist die Gleichung $x^2 + px + 1 = 0$.

Aufgabenstellung: Kreuzen Sie je eine der angegebenen Möglichkeiten so an, dass eine mathematisch korrekte Aussage entsteht!

Die angegebene Gleichung hat für ① eine Lösungsmenge mit zwei ② Zahlen.

①		②	
□	$p = -1$	□	negativen rationalen
□	$p = 0$	□	irrationalen
□	$p = 3$	□	ganzen

Aufgabe 5
Lösungen von linearen Ungleichungen

Eine lineare Ungleichung in der Grundmenge $\mathbb{N}$ hat die Lösung $y > -3$.

Aufgabenstellung: Kreuzen Sie die zwei zutreffenden Beschreibungen der Lösungsmenge an!

☐ $L = \{-4; -5; -6; \ldots\}$

☐ $L = [-2; \infty)$

☐ 

☒ $L = \{0; 1; 2; \ldots\}$

☒ 

Aufgabe 6
Lösungen von Gleichungssystemen

Gegeben ist ein Gleichungssystem in zwei Variablen.

Aufgabenstellung: Vervollständigen Sie folgende Sätze, sodass sie mathematisch richtig sind!

Das Gleichungssystem $ax + by = c$ und $dx + ey = f$ hat bei ① keine Lösung. Die entsprechenden Geraden im Koordinatensystem liegen zueinander ②.

①		②	
☒	$a = d,\ b = e,\ c \neq f$	☐	schneidend
☐	$a = d,\ b = e,\ c = f$	☒	parallel
☐	$a \neq d,\ b = e,\ c \neq f$	☐	ident

Aufgabe 7
Schnittpunkt zweier Geraden

Gegeben sind die Geraden g: $X = \begin{pmatrix} 2 \\ 2 \\ 1 \end{pmatrix} + t \cdot \begin{pmatrix} 2 \\ 4 \\ 1 \end{pmatrix}$ und h: $X = \begin{pmatrix} 0 \\ -2 \\ 0 \end{pmatrix} + s \cdot \begin{pmatrix} 0 \\ 3 \\ 3 \end{pmatrix}$ im $\mathbb{R}^3$.

Aufgabenstellung: Berechnen Sie den Schnittpunkt S!

Aufgabe 8
Winkelfunktionen

Gegeben ist das Intervall $[0°; 360°)$.

Aufgabenstellung: Geben Sie alle Winkel α im gegebenen Intervall an, für die gilt: $\sin\alpha = -\cos\alpha$

Aufgabe 9
Funktionen

Gegeben sind Graphen von Funktionen sowie Beschreibungen von funktionalen Zusammenhängen.

Aufgabenstellung: Welcher Graph passt zu welchem Sachverhalt? Tragen Sie die Buchstaben in die Kästchen der zutreffenden Graphen ein!

A x-Achse: Flächeninhalt einer quadratischen Terrasse
y-Achse: Seitenlänge der Terrasse

B x-Achse: Höhe eines quaderförmigen Wasserbeckens
y-Achse: Querschnittsfläche des Beckens

C x-Achse: Radius eines kreisförmigen Blumenbeets
y-Achse: Länge der Umgrenzung des Beets

D x-Achse: Anzahl von Badetagen
y-Achse: Summe aus Errichtungs- und Wartungskosten für ein Pool

E x-Achse: Radius einer kreisförmigen Terrasse
y-Achse: Flächeninhalt der Terrasse

F x-Achse: Gleichförmiges Ablassen des Wassers aus einem Becken
y-Achse: Volumen des Wassers

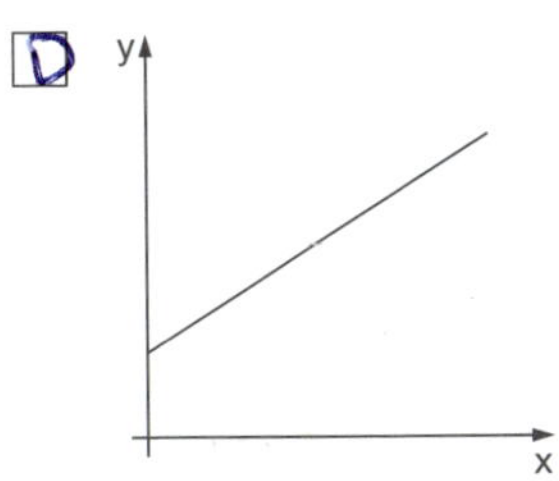

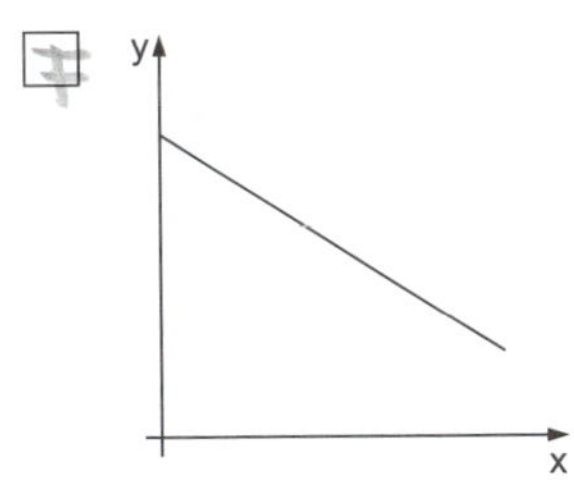

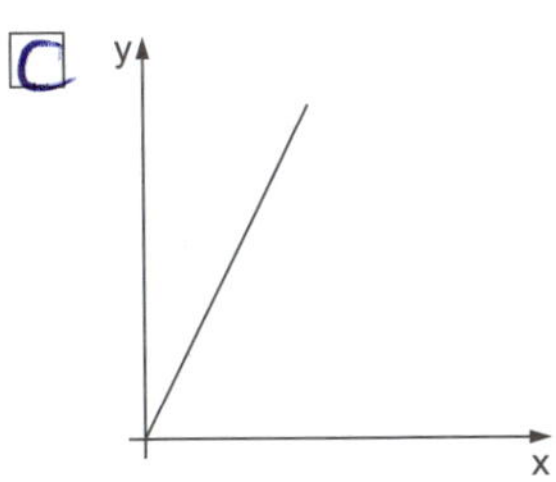

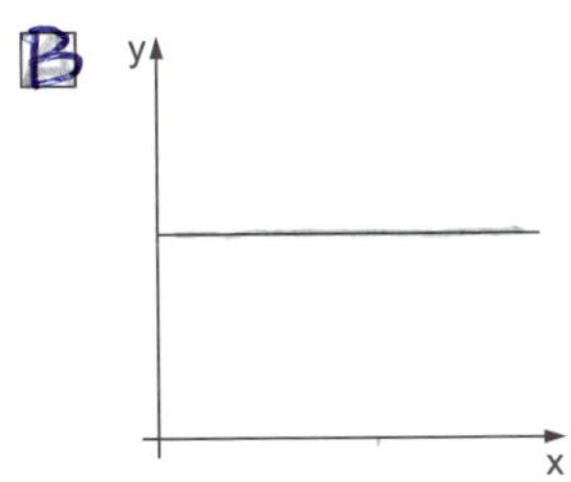

Aufgabe 10
Colamischung

In der Gastronomie werden Getränke aus Sirup und Wasser selbst hergestellt, weil das die Lieferkosten reduziert. Für ein Colagetränk wird Sirup und Wasser im Verhältnis 2 : 7 gemischt und danach mit Kohlensäure versetzt.

Aufgabenstellung: Zeichnen Sie einen Funktionsgraphen, der das Mischungsverhältnis der beiden Inhaltsstoffe darstellt!

Aufgabe 11
Funktionsgleichung finden

Gegeben ist der Funktionsgraph f(x).

Aufgabenstellung: Kreuzen Sie die richtige Funktionsgleichung an!

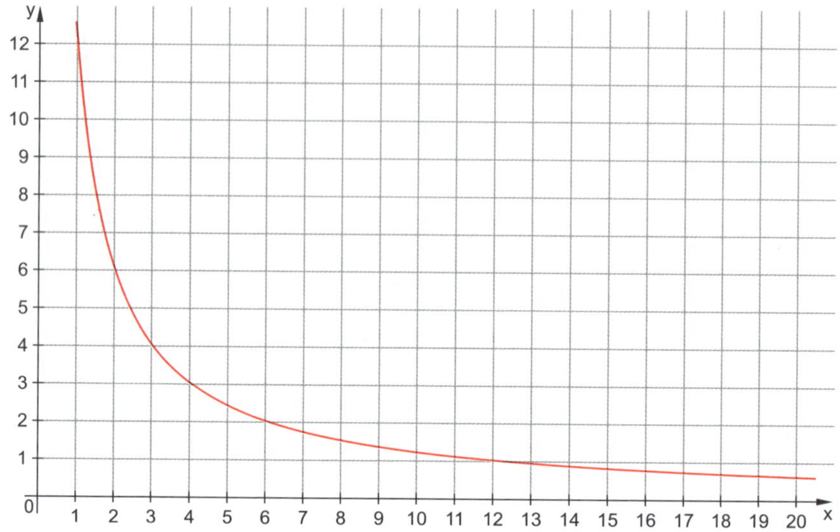

$f(x) = \frac{x}{12}$	$f(x) = \frac{12}{x}$	$f(x) = x^{-12}$	$f(x) = 12^x$	$f(x) = x^{12}$	$f(x) = 12 \cdot x$
☒	☐	☐	☐	☐	☐

Aufgabe 12
Eigenschaften von Polynomfunktionen

Gegeben ist der Graph einer Polynomfunktion:

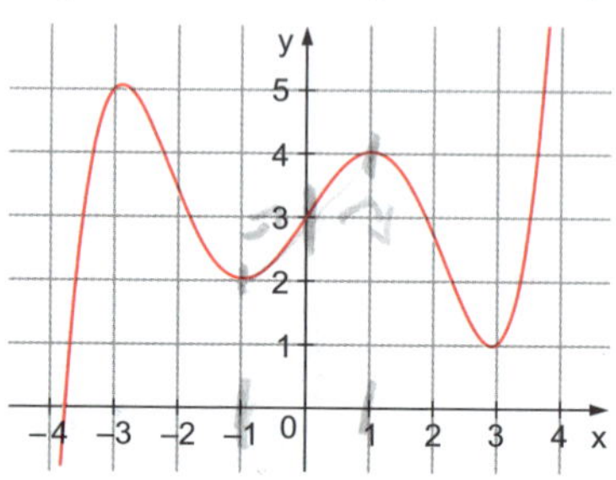

Aufgabenstellung: Kreuzen Sie die zutreffende(n) Aussage(n) über den abgebildeten Funktionsgraphen an!

- ☒ Die Funktion ist im Intervall (–1; 1) streng monoton steigend.
- ☒ An der Stelle x = –1 ändert sich das Monotonieverhalten der Funktion.
- ☒ An der Stelle x = 0 ändert sich das Krümmungsverhalten der Funktion.
- ☒ Die Funktion hat bei x = –3 eine lokale Maximumstelle.
- ☐ Die Funktion ist im Intervall (1; 4) positiv gekrümmt.

Aufgabe 13
Quadratische Funktion

Gegeben ist die Funktion $f(x) = 0{,}5x^2 + 2x - 3$.

Aufgabenstellung: Ermitteln Sie die fehlenden Koordinaten der auf dem Graphen von f liegenden Punkte $P = (-6\,|\,y)$, $Q = (x\,|\,-5)$, $R = (x\,|\,-3)$ und begründen Sie, weshalb es bei R zwei Lösungen, bei Q hingegen nur eine Lösung gibt!

Aufgabe 14
Medikamentenabbau

Der Funktionsgraph zeigt den Ablauf des Abbauvorganges eines Medikaments im Körper.

Aufgabenstellung: Geben Sie die Koordinaten des markierten Punktes B an und interpretieren Sie diese im Kontext!

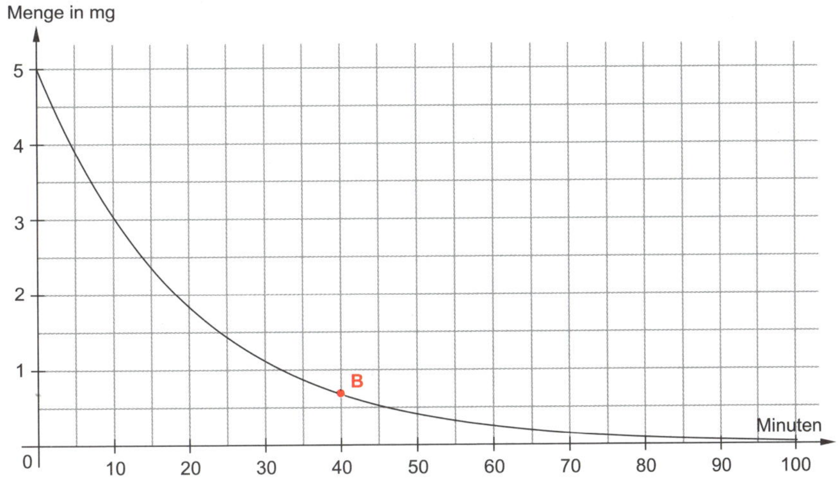

B(40|0,75)

Nach 40 Minuten ist weniger als 1 mg des Medikaments noch vorhanden.

Aufgabe 15
Periodizität der Sinusfunktion

Gegeben sind Aussagen über die Periodizität und andere Eigenschaften der Sinusfunktion.

Aufgabenstellung: Kreuzen Sie die zutreffende(n) Aussage(n) an!

- ☐ Die Sinusfunktion ist periodisch, weil sich die y-Werte nach Ablauf einer Periode p ($p \in \mathbb{R}$) wiederholen: $\sin x = \sin(x+p)$ mit $p = 2\pi$
- ☐ Innerhalb der Periode $p = 2\pi$ ändert die Sinusfunktion dreimal das Monotonieverhalten.
- ☐ Innerhalb der Periode $p = 2\pi$ gibt es zu jedem Winkelfunktionswert der Sinusfunktion genau zwei zugehörige Winkel – außer zu $\sin\varphi = \pm 1$: Zu diesen Winkelfunktionswerten gibt es jeweils nur einen zugehörigen Winkel.
- ☐ Die Sinusfunktion ist im Verlauf der Periode $p = 2\pi$ negativ und positiv gekrümmt.
- ☐ Die Periode von $\sin\left(\frac{1}{3}x\right)$ ist dreimal so lang wie die Periode von $\sin x$.

Aufgabe 16
Sinusfunktionen

Gegeben sind verschiedene Winkelfunktionen.

Aufgabenstellung: Kreuzen Sie die zwei Funktionen an, die denselben Graphen wie die Sinusfunktion haben!

- ☐ $f(x) = -\cos x$
- ☐ $f(x) = \cos\left(x + \frac{\pi}{2}\right)$
- ☐ $f(x) = -\sin(x + \pi)$
- ☐ $f(x) = \cos x - \frac{\pi}{2}$
- ☐ $f(x) = \cos\left(x + \frac{3\pi}{2}\right)$

Aufgabe 17
Vereinskassa

Der Vorstand eines Vereines stellt fest, dass sich das Vermögen des Vereines gemäß der Differenzengleichung verändert:
$V_{n+1} = V_n \cdot 0{,}9 - 250$

Aufgabenstellung: Interpretieren Sie, welche Bedeutung der Wert 0,9 in diesem Zusammenhang haben könnte, und geben Sie die Vermögensstände des Vereines bis zum 5-jährigen Jubiläum an, wenn bei der Gründung 10.000 Euro gespendet wurden!

Aufgabe 18
Ableitungsregeln

Gegeben ist die Funktion $f(x) = (4 \cdot x)^3$.

Aufgabenstellung: Wie lautet die Ableitungsfunktion f'(x)? Kreuzen Sie alle zutreffenden Ausdrücke an!

$3 \cdot (4x)^2 \cdot 4$	$12 \cdot (4x)^2$	$3 \cdot (4x)^2$	$4^3 \cdot 3x^2$	$\frac{1}{3} \cdot (4x)^4$
☒	☒	☐	☒	☐

Aufgabe 19
Krümmung von Funktionen

Die Krümmung von Funktionen.

Aufgabenstellung: Vervollständigen Sie den Satz so, dass er mathematisch korrekt ist!

Ist die Ableitungsfunktion f'(x) in einem Bereich ①, dann ist die Funktion f(x) in diesem Bereich ② gekrümmt.

①
- ☒ streng monoton steigend
- ☒ streng monoton fallend
- ☐ konstant

②
- ☒ positiv (links)
- ☐ linear
- ☒ positiv (links) und negativ (rechts)

Aufgabe 20
Integrale zuordnen

Gegeben ist die Funktion $f(x) = x + 2$.

Aufgabenstellung: Ordnen Sie die Integrale den Termen zu, indem Sie die Buchstaben in die entsprechenden Kästchen eintragen!

A $\int f(x)\,dx$

B $\int f(x+1)\,dx$

C $\int f(2x)\,dx$

D $\int 2f(x)\,dx$

E $\int f\left(\frac{1}{2}x\right)dx$

F $\int \frac{1}{2}f(x)\,dx$

[F] $\frac{1}{4}x^2 + x + c$

[E] $\frac{1}{4}x^2 + 2x + c$

[C] $x^2 + 2x + c$

[B] $\frac{1}{2}x^2 + 3x + c$

Aufgabe 21
Geschwindigkeitskontrolle

Bei einer Geschwindigkeitskontrolle von 80 motorisierten Fahrzeugen waren 35 % zu schnell unterwegs, wobei die Geschwindigkeit von 75 % der RaserInnen bis zu 10 km/h überhöht war; sechs AutofahrerInnen waren 10 bis 20 km/h zu schnell unterwegs und bei einem Autofahrer wurde eine Geschwindigkeit von 27 km/h über dem Limit von 30 km/h gemessen.

Aufgabenstellung: Erstellen Sie ein Säulendiagramm mit den prozentuellen Häufigkeiten der Geschwindigkeitskontrolle und geben Sie die jeweiligen absoluten Häufigkeiten an!

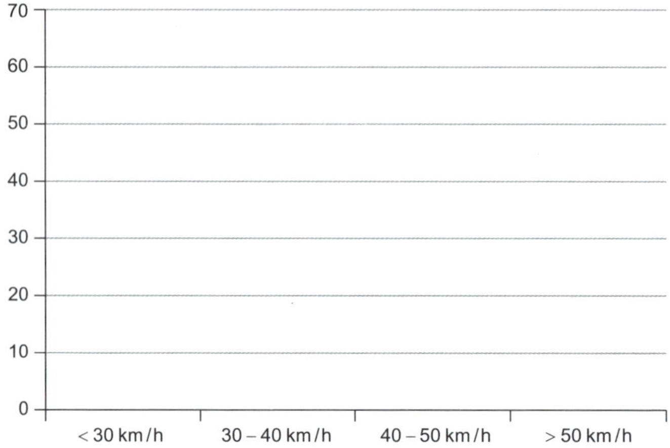

Aufgabe 22
Nachrichten versenden

Lena hat in der 6B eine Umfrage gemacht, wie viele SMS ihre Mitschülerinnen und Mitschüler pro Tag versenden. Sie hat die Ergebnisse wie folgt notiert:

7	16	16	18	7	17	19	20	17	18	7	10	18	19	7	4

Aufgabenstellung: Kreuzen Sie je eine der angegebenen Möglichkeiten so an, dass eine mathematisch korrekte Aussage entsteht!

Der Wert 16 ist ① der Liste, weil er ②.

①
- [ ] der Median
- [x] die Spannweite
- [ ] der Modus

②
- [ ] am häufigsten vorkommt
- [ ] in der Mitte der geordneten Liste steht
- [x] mit $x_{max} - x_{min}$ berechnet wird

Aufgabe 23
RaucherInnen

An einer Schule mit 430 SchülerInnen wurde eine Erhebung durchgeführt, wie viele RaucherInnen es gibt. Die Zahlen sind in folgender Tabelle zusammengefasst:

	RaucherIn	NichtraucherIn	Σ
Schüler	87	100	187
Schülerinnen	34	209	243
Σ	121	309	430

Aufgabenstellung: Welche Rechenwege passen zu welchen Ereignissen? Ordnen Sie die Ereignisse den passenden Termen zu!

A $\frac{187}{430} \approx 0,435 = 43,5\ \%$

B $\frac{243}{430} \approx 0,565 = 56,5\ \%$

C $\frac{87}{187} \approx 0,465 = 46,5\ \%$

D $\frac{87}{121} \approx 0,719 = 71,9\ \%$

E $\frac{121}{430} \approx 0,281 = 28,1\ \%$

F $\frac{34}{243} \approx 0,14 = 14\ \%$

[B] „X ist Schülerin“

[A] „X ist Schüler“

[F] „X ist Raucherin | X ist Schülerin“

[D] „X ist Schüler | X ist RaucherIn“

Aufgabe 24
Binomialverteilung

Welche Bedingungen müssen gelten, damit mit Binomialverteilung (n; p) modelliert werden darf?

Aufgabenstellung: Kreuzen Sie die zutreffende(n) Aussage(n) an!

- [x] Wenn sich die Wahrscheinlichkeit p und die Gegenwahrscheinlichkeit q auf 1 ergänzen.
- [x] Wenn es sich um eine Stichprobe mit Zurücklegen handelt.
- [ ] Wenn es sich um eine Stichprobe ohne Zurücklegen handelt.
- [x] Wenn der Zufallsversuch beliebig oft unter gleichen Bedingungen wiederholt werden kann.
- [x] Wenn bei jeder Wiederholung des Zufallsversuchs die Wahrscheinlichkeiten p und q unverändert bleiben.

Hinweise und Tipps

Aufgabe 1

- Wandeln Sie die Zahlen von der Gleitkommadarstellung in Dezimalzahlen um.

Aufgabe 2

- Formen Sie die Gleichung um und denken Sie daran, dass a bzw. b positiv, negativ oder null sein können.

Aufgabe 3

- a ist der Preis der Rennräder. Davon kauft der Händler x Stück. Wofür steht daher das Produkt $a \cdot x$?

Aufgabe 4

- Setzen Sie die Werte für p ein und lösen Sie die Gleichung.

Aufgabe 5

- Welche Zahlen sind größer als –3? Welche davon sind in der Menge $\mathbb{N}$ enthalten?

Aufgabe 6

- Hat das Gleichungssystem keine Lösung, so liegen die Geraden parallel.

Aufgabe 7

- Beachten Sie, dass der Schnittpunkt sowohl auf der Geraden g als auch auf der Geraden h liegt. Denken Sie sich statt dem X den Schnittpunkt S.
- Setzen Sie $g = h$.

Aufgabe 8

- Bei welchen Winkeln α im Einheitskreis ist das Dreieck mit den Katheten $\sin\alpha$ bzw. $\cos\alpha$ gleichschenklig?
- Beachten Sie die Vorzeichen der Winkelfunktionswerte.

Aufgabe 9

- Besteht ein linearer Zusammenhang zwischen den Größen? Wenn ja, ist der Zusammenhang steigend, fallend oder konstant?

Aufgabe 10

- Da eine direkte Proportionalität vorliegt, muss der Funktionsgraph eine Gerade werden.

Aufgabe 11

- Die Funktion stellt eine indirekte Proportion dar. Der Graph ist eine Hyperbel.

Aufgabe 12

- Das Monotonieverhalten einer Funktion ändert sich bei den Extremstellen, das Krümmungsverhalten bei den Wendestellen.

Aufgabe 13 Setzen Sie die gegebenen Werte für x bzw. y ein und lösen Sie die Gleichung.

Aufgabe 14 Der Graph beschreibt die noch vorhandene Medikamentenmenge in Abhängigkeit von der Zeit.

Aufgabe 15 Durchläuft ein Winkel im Einheitskreis das Intervall [0°; 360°), so bilden die zugehörigen Sinuswerte eine Periode der Sinusfunktion.

Aufgabe 16 $f(x+b)$ bewirkt eine Verschiebung des Graphen von $f(x)$ im Koordinatensystem um b nach links; $-f(x)$ bewirkt eine Spiegelung des Graphen von $f(x)$ an der x-Achse.

Aufgabe 17 V_n beschreibt das Vermögen des Vorjahres. Der Koeffizient beziffert die Abnahme des Vermögens.

Beginnend mit $V_0 = 10\,000$ [Euro] müssen Sie jeweils das Vermögen des Vorjahres in die Differenzengleichung einsetzen.

Aufgabe 18 Denken Sie an die Potenzregel und an die Kettenregel.

Aufgabe 19 f'(x) ist streng monoton steigend: f'(x) ist streng monoton fallend: f'(x) ist konstant:

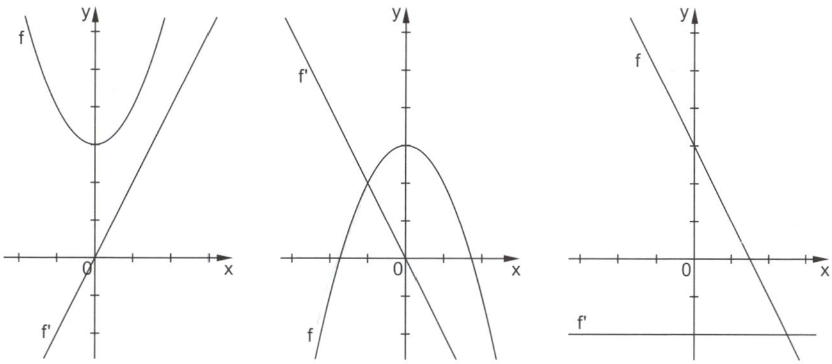

Aufgabe 20 Setzen Sie den Funktionsterm für f ein und ermitteln Sie die Stammfunktionen.

Aufgabe 21 Wie viel Prozent der kontrollierten Autolenker fuhren weniger als 30 km/h? 75 % von 35 % der Kontrollierten fuhren mit 30 bis 40 km/h.

Aufgabe 22

- Erstellen Sie eine geordnete Liste der SMS-Anzahl.

Aufgabe 23

- Überlegen Sie, ob sich das jeweilige Ereignis auf alle SchülerInnen bezieht bzw. welche Bedingungen/Einschränkungen vorliegen.

Aufgabe 24

- Wann darf mit der Binomialverteilung modelliert werden? Denken Sie an ein typisches Beispiel und gehen Sie die aufgezählten Bedingungen durch.
- $q = 1 - p$

Lösungsvorschlag

Aufgabe 1
Darstellung von Zahlen

B $\frac{567}{100}$

C 567

F 5 670

E $\frac{567}{1\,000}$

Bei **A** steht die Zahl 0,0567, bei **D** die Zahl 56 700.

Aufgabe 2
Lösung einer quadratischen Gleichung

$x = \pm\sqrt{\frac{-b}{a}}$, für a gilt: $a \in \mathbb{R}^-\setminus\{0\}$, für b gilt: $b \in \mathbb{R}^+\setminus\{0\}$

$x = \pm\sqrt{\frac{-b}{a}}$, für a gilt: $a \in \mathbb{R}^+\setminus\{0\}$, für b gilt: $b \in \mathbb{R}^-\setminus\{0\}$

$x = 0$, für a gilt: $a \neq 0$, für b gilt: $b = 0$

$ax^2 + b = 0 \quad | -b$

$ax^2 = -b \quad | :a \quad (a \neq 0)$

$x^2 = -\frac{b}{a} \quad |$ Wurzel ziehen (in $\mathbb{R}$ nur möglich, falls $-\frac{b}{a} \geq 0$)

$x = \pm\sqrt{\frac{-b}{a}}$

Wann ist $-\frac{b}{a} \geq 0$?

- wenn entweder a oder b negativ ist
- wenn $b = 0$ (und $a \neq 0$) ist (dann ist der ganze Ausdruck 0)

Aufgabe 3
Fahrrad-bestellung

Die Gleichung stellt den Gesamteinkaufspreis für alle bestellten Räder dar. Der Händler hat Ausgaben von 14.590 Euro.

Für x Rennräder muss der Händler insgesamt ax Euro bezahlen, für y Mountainbikes insgesamt by Euro.

Aufgabe 4
Lösungsfälle quadratischer Gleichungen

Die angegebene Gleichung hat für **p = 3** eine Lösungsmenge mit zwei **irrationalen** Zahlen.

Für $p = 3$ ergeben sich die Lösungen:

$x_{1,2} = -\frac{3}{2} \pm \frac{\sqrt{5}}{2}$

Für $p = -1$ sowie für $p = 0$ ist die Diskriminante (der Ausdruck unter der Wurzel in der Lösungsformel) negativ; diese Gleichungen haben keine reellen Lösungen; sie sind (nur) im Zahlenraum der komplexen Zahlen lösbar.

Aufgabe 5
Lösungen von linearen Ungleichungen

- [ ] $L = \{-4; -5; -6; \ldots\}$
- [ ] $L = [-2; \infty)$
- [ ] 

- [x] $L = \{0; 1; 2; \ldots\}$
- [x] 

Größer als –3 heißt, auf dem Zahlenstrahl weiter rechts liegend. Weil $\mathbb{N}$ die natürlichen Zahlen sind, kommen die Zahlen zwischen –3 und 0 nicht für die Lösung infrage.

Aufgabe 6
Lösungen von Gleichungssystemen

Das Gleichungssystem $ax + by = c$ und $dx + ey = f$ hat bei $\mathbf{a = d, b = e, c \neq f}$ keine Lösung. Die entsprechenden Geraden im Koordinatensystem liegen zueinander **parallel**.

Bei $a = d$, $b = e$, $c = f$ liegen die Geraden ident und es gibt unendlich viele Lösungen.
Bei $a \neq d$, $b = e$, $c \neq f$ hat das Gleichungssystem genau eine Lösung und die Geraden schneiden einander.

Aufgabe 7
Schnittpunkt zweier Geraden

$$\begin{pmatrix} 2 \\ 2 \\ 1 \end{pmatrix} + t \cdot \begin{pmatrix} 2 \\ 4 \\ 1 \end{pmatrix} = \begin{pmatrix} 0 \\ -2 \\ 0 \end{pmatrix} + s \cdot \begin{pmatrix} 0 \\ 3 \\ 3 \end{pmatrix}$$

zeilenweise anschreiben:
I: $2 + 2t = 0$
II: $2 + 4t = -2 + 3s$
III: $1 + t = 3s$

aus I folgt: $t = -1$ … in II und III einsetzen:
II: $2 - 4 = -2 + 3s$
III: $1 - 1 = 3s$

aus III folgt: $0 = s$ … Kontrolle mit II:
II: $2 - 4 = -2 + 0$

Liefert eine wahre Aussage, daher existiert ein Schnittpunkt S.

Das Einsetzen von t in g oder s in h liefert die Koordinaten des Schnittpunktes S.

$$h:\ S = \begin{pmatrix} 0 \\ -2 \\ 0 \end{pmatrix} + 0 \cdot \begin{pmatrix} 0 \\ 3 \\ 3 \end{pmatrix} = \begin{pmatrix} 0 \\ -2 \\ 0 \end{pmatrix}$$

S = (0 | –2 | 0)

Aufgabe 8
Winkelfunktionen

$\alpha_1 = 135°$; $\alpha_2 = 315°$

Bei $\alpha = \alpha_1$ und $\alpha = \alpha_2$ gilt $|\sin\alpha| = |\cos\alpha|$, die Vorzeichen sind allerdings verschieden.

Aufgabe 9
Funktionen

D

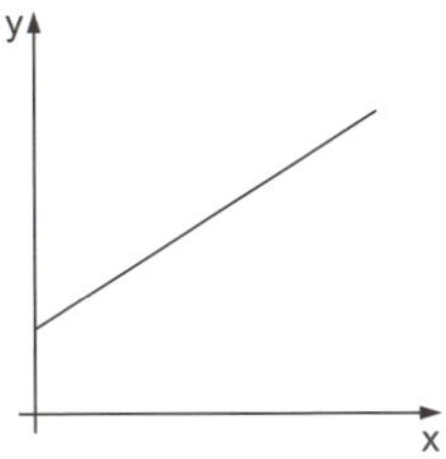

F

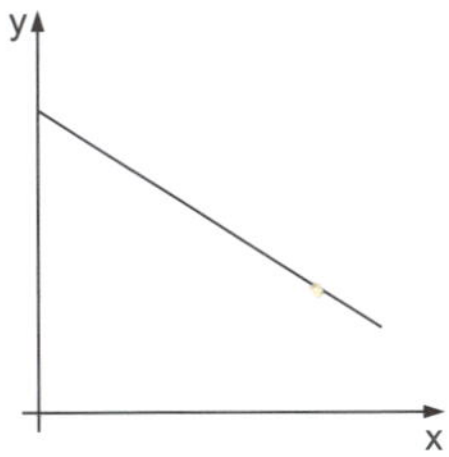

C

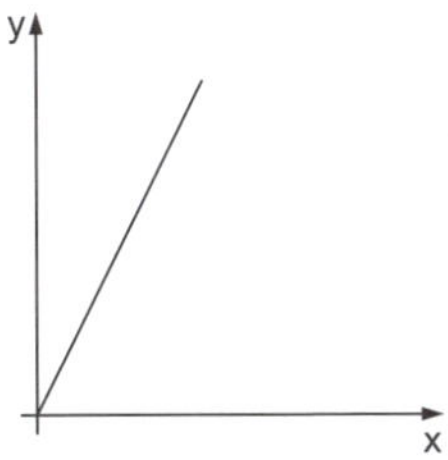

B

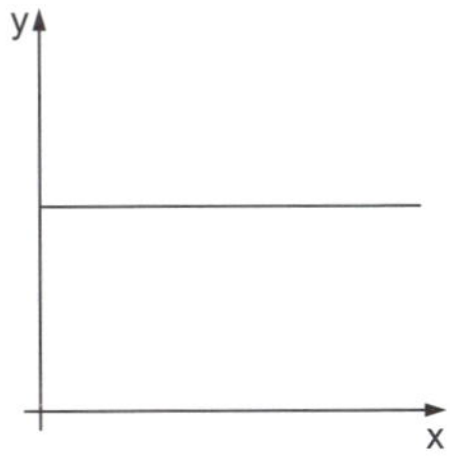

Die (waagrechte) Querschnittsfläche eines quaderförmigen Beckens bleibt bei zunehmender Höhe des Beckens konstant.
Die Errichtungskosten eines Pools sind Fixkosten, die Wartungskosten steigen mit der Anzahl der Badetage.
Die Seitenlänge eines Quadrats wird als Wurzel aus dem Flächeninhalt berechnet.
Zwischen dem Radius und dem Flächeninhalt eines Kreises besteht ein quadratischer Zusammenhang.

Aufgabe 10
Colamischung

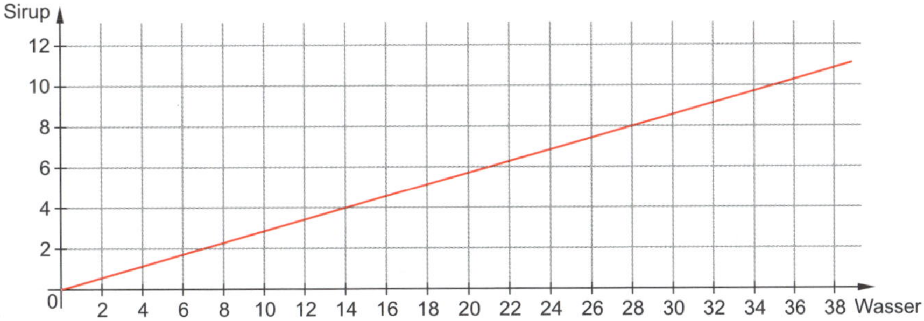

Der Graph enthält den Ursprung, weil ein mögliches (aber in der Praxis sinnloses) Mischungsverhältnis 0 Teile Cola mit 0 Teilen Wasser wäre.

Aufgabe 11
Funktionsgleichung finden

$f(x)=\frac{x}{12}$	$f(x)=\frac{12}{x}$	$f(x)=x^{-12}$	$f(x)=12^x$	$f(x)=x^{12}$	$f(x)=12\cdot x$
☐	☒	☐	☐	☐	☐

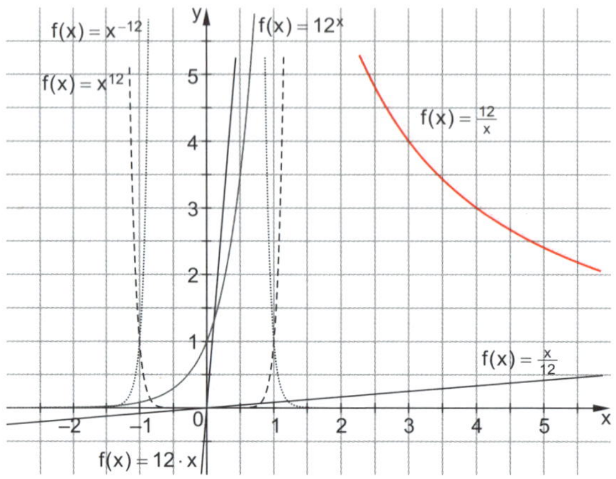

Aufgabe 12
Eigenschaften von Polynomfunktionen

- ☒ Die Funktion ist im Intervall (–1; 1) streng monoton steigend.
- ☒ An der Stelle $x=-1$ ändert sich das Monotonieverhalten der Funktion.
- ☒ An der Stelle $x=0$ ändert sich das Krümmungsverhalten der Funktion.
- ☐ Die Funktion hat bei $x=-3$ eine lokale Maximumstelle.
- ☐ Die Funktion ist im Intervall (1; 4) positiv gekrümmt.

Die Funktion hat bei $x\approx-2{,}9$ eine lokale Maximumstelle.
Die Funktion ist im Intervall [2; 4] positiv gekrümmt.

Aufgabe 13
Quadratische Funktion

$P=(-6\,|\,\mathbf{3})$, $Q=(\mathbf{-2}\,|\,-5)$, $R_1=(\mathbf{0}\,|\,-3)$, $R_2=(\mathbf{-4}\,|\,-3)$

Q ist der Scheitelpunkt der Parabel, bei allen anderen y-Werten gibt es zwei zugehörige x-Werte.
Alternative Begründung: Die Berechnung der x-Werte führt zu quadratischen Gleichungen, die eine Lösung haben, wenn die Diskriminante null ist, bzw. zwei Lösungen haben, wenn die Diskriminante positiv ist.

Berechnung für P: $f(-6)=0{,}5\cdot36-2\cdot6-3=3$
Berechnung für Q mit der Lösungsformel:
$0{,}5x^2+2x-3=-5 \;\Rightarrow\; 0{,}5x^2+2x+2=0 \;\Rightarrow\; x=-2$
Berechnung für R mit dem Produkt-Null-Satz:
$0{,}5x^2+2x-3=-3 \;\Rightarrow\; 0{,}5x^2+2x=0 \;\Rightarrow\; x\cdot(0{,}5x+2)=0$
$\Rightarrow\; x_1=0,\; x_2=-4$

Aufgabe 14
Medikamentenabbau

B = (40 | 0,7)

B = (40 | 0,7) bedeutet, dass nach 40 Minuten noch ca. 0,7 mg des Medikaments im Körper vorhanden sind.

Aufgabe 15
Periodizität der Sinusfunktion

- [x] Die Sinusfunktion ist periodisch, weil sich die y-Werte nach Ablauf einer Periode p ($p \in \mathbb{R}$) wiederholen: $\sin x = \sin(x+p)$ mit $p = 2\pi$
- [ ] Innerhalb der Periode $p = 2\pi$ ändert die Sinusfunktion dreimal das Monotonieverhalten.
- [x] Innerhalb der Periode $p = 2\pi$ gibt es zu jedem Winkelfunktionswert der Sinusfunktion genau zwei zugehörige Winkel – außer zu $\sin\varphi = \pm 1$: Zu diesen Winkelfunktionswerten gibt es jeweils nur einen zugehörigen Winkel.
- [x] Die Sinusfunktion ist im Verlauf der Periode $p = 2\pi$ negativ und positiv gekrümmt.
- [x] Die Periode von $\sin\left(\frac{1}{3}x\right)$ ist dreimal so lang wie die Periode von $\sin x$.

Innerhalb der Periode $p = 2\pi$ ändert die Sinusfunktion (höchstens) zweimal das Monotonieverhalten.

Aufgabe 16
Sinusfunktionen

- [ ] $f(x) = -\cos x$
- [ ] $f(x) = \cos\left(x + \frac{\pi}{2}\right)$
- [x] $f(x) = -\sin(x + \pi)$
- [ ] $f(x) = \cos x - \frac{\pi}{2}$
- [x] $f(x) = \cos\left(x + \frac{3\pi}{2}\right)$

Bei $f(x) = -\sin(x+\pi)$ wird der Graph der Sinusfunktion an der x-Achse gespiegelt und um π nach links verschoben, wodurch f denselben Verlauf hat wie der Graph der Sinusfunktion.
Wird der Graph von $\cos x$ um $\frac{\pi}{2}$ nach rechts oder um $\frac{3\pi}{2}$ nach links verschoben, dann ergibt sich der Graph der Sinusfunktion:
$\sin x = \cos(x - \frac{\pi}{2}) = \cos(x + \frac{3\pi}{2})$

Aufgabe 17
Vereinskassa

Die 0,9 ist der Faktor, um den sich das Vermögen des Vereines jedes Jahr verringert. Es werden jedes Jahr 10 % des bestehenden Vermögens ausgegeben und zusätzlich hat der Verein jedes Jahr Fixausgaben von 250 Euro.

$V_0 = 10\,000$	$V_1 = 8\,750$	$V_2 = 7\,625$
$V_3 = 6\,612{,}5$	$V_4 = 5\,701{,}25$	$\mathbf{V_5 = 4\,881{,}125}$

$V_1 = V_0 \cdot 0{,}9 - 250 = 10\,000 \cdot 0{,}9 - 250 = 8\,750$
$V_2 = V_1 \cdot 0{,}9 - 250 = 8\,750 \cdot 0{,}9 - 250 = 7\,625$ usw.

Aufgabe 18
Ableitungsregeln

$3\cdot(4x)^2\cdot 4$	$12\cdot(4x)^2$	$3\cdot(4x)^2$	$4^3\cdot 3x^2$	$\frac{1}{3}\cdot(4x)^4$
☒	☒	☐	☒	☐

Die Ableitung von $(\ldots)^3$ ist $3\cdot(\ldots)^2$. Die Ableitung von $4\cdot x$ ist 4.

Aufgabe 19
Krümmung von Funktionen

Ist die Ableitungsfunktion f'(x) in einem Bereich **streng monoton steigend**, dann ist die Funktion f(x) in diesem Bereich **positiv (links)** gekrümmt.

Ist die Ableitungsfunktion f'(x) in einem Bereich streng monoton fallend, dann ist die Funktion f(x) in diesem Bereich negativ (rechts) gekrümmt. Ist die Ableitungsfunktion f'(x) eine konstante Funktion, dann ist die Funktion f(x) linear – und gar nicht gekrümmt.

Aufgabe 20
Integrale zuordnen

F $\frac{1}{4}x^2+x+c$

E $\frac{1}{4}x^2+2x+c$

C x^2+2x+c

B $\frac{1}{2}x^2+3x+c$

$$\int f(x)\,dx = \int (x+2)\,dx = \tfrac{1}{2}x^2+2x+c$$
$$\int 2f(x)\,dx = \int 2(x+2)\,dx = 2(\tfrac{1}{2}x^2+2x)+c = x^2+4x+c$$

Aufgabe 21
Geschwindigkeitskontrolle

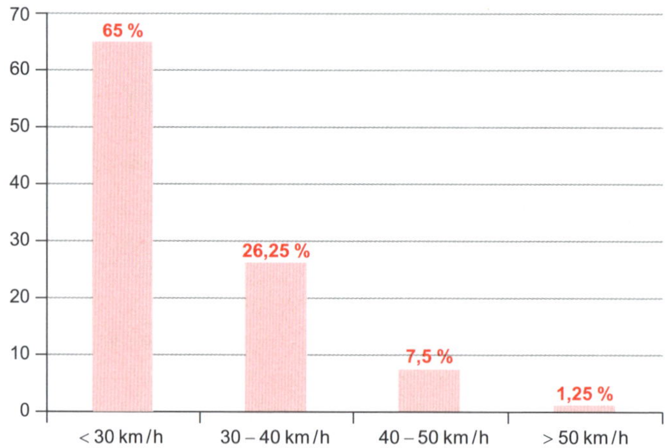

Die zugehörigen absoluten Häufigkeiten lauten (von links nach rechts):
$80\cdot 65\,\% = \mathbf{52}$; $80\cdot 26{,}25\,\% = \mathbf{21}$; **6**; **1**

Mit nicht überhöhter Geschwindigkeit fuhren 100 % – 35 % = 65 % der kontrollierten Autolenker.
Bis zu 10 km/h zu schnell fuhren 75 % von 35 %, also 0,75 · 0,35 = 26,25 % der Kontrollierten.

Aufgabe 22
Nachrichten versenden

Der Wert 16 ist **die Spannweite** der Liste, weil er **mit $x_{max} - x_{min}$ berechnet wird**.

Der Median ist 16,5 und der Modus ist 7.

Aufgabe 23
RaucherInnen

[B] „X ist Schülerin"
[A] „X ist Schüler"
[F] „X ist Raucherin | X ist Schülerin"
[D] „X ist Schüler | X ist RaucherIn"

$P(\text{X ist Raucher} \mid \text{X ist Schüler}) = \frac{87}{187}$
$P(\text{X ist RaucherIn}) = \frac{121}{430}$
„X ist Schüler | X ist RaucherIn" bedeutet, einen Schüler aus der Gruppe der RaucherInnen auszuwählen.
Im Unterschied dazu bedeutet „X ist Raucher | X ist Schüler", einen Raucher aus der Gruppe der Schüler auszuwählen. Bei der sogenannten bedingten Wahrscheinlichkeit ist eine (einschränkende) Information über die Grundmenge bekannt.

Aufgabe 24
Binomialverteilung

[X] Wenn sich die Wahrscheinlichkeit p und die Gegenwahrscheinlichkeit q auf 1 ergänzen.
[X] Wenn es sich um eine Stichprobe mit Zurücklegen handelt.
[ ] Wenn es sich um eine Stichprobe ohne Zurücklegen handelt.
[X] Wenn der Zufallsversuch beliebig oft unter gleichen Bedingungen wiederholt werden kann.
[X] Wenn bei jeder Wiederholung des Zufallsversuchs die Wahrscheinlichkeiten p und q unverändert bleiben.

Mit der Binomialverteilung darf bei Zufallsversuchen wie dem Ziehen von Kugeln mit Zurücklegen modelliert werden, da bei Wiederholungen des Experimentes gleiche Bedingungen vorliegen.
Zufallsversuche wie das Ziehen von Kugeln ohne Zurücklegen werden z. B. mit der hypergeometrischen Verteilung modelliert.

Standardisierte schriftliche Reifeprüfung – Mathematik
Teil-1-Aufgaben – Probeklausur 6

Aufgabe 1
Rationale Zahlen

Gegeben sind Aussagen über die Eigenschaften von rationalen Zahlen.

Aufgabenstellung: Kreuzen Sie die zwei zutreffenden Aussagen an!

- ☒ Jede rationale Zahl hat einen Vorgänger und einen Nachfolger.
- ☒ Jede unendliche periodische Dezimalzahl ist eine rationale Zahl.
- ☒ Zwischen zwei rationalen Zahlen gibt es stets eine weitere rationale Zahl.
- ☐ Jedem Punkt auf der Zahlengerade ist eindeutig eine rationale Zahl zugeordnet.
- ☐ Das Wurzelziehen ist in der Menge der positiven rationalen Zahlen abgeschlossen.

Aufgabe 2
Algebraische Begriffe

Gegeben sind Begriffe aus der Algebra.

Aufgabenstellung: Vervollständigen Sie den folgenden Satz so, dass er mathematisch korrekt ist!

Eine ① ist eine mathematische Aussage, bei der links und rechts vom Gleichheitszeichen gültige ② stehen.

①		②	
☐	Äquivalenzumformung	☒	Terme
☒	Gleichung	☐	Variablen
☐	Variable	☐	Rechenzeichen

Aufgabe 3
Astronomische Einheit

Der mittlere Abstand der Erde zur Sonne wird eine Astronomische Einheit (AE) genannt. 1 AE ist ungefähr 149,6 Millionen km. Die Entfernung zwischen Erde und Mars schwankt zwischen 56 Millionen km und 401 Millionen km. Die Distanz ist am größten, wenn Erde und Mars auf jeweils gegenüberliegenden Seiten der Sonne stehen (Mars – Sonne – Erde). Diese Stellung wird in der astronomischen Fachsprache auch Konjunktion genannt. Die Distanz ist am kleinsten, wenn die Erde zwischen Mars und Sonne liegt. Diese Stellung nennt man Opposition.

Aufgabenstellung: Wie viele AE hat 1 km? Geben Sie die Differenz der maximalen und minimalen Entfernung der Erde zum Mars in AE an!

Aufgabe 4
Arten von Gleichungen

Gegeben sind lineare und quadratische Gleichungen.

Aufgabenstellung: Welche Gleichung entspricht welchem Gleichungstyp? Ordnen Sie den Gleichungen die Gleichungstypen zu, indem Sie die entsprechenden Buchstaben in die Kästchen eintragen!

A	$(7x-3)(5x^2+6)=0$	F	$ax+b=0$
B	$0{,}08x^2=0{,}008$	B	$ax^2+c=0$
C	$\frac{1}{2}x^2-x=\frac{3}{4}x$	C	$ax^2+bx=0$
D	$x(10-x)=x^2-10$	D	$ax^2+bx+c=0$
E	$\frac{1}{2}x^3=\frac{3}{4}x$		
F	$x(x-1)=x^2-1$		

Aufgabe 5
Fahrradbestellung

Ein Händler kauft zwei Fahrradtypen, wobei die Einkaufspreise 345 Euro und 280 Euro sind, und hat für beide Typen ein Einkaufsbudget von höchstens 2.000 Euro.

Aufgabenstellung: Schreiben Sie den Text als Ungleichung an und geben Sie ein Beispiel an, wie viele der beiden Fahrradtypen der Händler kaufen könnte!

Aufgabe 6
Vektoren veranschaulichen

Gegeben sind die Vektoren
$\vec{a}=\binom{1}{2}$, $\vec{b}=\binom{-2}{3}$, $\vec{c}=\binom{-1}{-3}$.

Aufgabenstellung: Veranschaulichen Sie die Rechnung $\vec{d}=\frac{1}{2}\cdot(-(\vec{a}+\vec{b})+\vec{c})$ im Koordinatensystem und beschriften Sie die Vektoren!

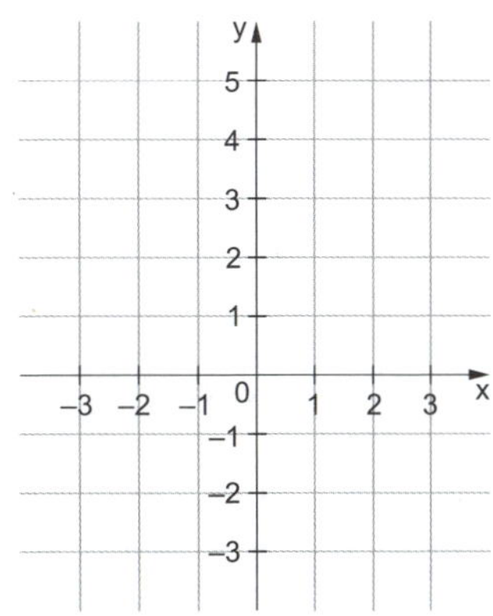

Aufgabe 7
Geradendarstellung

Gegeben ist die Gerade g: $X=\binom{0}{7}+s\cdot\binom{-3}{1}$. $\binom{1}{3}$

Aufgabenstellung: Geben Sie eine parameterfreie Form der Geraden an!

g: x + 3y = 21

Aufgabe 8
Steigung – Steigungswinkel

Gegeben sind Aussagen über den Zusammenhang von Steigung und Steigungswinkel.

Aufgabenstellung: Kreuzen Sie die zutreffende(n) Aussage(n) an!

- ☐ Wird der Tangens vom Steigungswinkel mit 100 multipliziert, erhält man die Steigung in Prozent.
- ☐ Mit der Umkehrfunktion des Tangens kann aus der Steigung k der Steigungswinkel φ berechnet werden.
- ☐ Der Tangens von 45° ist 1 und die Steigung daher 100 %.
- ☐ Ein Steigungswinkel von 90° entspricht einer Steigung von 200 %.
- ☐ Eine Gerade mit dem Steigungswinkel $\varphi = 20°$ hat eine Steigung von 36,4 %.

Aufgabe 9
Winkelfunktion im Einheitskreis

In der nebenstehenden Abbildung ist ein Winkelfunktionswert im Einheitskreis dargestellt.

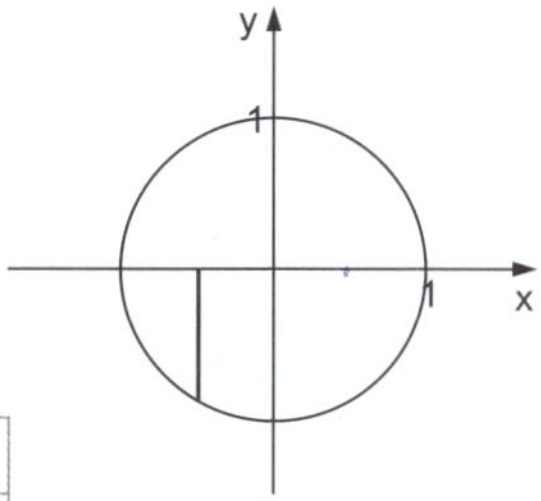

Aufgabenstellung: Um welche Winkelfunktion handelt es sich beim dargestellten Winkelfunktionswert? Zeichnen Sie alle Winkel im Einheitskreis ein, die diesen Winkelfunktionswert besitzen!

Aufgabe 10
Regentonne

In eine zylinderförmige Regentonne mit 1 m^2 Grundfläche fließen 60 Liter pro Stunde. Beschreiben Sie die Füllhöhe h bzw. das Volumen V in Abhängigkeit von der Zeit t, wenn zu Beginn $(t=0)$ 120 Liter in der Tonne waren.

Aufgabenstellung: Kreuzen Sie die beiden falschen Aussagen an!

- ☐ Der Zusammenhang zwischen h und t ist linear.
- ☐ Der Zusammenhang zwischen h und t ist nicht linear.
- ☐ $h(t) = 0{,}6t + 1{,}2$
- ☐ $V(t) = 120 + 60t$
- ☐ $V(t) = 2 + t$

Aufgabe 11
Bakterien im Labor

Im Labor wird das Wachstum einer Bakterienkultur untersucht. Während der Beobachtung wird die Bakterienzahl notiert und in einer Tabelle zusammengefasst.

Aufgabenstellung: Beschreiben Sie anhand der Tabelle für die Funktionswerte einer reellen Funktion ihren Verlauf auf dem beschriebenen Intervall!

Zeit in h	Bakterienzahl (gerundet in Tausend)
0	6
5	7
10	9
15	12
20	16
25	21
30	29
35	39
40	51

Aufgabe 12
Füllvorgang eines Gartenpools

In einer Gartensiedlung wird ein zylinderförmiger Pool mit Wasser gefüllt. Der Graph stellt die Füllhöhe des Pools im Zeitverlauf dar.

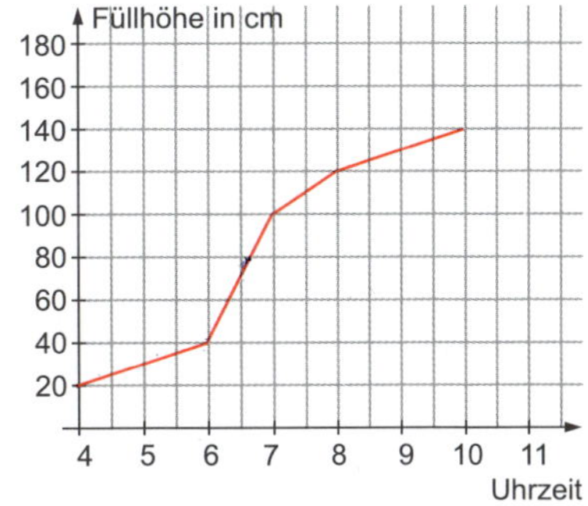

Aufgabenstellung: Kreuzen Sie die zutreffende(n) Aussage(n) an!

- [ ] Nach 3 Stunden ist der Pegelstand im Pool nicht gestiegen.
- [ ] Nach abgeschlossener Füllung ist das Pool tiefer als 1,60 m.
- [x] Um 6 Uhr früh betrug der Pegelstand im Pool 40 cm.
- [x] Die Füllung des Pools startete um 4 Uhr morgens.
- [ ] Um eine Füllhöhe von 80 cm zu erreichen, benötigte der Gärtner mindestens 4 Stunden.

Aufgabe 13
Erlösfunktion

Der Funktionsgraph zeigt den Erlös beim Verkauf eines Produktes in Abhängigkeit von der Stückzahl.

Aufgabenstellung: Zeichnen Sie den Ausdruck
$$\frac{f(8)-f(4)}{8-4}$$
in den Graphen ein!

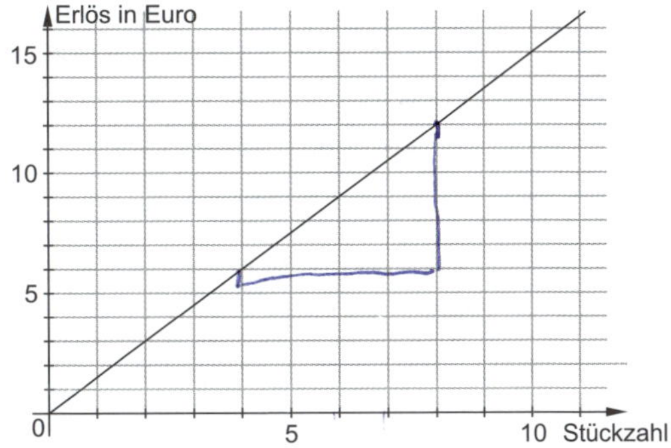

Aufgabe 14
Flächeninhalt eines Rechtecks

Gegeben ist ein Rechteck mit den Seitenlängen a und b. Der Flächeninhalt A des Rechtecks sei 48 cm^2.

Aufgabenstellung: Vervollständigen Sie die Wertetabelle und geben Sie die Funktionsgleichung an!

a	1	2	3	4	6	8	12	16	24	48
b	48	24	16	12	8	6	4	3	2	1

$\frac{A}{a} = b$

Aufgabe 15
Exponentialfunktion

Gegeben sind vier Graphen von Exponentialfunktionen.

Aufgabenstellung: Ordnen Sie den Funktionen die entsprechenden Funktionsterme zu!

A $a(x) = 4 \cdot 0{,}8^x$ **B** $b(x) = 5 \cdot 0{,}8^x$ **C** $c(x) = 2 \cdot 1{,}06^x$

D $d(x) = 2 \cdot 1{,}08^x$ **E** $e(x) = 3 \cdot 1{,}08^x$ **F** $f(x) = 3 \cdot 0{,}8^x$

[B]
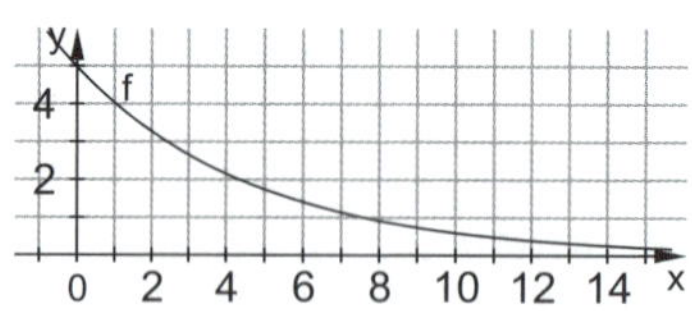

[C]
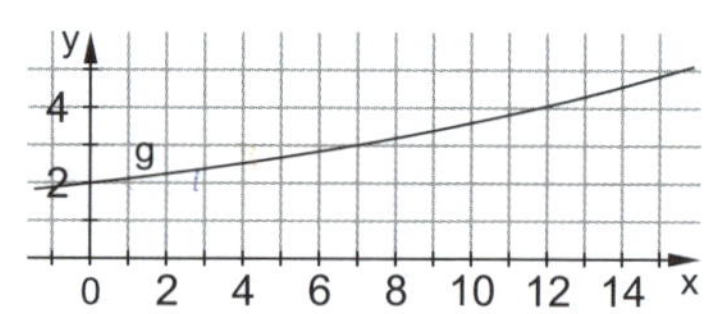

[D]
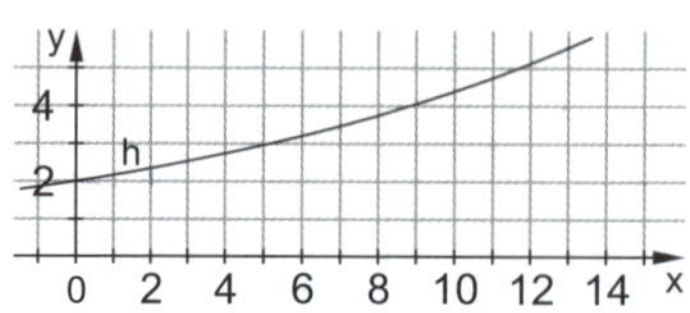

[A]
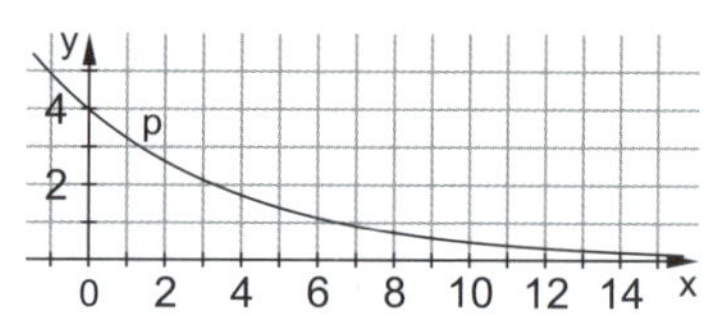

Aufgabe 16
Luftdruck

Der Luftdruck (p) nimmt mit zunehmender Höhe (h) über dem Meeresspiegel gemäß dem Gesetz $p = p_0 \cdot 0{,}88^h$ ab, wobei die Höhe in km angegeben wird.

Am Mont Blanc (4 810 m) beträgt der Luftdruck nur mehr 0,56 bar. Welchen Luftdruck haben Begsteiger zu erwarten, wenn sie in Peru den Pucajirca besteigen, der exakt 1 000 m höher ist?

Aufgabenstellung: Geben Sie den Luftdruck am Pucajirca an!

p =

Aufgabe 17
Töne

Töne sind Schwingungen und können durch allgemeine Sinusfunktionen $f(x) = a \cdot \sin(b \cdot x)$ dargestellt werden, wobei die Amplitude und die Frequenz variieren:

Kleine Amplitude = leiser Ton

Große Amplitude = lauter Ton

Niedrige Frequenz = tiefer Ton

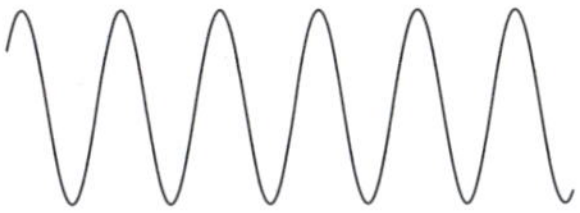
Hohe Frequenz = hoher Ton

Aufgabenstellung: Kreuzen Sie die zutreffende(n) Aussage(n) an!

☐ Werden a und b größer, dann wird der Ton lauter und höher.
☐ Erhöht sich die Frequenz eines Tones, dann wird die Schwingungsdauer kürzer.
☐ Wird a kleiner und b größer, dann verkleinern sich die Amplitude und die Schwingungsdauer.
☐ Werden a und b kleiner, dann vergrößern sich die Amplitude und die Frequenz.
☐ Wird a größer und b kleiner, dann wird der Ton lauter und tiefer.

Aufgabe 18
Ableitungsregeln

Gegeben ist die Potenzfunktion $f(x) = x^a$ mit $a \neq 0$. Es wird nach x abgeleitet.
Aufgabenstellung: Kreuzen Sie die richtige Lösung an!

$x^a \cdot \ln x$	$\frac{1}{a} \cdot x^{a+1}$	$\frac{x^{a-1}}{a}$	x^{1-a}	$a \cdot x^{a-1}$	x^{a-1}
☐	☐	☐	☐	☐	☐

Aufgabe 19
Monotonie von Funktionen

Gegeben sind Begriffe zur Beschreibung von Funktionen.
Aufgabenstellung: Vervollständigen Sie den Satz so, dass er mathematisch korrekt ist!

Hat die Ableitungsfunktion f'(x) auf einem Intervall ①, dann ist die Funktion f(x) in diesem Intervall ②.

①		②	
☐	einen Extrempunkt	☐	streng monoton steigend
☐	nur positive y-Werte	☐	streng monoton fallend
☐	einen Wendepunkt	☐	konstant

Aufgabe 20
Flächenberechnung

Gegeben ist der Graph einer im Intervall [a; b] stetigen Funktion. Der Flächeninhalt, den der Graph von f mit der x-Achse im Intervall [a; b] einschließt, kann u. a. folgendermaßen berechnet werden: mithilfe von Untersummen $U_n = \Delta x \cdot f(m_1) + \Delta x \cdot f(m_2) + \ldots + \Delta x \cdot f(m_n)$ mit $f(m_k)$ als minimalem Funktionswert im k-ten Abschnitt oder mithilfe von Obersummen $O_n = \Delta x \cdot f(M_1) + \Delta x \cdot f(M_2) + \ldots + \Delta x \cdot f(M_n)$ mit $f(M_k)$ als maximalem Funktionswert im k-ten Abschnitt.

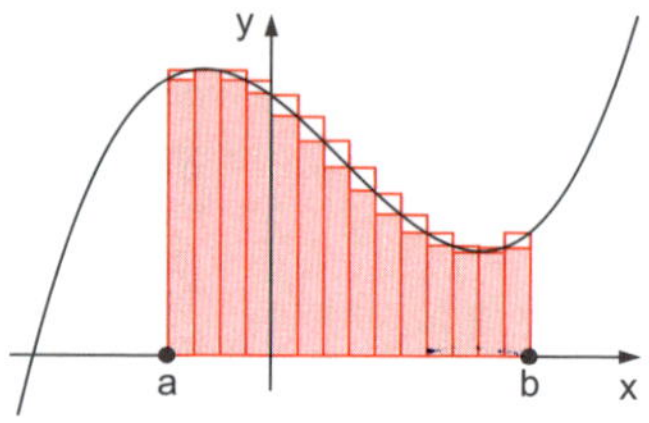

Aufgabenstellung: Kreuzen Sie die zutreffende(n) Aussage(n) an!

- [x] Die Untersumme U_n ist eine Annäherung an den Flächeninhalt unter der Kurve im Intervall [a; b] mit n Rechtecken, die Δx breit und $f(m_k)$ hoch sind.
- [x] Das bestimmte Integral $\int_a^b f$ ergibt für jede stetige Funktion den Flächeninhalt A, der vom Graphen der Funktion f und der x-Achse im Intervall [a; b] eingeschlossen wird.
- [ ] Die Breite Δx eines Abschnitts des unterteilten Intervalls [a; b] wird mit $\Delta x = \frac{b-a}{n+1}$ berechnet.
- [x] Die Zahlenfolge der Obersummen O_n der Rechteckflächen konvergiert mit $n \to \infty$ gegen das Integral $\int_a^b f$.
- [x] Ist f eine im Intervall [a; b] stetige Funktion, so gilt: Der Grenzwert der Obersummen O_n ist gleich dem Grenzwert der Untersummen U_n.

Aufgabe 21
Kuraufenthalt

Die Kastenschaubilder zeigen die Aufenthaltsdauer von Kurgästen in den Kurhäusern A und B:

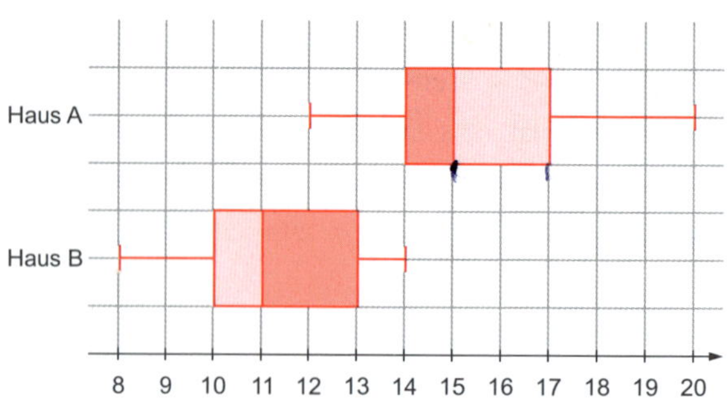

Aufgabenstellung: Vervollständigen Sie die folgenden Sätze mithilfe der Kastenschaubilder!

a) ____ % der Gäste von Haus A bleiben zwischen 15 und 17 Tagen.

b) 75 % aller Gäste des Hauses B bleiben mindestens ____ Tage.

c) Der Median der Aufenthaltsdauer der Gäste im Haus A ist um ____ Tage länger als im Haus B.

d) Im Haus A bleiben ____ % der Kurgäste höchstens 17 Tage.

Aufgabe 22
Körpergröße

In der 8A sind 24 SchülerInnen, 14 davon sind Mädchen. Die mittlere Körpergröße der Mädchen ist 171 cm, die der Buben ist 179 cm. In der 8B sind 16 Buben und ebenfalls 14 Mädchen. Die durchschnittliche Körpergröße aller SchülerInnen der 8B ist 176,4 cm. Die Mädchen sind durchschnittlich 170 cm groß.

Aufgabenstellung: Welche Aussagen über die durchschnittlichen Körpergrößen in verschiedenen SchülerInnengruppen sind richtig? Kreuzen Sie die zwei zutreffenden Aussagen an!

- ☐ Die SchülerInnen der 8A sind durchschnittlich 175 cm groß.
- ☐ Die Buben in der 8B sind durchschnittlich 182 cm groß.
- ☐ In der 8A sind 50 % der SchülerInnen mindestens 179 cm groß.
- ☐ Die Durchschnittsgröße der Mädchen beider Klassen kann als Mittelwert der Durchschnittsgrößen beider Mädchengruppen berechnet werden.
- ☐ Die Spannweite der Körpergrößen in der 8B beträgt 76,4 cm.

Aufgabe 23
Ereignisse verknüpfen

Bei 1 000 zufällig ausgewählten Personen werden die Wahrscheinlichkeiten für folgende Ereignisse erhoben: Ereignis A: „die Person trägt eine Brille“, Ereignis B: „die Person hat braune Augen“.

Aufgabenstellung: Kreuzen Sie je eine der angegebenen Möglichkeiten so an, dass eine mathematisch korrekte Aussage entsteht!

Die Ereignisse A und B sind ①, wenn ② gilt.

①		②	
☐	voneinander unabhängig	☐	$P(A \vee B) = P(A) + P(B)$
☐	voneinander abhängig	☐	$P(A) = P(A \mid B)$ und $P(B) = P(B \mid A)$
☐	vereinbar/nicht ausschließend	☐	$P(A) = P(B)$

Aufgabe 24
Binomialverteilung

Gegeben sind vier Verteilungen binomialverteilter Zufallsgrößen mit n = 50.

Aufgabenstellung: Ordnen Sie den Verteilungen jeweils die passende Wahrscheinlichkeit zu!

A

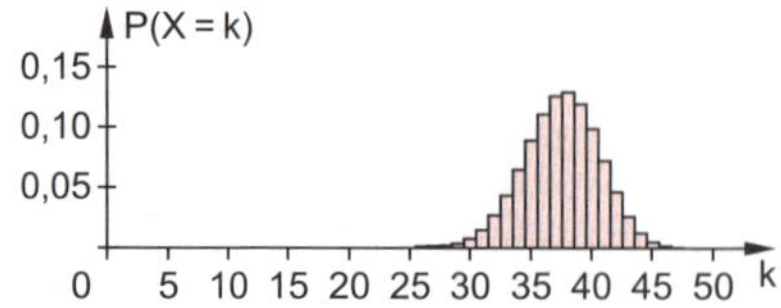

B

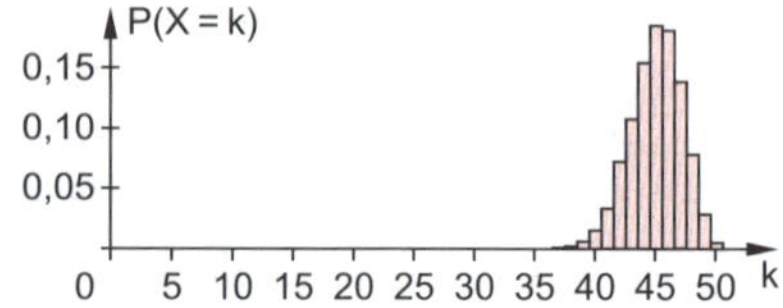

C

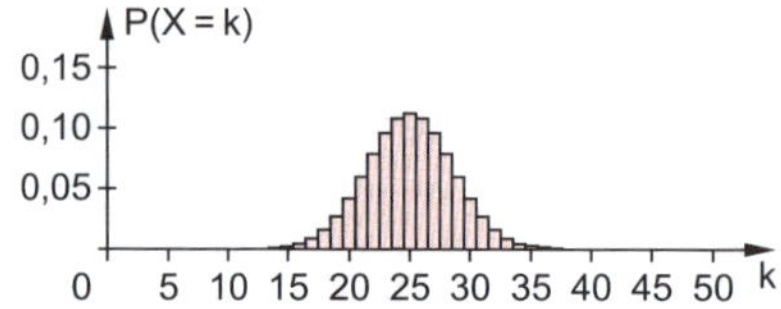

D

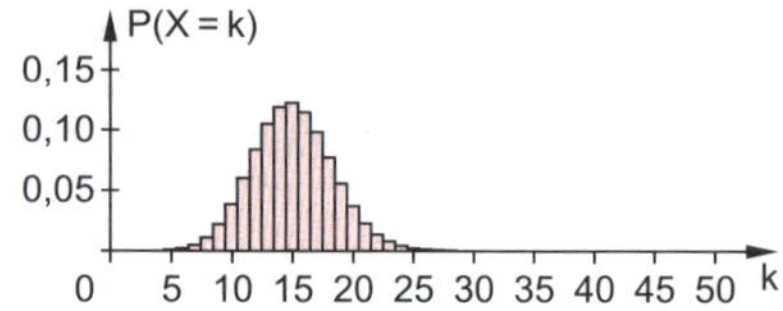

p = 0,75	p = 0,5	p = 0,1	p = 0,9	p = 0,6	p = 0,3
☐	☐	☐	☐	☐	☐

Hinweise und Tipps

Aufgabe 1

- Alle Zahlen, die als Brüche darstellbar sind, sind rationale Zahlen.

Aufgabe 2

- Eine Variable ist Platzhalter für eine unbekannte Zahl oder Größe.
- Bei einer Äquivalenzumformung wird auf beiden Seiten einer Gleichung dasselbe gerechnet.
- Terme sind mathematische Ausdrücke mit z. B. Zahlen, Variablen, Rechenzeichen. Rechenzeichen sind z. B.: „+“, „–“, „·“, „:“

Aufgabe 3

- 1 AE = 149,6 Millionen km
- $1\,\text{AE} = 1{,}496 \cdot 10^8$ km … auf beiden Seiten durch $1{,}496 \cdot 10^8$ dividieren

Aufgabe 4

- Berechnen Sie die Klammern und formen Sie die Gleichungen so um, dass auf der rechten Seite null steht.

Aufgabe 5

- Würde der Händler 5 Stück des ersten Typs bestellen, hätte er Kosten von $345 \cdot 5$ Euro.

Aufgabe 6

- Bei der Addition zweier Vektoren wird der zweite Vektor an die Spitze des ersten Vektors angehängt. Die Summe der beiden Vektoren ist jener Pfeil, der vom 1. Anfangspunkt zum 2. Endpunkt führt.
- Bei der Differenz $\vec{a} - \vec{b}$ zweier Vektoren kann man aus $\vec{b}$ den Vektor $-\vec{b}$ machen und diesen an $\vec{a}$ anhängen und somit wie bei der Summe zweier Vektoren vorgehen.
- Wird ein Vektor mit einem Skalar λ multipliziert, dann ist der Ergebnisvektor λ-mal so lang.

Aufgabe 7

- Bestimmen Sie einen Normalvektor $\vec{n}$ vom Richtungsvektor $\binom{-3}{1}$ und setzen Sie diesen zusammen mit dem gegebenen Punkt $P = \binom{0}{7}$ in die Normalvektorform $\vec{n} \cdot X = \vec{n} \cdot P$ ein.
- Die Normalvektorform, die Gleichung einer Geraden und die lineare Funktion sind parameterfreie Darstellungen einer Geraden.

Aufgabe 8

- Überlegen Sie anhand des Steigungsdreiecks: Die Steigung in Prozent wird als Quotient „Höhengewinn durch Horizontalentfernung“ mal 100 ermittelt. Wie ist der Tangens des Steigungswinkels definiert?

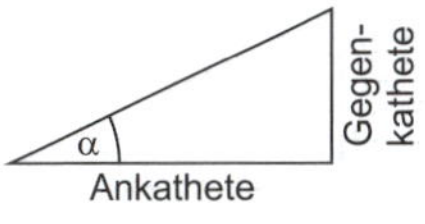

Aufgabe 9

- Der 1. Schenkel des gesuchten Winkels liegt auf der positiven x-Achse. Der 2. Schenkel verläuft vom Koordinatenursprung durch den Schnittpunkt des Winkelfunktionswerts mit der Kreislinie.

Aufgabe 10

- Versuchen Sie, die Funktionsgleichungen für V(t) und h(t) aufzustellen.
- Wandeln Sie alle Einheiten in dm um.
- Zylindervolumen: $V = G \cdot h$, $G = 1\ m^2 = 100\ dm^2$, $1\ \ell \mathrel{\hat{=}} 1\ dm^3$
- Funktionsgleichung für die Volumenänderung: $V(t) = 60\ \frac{dm^3}{h} \cdot t + 120\ dm^3$
- $h(t) = \frac{V(t)}{G} = \frac{60 \cdot t + 120}{100} = 0,6 \cdot t + 1,2$ (ohne Einheiten)
- Weil die Veränderliche t nur linear in der Funktionsgleichung vorkommt, ist der Zusammenhang zwischen h und t linear.

Aufgabe 11

- Versuchen Sie, aus der Tabelle eine Entwicklung der Bakterienkultur abzulesen.
- Verbalisieren Sie Ihre Erkenntnisse.

Aufgabe 12

- Kontrollieren Sie zu jeder Aussage die betreffenden Funktionswerte.

Aufgabe 13

- Zeichnen Sie die Ausdrücke $f(8) - f(4)$ und $8 - 4$ getrennt ein und verbinden Sie sie zuletzt.

Aufgabe 14

- Berechnen Sie für jede Seite a die Seite b, wenn der Flächeninhalt A unverändert bleibt.

Aufgabe 15

- Bedenken Sie, dass in der Funktion $y = c \cdot a^x$ die Basis a über Zu- $(a > 1)$ bzw. Abnahme $(a < 1)$ entscheidet und dass der Koeffizient c bei $x = 0$ abgelesen werden kann.

Aufgabe 16

- 1 000 m sind 1 km. Ausgehend vom Luftdruck am Mont Blanc ist das gesuchte Ergebnis „nur einen Schritt" der Funktion entfernt, also von p_0 auf p_1.

Aufgabe 17

- Wie verändern die Parameter a bzw. b den Funktionsgraphen der Sinusfunktion?
- Welcher Zusammenhang besteht zwischen Schwingungsdauer und Frequenz?

Aufgabe 18

- Denken Sie an das Ableiten von Potenzen.

Aufgabe 19
- Betrachten Sie die Funktion f(x) und ihre Ableitungsfunktion f'(x). Was fällt Ihnen hier zur Monotonie von f(x) auf?

Aufgabe 20
- Die Fläche unter der Kurve wird in n gleich breite Rechteckstreifen untereilt.
- Die Unterteilung wird laufend „verfeinert“, wodurch sich die Summe der Flächeninhalte der Rechteckstreifen dem Flächeninhalt der Fläche unter der Kurve annähert.

Aufgabe 21
- Lesen Sie aus dem Boxplot für Haus A bzw. Haus B die Quartile und den Median ab. Welche Aussagen über die Aufenthaltsdauern der Kurgäste können anhand dieser Kennzahlen getroffen werden?

Aufgabe 22
- Wie kann der Mittelwert aus Mittelwerten von verschieden großen Gruppen berechnet werden?

Aufgabe 23
- Was bedeutet, dass Ereignisse „voneinander abhängig“ sind? Zum Beispiel beim Ziehen aus einer Urne verändern sich die Wahrscheinlichkeiten, wenn die Kugeln nicht zurückgelegt werden.
- Was bedeutet, dass Ereignisse „nicht ausschließend“ („vereinbar“) sind? Zum Beispiel kann man beim Roulette, wenn man auf Rot und auf die ungeraden Zahlen setzt, die Wahrscheinlichkeiten für beide Ereignisse nicht einfach addieren.

Aufgabe 24
- Überlegen Sie, bei welchem Wert k die Wahrscheinlichkeit am größten ist.

Lösungsvorschlag

Aufgabe 1
Rationale Zahlen

- ☐ Jede rationale Zahl hat einen Vorgänger und einen Nachfolger.
- ☒ Jede unendliche periodische Dezimalzahl ist eine rationale Zahl.
- ☒ Zwischen zwei rationalen Zahlen gibt es stets eine weitere rationale Zahl.
- ☐ Jedem Punkt auf der Zahlengerade ist eindeutig eine rationale Zahl zugeordnet.
- ☐ Das Wurzelziehen ist in der Menge der positiven rationalen Zahlen abgeschlossen.

Da zwischen zwei rationalen Zahlen stets weitere rationale Zahlen liegen, hat eine rationale Zahl keinen Vorgänger bzw. Nachfolger.
Auf der Zahlengeraden liegen „zwischen" den rationalen Zahlen irrationale Zahlen.
Die Wurzel aus einer positiven rationalen Zahl kann rational oder irrational sein, z. B. $\sqrt{2}$. Im Zahlenraum der positiven reellen Zahlen ist das Wurzelziehen abgeschlossen.

Aufgabe 2
Algebraische Begriffe

Eine **Gleichung** ist eine mathematische Aussage, bei der links und rechts vom Gleichheitszeichen gültige **Terme** stehen.

Bei einer Äquivalenzumformung wird auf beiden Seiten einer Gleichung dasselbe gerechnet.

Aufgabe 3
Astronomische Einheit

$1\text{ AE} = 1{,}496 \cdot 10^8\text{ km} \quad |:1{,}496 \cdot 10^8$
ca. $0{,}000000006684\text{ AE} = 1\text{ km}$
$\mathbf{6{,}684 \cdot 10^{-9}\,AE} = 1\text{ km}$

kleinste Distanz Erde – Mars (Opposition):
$56\,000\,000\text{ km} \cdot 6{,}684 \cdot 10^{-9} \approx 0{,}3743\text{ AE}$

größte Distanz Erde – Mars (Konjunktion):
$401\,000\,000\text{ km} \cdot 6{,}684 \cdot 10^{-9}\text{AE} \approx 2{,}680\text{ AE}$

Differenz der maximalen und minimalen Entfernung Erde – Mars:
$2{,}680\text{ AE} - 0{,}3743\text{ AE} \approx$ **2,306 AE**

Aufgabe 4
Arten von Gleichungen

- F $ax + b = 0$
- B $ax^2 + c = 0$
- C $ax^2 + bx = 0$
- D $ax^2 + bx + c = 0$

$(7x-3)(5x^2+6)=0 \quad \Leftrightarrow \quad 35x^3-15x^2+42x-18=0$
Dies ist eine kubische Gleichung vom Typ $ax^3+bx^2+cx+d=0$.

$\frac{1}{2}x^3=\frac{3}{4}x \quad \Leftrightarrow \quad \frac{1}{2}x^3-\frac{3}{4}x=0$
Dies ist eine kubische Gleichung vom Typ $ax^3+cx=0$.

Aufgabe 5
Fahrrad-bestellung

$345x+280y \leq 2\,000$
Der Händler könnte beispielsweise 2 Fahrräder des ersten Typs und 4 des zweiten kaufen.

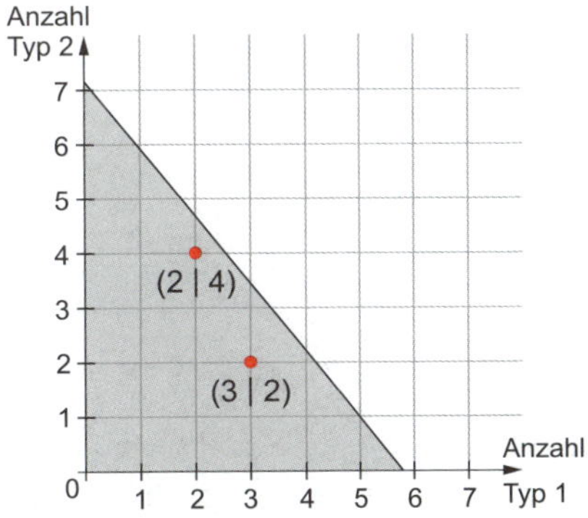

Für das Finden von möglichen Einkaufszahlen des Händlers können Sie die Ungleichung auf die allgemeine Geradengleichung bringen und die Gerade einzeichnen. Jeder Punkt der entstandenen Halbebene erfüllt die Ungleichung und gibt somit die Anzahl der beiden Fahrradtypen an, die der Händler kaufen kann. Ebenso finden Sie das Wertepaar (3|2), also 3 Fahrräder des ersten Typs und 2 des anderen.
Alternativ können Sie die Anzahl für einen der beiden Typen geschickt „schätzen“ und die entsprechende Anzahl des anderen Fahrradtyps berechnen: z. B. 2 Fahrräder des Typ 1 $\Rightarrow$ $x=2$

$$\begin{aligned} 345\cdot 2+280y &\leq 2\,000 \\ 690+280y &\leq 2\,000 \\ 280y &\leq 1\,310 \\ y &\leq 4{,}68 \end{aligned}$$

Das heißt: Es gehen sich dann noch 4 Räder des anderen Typs aus und ein wenig Geld bleibt über!

Aufgabe 6
Vektoren veranschaulichen

- Wählen Sie den Vektor $\vec{a}$ z. B. mit Anfangspunkt (0|0). Hängen Sie dann den Vektor $\vec{b}$ an den Vektor $\vec{a}$ an. Der Vektor $-(\vec{a}+\vec{b})$ ist die Verbindung der Spitze von $\vec{b}$ mit dem Schaft von $\vec{a}$. Der Vektor $-(\vec{a}+\vec{b})$ hat somit seine Spitze in (0|0).
- Hängen Sie den Vektor $\vec{c}$ an die Spitze von $-(\vec{a}+\vec{b})$ an.
- Verbinden Sie nun den Schaft von $-(\vec{a}+\vec{b})$ mit der Spitze von $\vec{c}$ und halbieren Sie den Vektor. Dies ist der gesuchte Vektor $\vec{d}$.

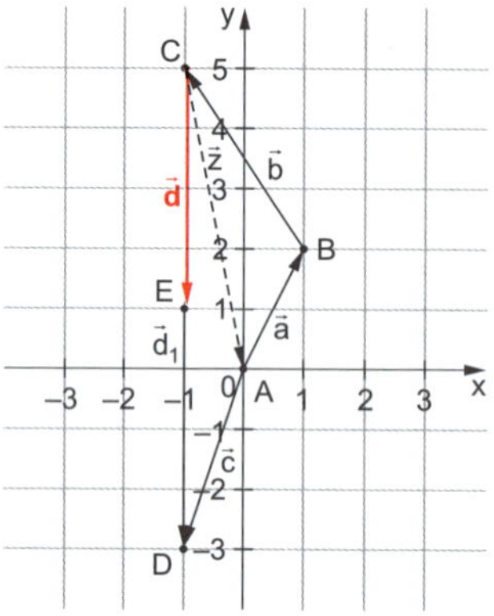

$\vec{a} = \begin{pmatrix} 1 \\ 2 \end{pmatrix}$

$\vec{b} = \begin{pmatrix} -2 \\ 3 \end{pmatrix}$

$\vec{c} = \begin{pmatrix} -1 \\ -3 \end{pmatrix}$

$\vec{z} = -(\vec{a} + \vec{b}) = -\begin{pmatrix} -1 \\ 5 \end{pmatrix} = \begin{pmatrix} 1 \\ -5 \end{pmatrix}$

$\vec{d}_1 = \vec{z} + \vec{c} = \begin{pmatrix} 0 \\ -8 \end{pmatrix}$

$\vec{d} = \frac{1}{2}\vec{d}_1 = \boldsymbol{\begin{pmatrix} 0 \\ -4 \end{pmatrix}}$

Aufgabe 7
Geradendarstellung

$\mathbf{x + 3y = 21}$ oder $\mathbf{y = -\frac{1}{3}x + 7}$, $\begin{pmatrix} 1 \\ 3 \end{pmatrix} \cdot \mathbf{X = 21}$

Die **Normalvektorform** lässt sich so bestimmen:
$\begin{pmatrix} -3 \\ 1 \end{pmatrix}$ ist ein Richtungsvektor, $\begin{pmatrix} 1 \\ 3 \end{pmatrix}$ ist ein Normalvektor von g.

Formel: $\vec{n} \cdot X = \vec{n} \cdot P$

Einsetzen: g: $\begin{pmatrix} 1 \\ 3 \end{pmatrix} \cdot X = \begin{pmatrix} 1 \\ 3 \end{pmatrix} \cdot \begin{pmatrix} 0 \\ 7 \end{pmatrix}$

Die **allgemeine Gleichung** folgt aus der Normalvektorform, indem „ausgerechnet“ wird:
$1 \cdot x + 3 \cdot y = 1 \cdot 0 + 3 \cdot 7 \quad \Rightarrow \quad$ g: $x + 3y = 21$

Die **lineare Funktion** entsteht durch Umformung:

$x + 3y = 21 \quad | -x$

$3y = -x + 21 \quad | :3$

g: $y = -\frac{1}{3}x + 7$

Aufgabe 8
Steigung – Steigungswinkel

- [x] Wird der Tangens vom Steigungswinkel mit 100 multipliziert, erhält man die Steigung in Prozent.
- [x] Mit der Umkehrfunktion des Tangens kann aus der Steigung k der Steigungswinkel φ berechnet werden.
- [x] Der Tangens von 45° ist 1 und die Steigung daher 100 %.
- [ ] Ein Steigungswinkel von 90° entspricht einer Steigung von 200 %.
- [x] Eine Gerade mit dem Steigungswinkel $\varphi = 20°$ hat eine Steigung von 36,4 %.

Ein Steigungswinkel von 90° entspricht einer senkrechten Steigung.
Alternative Erklärung: Der Steigungswinkel von 63,4° entspricht einer Steigung von 200 %, weil $\tan\alpha = 2 \Leftrightarrow \alpha = \arctan 2 \approx 63{,}4°$. Es besteht kein direkt proportionaler Zusammenhang zwischen Steigungswinkel und Steigung!

Aufgabe 9
Winkelfunktion im Einheitskreis

Eingezeichnet ist der **Sinus**.

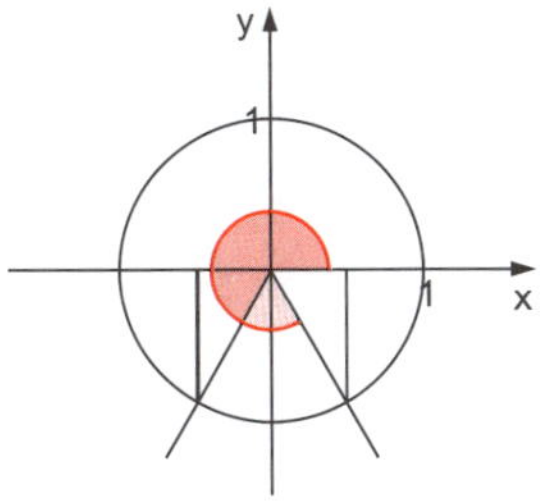

Für die geometrische Ermittlung des 2. Winkels mit demselben Winkelfunktionswert wird die Strecke, die den Sinus angibt, auf den IV. Quadranten übertragen.

Aufgabe 10
Regentonne

- ☐ Der Zusammenhang zwischen h und t ist linear.
- ☒ Der Zusammenhang zwischen h und t ist nicht linear.
- ☐ $h(t) = 0{,}6t + 1{,}2$
- ☐ $V(t) = 120 + 60t$
- ☒ $V(t) = 2 + t$

Funktionsgleichung für die Volumenänderung: $V(t) = 60\,\frac{dm^3}{h} \cdot t + 120\,dm^3$

$h(t) = \frac{V(t)}{G} = \frac{60 \cdot t + 120}{100} = 0{,}6 \cdot t + 1{,}2$ (ohne Einheiten)

Aufgabe 11
Bakterien im Labor

Die Zeitabschnitte der Argumente sind immer gleich (5 min), man kann daher den Zuwachs der Bakterienzahl von einem Messpunkt zum nächsten gut vergleichen. Das Ansteigen der Bakterienzahl ist augenscheinlich. Zusätzlich kann festgestellt werden, dass die Zunahme immer schneller wird. Zu Beginn kann nur eine geringe Zunahme festgestellt werden (1, 2, 3 Tausend nach 5, 10 bzw. 15 Std.), die jedoch immer mehr wird (10, 12 Tausend am Ende der Beobachtungsperiode).

Aufgabe 12
Füllvorgang eines Gartenpools

- ☐ Nach 3 Stunden ist der Pegelstand im Pool nicht gestiegen.
- ☐ Nach abgeschlossener Füllung ist das Pool tiefer als 1,60 m.
- ☒ Um 6 Uhr früh betrug der Pegelstand im Pool 40 cm.
- ☒ Die Füllung des Pools startete um 4 Uhr morgens.
- ☐ Um eine Füllhöhe von 80 cm zu erreichen, benötigte der Gärtner mindestens 4 Stunden.

Da der Graph streng monoton steigt, wird das Pool volle 6 Stunden lang ständig befüllt.

Aufgabe 13
Erlösfunktion

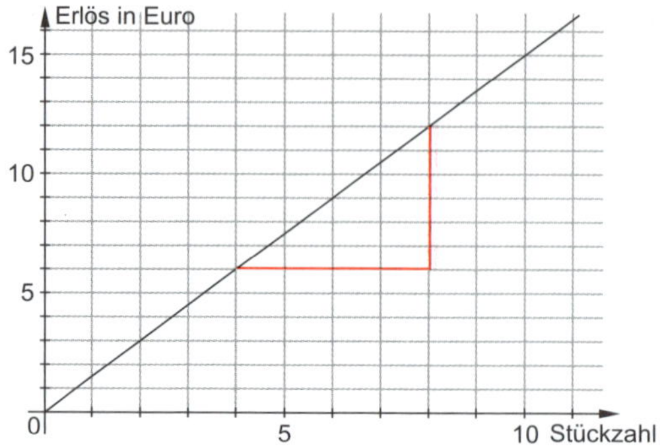

f(8) – f(4) beschreibt die Zunahme der Funktionswerte zwischen 4 und 8 Stück.

Aufgabe 14
Flächeninhalt eines Rechtecks

$\frac{A}{a} = b$; nun werden der Reihe nach die Werte für a eingesetzt. A bleibt stets 48.

a	1	2	3	4	6	8	12	16	24	48
b	**48**	**24**	**16**	**12**	**8**	**6**	**4**	**3**	**2**	**1**

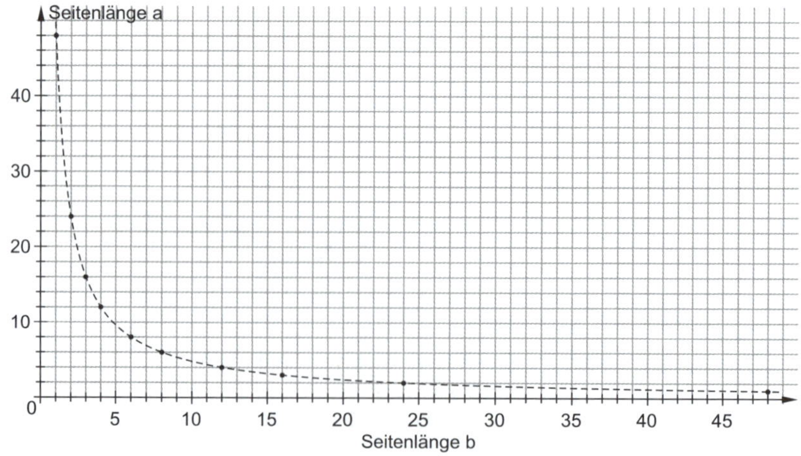

Aufgabe 15
Exponentialfunktion

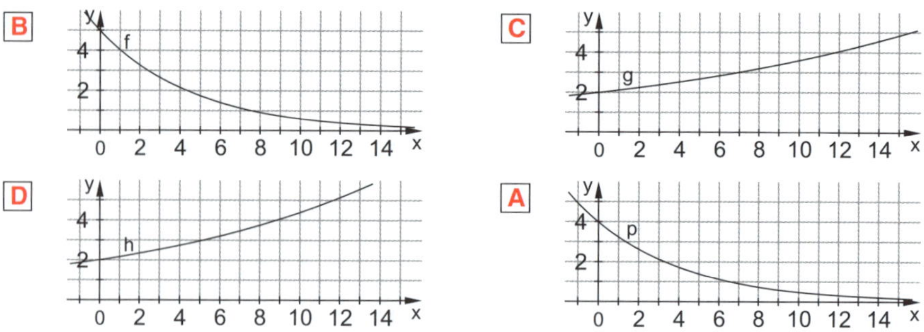

- Die Basis a der Funktion $y = c \cdot a^x$ gibt Zu- ($a > 1$) bzw. Abnahme ($a < 1$) an.
- Der Koeffizient c kann bei $x = 0$ abgelesen werden.
- e(x) wäre eine steigende Funktion mit $e(0) = 3$.
- f(x) wäre eine fallende Funktion mit $f(0) = 3$.

Aufgabe 16
Luftdruck

0,4928 bar

- Das Argument der Funktion ist die Höhe (in km). Erhöht sich dieses Argument um 1, so schreitet die Funktion um „einen Schritt weiter". Die Basis 0,88 in der Funktionsgleichung gibt an, dass 1 km höher nur mehr 88 % des Drucks herrschen.
- $p_{4,81} = 0{,}56$
- $p_{5,81} = p_{4,81} \cdot 0{,}88$, also $p_{5,81} = 0{,}56 \cdot 0{,}88 = 0{,}4928$

Aufgabe 17
Töne

- [x] Werden a und b größer, dann wird der Ton lauter und höher.
- [x] Erhöht sich die Frequenz eines Tones, dann wird die Schwingungsdauer kürzer.
- [x] Wird a kleiner und b größer, dann verkleinern sich die Amplitude und die Schwingungsdauer.
- [ ] Werden a und b kleiner, dann vergrößern sich die Amplitude und die Frequenz.
- [x] Wird a größer und b kleiner, dann wird der Ton lauter und tiefer.

- Wird b kleiner, dann wird die Frequenz f kleiner bzw. die Schwingungsdauer T größer: $T = \frac{1}{f}$

Aufgabe 18
Ableitungsregeln

$x^a \cdot \ln x$	$\frac{1}{a} \cdot x^{a+1}$	$\frac{x^{a-1}}{a}$	x^{1-a}	$a \cdot x^{a-1}$	x^{a-1}
☐	☐	☐	☐	☒	☐

- Die Hochzahl wird ein Faktor, die neue Hochzahl ist um 1 kleiner als in der Angabe.

Aufgabe 19
Monotonie von Funktionen

Hat die Ableitungsfunktion f'(x) auf einem Intervall **nur positive y-Werte**, dann ist die Funktion f(x) in diesem Intervall **streng monoton steigend**.

- Ist f(x) in einem Intervall streng monoton fallend, dann hat die Ableitungsfunktion f'(x) in diesem Intervall nur negative Werte.
- Ist f(x) in einem Intervall konstant, dann sind die Funktionswerte ihrer Ableitungsfunktion null.

Aufgabe 20
Flächenberechnung

☒ Die Untersumme U_n ist eine Annäherung an den Flächeninhalt unter der Kurve im Intervall [a; b] mit n Rechtecken, die Δx breit und $f(m_k)$ hoch sind.

☐ Das bestimmte Integral $\int_a^b f$ ergibt für jede stetige Funktion den Flächeninhalt A, der vom Graphen der Funktion f und der x-Achse im Intervall [a; b] eingeschlossen wird.

☐ Die Breite Δx eines Abschnitts des unterteilten Intervalls [a; b] wird mit $\Delta x = \frac{b-a}{n+1}$ berechnet.

☒ Die Zahlenfolge der Obersummen O_n der Rechteckflächen konvergiert mit $n \to \infty$ gegen das Integral $\int_a^b f$.

☒ Ist f eine im Intervall [a; b] stetige Funktion, so gilt: Der Grenzwert der Obersummen O_n ist gleich dem Grenzwert der Untersummen U_n.

Das bestimmte Integral $\int_a^b f$ ergibt nur dann den Flächeninhalt des Flächenstücks, das von der x-Achse und der Kurve im Intervall [a; b] eingeschlossen wird, wenn die Funktionswerte in [a; b] nicht negativ sind. Verläuft der Graph der Funktion im Intervall [a; b] unterhalb der x-Achse, ergibt das bestimmte Integral eine negative Zahl, wobei der Betrag dieser Zahl den Flächeninhalt des Flächenstücks zwischen x-Achse und Kurve im Intervall [a; b] ergibt. Verläuft der Graph der Funktion im Intervall [a; b] teils oberhalb, teils unterhalb der x-Achse, dann sind die Nullstellen der Funktion zu berechnen und das Integral wird in zwei oder mehrere Integrale mit Grenzen entsprechend der Nullstellen aufgespaltet.
Die Breite eines Rechteckstreifens wird folgendermaßen ermittelt:
$\Delta x = \frac{b-a}{n}$

Aufgabe 21
Kuraufenthalt

a) **25** % der Gäste von Haus A bleiben zwischen 15 und 17 Tagen.

b) 75 % aller Gäste des Hauses B bleiben mindestens **10** Tage.

c) Der Median der Aufenthaltsdauer der Gäste im Haus A ist um **4** Tage länger als im Haus B.

d) Im Haus A bleiben **75** % der Kurgäste höchstens 17 Tage.

Das 1. Quartil, der Median und das 3. Quartil teilen die geordnete Liste der Aufenthaltsdauern der Kurgäste in 25 %-Blöcke auf.

Aufgabe 22
Körpergröße

- ☐ Die SchülerInnen der 8A sind durchschnittlich 175 cm groß.
- ☒ Die Buben in der 8B sind durchschnittlich 182 cm groß.
- ☐ In der 8A sind 50 % der SchülerInnen mindestens 179 cm groß.
- ☒ Die Durchschnittsgröße der Mädchen beider Klassen kann als Mittelwert der Durchschnittsgrößen beider Mädchengruppen berechnet werden.
- ☐ Die Spannweite der Körpergrößen in der 8B beträgt 76,4 cm.

Durchschnittsgröße der SchülerInnen in der 8A:

$$\overline{x} = \frac{14 \cdot 171 + 10 \cdot 179}{24} \approx 174{,}3$$

Der Mittelwert kann, aber muss nicht in der Mitte der geordneten Datenliste liegen (im Unterschied zum Median).

In der 8B ist die durchschnittliche Körpergröße bekannt:

$$176{,}4 = \frac{14 \cdot 170 + 16 \cdot y}{30}$$

Daraus kann die durchschnittliche Körpergröße der Buben berechnet werden: $y = 182$ cm

Die Durchschnittsgröße der Mädchen beider Klassen kann nur deshalb als Mittelwert der Durchschnittsgrößen beider Mädchengruppen berechnet werden, weil beide Mädchengruppen gleich groß (jeweils 14 Mädchen) sind.

Aufgabe 23
Ereignisse verknüpfen

Die Ereignisse A und B sind **voneinander unabhängig**, wenn **$P(A) = P(A|B)$ und $P(B) = P(B|A)$** gilt.

Wenn sich die Wahrscheinlichkeit durch „Weglassen" der Bedingung nicht ändert, bedeutet das, dass die Ereignisse voneinander unabhängig sind.

Aufgabe 24
Binomialverteilung

p = 0,75	p = 0,5	p = 0,1	p = 0,9	p = 0,6	p = 0,3
A	C	☐	B	☐	D

$E(X) = n \cdot p$

A: $E(X) = 50 \cdot 0{,}75 = 37{,}5$

C: $E(X) = 50 \cdot 0{,}5 = 25$

$E(X) = 50 \cdot 0{,}1 = 5$

B: $E(X) = 50 \cdot 0{,}9 = 45$

$E(X) = 50 \cdot 0{,}6 = 30$

D: $E(X) = 50 \cdot 0{,}3 = 15$

Die größte Wahrscheinlichkeit (der höchste Balken in der Grafik) liegt beim Erwartungswert.

Aufgabe 1
Zahlenmengen

Folgende Aussage bezieht sich auf Beziehungen von Zahlenmengen.

Aufgabenstellung: Kreuzen Sie je eine der angegebenen Möglichkeiten so an, dass eine mathematisch korrekte Aussage entsteht!

Die ① Dezimalzahlen sind ② der rationalen Zahlen.

①		②	
☒	periodischen	☐	dieselbe Zahlenmenge
☐	unendlichen nicht-periodischen	☐	eine Obermenge
☐	unendlichen	☒	eine Teilmenge

Aufgabe 2
Lösung einer Ungleichung

Gegeben ist die Ungleichung $-bx < a$ mit $a, b > 0$.

Aufgabenstellung: Kreuzen Sie die richtige Lösung an!

$x < -\frac{a}{b}$	$x < \frac{a}{b}$	$x > -\frac{a}{b}$	$x > \frac{a}{b}$	$x > b - a$	$x = \frac{-a}{b}$
☐	☐	☒	☐	☐	☐

Aufgabe 3
Grafische Lösung quadratischer Gleichungen

Quadratische Gleichungen $ax^2 + bx + c = 0$ mit $a \neq 0$ können grafisch gelöst werden, indem die linke Seite der Gleichung als Funktion aufgefasst wird und die Nullstellen der Funktion ermittelt werden.

Aufgabenstellung: Welcher Graph passt zu welchen Bedingungen für die Gleichung? Tragen Sie die Buchstaben in die zutreffenden Kästchen ein!

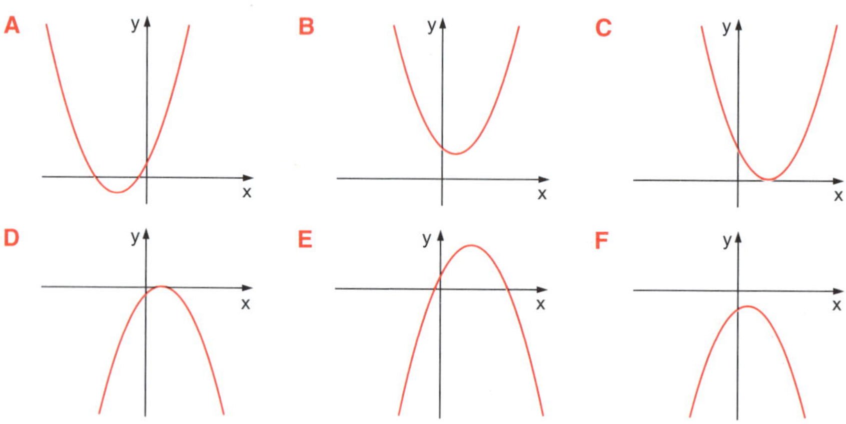

$a < 0$ 2 Nullstellen	$a > 0$ keine Nullstelle	$a < 0$ 1 Nullstelle	$a > 0$ 2 Nullstellen
E	B	D	A

Aufgabe 4
Lösungen von Gleichungssystemen

Gegeben ist ein lineares Gleichungssystem in zwei Variablen.

Aufgabenstellung: Welche Lösungsmöglichkeiten gibt es für ein solches Gleichungssystem?

- Substitutionsverfahren
- Gleichsetzungsverfahren
- Additionsverfahren

Aufgabe 5
Gemüselieferungen

Die Großmärkte A und B beziehen ihr Frischgemüse von den drei Lieferanten X, Y, Z.
Die Vektoren $A = \begin{pmatrix} x_A \\ y_A \\ z_A \end{pmatrix}$ und $B = \begin{pmatrix} x_B \\ y_B \\ z_B \end{pmatrix}$ geben an, wie viel Tonnen Gemüse von den drei Händlern an die beiden Großmärkte geliefert wurden.

Aufgabenstellung: Welche Aussagen über die angeführten Berechnungen mit den Vektoren A bzw. B sind richtig? Kreuzen Sie die zutreffende(n) Aussage(n) an!

- [ ] Der Vektor D = B – A gibt an, wie viele Tonnen Gemüse von den drei Lieferanten an den Großmarkt A mehr geliefert wurden als an B.
- [ ] Der Vektor B' = 0,6 · B drückt aus, dass die Gemüselieferungen an den Großmarkt B um 60 % zurückgegangen sind.
- [x] Der Vektor S = A + B gibt an, wie viele Tonnen Gemüse von den drei Lieferanten an beide Großmärkte geliefert wurden.
- [x] Der Vektor A' = 1,04 · A drückt aus, dass die Gemüselieferungen an den Großmarkt A um 4 % zugenommen haben.
- [x] Der Vektor D = A – B gibt an, wie viele Tonnen Gemüse von den drei Lieferanten an den Großmarkt A mehr geliefert wurden als an B.

Aufgabe 6
Schnittpunkt zweier Geraden

Gegeben sind die Geraden g: $X = \begin{pmatrix} 1 \\ 5 \end{pmatrix} + s \cdot \begin{pmatrix} 3 \\ -2 \end{pmatrix}$ und h: $X = \begin{pmatrix} 4 \\ -2 \end{pmatrix} + t \cdot \begin{pmatrix} 1 \\ 1 \end{pmatrix}$ im $\mathbb{R}^2$.

Aufgabenstellung: Berechnen Sie den Schnittpunkt S!

S = ______________________

Aufgabe 7
Steigungsdreieck

Gegeben ist der Graph der Geraden g, zu der das Steigungsdreieck eingezeichnet ist.

Aufgabenstellung: Ermitteln Sie die Steigung der Geraden in Prozent und berechnen Sie den Steigungswinkel φ dieser Geraden!

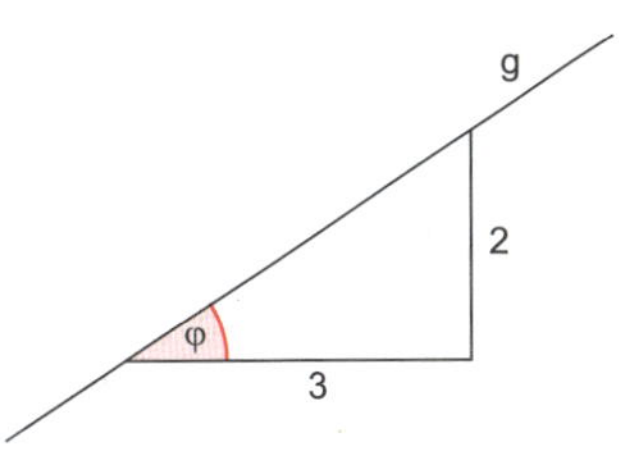

$\tan^{-1}(2/3) = 33,6$

$\tan(2/3) = 0,011$

Aufgabe 8
Winkelfunktionen

Gegeben sind Winkelfunktionswerte, deren zugehörige Winkel in den Quadranten I bis IV liegen können.

Aufgabenstellung: In welchen Quadranten können die Winkel liegen? Geben Sie alle Quadranten an, in denen die Winkel liegen können!

a) $\sin\alpha = 0{,}734$

b) $\cos\beta = -0{,}532$

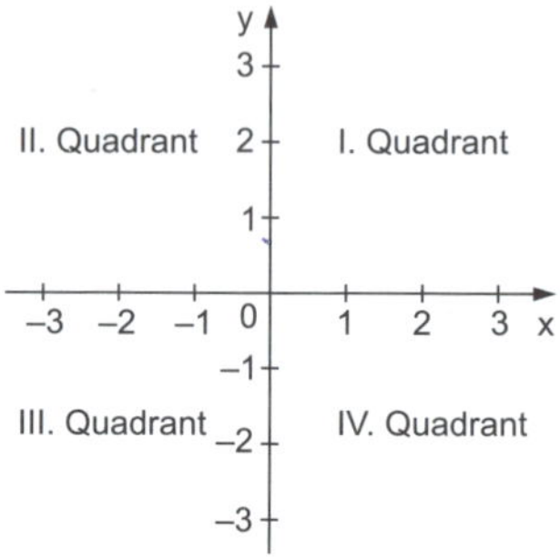

Aufgabe 9
Formeln als Funktionen

Zwischen x und den Variablen r, s, t besteht folgender Zusammenhang: x ist direkt proportional zu s und t^2 sowie indirekt proportional zu r.

Aufgabenstellung: Welche der angegebenen Formeln drücken diesen Zusammenhang aus? Kreuzen Sie die zwei zutreffenden Formeln an!

$x = \frac{4rt^2}{s}$	$x = \frac{3st^2}{r}$	$x = \frac{3r}{st^2}$	$x = \frac{t^2 s}{4r}$	$x = \frac{t^2 s}{r^2}$
☐	☒	☐	☒	☐

Aufgabe 10
Bakterien im Labor

Im Labor wird das Wachstum einer Bakterienkultur untersucht. Während der Beobachtung wird die Bakterienzahl notiert und in einer Tabelle zusammengefasst.

Aufgabenstellung: Vervollständigen Sie den folgenden Satz, sodass er mathematisch korrekt ist!

Das Wachstum der Bakterienzahl ist (1) und im Intervall [50; 100] gibt es einen Bakterienzuwachs, der prozentuell (2) im Intervall [0; 50] ist.

Zeit in h	Bakterienzahl
0	5
5	7
10	9
15	12
20	16
25	21
30	29
35	39
40	51

(1)		(2)	
☒	exponentiell	☐	größer als
☐	linear	☐	kleiner als
☐	unregelmäßig	☒	genauso groß wie

Aufgabe 11
Regentonne

Das Diagramm veranschaulicht, wie aus einer Regentonne Wasser ausgelassen wird.

Aufgabenstellung: Beschreiben Sie, welche Bedeutung der Punkt X aus der Grafik in diesem Kontext hat!

Nach 52 minuten befinden sich noch 85 l in der Regentonne

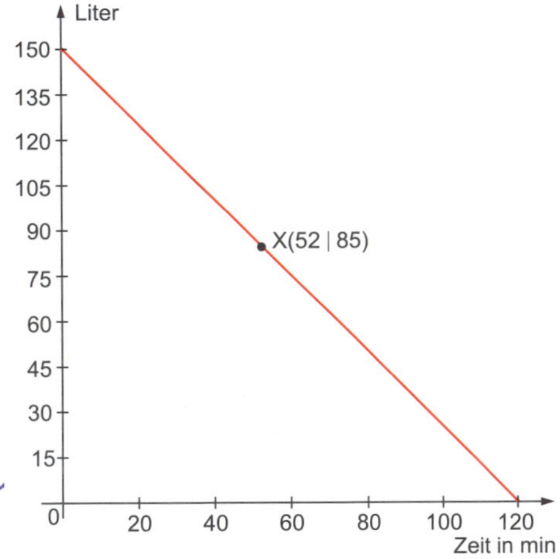

Aufgabe 12
Funktionen

Gegeben sind verschiedene Funktionstypen sowie Beschreibungen von funktionalen Zusammenhängen.

Aufgabenstellung: Welcher Funktionstyp passt zu welchem Sachverhalt? Tragen Sie die Buchstaben in die Kästchen der zutreffenden Beschreibungen ein!

- [E] Die Schwingungen einer Stimmgabel werden aufgezeichnet.
- [B] Mit zunehmendem Volumen erhöht sich die Masse eines Körpers.
- [D] Bei Zunahme der Höhenmeter um den gleichen Wert verringert sich der Luftdruck mit demselben Faktor.
- [F] Einem Würfel mit der Seitenkante a wird das Volumen zugeordnet.

A Logarithmusfunktion
B Lineare Funktion
C Quadratische Funktion
D Exponentielle Funktion
E Sinusfunktion
F Kubische Funktion

Aufgabe 13
Potenzfunktionen

Folgende Aussage bezieht sich auf die Eigenschaften von Potenzfunktionen.

Aufgabenstellung: Wählen Sie die jeweils richtigen Ausdrücke, damit der Satz mathematisch korrekt ist!

Der Graph der Funktion $f(x) = x^{-2}$ ist ① und verläuft durch den Punkt ②.

①		②	
☐	eine Gerade	☐	(0 | 0)
☐	eine Parabel	☒	(−1 | 1)
☒	eine Hyperbel	☐	(2 | 4)

Aufgabe 14
Erlösfunktion

Der Funktionsgraph zeigt den Erlös beim Verkauf eines Produktes in Abhängigkeit von der Stückzahl. Der zugehörige Funktionsterm lautet $E(x) = 1{,}5 \cdot x$.

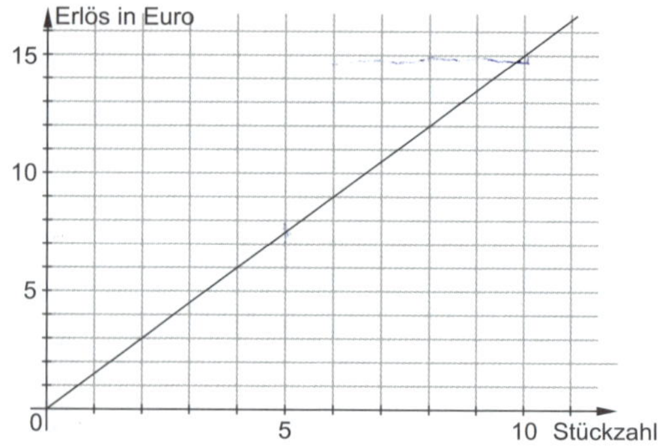

Aufgabenstellung: Kreuzen Sie die zwei richtigen Aussagen an!

☐ Pro Stück erhöht sich der Erlös um den gleichen Betrag.

☐ Mit dem Ausdruck $\frac{E(8) - E(4)}{8 - 4}$ kann der Erlös pro Stück berechnet werden.

☐ Je mehr Stück verkauft werden, umso schneller wächst der Erlös.

☒ Die Steigung des Erlöses im Intervall [0; 5] ist kleiner als im Intervall [5; 10].

☐ Die durchschnittliche Steigung des Erlöses wird immer mehr, je mehr Stück verkauft werden.

Aufgabe 15
Umkehrfunktion

Im Koordinatensystem ist der Graph der Funktion $f(x) = (x + 1{,}5)^2 + 0{,}5$ dargestellt.

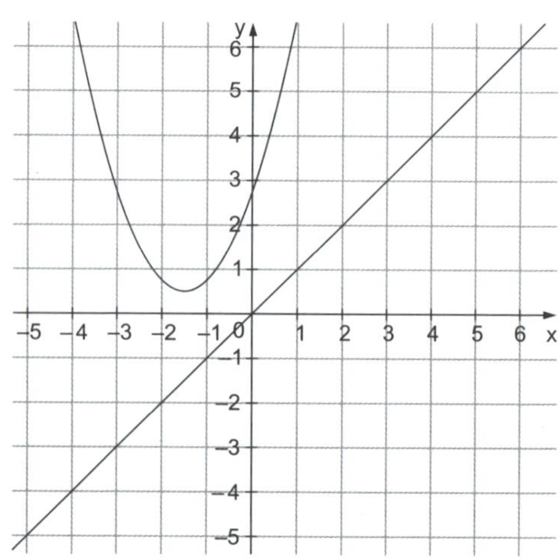

Aufgabenstellung: Spiegeln Sie den Graphen an der 1. Mediane und begründen Sie, wieso der gespiegelte Graph keine Funktion ist! Markieren Sie einen Abschnitt des Graphen von f sowie den entsprechenden Teil des gespiegelten Graphen so mit Farbe, dass beide gefärbten Abschnitte Funktionen darstellen!

Aufgabe 16
Allgemeine Sinusfunktion

Gegeben sind Aussagen über die Parameter a und b von allgemeinen Sinusfunktionen $f(x)=a\cdot\sin(b\cdot x)$.

Aufgabenstellung: Ordnen Sie die Aussagen den Funktionen zu, indem Sie die Buchstaben zu den passenden Funktionsgleichungen eintragen!

- **A** Die Amplitude wird verdreifacht.
- **B** Die Periodenlänge wird verdreifacht.
- **C** Die Amplitude wird halbiert.
- **D** Die Frequenz wird verdoppelt.
- **E** Die Periodenlänge wird verdoppelt.
- **F** Die Frequenz wird verdreifacht.

E	$f(x)=\sin(0{,}5x)$
F	$f(x)=\sin(3x)$
D	$f(x)=\sin(2x)$
A	$f(x)=3\cdot\sin x$

Aufgabe 17
Ableitung von Potenzfunktionen

Gegeben ist die Potenzfunktion $f(x)=x^{-2}$.

Aufgabenstellung: Geben Sie die Ableitungsfunktionen f'(x) und f''(x) an!

$f'(x)=$ $-2x^{-3}$; $f''(x)=$ $-6x^{-4}$

Aufgabe 18
Beschreibung von Funktionen

Gegeben sind Begriffe zur Beschreibung von Funktionen.

Aufgabenstellung: Vervollständigen Sie den Satz so, dass er mathematisch korrekt ist!

Hat eine Funktion f(x) ①, dann hat ihre Ableitungsfunktion f'(x) an dieser Stelle ②.

①		②	
☒	einen Extrempunkt	☒	eine Nullstelle
☐	einen Wendepunkt	☐	einen Wendepunkt
☐	eine Nullstelle	☐	eine Definitionslücke

Aufgabe 19
Integrale zuordnen

Gegeben sind Integrale und Terme.

Aufgabenstellung: Ordnen Sie die Integrale den Termen (mit Integrationskonstante c=0) zu, indem Sie die Buchstaben in die entsprechenden Kästchen eintragen!

A $\int (2x)^2\,dx$ **B** $\int \frac{1}{3}x^2\,dx$ **C** $\int 3x^2\,dx$

D $\int (3x)^2\,dx$ **E** $\int \left(\frac{x}{2}\right)^2 dx$ **F** $\int \frac{1}{2}x^2\,dx$

$\frac{1}{9}x^3$	$\frac{1}{12}x^3$	x^3	$\frac{4}{3}x^3$
B	E	C	A

Aufgabe 20
Neue Liste von Daten

In einer Datenliste $x_1, x_2, x_3, \ldots, x_n$ ist jeder Wert auf eine Nachkommastelle angegeben. Für eine neue Liste wird jeder Wert mit 10 multipliziert.

Aufgabenstellung: Kreuzen Sie die beiden zutreffenden Aussagen für die neue Liste an!

- ☐ Der Modus ist zehnmal so groß wie der Modus der ursprünglichen Liste.
- ☐ Der Mittelwert bleibt unverändert.
- ☐ Der Median ist zehnmal so groß wie der Median der ursprünglichen Liste.
- ☐ Die Spannweite bleibt unverändert.
- ☐ Die relative Häufigkeit der Werte wird mit dem Faktor 10 multipliziert.

Aufgabe 21
Schularbeitsergebnis

Gegeben ist folgendes Ergebnis einer Schularbeit: 1, 2, 2, 3, 3, 3, 4, 4, 4, 4, 5

Aufgabenstellung: Kreuzen Sie je eine der angegebenen Möglichkeiten so an, dass eine mathematisch korrekte Aussage entsteht!

Wenn man die 5 aus der Notenliste streicht, dann wird ① ②.

①		②	
☐	der Median	☐	kleiner als 3 werden
☐	das arithmetische Mittel	☐	größer werden
☐	die Spannweite	☐	gleich bleiben

Aufgabe 22
Zufallsversuch

Ein Zufallsversuch ist ein wesentlicher Begriff in der Wahrscheinlichkeitsrechnung.

Aufgabenstellung: Kreuzen Sie die zutreffende(n) Aussage(n) über Zufallsversuche an!

- ☐ Ein Elementarereignis eines Zufallsversuchs besteht aus einem oder mehreren Ereignissen.
- ☐ Zufallsversuche können unter denselben Bedingungen beliebig oft wiederholt werden, wobei die möglichen Versuchsausfälle bekannt sind.
- ☐ Der Grundraum eines Zufallsversuchs besteht aus der Menge aller möglichen Ereignisse.
- ☐ Ein Ereignis eines Zufallsversuchs setzt sich aus einem oder mehreren Elementarereignissen zusammen.
- ☐ Zufallsversuche können unter denselben Bedingungen beliebig oft wiederholt werden, wobei das Ergebnis eines Zufallsversuchs vom Zufall abhängt.

Aufgabe 23
Binomialkoeffizient

Ist eine Zufallsvariable X binomialverteilt mit den Parametern n und p, wird die Wahrscheinlichkeit, dass die Zufallsvariable X den Wert k annimmt, mit folgender Formel berechnet:

$P(X=k)=\binom{n}{k}p^k q^{n-k}$

Aufgabenstellung: Welche Aussagen über den Binomialkoeffizienten $\binom{n}{k}$ sind richtig? Kreuzen Sie die zutreffende(n) Aussage(n) an!

- [x] Der Binomialkoeffizient $\binom{n}{0}=1$ bedeutet, dass es im zugehörigen Baumdiagramm einen Pfad mit der Wahrscheinlichkeit q^n gibt.
- [ ] Die Zahl k gibt an, welchen Wert die Zufallsvariable annimmt, und es gilt: $n>k\geq 0$
- [x] Der Parameter n gibt an, wie oft der Zufallsversuch wiederholt wird.
- [x] Wegen $\binom{n}{k}=\frac{n!}{k!(n-k)!}$ gilt: $\binom{n}{k}=\binom{n}{n-k}$
- [ ] Der Binomialkoeffizient $\binom{n}{1}=n$ bedeutet, dass es im zugehörigen Baumdiagramm n Pfade gibt, wo die Zufallsvariable k-mal den Wert 1 annimmt.

Aufgabe 24
Modellierung eines Zufallsversuchs

Aufgabenstellung: Vervollständigen Sie den folgenden Satz, sodass er mathematisch korrekt ist!

Für die Modellierung einer Zufallssituation mit ① muss der Zufallsversuch ②.

①
- [x] der Binomialverteilung
- [ ] der Normalverteilung
- [ ] einer beliebigen Verteilung

②
- [x] unter gleichen Bedingungen beliebig oft wiederholbar sein und zwei unabhängige Ausgänge haben
- [ ] standardisiert sein
- [ ] eine begrenzte Anzahl an Möglichkeiten haben

Hinweise und Tipps

Aufgabe 1

- Welche Bedingungen müssen Dezimalzahlen erfüllen, damit sie als Brüche darstellbar sind?

Aufgabe 2

- Beim Dividieren durch eine negative Zahl (–b) verändert sich das Ungleichheitszeichen.

Aufgabe 3

- Ist $a < 0$, dann ist die Parabel nach unten offen.

Aufgabe 4

- Denken Sie daran, wie zwei Geraden im Koordinatensystem zueinander liegen können, und finden Sie zu den Lagebeziehungen die Lösungsmöglichkeiten.

Aufgabe 5

- Was kann mit $A + B$ bzw. $A - B$ berechnet werden?
- Was bedeutet $1{,}04 \cdot A$ oder $0{,}6 \cdot B$ in diesem Zusammenhang?

Aufgabe 6

- Legen Sie ein Gleichungssystem mit zwei Gleichungen in zwei Variablen (s, t) an und berechnen Sie s oder t. Die Lösung für s oder t setzen Sie in die entsprechende Geradendarstellung ein.

Aufgabe 7

- Die Steigung wird aus dem Quotienten Höhengewinn durch Horizontalentfernung ermittelt.

Aufgabe 8

- Überlegen Sie anhand des Einheitskreises: In welchen Quadranten sind die Werte der Sinusfunktion positiv bzw. die Werte der Cosinusfunktion negativ?

Aufgabe 9

- Welche Variablen müssen im Zähler, welche im Nenner stehen?

Aufgabe 10

- Versuchen Sie zunächst aufgrund der Funktionswerte (Bakterienzahl) den Funktionstyp festzulegen.
- Überlegen Sie danach, welches Charakteristikum dieser Funktionstyp bezüglich des Wachstums hat.

Aufgabe 11

- Auf der x-Achse sind die vergangenen Minuten eingetragen, auf der y-Achse ist die in der Tonne befindliche Wassermenge abzulesen.

Aufgabe 12
- Skizzieren Sie die Graphen der Funktionen und vergleichen Sie deren Verlauf mit den beschriebenen Sachverhalten.

Aufgabe 13
- Erstellen Sie eine Wertetabelle und skizzieren Sie den Graphen.

Aufgabe 14
- Es handelt sich hier um eine lineare Funktion. Was bedeutet das für ihr Wachstum?

Aufgabe 15
- Spiegeln Sie einzelne Punkte des Graphen an der 1. Mediane und verbinden Sie diese anschließend.
- Welche Bedingung für das Vorliegen einer Funktion wird vom gespiegelten Graphen nicht erfüllt?

Aufgabe 16
- Was bedeutet „Amplitude“, „Frequenz“ bzw. „Periodenlänge“ einer Funktion? Wie hängen diese Begriffe mit den Parametern a und b zusammen?

Aufgabe 17
- Denken Sie an die Potenzrechenregel und achten Sie auf das Vorzeichen der Hochzahl.

Aufgabe 18
- Betrachten Sie eine beliebige Polynomfunktion p(x) dritten Grades und ihre Ableitungsfunktion p'(x). Markieren Sie von p(x) die Extrempunkte, den Wendepunkt und die Nullstellen. Was können Sie über die Funktion p'(x) an diesen Stellen sagen?

Aufgabe 19
- Berechnen Sie die Integrale.

Aufgabe 20
- Überlegen Sie anhand einer konkreten Liste, z. B. 2, 2, 6, wie sich die Verzehnfachung der Werte auf die Berechnung der angeführten Kennzahlen auswirkt.

Aufgabe 21
- Berechnen Sie die Kennzahlen mit der neuen Liste.

Aufgabe 22
- Der Grundraum umfasst alle möglichen Versuchsausfälle (= Elementarereignisse).
- Ein Ereignis ist eine Teilmenge des Grundraums und kann aus einem oder mehreren Elementarereignissen bestehen.

Aufgabe 23 Wofür stehen die Bestandteile P, X, n, p, q, $\binom{n}{k}$ der Formel?

Aufgabe 24 Welche Voraussetzungen müssen für die verschiedenen Wahrscheinlichkeitsverteilungen gelten? Denken Sie an typische Anwendungen der Binomial- und Normalverteilung.

Lösungsvorschlag

Aufgabe 1
Zahlenmengen

Die **periodischen** Dezimalzahlen sind **eine Teilmenge** der rationalen Zahlen.

Rationale Zahlen sind endliche Dezimalzahlen oder unendliche, periodische Dezimalzahlen.

Aufgabe 2
Lösung einer Ungleichung

$x < -\frac{a}{b}$	$x < \frac{a}{b}$	$x > -\frac{a}{b}$	$x > \frac{a}{b}$	$x > b - a$	$x = \frac{-a}{b}$
☐	☐	☒	☐	☐	☐

$-b \cdot x < a \quad |:(-b)$

$x > -\frac{a}{b}$

Da durch eine negative Zahl dividiert wird, verändert sich das Ungleichheitszeichen.

Aufgabe 3
Grafische Lösung quadratischer Gleichungen

$a < 0$ 2 Nullstellen	$a > 0$ keine Nullstelle	$a < 0$ 1 Nullstelle	$a > 0$ 2 Nullstellen
E	B	D	A

Für $a > 0$ ist die Parabel nach oben offen, für $a < 0$ nach unten offen.

Aufgabe 4
Lösungen von Gleichungssystemen

- **keine Lösung**
- **genau eine Lösung**
- **unendlich viele Lösungen**

Ein Gleichungssystem in zwei Variablen kann grafisch mit zwei Geraden dargestellt werden. Hierfür gibt es drei Lagebeziehungen: ident, parallel, schneidend. Das zugehörige Gleichungssystem hat demnach unendlich viele, keine oder genau eine Lösung(en).

Aufgabe 5
Gemüselieferungen

☐ Der Vektor $D = B - A$ gibt an, wie viele Tonnen Gemüse von den drei Lieferanten an den Großmarkt A mehr geliefert wurden als an B.

☐ Der Vektor $B' = 0{,}6 \cdot B$ drückt aus, dass die Gemüselieferungen an den Großmarkt B um 60 % zurückgegangen sind.

☒ Der Vektor $S = A + B$ gibt an, wie viele Tonnen Gemüse von den drei Lieferanten an beide Großmärkte geliefert wurden.

☒ Der Vektor $A' = 1{,}04 \cdot A$ drückt aus, dass die Gemüselieferungen an den Großmarkt A um 4 % zugenommen haben.

☒ Der Vektor $D = A - B$ gibt an, wie viele Tonnen Gemüse von den drei Lieferanten an den Großmarkt A mehr geliefert wurden als an B.

$B' = 0{,}6 \cdot B$ drückt aus, dass die Lieferungen an B nur mehr 60 % des ursprünglichen Lieferumfangs betragen bzw. dass die Lieferungen um 40 % zurückgegangen sind.

Aufgabe 6
Schnittpunkt zweier Geraden

Gleichungssystem lösen:

$$\text{I:}\quad 1 + 3s = 4 + t$$
$$\text{II:}\quad 5 - 2s = -2 + t$$
$$\text{I} - \text{II:}\quad -4 + 5s = 6$$
$$5s = 10$$
$$s = 2$$

s = 2 in g einsetzen:

$$g:\ S = \begin{pmatrix}1\\5\end{pmatrix} + 2 \cdot \begin{pmatrix}3\\-2\end{pmatrix} = \begin{pmatrix}7\\1\end{pmatrix}$$

S = **(7 | 1)**

Aufgabe 7
Steigungsdreieck

Die Steigung beträgt **$k \approx 66{,}67\ \%$**, der Steigungswinkel **$\varphi \approx 33{,}69°$**.

$$k = \frac{2}{3} \approx 0{,}6667 = 66{,}67\ \%$$
$$\tan\varphi = \frac{2}{3} \quad \Rightarrow \quad \varphi = \arctan\left(\frac{2}{3}\right) \approx 33{,}69°$$

Aufgabe 8
Winkelfunktionen

α kann in den Quadranten I und II liegen, β in den Quadranten II und III.

$\sin\varphi$ ist im I. und II. Quadranten positiv, $\cos\varphi$ im I. und IV. Quadranten.

Aufgabe 9
Formeln als Funktionen

$x = \frac{4rt^2}{s}$	$x = \frac{3st^2}{r}$	$x = \frac{3r}{st^2}$	$x = \frac{t^2 s}{4r}$	$x = \frac{t^2 s}{r^2}$
☐	☒	☐	☒	☐

Im Zähler müssen s und t^2 stehen, im Nenner muss r stehen.

Aufgabe 10
Bakterien im Labor

Das Wachstum der Bakterienzahl ist **exponentiell** und im Intervall [50; 100] gibt es einen Bakterienzuwachs, der prozentuell **genauso groß wie** im Intervall [0; 50] ist.

Bei linearem Wachstum würde die Bakterienzahl in gleichen Zeiträumen um denselben Wert zunehmen.

Aufgabe 11
Regentonne

Nach 52 min befinden sich noch 85 ℓ Wasser in der Tonne.

Aufgabe 12
Funktionen

[E] Die Schwingungen einer Stimmgabel werden aufgezeichnet.

[B] Mit zunehmendem Volumen erhöht sich die Masse eines Körpers.

[D] Bei Zunahme der Höhenmeter um den gleichen Wert verringert sich der Luftdruck mit demselben Faktor.

[F] Einem Würfel mit der Seitenkante a wird das Volumen zugeordnet.

Volumen und Masse eines Körpers sind direkt proportional.
Das Volumen eines Würfels mit der Seitenkante a beträgt a^3.

Aufgabe 13
Potenzfunktionen

Der Graph der Funktion $f(x) = x^{-2}$ ist **eine Hyperbel** und verläuft durch den Punkt **(–1 | 1)**.

Geraden haben Gleichungen der Form $f(x) = kx + d$, Parabeln haben Gleichungen der Form $f(x) = ax^2 + bx + c$.

Aufgabe 14
Erlösfunktion

- [x] Pro Stück erhöht sich der Erlös um den gleichen Betrag.
- [x] Mit dem Ausdruck $\frac{E(8) - E(4)}{8 - 4}$ kann der Erlös pro Stück berechnet werden.
- [ ] Je mehr Stück verkauft werden, umso schneller wächst der Erlös.
- [ ] Die Steigung des Erlöses im Intervall [0; 5] ist kleiner als im Intervall [5; 10].
- [ ] Die durchschnittliche Steigung des Erlöses wird immer mehr, je mehr Stück verkauft werden.

Das wesentliche Charakteristikum einer linearen Funktion besteht darin, dass sie stets um einen konstanten Wert steigt (oder fällt).

Aufgabe 15
Umkehrfunktion

Der gespiegelte Graph ist keine Funktion, weil unendlich vielen x-Werten zwei y-Werte zugeordnet sind – außer im markierten Bereich.

Im markierten Bereich ist die Funktion f streng monoton steigend, sodass der gespiegelte Graph dort eine Funktion ist, nämlich die Umkehrfunktion.

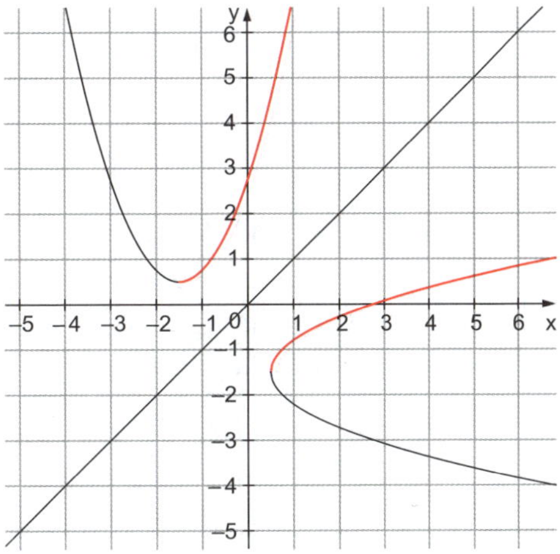

Aufgabe 16
Allgemeine Sinusfunktion

[E] $f(x)=\sin(0{,}5x)$

[F] $f(x)=\sin(3x)$

[D] $f(x)=\sin(2x)$

[A] $f(x)=3\cdot\sin x$

Die Periodenlänge wird verdreifacht: $\sin(\frac{1}{3}x)$
Die Amplitude wird halbiert: $\frac{1}{2}\sin x$
Der Parameter a erhöht die Amplitude für $a>1$ (bzw. verkleinert die Amplitude für $0<a<1$).
Der Parameter b erhöht die Frequenz und verkleinert die Periodenlänge für $b>1$ (bzw. verringert die Frequenz und vergrößert die Periodenlänge für $0<b<1$).

Aufgabe 17
Ableitung von Potenzfunktionen

$f'(x)=\mathbf{-2\cdot x^{-3}}$; $f''(x)=\mathbf{6\cdot x^{-4}}$

Die Hochzahl wird zum Faktor, die neue Hochzahl ist um 1 kleiner: $-2-1=-3$ bzw. $-3-1=-4$

Aufgabe 18
Beschreibung von Funktionen

Hat eine Funktion f(x) **einen Extrempunkt**, dann hat ihre Ableitungsfunktion f'(x) an dieser Stelle **eine Nullstelle**.

Hat f(x) einen Wendepunkt, dann hat f'(x) an dieser Stelle einen Extrempunkt. Die Nullstelle von f(x) liefert keine besondere Stelle von f'(x).

Aufgabe 19
Integrale zuordnen

$\frac{1}{9}x^3$	$\frac{1}{12}x^3$	x^3	$\frac{4}{3}x^3$
[B]	[E]	[C]	[A]

$\int \frac{1}{2}x^2\,dx = \frac{1}{6}x^3$ bzw. $\int (3x)^2\,dx = 3x^3$

Aufgabe 20
Neue Liste von Daten

- [x] Der Modus ist zehnmal so groß wie der Modus der ursprünglichen Liste.
- [ ] Der Mittelwert bleibt unverändert.
- [x] Der Median ist zehnmal so groß wie der Median der ursprünglichen Liste.
- [ ] Die Spannweite bleibt unverändert.
- [ ] Die relative Häufigkeit der Werte wird mit dem Faktor 10 multipliziert.

Die Zentralmaße (Modus, Median, Mittelwert) werden verzehnfacht, ebenso die Streumaße (Spannweite, Standardabweichung). Die relativen Häufigkeiten bleiben unverändert.

Aufgabe 21
Schularbeitsergebnis

Wenn man die 5 aus der Notenliste streicht, dann wird **der Median gleich bleiben**.

Das arithmetische Mittel sowie die Spannweite der neuen Liste ist 3. Die entsprechenden Kennzahlen der alten Liste sind größer.

Aufgabe 22
Zufallsversuch

- [ ] Ein Elementarereignis eines Zufallsversuchs besteht aus einem oder mehreren Ereignissen.
- [x] Zufallsversuche können unter denselben Bedingungen beliebig oft wiederholt werden, wobei die möglichen Versuchsausfälle bekannt sind.
- [ ] Der Grundraum eines Zufallsversuchs besteht aus der Menge aller möglichen Ereignisse.
- [x] Ein Ereignis eines Zufallsversuchs setzt sich aus einem oder mehreren Elementarereignissen zusammen.
- [x] Zufallsversuche können unter denselben Bedingungen beliebig oft wiederholt werden, wobei das Ergebnis eines Zufallsversuchs vom Zufall abhängt.

Die Menge aller möglichen Ereignisse ist die Menge aller Teilmengen des Grundraums.

Aufgabe 23
Binomialkoeffizient

- [x] Der Binomialkoeffizient $\binom{n}{0}=1$ bedeutet, dass es im zugehörigen Baumdiagramm einen Pfad mit der Wahrscheinlichkeit q^n gibt.
- [ ] Die Zahl k gibt an, welchen Wert die Zufallsvariable annimmt, und es gilt: $n>k\geq 0$
- [x] Der Parameter n gibt an, wie oft der Zufallsversuch wiederholt wird.
- [x] Wegen $\binom{n}{k}=\frac{n!}{k!(n-k)!}$ gilt: $\binom{n}{k}=\binom{n}{n-k}$
- [ ] Der Binomialkoeffizient $\binom{n}{1}=n$ bedeutet, dass es im zugehörigen Baumdiagramm n Pfade gibt, wo die Zufallsvariable k-mal den Wert 1 annimmt.

Es gilt $0\leq k\leq n$.
Der Binomialkoeffizient $\binom{n}{1}=n$ bedeutet, dass es im zugehörigen Baumdiagramm n Pfade gibt, wo die Wahrscheinlichkeit $p\cdot q^{n-1}$ beträgt.

Aufgabe 24
Modellierung eines Zufallsversuchs

Für die Modellierung einer Zufallssituation mit **der Binomialverteilung** muss der Zufallsversuch **unter gleichen Bedingungen beliebig oft wiederholbar sein und zwei unabhängige Ausgänge haben**.

Eine Standardisierung oder eine begrenzte Anzahl an Möglichkeiten für den Versuchsausgang alleine sind zu wenig für die Festlegung der Verteilung.

Aufgabe 1
Ungleichung

Gegeben ist die Ungleichung $x + 2 \square 2x - 1$ ohne Ungleichheitszeichen.

Aufgabenstellung: Ordnen Sie den Ungleichheitszeichen jeweils die richtige Lösung zu!

A	$<$	[C]	$\{x \in \mathbb{R} \mid x < 3\}$
B	$\leq$	[B]	$\{x \in \mathbb{R} \mid x \geq 3\}$
C	$>$	[A]	$\{x \in \mathbb{R} \mid x > 3\}$
D	$\geq$	[D]	$\{x \in \mathbb{R} \mid x \leq 3\}$
		[ ]	$\{x \in \mathbb{R} \mid x > -3\}$
		[ ]	$\{x \in \mathbb{R} \mid x < -3\}$

Aufgabe 2
Gemüse-eintopf

Gemüse verliert beim Kochen $\frac{1}{10}$ seines Volumens, weil ein Teil des enthaltenen Wassers verdampft. G_R beschreibt das Volumen des rohen Gemüses und E das Volumen des eingekochten Eintopfes.

Aufgabenstellung: Kreuzen Sie die beiden falschen Aussagen an!

- [ ] Das Volumen des eingekochten Gemüses beträgt nur mehr 90 % des ursprünglichen Volumens.
- [ ] $E = G_R - \frac{1}{10} G_R$
- [x] $G_R = E + \frac{1}{10} E$
- [ ] $E = 0{,}9 \cdot G_R$
- [x] Das eingekochte Gemüse hat 10 % des Volumens des rohen Gemüses.

Aufgabe 3
Nullstellen quadratischer Funktionen

Gegeben ist die Funktion $f(x) = 3x^2 + 4x + k$.

Aufgabenstellung: Für welche Werte $k \in \mathbb{R}$ hat die Funktion f genau eine Nullstelle bzw. zwei Nullstellen?

$k = \frac{16}{12}$ $\quad$ $k < \frac{16}{12}$

Aufgabe 4
Zahlenrätsel

In einer zweiziffrigen Zahl ist die Ziffernsumme 9. Vertauscht man die Zehnerziffer mit der Einerziffer und addiert man die neue Zahl zur ursprünglichen, dann erhält man 99.

Aufgabenstellung: Kreuzen Sie die beiden richtigen Gleichungssysteme zum gegebenen Text an!

☒ I: $x + y = 9$
II: $11x + 11y = 99$

☐ I: $x + y = 9$
II: $2 \cdot (x + y) = 99$

☒ I: $10x + y = 9$
II: $10x + y + 10y + x = 99$

☒ I: $x + y = 9$
II: $10x + y + 10y + x = 99$

☒ I: $10x + y = 9$
II: $11x + 11y = 99$

Aufgabe 5
Tauchen

Im Verlauf eines „Drift-Tauchgangs“ lässt sich ein Taucher mit der oftmals starken Strömung treiben. Die Strömung beträgt 85 m/min und der Taucher bewegt sich in der ersten Viertelstunde des Tauchgangs mit 1,5 m/min in die Tiefe.

Aufgabenstellung: Geben Sie die Koordinaten des Geschwindigkeitsvektors $\vec{v}$ an! Ermitteln Sie, um wie viele Meter tiefer sich der Taucher nach Ablauf von 15 Minuten befindet!

$\vec{v} \begin{pmatrix} 85 \\ -1,5 \end{pmatrix}$

$15 \cdot 1,5 = 22,5$

Aufgabe 6
Schnittpunkt zweier Geraden

Gegeben sind die Geraden g: $X = \begin{pmatrix} 1 \\ 2 \\ 3 \end{pmatrix} + t \cdot \begin{pmatrix} 2 \\ 2 \\ 1 \end{pmatrix}$ und h: $X = \begin{pmatrix} 3 \\ 2 \\ 1 \end{pmatrix} + s \cdot \begin{pmatrix} 1 \\ 2 \\ 2 \end{pmatrix}$ im $\mathbb{R}^3$.

Aufgabenstellung: Berechnen Sie den Schnittpunkt der beiden Geraden!

S = ______________________________

Aufgabe 7
Normalvektor einer Geraden

Gegeben ist die Gerade g: $3x+4y=7$.

Aufgabenstellung: Geben Sie einen Normalvektor zur Geraden g an!

$\vec{n}=\begin{pmatrix}3\\4\end{pmatrix}$

Aufgabe 8
Rechtwinkliges Dreieck

Gegeben ist ein rechtwinkliges Dreieck mit $\lambda=90°$.

Aufgabenstellung: Welche Aussagen über dieses Dreieck sind richtig? Kreuzen Sie die zutreffende(n) Aussage(n) an!

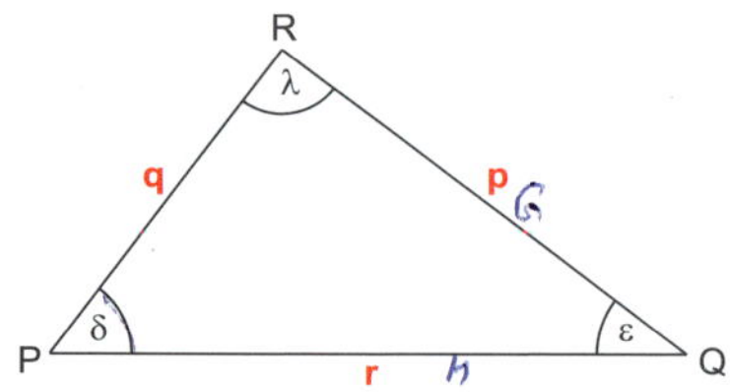

$\sin\delta > \sin\varepsilon$	$r\cdot\sin\delta = p$	$p\cdot\cos\varepsilon = r$	$\cos\delta > \cos\varepsilon$	$\tan\delta = \frac{p}{q}$
☒	☒	☐	☐	☒

Aufgabe 9
Formeln als Funktionen

Gegeben ist die Formel $t=\frac{3\cdot s\cdot u^2}{2r}$ für $r, s, t, u \in \mathbb{R}^+$.

Aufgabenstellung: Wählen Sie die jeweils richtigen Ausdrücke, damit der Satz mathematisch korrekt ist!

Unter den Bedingungen ① hängt die Formel nur mehr von einer Variablen ab und der Graph der Funktion der verbleibenden Variablen ist ②.

①		②	
☒	r, u sind konstant	☐	eine konstante Gerade
☐	s, u sind konstant	☐	eine fallende Gerade
☐	r, s sind konstant	☒	eine steigende Gerade

Aufgabe 10
Exponentialfunktionen

Gegeben sind Aussagen über Exponentialfunktionen $f(x)=c\cdot a^x$, wobei $a\neq 1$ und $c\neq 0$ gilt.

Aufgabenstellung: Kreuzen Sie die zutreffende(n) Aussage(n) an!

- ☒ Die Exponentialfunktion $f(x)=a^x$ ist streng monoton fallend für $0<a<1$.
- ☐ Die Graphen von $f(x)=a^x$ und $f(x)=-a^x$ liegen symmetrisch zur y-Achse.
- ☒ Die Wertemenge für $f(x)=c\cdot a^x$ mit $c<0$ sind die negativen reellen Zahlen.
- ☒ Alle Funktionen $f(x)=c\cdot a^x$ haben die x-Achse als Asymptote.
- ☐ Die Graphen von $f(x)=a^x$ und $f(x)=a^{-x}$ liegen symmetrisch zur 1. Mediane.

Aufgabe 11
Lineare Funktionen zuordnen

Die Grafik zeigt vier Schaubilder linearer Funktionen.

Aufgabenstellung: Ordnen Sie den gegebenen Funktionsgraphen die entsprechenden Parameter zu!

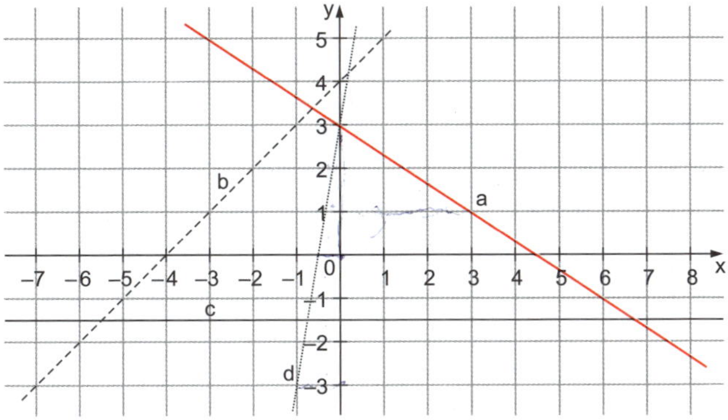

A $k = 6;\ d = 3$ **B** $k = 1;\ d = 4$ **C** $k = -1{,}5;\ d = 0$

D $k = -\frac{3}{2};\ d = 3$ **E** $k = 0;\ d = -1{,}5$ **F** $k = -\frac{2}{3};\ d = 3$

a(x)	b(x)	c(x)	d(x)
F	B	E	A

Aufgabe 12
Wasser gerecht aufteilen

8 Liter Wasser sind auf gleich große Becher gerecht aufzuteilen.
x sei die Füllmenge pro Becher. f(x) gibt die Anzahl der befüllten Becher an.

Aufgabenstellung: Stellen Sie den Sachverhalt als Funktion im Koordinatensystem dar und geben Sie eine Funktionsgleichung an!

$f(x) = \frac{8}{x}$

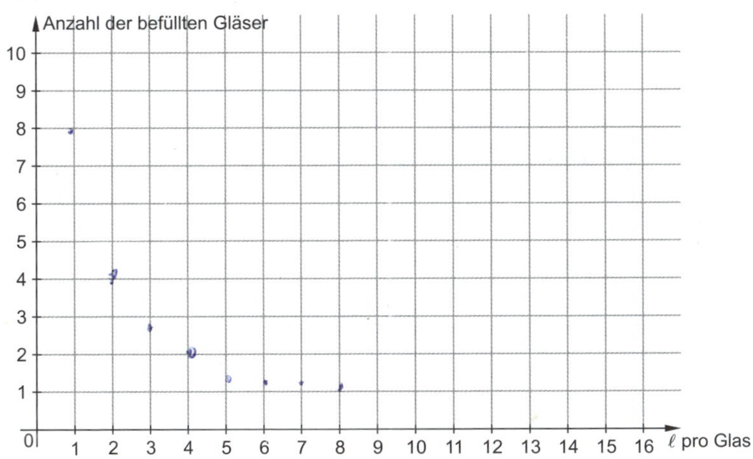

Aufgabe 13
Nullstellen von Polynomfunktionen

Polynomfunktionen dritten Grades können eine bis drei reelle Nullstelle(n) haben.

Aufgabenstellung: Skizzieren Sie den typischen Verlauf von Polynomfunktionen dritten Grades mit …

einer Nullstelle

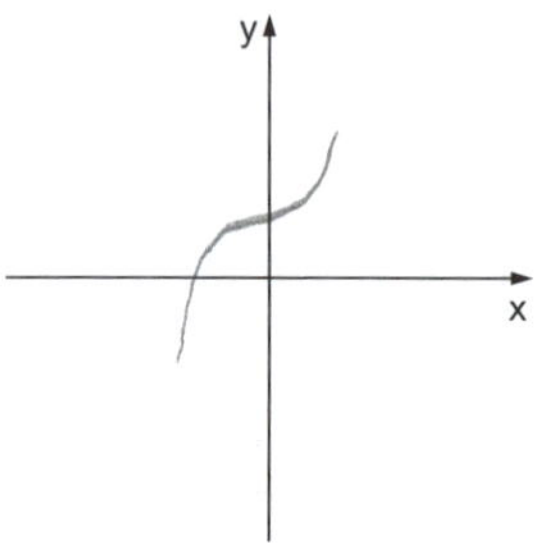

einer Doppel- und einer Einfachnullstelle

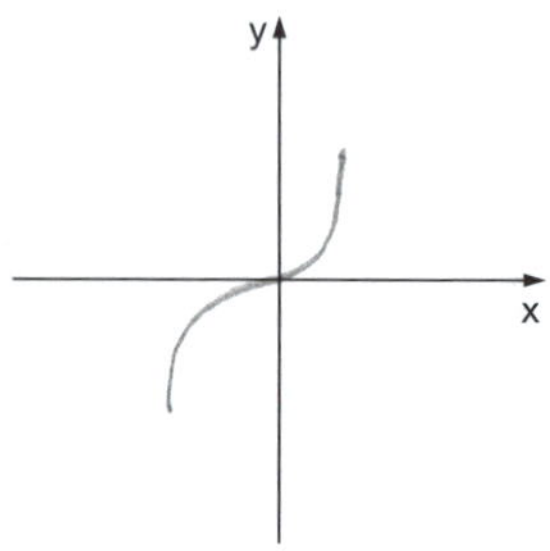

drei verschiedenen Nullstellen

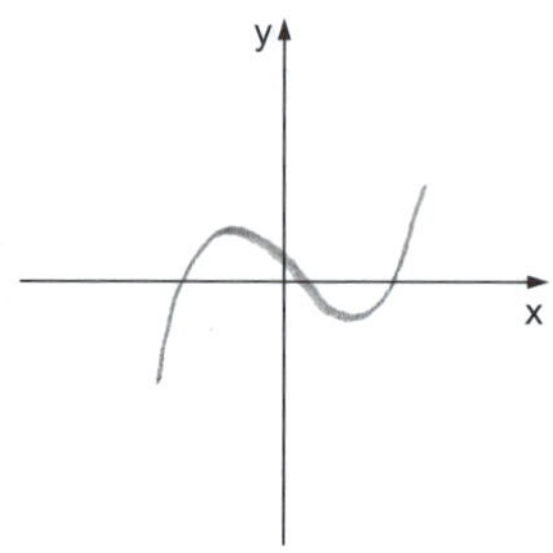

Aufgabe 14
Polynomfunktion

Gegeben ist der Graph einer Polynomfunktion.

Aufgabenstellung: Kreuzen Sie je eine der angegebenen Möglichkeiten so an, dass eine mathematisch korrekte Aussage entsteht!

Die Abbildung zeigt eine Polynomfunktion, die drei ① besitzt und deren Krümmungsverhalten sich ② ändert.

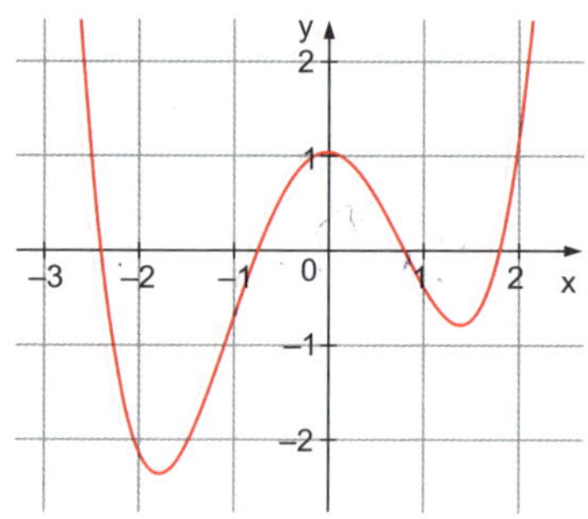

①		②	
☐	Nullstellen	☐	einmal
☒	Extremwerte	☒	zweimal
☐	Wendepunkte	☒	dreimal

Aufgabe 15
Harmonische Schwingung

Gegeben ist die Funktion $f(t) = 1{,}5 \cdot \sin(3t)$.

Aufgabenstellung: Geben Sie die Amplitude, also die maximale Auslenkung der Schwingung, und die Schwingungsdauer, also die kleinste Periode der Schwingung, an!

A = 1,5   Schwd = $\frac{2\pi}{3}$

Aufgabe 16
Wurfhöhe

Die Funktion h(t) stellt die Höhe eines Balles in Abhängigkeit der Zeit t während des Wurfes dar.

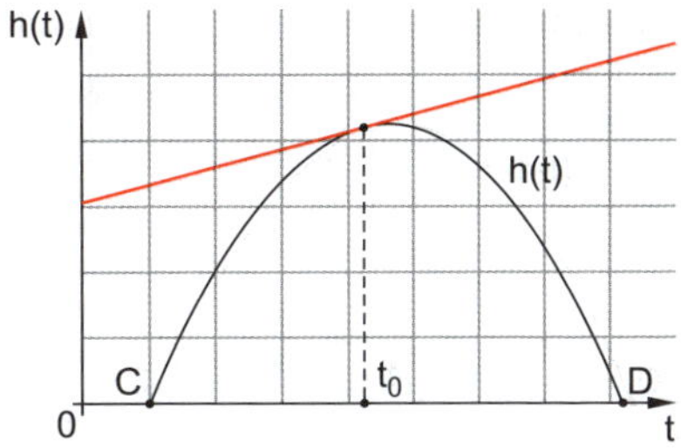

Aufgabenstellung: Kreuzen Sie die beiden zutreffenden Sachverhalte an!

Der Ausdruck $\lim\limits_{\Delta t \to 0} \frac{\Delta h(t)}{\Delta t}$ beschreibt in diesem Zusammenhang …

- [x] … die Durchschnittsgeschwindigkeit des Balles.
- [ ] … die Höhe, die im Zeitraum Δt zurückgelegt wurde.
- [x] … die momentane Änderung der Ballhöhe.
- [x] … die erste Ableitung h'(t).
- [ ] … die größte Höhe, die der Ball während des Wurfes erreicht.

Aufgabe 17
Ableitung von Winkelfunktionen

Gegeben ist die Winkelfunktion $f(x) = \sin(3x)$.

Aufgabenstellung: Geben Sie die Ableitungsfunktionen f'(x) und f''(x) an!

$f'(x) =$ 3·cos(3x) ; $f''(x) =$ -9sin(3x)

Aufgabe 18
Volumenberechnung

Mithilfe der Integralrechnung kann das Volumen eines Rotationskörpers berechnet werden.

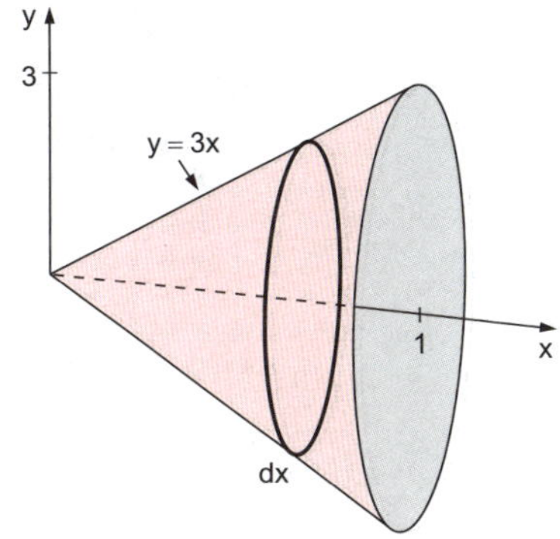

Aufgabenstellung: Kreuzen Sie je eine der angegebenen Möglichkeiten so an, dass eine mathematisch korrekte Aussage entsteht!

Das Integral $\int_a^b A(x)\,dx$ kann als unendliche Summe von Produkten interpretiert werden. Dabei werden die Faktoren A(x) als ① und dx als ② „kleiner Körper“ geometrisch gedeutet.

①	②
[ ] Volumen	[x] Höhe
[x] Flächeninhalt von Querschnittsflächen	[ ] Radius
[ ] Umfang von Querschnittsflächen	[ ] Anzahl

Aufgabe 19
Integrale zuordnen

Gegeben sind Integrale und Terme.

Aufgabenstellung: Ordnen Sie die Integrale den Termen zu, indem Sie die Buchstaben in die entsprechenden Kästchen eintragen!

A $\int 3(x+1)^2\,dx$

B $\int (x+3)^2\,dx$

C $\int 2(x+2)^2\,dx$

D $\int (x+2)^2\,dx$

E $\int 2(x+1)^2\,dx$

F $\int (x+1)^2\,dx$

☐ $\frac{1}{3}x^3+2x^2+4x+c$

☐ $\frac{2}{3}x^3+2x^2+2x+c$

☐ $(x+1)^3+c$

☐ $\frac{1}{3}(x+1)^3+c$

Aufgabe 20
Urlaubsziele

Das Ergebnis einer Befragung von 400 Personen über die beliebtesten Urlaubsziele ist in folgenden Grafiken dargestellt:

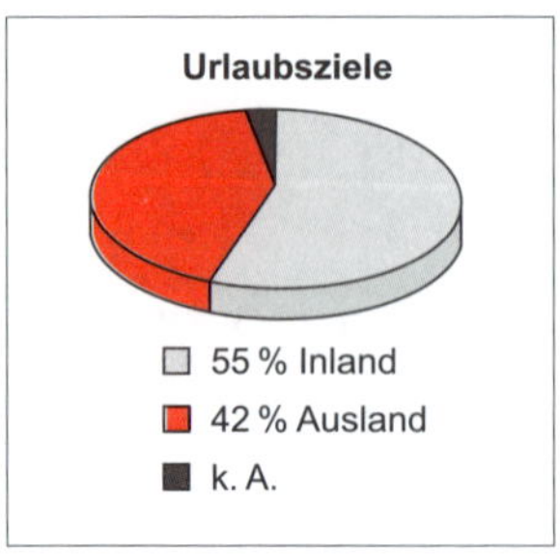

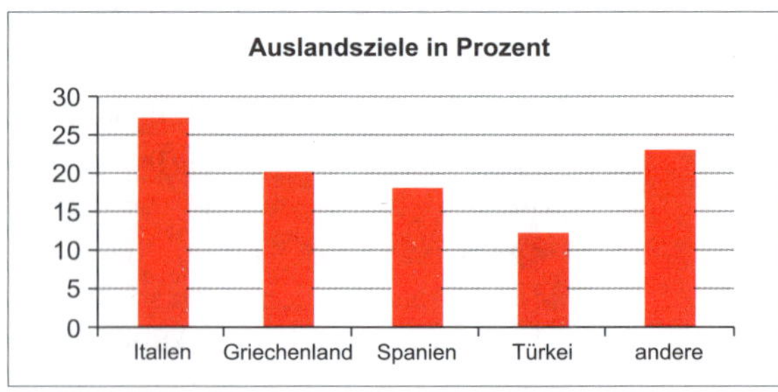

Aufgabenstellung: Kreuzen Sie die zutreffende(n) Aussage(n) an!

☐ Rund 8 % der Befragten gaben Griechenland als beliebtestes Urlaubsziel an.

☐ Für 12 % der befragten Personen, deren Urlaubsziel im Ausland liegt, ist die Türkei das beliebteste Urlaubsland.

☐ 210 der befragten Personen verbringen ihren Urlaub am liebsten in Österreich.

☐ Rund 23 % der befragten Personen haben ein nicht-europäisches Land als beliebtestes Urlaubsziel angegeben.

☐ Bei dieser Befragung über die beliebtesten Urlaubsziele machten 12 Personen keine Angabe.

Aufgabe 21
Daten veranschaulichen

Gegeben sind Erhebungen in verschiedenen Kontexten sowie Grafiken.

Aufgabenstellung: Ordnen Sie die Grafiken den Erhebungen zu, indem Sie die Buchstaben in die zutreffenden Kästchen eintragen!

A Eine Umfrage über die tägliche Nutzung des Internets ergab: 4 % (0 h bis 2 h), 29 % (2 h bis 4 h), 26 % (4 h bis 6 h), 17 % (6 h bis 8 h); die weiteren Befragten waren mehr als 8 Stunden täglich online.

B Folgende Liste zeigt, wie hoch die letzte Handyrechnung von 20 Personen war: 7, 7, 10, 12, 16, 16, 16, 18, 20, 20, 20, 25, 25, 26, 30, 30, 33, 34, 36, 47

C Die Zählung von verschiedenfärbigen Gummibärchen in einer 20-Stück-Packung ergab: 8 rote, 4 grüne, 3 orange und 5 gelbe Gummibärchen.

D 20 Personen wurden über die täglich versendete Anzahl von SMS befragt: 5 gaben an, 0 bis 5 SMS zu senden, 7 senden 6 bis 10, 4 senden 11 bis 15; die Übrigen verschicken mehr als 15 SMS täglich.

E Eine Erhebung über die Ausgaben für Geburtstagsgeschenke ergab, dass mindestens 5 Euro und maximal 55 Euro ausgegeben werden; die Hälfte der befragten 20 Personen gab zwischen 15 Euro und 33 Euro für Geschenke aus.

F Folgende Liste zeigt die Anfahrtszeiten von 20 Bediensteten zu ihrem Arbeitsplatz (in Minuten):
6, 8, 10, 17, 17, 18, 20, 22, 26, 28, 30, 30, 30, 32, 40, 42, 48, 48, 51, 54

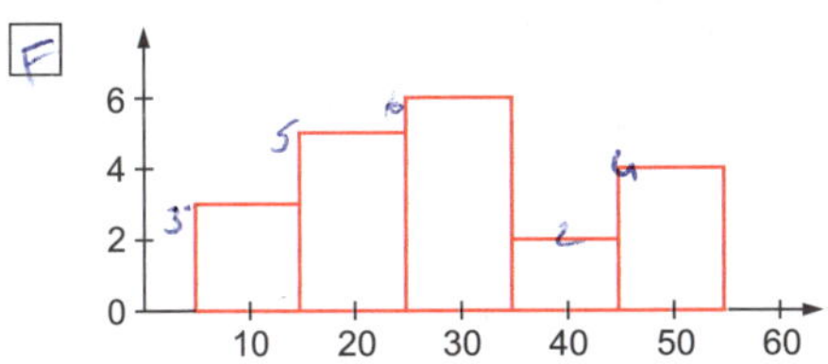

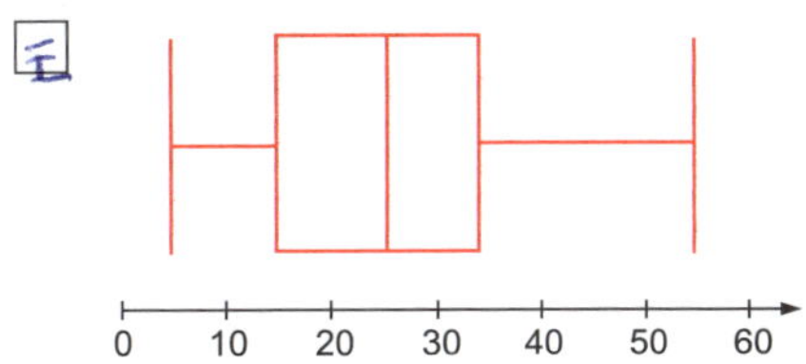

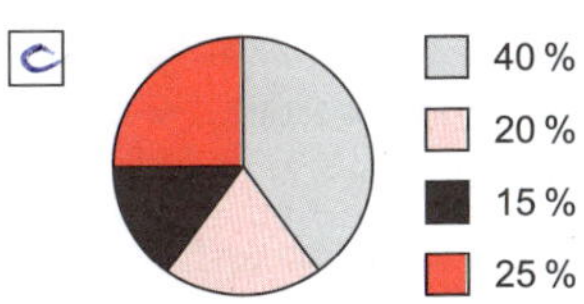

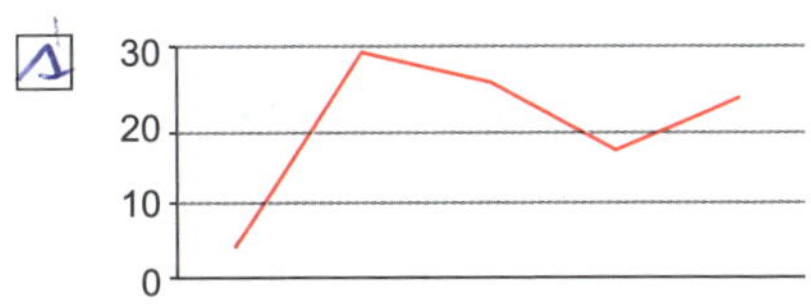

Aufgabe 22
Radtour

Bei einer dreitägigen Radtour wurden durchschnittlich 48 km pro Tag zurückgelegt. An den ersten zwei Tagen wurden folgende Distanzen geradelt: 34 km und 56 km.

Aufgabenstellung: Ermitteln Sie, wie viele Kilometer am 3. Tag zurückgelegt wurden. Geben Sie eine Formel zur Berechnung der am 3. Tag zurückgelegten Kilometer y an, wenn das arithmetische Mittel $\overline{x}$ der durchschnittlich zurückgelegten Kilometer gegeben ist und an den ersten beiden Tagen a bzw. b Kilometer zurückgelegt wurden!

Aufgabe 23
Glücksrad

Bei einem Glücksrad liegt die Wahrscheinlichkeit für einen Treffer bei 0,7. Wird das Glücksrad 10-mal gedreht, dann wird die Wahrscheinlichkeit für vier Treffer mit folgender Formel berechnet:

$P(X=4)=\binom{10}{4}\,0{,}7^4\cdot 0{,}3^6$

Der Zufallsversuch kann in einem Baumdiagramm dargestellt werden.

Aufgabenstellung: Kreuzen Sie die zutreffende(n) Aussage(n) an!

- ☒ Der Binomialkoeffizient $\binom{10}{4}$ gibt an, wie viele Pfade im zugehörigen Baumdiagramm zum Ereignis „genau 4 Treffer“ führen.
- ☒ Der Zufallsversuch „Glücksrad drehen“ wird 10-mal unter denselben Bedingungen durchgeführt.
- ☐ Das zugehörige Baumdiagramm besteht aus 4 Stufen.
- ☒ Für die Berechnung des Binomialkoeffizienten gilt: $\binom{10}{4}=\binom{4}{10}$
- ☒ Im zugehörigen Baumdiagramm führen gleich viele Pfade zum Ereignis „4 Treffer und 6 Nicht-Treffer“ wie zum Ereignis „6 Treffer und 4 Nicht-Treffer“, weil gilt: $\binom{10}{4}=\binom{10}{6}$

Aufgabe 24
Restaurant

Ein kleines Nobelrestaurant hat 5 Tische. Wegen der hohen Nachfrage werden täglich 6 Reservierungen angenommen, weil üblicherweise 6 % der Gäste nicht kommen, die einen Tisch hätten. Die Zufallsvariable zählt die Anzahl der reservierten Tische, die nicht in Anspruch genommen werden.
Welche Werte kann die Zufallsvariable X annehmen?

Aufgabenstellung: Kreuzen Sie die korrekte Antwort an!

- ☐ {1; 2; 3; 4}
- ☒ {1; 2; 3; 4; 5}
- ☐ {1; 2; 3; 4; 5; 6}
- ☐ {0; 1; 2; 3; 4; 5}
- ☒ {0; 1; 2; 3; 4; 5; 6}
- ☐ {0; 1; 2; 3; 4; 5; 6; 7; 8; …}

Hinweise und Tipps

Aufgabe 1
- Versuchen Sie, die Ungleichung zu lösen. Dabei ist bei Punktrechnungen mit negativen Zahlen Vorsicht geboten.

Aufgabe 2
- Achten Sie darauf, dass es einen Unterschied macht, ob von einem großen Wert 10 % abgezogen oder zu einem kleinen Wert 10 % addiert werden.

Aufgabe 3
- Setzen sie $f(x) = 0$ und lösen Sie die quadratische Gleichung.
- Welche Werte muss k annehmen, damit die Diskriminante (der Ausdruck unter der Wurzel) null bzw. positiv ist?

Aufgabe 4
- Eine zweiziffrige Zahl lässt sich durch die Zehnerziffer z und die Einerziffer e so darstellen: $z \cdot 10 + e$

Aufgabe 5
- Der Taucher bewegt sich mit unterschiedlichen Geschwindigkeiten in horizontale und in vertikale Richtung.

Aufgabe 6
- Legen Sie ein Gleichungssystem mit drei Gleichungen in zwei Variablen (t, s) an und berechnen Sie den Parameter s oder t. Die Lösungen für s oder t setzen Sie in die entsprechende Geradendarstellung ein.

Aufgabe 7
- Denken Sie an die Kippregel.

Aufgabe 8
- Wie ist der Verlauf der Sinus- bzw. Cosinusfunktion im Intervall $[0°; 90°]$?
- Wenden Sie die Definitionen der Winkelfunktionen im rechtwinkligen Dreieck an und formen Sie diese um.

Aufgabe 9
- Setzen Sie die Konstanten gleich 1: Die Formel kann als Funktion der verbleibenden Variablen aufgefasst werden.

Aufgabe 10
- Wie ist der typische Verlauf einer Exponentialfunktion mit $a > 1$ bzw. mit $0 < a < 1$? Was bewirkt der Parameter c?

Aufgabe 11
- Unterscheiden Sie zuerst steigende und fallende Geraden und sortieren Sie danach unpassende d-Werte aus.

Aufgabe 12

- Wird nur ein Becher befüllt, dann sind in diesem Becher 8 ℓ Wasser. Das ist der Punkt $(1|8)$.
- Werden 2 Becher befüllt, dann sind in jedem Becher 4 ℓ Wasser. Das ist der Punkt $(2|4)$.
- Fahren Sie fort.
- Denken Sie beim Aufstellen der Funktionsgleichung daran, dass die Anzahl der befüllten Becher indirekt proportional zur Füllmenge pro Becher ist. Wie sieht der Funktionsgraph bei indirekter Proportionalität aus?

Aufgabe 13

- Der typische Graph einer Polynomfunktion dritten Grades hat zwei Extremwerte.
- Die Anzahl der Nullstellen kann man variieren, indem der Graph parallel zur y-Achse verschoben wird.

Aufgabe 14

- Bei den Nullstellen ändert sich das Vorzeichen der y-Werte, bei den Extremwerten das Monotonieverhalten und bei den Wendepunkten das Krümmungsverhalten einer Funktion.

Aufgabe 15

- Welcher Zusammenhang besteht bei der allgemeinen Sinusfunktion $f(x) = a \cdot \sin(bx)$ zwischen a und der Amplitude sowie zwischen b und der kleinsten Periode der Schwingung?

Aufgabe 16

- Der Ausdruck beschreibt einen Differentialquotienten.

Aufgabe 17

- Denken Sie an die Kettenregel.

Aufgabe 18

- Stellen Sie sich vor, dass der Kegel „in Scheibchen geschnitten wird“.

Aufgabe 19

- Entweder Sie berechnen die Klammern vor dem Integrieren oder Sie integrieren direkt.

Aufgabe 20

- Bezieht sich der Prozentsatz auf alle Befragten oder nur auf die Befragten, deren Urlaubsziel im Ausland liegt?

Aufgabe 21

- Vergleichen Sie die Werte und Beschreibungen mit den Grafiken.
- Teilen Sie größere Datenmengen in Klassen ein oder berechnen Sie prozentuelle Häufigkeiten.

Aufgabe 22

- Wie wird das arithmetische Mittel berechnet?

Aufgabe 23

- Das zugehörige Baumdiagramm besteht aus 10 Stufen, weil das Glücksrad 10-mal gedreht wird.
- Bei jeder Drehung gilt $P(\text{Treffer}) = 0{,}7$ und $P(\text{kein Treffer}) = 0{,}3$.
- Überlegen Sie, wie viele Pfade im Baumdiagramm zu den Ereignissen „Kein Treffer“ bzw. „Genau ein Treffer“ führen und wie die entsprechenden Wahrscheinlichkeiten $P(X=0)$ bzw. $P(X=1)$ berechnet werden können. Analysieren Sie nun die Formel für die Berechnung von $P(X=4)$.

Aufgabe 24

- Welche Anzahl an Reservierungen sind im Restaurant möglich? Die gleichen Möglichkeiten bestehen auch für die Absagen.

Lösungsvorschlag

Aufgabe 1
Ungleichung

- [C] $\{x \in \mathbb{R} \mid x < 3\}$
- [B] $\{x \in \mathbb{R} \mid x \geq 3\}$
- [A] $\{x \in \mathbb{R} \mid x > 3\}$
- [D] $\{x \in \mathbb{R} \mid x \leq 3\}$
- [ ] $\{x \in \mathbb{R} \mid x > -3\}$
- [ ] $\{x \in \mathbb{R} \mid x < -3\}$

- $x+2 < 2x-1 \quad | -x+1$
  $3 < x$ Antwort **A**
- $x+2 \leq 2x-1 \quad | -x+1$
  $3 \leq x$ Antwort **B**
- $x+2 > 2x-1 \quad | -x+1$
  $3 > x$ Antwort **C**
- $x+2 \geq 2x-1 \quad | -x+1$
  $3 \geq x$ Antwort **D**

Aufgabe 2
Gemüse-eintopf

- [ ] Das Volumen des eingekochten Gemüses beträgt nur mehr 90 % des ursprünglichen Volumens.
- [ ] $E = G_R - \frac{1}{10} G_R$
- [x] $G_R = E + \frac{1}{10} E$
- [ ] $E = 0{,}9 \cdot G_R$
- [x] Das eingekochte Gemüse hat 10 % des Volumens des rohen Gemüses.

$\frac{1}{10}$ von E ist weniger als $\frac{1}{10}$ von G_R.
Wenn 10 % verloren gehen, bleiben 90 % übrig.

Aufgabe 3
Nullstellen quadratischer Funktionen

Für $k = \frac{4}{3}$ hat die Funktion f genau eine Nullstelle, für $k < \frac{4}{3}$ zwei Nullstellen.

$$f(x) = 0 \quad \Rightarrow \quad 3x^2 + 4x + k = 0 \quad \Rightarrow \quad x_{1,2} = \frac{-4 \pm \sqrt{16 - 12k}}{6}$$

Genau eine Nullstelle hat die Funktion f, falls die Diskriminante null ist:

$$16 - 12k = 0 \quad \Leftrightarrow \quad k = \frac{4}{3}$$

Genau zwei Nullstellen hat die Funktion f, falls die Diskriminante positiv ist:

$$16 - 12k > 0 \quad \Leftrightarrow \quad -12k > -16 \quad \Leftrightarrow \quad k < \frac{4}{3}$$

Aufgabe 4
Zahlenrätsel

- [x] I: $x+y=9$
  II: $11x+11y=99$
- [ ] I: $x+y=9$
  II: $2\cdot(x+y)=99$
- [ ] I: $10x+y=9$
  II: $10x+y+10y+x=99$
- [x] I: $x+y=9$
  II: $10x+y+10y+x=99$
- [ ] I: $10x+y=9$
  II: $11x+11y=99$

x … Einerziffer, y … Zehnerziffer
Für die Ziffernsumme werden die Einer- und die Zehnerziffer addiert: $x+y$
1. Zahl: $10x+y$
2. Zahl: $10y+x$
Die beiden Zahlen werden addiert: $(10x+y)+(10y+x)$

Aufgabe 5
Tauchen

$\vec{v}=\begin{pmatrix}85\\-1{,}5\end{pmatrix}$

Nach Ablauf von 15 Minuten ist der Taucher $15\cdot 1{,}5=$ **22,5 Meter** tiefer.

Aufgabe 6
Schnittpunkt zweier Geraden

Gleichungssystem lösen:
I: $1+2t=3+s$
II: $2+2t=2+2s$
III: $3+t=1+2s$

aus II ergibt sich: $s=t$ … in I einsetzen:
I: $1+2t=3+t$ … Gleichung lösen: $t=2$, daher auch $s=2$

$t=2$ in g oder $s=2$ in h einsetzen:
g: $S=\begin{pmatrix}1\\2\\3\end{pmatrix}+2\cdot\begin{pmatrix}2\\2\\1\end{pmatrix}=\begin{pmatrix}5\\6\\5\end{pmatrix}$

$S=$ **(5 | 6 | 5)**

Aufgabe 7
Normalvektor einer Geraden

$\vec{n}=\begin{pmatrix}3\\4\end{pmatrix}$

Die Koeffizienten der Geradengleichung bilden bereits einen Normalvektor von g.

Aufgabe 8
Rechtwinkliges Dreieck

$\sin\delta > \sin\varepsilon$	$r \cdot \sin\delta = p$	$p \cdot \cos\varepsilon = r$	$\cos\delta > \cos\varepsilon$	$\tan\delta = \frac{p}{q}$
☒	☒	☐	☐	☒

Im Intervall [0°; 90°] gilt: Je größer der Winkel, desto größer der Sinus und desto kleiner der Cosinus.

$\sin\delta = \frac{p}{r} \quad \Leftrightarrow \quad r \cdot \sin\delta = p$

$\cos\varepsilon = \frac{p}{r} \quad \Leftrightarrow \quad r \cdot \cos\varepsilon = p$

Aufgabe 9
Formeln als Funktionen

Unter den Bedingungen **r, u sind konstant** hängt die Formel nur mehr von einer Variablen ab und der Graph der Funktion der verbleibenden Variablen ist **eine steigende Gerade**.

Sind s, u konstant, ist t(r) eine gebrochen rationale Funktion und der Graph eine Hyperbel.
Sind r, s konstant, ist t(u) eine quadratische Funktion und der Graph eine Parabel.

Aufgabe 10
Exponentialfunktionen

- ☒ Die Exponentialfunktion $f(x) = a^x$ ist streng monoton fallend für $0 < a < 1$.
- ☐ Die Graphen von $f(x) = a^x$ und $f(x) = -a^x$ liegen symmetrisch zur y-Achse.
- ☒ Die Wertemenge für $f(x) = c \cdot a^x$ mit $c < 0$ sind die negativen reellen Zahlen.
- ☒ Alle Funktionen $f(x) = c \cdot a^x$ haben die x-Achse als Asymptote.
- ☐ Die Graphen von $f(x) = a^x$ und $f(x) = a^{-x}$ liegen symmetrisch zur 1. Mediane.

Die Graphen von $f(x) = a^x$ und $f(x) = -a^x$ liegen symmetrisch zur x-Achse.
Die Graphen von $f(x) = a^x$ und $f(x) = a^{-x}$ liegen symmetrisch zur y-Achse.

Aufgabe 11
Lineare Funktionen zuordnen

a(x)	b(x)	c(x)	d(x)
F	B	E	A

Beginnen Sie mit der konstanten Funktion c(x), wo $k = 0$ ist. d(x) ist die steilste Funktion, ihr Parameter d kann auf der y-Achse abgelesen werden, dazu muss sie das größte k haben.

Aufgabe 12
Wasser gerecht aufteilen

$f(x) = \frac{8}{x}$, der Funktionsgraph ist ein Hyperbelast.

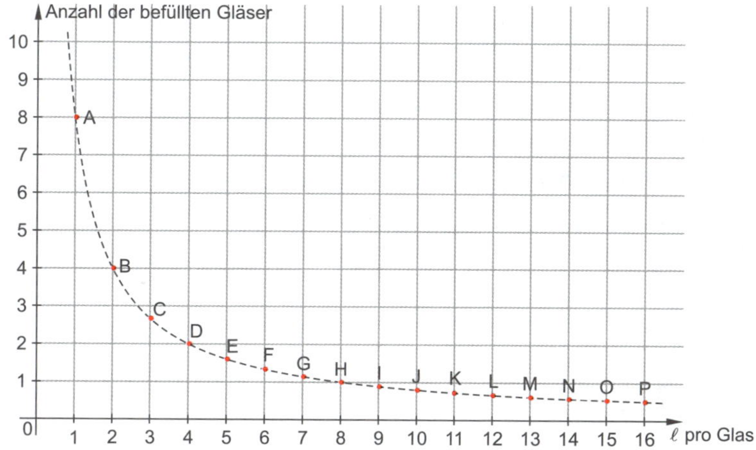

Die gegebenen 8 Liter Wasser werden durch die Anzahl x der Gläser dividiert, um die Füllmenge pro Glas zu bestimmen. Daher lautet die Funktionsgleichung $f(x) = \frac{8}{x}$.

Aufgabe 13
Nullstellen von Polynomfunktionen

einer Nullstelle

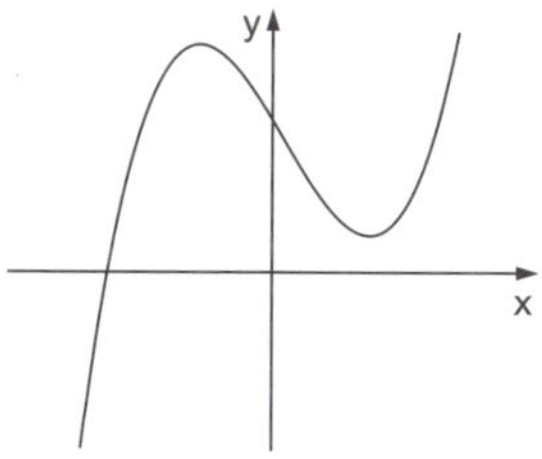

einer Doppel- und einer Einfachnullstelle

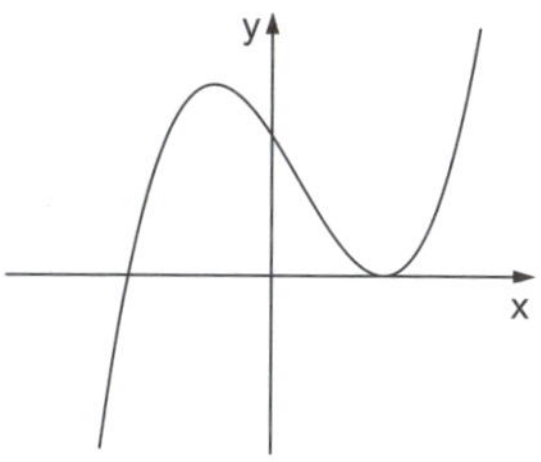

drei verschiedenen Nullstellen

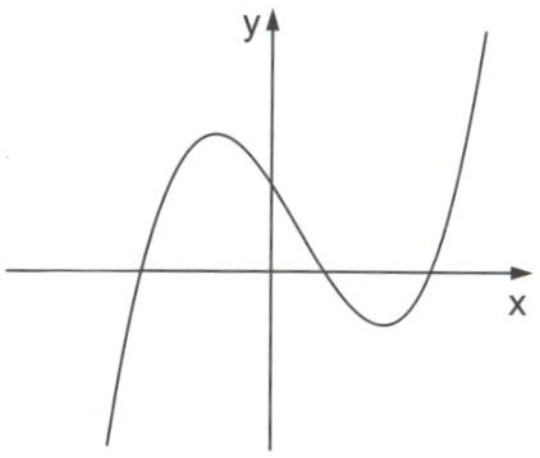

Aufgabe 14
Polynomfunktion

Die Abbildung zeigt eine Polynomfunktion, die drei **Extremwerte** besitzt und deren Krümmungsverhalten sich **zweimal** ändert.

Der Graph hat vier Nullstellen und zwei Wendepunkte.

Aufgabe 15
Harmonische Schwingung

Die Amplitude ist **1,5**, die Schwingungsdauer (kleinste Periode) ist $\frac{2\pi}{3}$.

In der allgemeinen Sinusfunktion $f(x) = a \cdot \sin(bx)$ ist a die Amplitude. Die kleinste Periode ist $\frac{2\pi}{b}$.

Aufgabe 16
Wurfhöhe

Der Ausdruck $\lim\limits_{\Delta t \to 0} \frac{\Delta h(t)}{\Delta t}$ beschreibt in diesem Zusammenhang …

- ☐ … die Durchschnittsgeschwindigkeit des Balles.
- ☐ … die Höhe, die im Zeitraum Δt zurückgelegt wurde.
- ☒ … die momentane Änderung der Ballhöhe.
- ☒ … die erste Ableitung h'(t).
- ☐ … die größte Höhe, die der Ball während des Wurfes erreicht.

Mit dem Differentialquotienten berechnet man die erste Ableitung, die in diesem Zusammenhang die momentane Änderung der Ballhöhe beschreibt.

Aufgabe 17
Ableitung von Winkelfunktionen

$f'(x) = \mathbf{3 \cdot \cos(3x)}$; $f''(x) = \mathbf{-9 \cdot \sin(3x)}$

Die Ableitung der Sinusfunktion ist die Cosinusfunktion. Die Ableitung von 3x ist 3.

Aufgabe 18
Volumenberechnung

Das Integral $\int_a^b A(x)\,dx$ kann als unendliche Summe von Produkten interpretiert werden. Dabei werden die Faktoren A(x) als **Flächeninhalt von Querschnittsflächen** und dx als **Höhe** „kleiner Körper" geometrisch gedeutet.

Der Kegel wird „in kleine Scheiben" geschnitten, die man sich zylinderförmig vorstellen kann. Das Zylindervolumen ergibt sich als Produkt der Grundfläche (hier: Querschnittsfläche) und der Höhe.

Aufgabe 19
Integrale zuordnen

D $\frac{1}{3}x^3 + 2x^2 + 4x + c$

E $\frac{2}{3}x^3 + 2x^2 + 2x + c$

A $(x+1)^3 + c$

F $\frac{1}{3}(x+1)^3 + c$

$$\int (x+3)^2\,dx = \int (x^2 + 6x + 9)\,dx = \frac{1}{3}x^3 + 3x^2 + 9x + c$$

$$\int 2(x+2)^2\,dx = \frac{2}{3}(x+2)^3 + c = \frac{2}{3}(x^3 + 6x^2 + 12x + 8) + c$$
$$= \frac{2}{3}x^3 + 4x^2 + 8x + \frac{16}{3} + c = \frac{2}{3}x^3 + 4x^2 + 8x + c'$$

Integriert man direkt und berechnet man anschließend die Klammer, erhält man einen Summanden, den man mit c zu c' zusammenziehen kann. Das Ermitteln der Stammfunktion mithilfe der Integralrechnung ist eindeutig bis auf eine additive Konstante c, mit $c \in \mathbb{R}$.

Aufgabe 20
Urlaubsziele

☒ Rund 8 % der Befragten gaben Griechenland als beliebtestes Urlaubsziel an.

☒ Für 12 % der befragten Personen, deren Urlaubsziel im Ausland liegt, ist die Türkei das beliebteste Urlaubsland.

☐ 210 der befragten Personen verbringen ihren Urlaub am liebsten in Österreich.

☐ Rund 23 % der befragten Personen haben ein nicht-europäisches Land als beliebtestes Urlaubsziel angegeben.

☒ Bei dieser Befragung über die beliebtesten Urlaubsziele machten 12 Personen keine Angabe.

Von den 42 % der Befragten, deren beliebtestes Urlaubsziel im Ausland ist, haben 20 % Griechenland angegeben, d. h., dass 8,4 % (20 % von 42 %) von allen Befragten Griechenland als beliebtestes Urlaubsziel angegeben haben.
220 der befragten Personen verbringen ihren Urlaub am liebsten in Österreich.
Über den Anteil von außereuropäischen Urlaubszielen kann man aufgrund dieser Befragung keine genaue Angabe machen: Es sind weniger als 10 %.
3 % der Befragten machten keine Angabe, das sind 12 Personen.

Aufgabe 21
Daten veranschaulichen

F
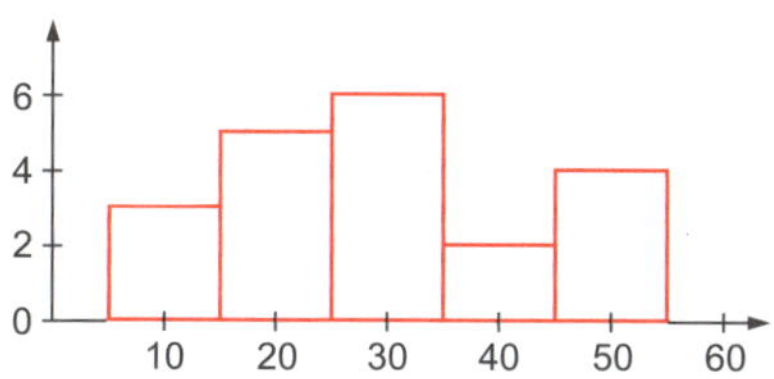

E
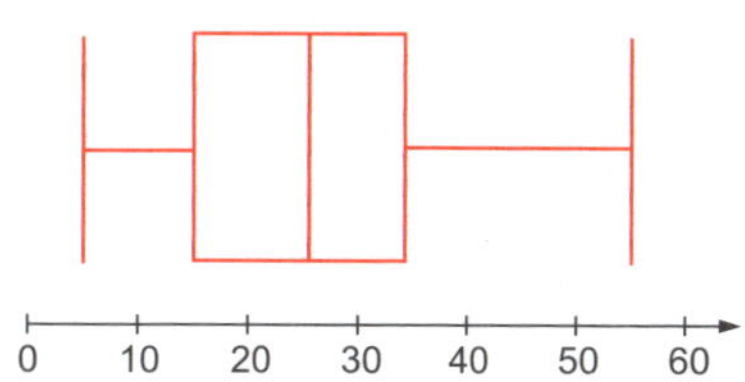

C
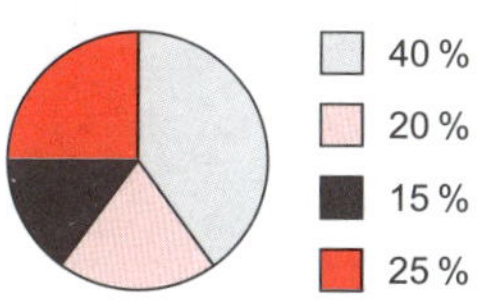

A
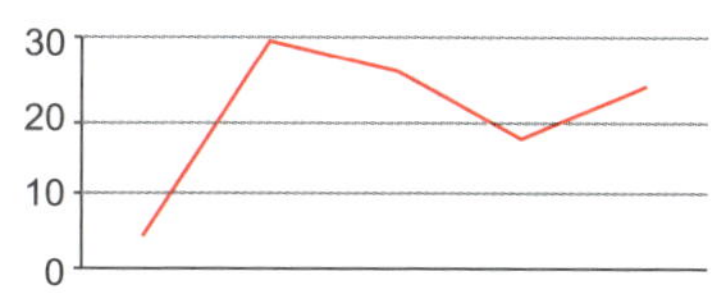

Aufgabe 22
Radtour

$$48 = \frac{34 + 56 + x}{3} \quad | \cdot 3$$
$$144 = 90 + x$$
$$54 = x$$

Es wurden **54 km** zurückgelegt.

Die allgemeine Formel lautet: $y = 3 \cdot \overline{x} - a - b$

Aufgabe 23
Glücksrad

- [x] Der Binomialkoeffizient $\binom{10}{4}$ gibt an, wie viele Pfade im zugehörigen Baumdiagramm zum Ereignis „genau 4 Treffer“ führen.
- [x] Der Zufallsversuch „Glücksrad drehen“ wird 10-mal unter denselben Bedingungen durchgeführt.
- [ ] Das zugehörige Baumdiagramm besteht aus 4 Stufen.
- [ ] Für die Berechnung des Binomialkoeffizienten gilt: $\binom{10}{4} = \binom{4}{10}$
- [x] Im zugehörigen Baumdiagramm führen gleich viele Pfade zum Ereignis „4 Treffer und 6 Nicht-Treffer“ wie zum Ereignis „6 Treffer und 4 Nicht-Treffer“, weil gilt: $\binom{10}{4} = \binom{10}{6}$

Da das Glücksrad 10-mal gedreht wird, hat das zugehörige Baumdiagramm 10 Stufen.

Aufgabe 24
Restaurant

- [ ] $\{1; 2; 3; 4\}$
- [ ] $\{1; 2; 3; 4; 5\}$
- [ ] $\{1; 2; 3; 4; 5; 6\}$
- [ ] $\{0; 1; 2; 3; 4; 5\}$
- [x] $\{0; 1; 2; 3; 4; 5; 6\}$
- [ ] $\{0; 1; 2; 3; 4; 5; 6; 7; 8; \ldots\}$

Von 0 (es gibt 0 Absagen) bis 6 (alle 6 reservierten Tische werden wieder storniert) ist jeder Wert möglich. Werte größer als 6 kann die Zufallsvariable nicht annehmen, denn es werden nur höchstens 6 Tische reserviert, also kann es auch nur höchstens 6 Absagen geben.

Aufgabe 1: Frisch Faschiert

Laut Österreichischem Lebensmittelcodex darf Faschiertes ausschließlich aus frischem Fleisch bestehen, das durch einen Fleischwolf gedreht wurde.
Durch das Zerkleinern des Fleisches vergrößert sich die Oberfläche und Keime können sich rascher ausbreiten. Somit verdirbt Faschiertes weit schneller als ein Fleischstück im Ganzen. Frisch faschiertes Fleisch soll daher am besten noch am selben Tag verzehrt werden.

Aufgabenstellung

a) Gegeben ist ein Fleischstück im Ganzen, das nahezu würfelförmig mit einem Volumen von 1 000 cm^3 ist. Aus diesem Stück Fleisch wird Faschiertes hergestellt. Die Einzelteile des Faschierten sind annähernd zylinderförmig mit dem Durchmesser $d = 0{,}25$ cm und der Höhe $h = 0{,}5$ cm.
Um welches Vielfache ist die Oberfläche des gesamten Faschierten größer als die Oberfläche des würfelförmigen Fleischstücks? Kreuzen Sie die zutreffende Antwort an!

- ☐ ca. 10-Fache
- ☐ ca. 1 222-Fache
- ☐ ca. 33-Fache
- ☐ ca. 40 744-Fache
- ☐ ca. 19 000-Fache
- ☐ ca. 100-Fache

b) Frisches Faschiertes darf nur am Tag der Herstellung verkauft werden, da sich im Fleisch enthaltene Bakterien (Escherichia coli, Salmonellen und Listerien) rasch vermehren und beim Menschen zu Erkrankungen führen können. Eine gekühlte Lagerung bei höchstens 4 °C ist dabei einzuhalten. Auch beim Transport nach Hause soll die Kühlkette nicht unterbrochen werden.
Die Vermehrung der Bakterien ist nahezu exponentiell. Bei ca. 20 °C verdoppelt sich die Anzahl der Salmonellen innerhalb von 20 Minuten.
Berechnen Sie die Wachstumskonstante λ und stellen Sie das Wachstumsgesetz in der Form $N(t) = N(0) \cdot e^{\lambda t}$ auf!

c) Bei hohen Temperaturen vermehren sich die Salmonellen besonders stark. Gegeben ist ein Funktionsgraph (siehe folgende Seite), der eine Salmonellenvermehrung in faschiertem Fleisch bei etwa 40 °C darstellt.

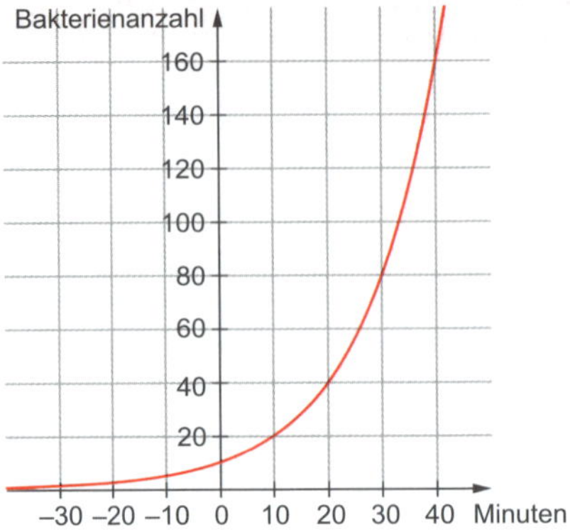

Kreuzen Sie die zutreffende(n) Aussage(n) an!

- ☐ Laut abgebildetem Graphen wächst die Bakterienpopulation kontinuierlich.
- ☐ Nach 30 Minuten hat sich die Anzahl der Salmonellen verachtfacht.
- ☐ Zu Beginn waren keine Salmonellen vorhanden.
- ☐ Die Anzahl der Bakterien verdoppelt sich alle 10 Minuten.
- ☐ Die Bakterienanzahl wächst in 10 Minuten um 100 %.

d) Die Gattung Salmonella (S.) gehört zur Familie Enterobacteriaceae. Salmonellen sind gramnegative, fakultativ anaerobe, fast ausnahmslos bewegliche, gerade Stäbchenbakterien mit einer Größe von 0,7 µm bis 1,5 µm mal 2,0 µm bis 5,0 µm.
Drücken Sie die gegebenen vier Längen in Meter aus. Aus welcher Zahlenmenge sind dann die gegebenen Längen?
Kreuzen Sie die richtigen Zahlenmengen an!

- ☐ $\mathbb{N}$
- ☐ $\mathbb{Z}$
- ☐ $\mathbb{Q}$
- ☐ $\mathbb{R}$
- ☐ $\mathbb{C}$

e) Abgepacktes Faschiertes wird normalerweise in mehreren Fettstufen angeboten, mit rund 12 Prozent beim reinen Rindsfaschierten und bis zu 35 Prozent Fett beim reinen Schweinsfaschierten.
Ein Kunde kauft ein gemischtes Faschiertes vom Rind und Schwein im Verhältnis 2 : 3.
Berechnen Sie den Fettgehalt von 50 dag Faschiertem in Prozent!

Hinweise und Tipps

Teil a
- Berechnen Sie das Volumen des Würfels und das Volumen des Zylinders.
- Berechnen Sie die Anzahl der Zylinder, die in den Würfel passen.
- Ermitteln Sie die Oberfläche eines Zylinders und aller Zylinder.
- Vergleichen Sie diese mit der Oberfläche des Würfels.

Teil b
- Setzen Sie für $t = 20$ ein. Für $N(t)$ verwenden Sie die Information, dass sich die Ausgangsmenge $N(0)$ verdoppelt.

Teil c
- Lesen Sie aus der Grafik die Werte zu $t = 0$, $t = 10$, $t = 20$, $t = 30$ ab und zeichnen Sie die Differenzen zwischen den entsprechenden Funktionswerten ein.

Teil d
- $1\ \mu m$ (Mikrometer) $= 0{,}000\,001$ m

Teil e
- Auf wie viele Teile müssen Sie das gegebene Faschierte insgesamt aufteilen?
- Rechnen Sie mit der Formel $A = G \cdot \frac{p}{100}$ oder mit der Schlussrechnung, um den Fettgehalt vom Rind- bzw. Schweinefleisch zu bestimmen!

Lösungsvorschlag

Teil a

- ☐ ca. 10-Fache
- ☐ ca. 1 222-Fache
- ☒ ca. 33-Fache
- ☐ ca. 40 744-Fache
- ☐ ca. 19 000-Fache
- ☐ ca. 100-Fache

$V(\text{Würfel}) = a^3 = 1\,000\text{ cm}^3 \quad\Rightarrow\quad a = 10\text{ cm}$
$O(\text{Würfel}) = 6 \cdot a^2 \quad\Rightarrow\quad O(\text{Würfel}) = 600\text{ cm}^2$

$O(\text{Zylinder}) = 2 \cdot r \cdot \pi \cdot h + 2 \cdot r^2 \cdot \pi$
$O(\text{Zylinder}) = 0{,}25\text{ cm} \cdot \pi \cdot 0{,}5\text{ cm} + 2 \cdot (0{,}125\text{ cm})^2 \cdot \pi \approx 0{,}490873852\text{ cm}^2$

$V(\text{Zylinder}) = r^2 \cdot \pi \cdot h$
$V(\text{Zylinder}) = (0{,}125\text{ cm})^2 \cdot \pi \cdot 0{,}5\text{ cm} \approx 0{,}024543693\text{ cm}^3$

Der Quotient V(Würfel) : V(Zylinder) gibt die Anzahl der Zylinder, die in den Würfel passen, an:
$1\,000 : 0{,}024543693 \approx 40\,743{,}665$
Das sind ca. 40 743 kleine Zylinder.

Anzahl der Zylinder mal die Oberfläche des einzelnen Zylinders ergibt die gesamte Oberfläche des Faschierten:
$40\,743{,}665 \cdot 0{,}490873852 \approx 20\,000{,}000$

Diese Gesamtoberfläche des Faschierten wird nun durch die Oberfläche des Fleisches im Ganzen dividiert, um das Vielfache zu erhalten:
$20\,000{,}000 : 600 \approx 33{,}33$
Das ist ca. die **33fache** Oberfläche.

Teil b

$N(t) = N(0) \cdot e^{\lambda t}$

$N(20) = 2 \cdot N(0) = N(0) \cdot e^{\lambda \cdot 20}$	| durch $N(0) \neq 0$ dividieren
$2 = e^{\lambda \cdot 20}$	| logarithmieren (Hinweis: $\ln e = 1$)
$\ln 2 = \lambda \cdot 20$	| $: 20$
$\boldsymbol{\lambda \approx 0{,}034657359}$	

$\boldsymbol{N(t) = N(0) \cdot e^{0{,}03466 \cdot t}}$ (t in Minuten)

Teil c

- ☒ Laut abgebildetem Graphen wächst die Bakterienpopulation kontinuierlich.
- ☒ Nach 30 Minuten hat sich die Anzahl der Salmonellen verachtfacht.

☐ Zu Beginn waren keine Salmonellen vorhanden.

☒ Die Anzahl der Bakterien verdoppelt sich alle 10 Minuten.

☒ Die Bakterienanzahl wächst in 10 Minuten um 100 %.

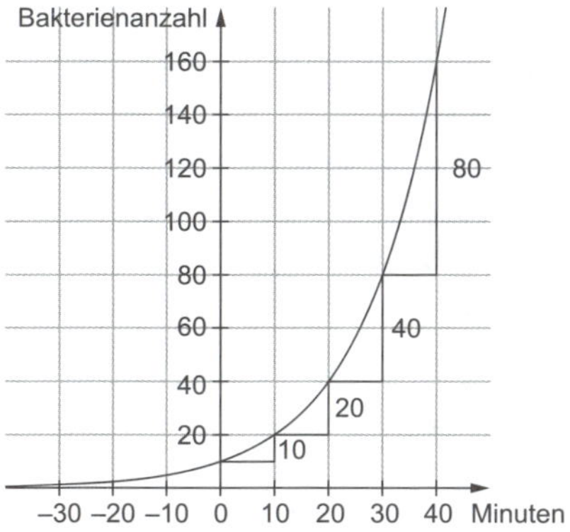

f(0) = 10 Bakterien

Das Wachstum von t = 10 auf t = 20, also die Differenz von f(20) – f(10), beträgt 20 Bakterien, bei f(30) – f(20) sind es 40 und bei f(40) – f(30) sind es 80 Bakterien.

Somit verdoppeln sich die Bakterien kontinuierlich alle 10 Minuten. Das ist ein Zuwachs von 100 %.

Teil d 0,7 µm = 0,000 0007 m
1,5 µm = 0,000 0015 m
2,0 µm = 0,000 002 m
5,0 µm = 0,000 005 m
Dies sind rationale Zahlen, insbesondere auch reelle und komplexe.

☐ $\mathbb{N}$
☐ $\mathbb{Z}$
☒ $\mathbb{Q}$
☒ $\mathbb{R}$
☒ $\mathbb{C}$

Teil e 50 dag im Verhältnis 2 : 3 auf Rind- und Schweinefleisch aufgeteilt ergibt 20 dag Rindfleisch und 30 dag Schweinefleisch.

20 dag Rindfleisch haben 12 % von 20 dag Fett.
Das sind $\frac{12}{100} \cdot 20 = 2{,}4$ dag Fett.

30 dag Schweinefleisch haben 35 % von 30 dag Fett.
Das sind $\frac{35}{100} \cdot 30 = 10{,}5$ dag Fett.

Zusammen sind das 12,9 dag Fett in 50 dag Faschiertem, das entspricht **25,8 %**:
$12{,}9 \cdot \frac{100}{50} = 25{,}8$

Aufgabe 2: Die Atmung des Menschen

Die Beschreibung des Volumens V(t) an geatmeter Luft kann im Wesentlichen mit der Funktion $V(t) = a \cdot \sin(2\pi b \cdot t) + c$ geschehen. Dabei ist t die Zeit. Die Werte für a und b hängen von der Person ab. Die x-Achse wird dabei als Atemruhelage bezeichnet, die nach normaler Ausatmung erreicht wird. Es soll also bei normaler Atmung am Ende des Ausatmens $V(t) = 0$ gelten.

Abbildung 1 zeigt den Verlauf der Atmung eines durchschnittlichen, gesunden Menschen. Abbildung 2 erläutert die wichtigsten Fachbegriffe im Zusammenhang mit Atmung anhand einer ähnlichen Lungenvolumsfunktion und in Abbildung 3 ist der Verlauf des Lungenvolumens während eines Lungenfunktionstests abgebildet.

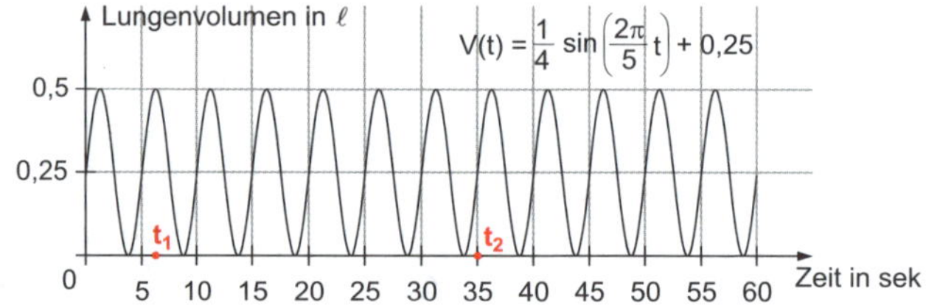

Abb. 1

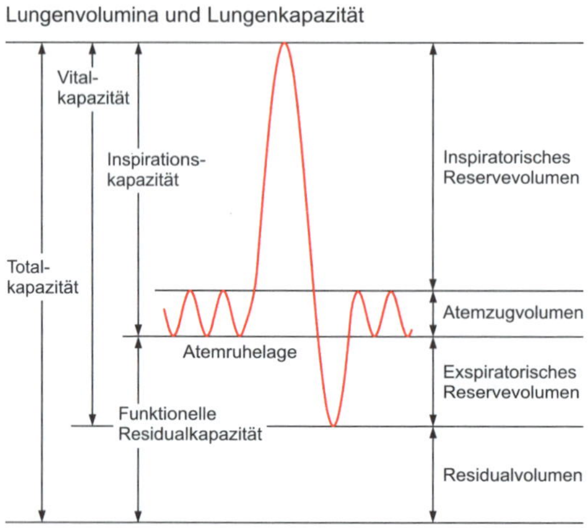

Abb. 2

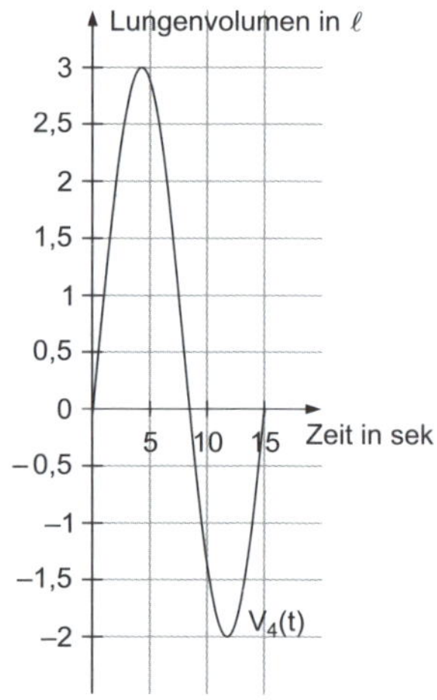

Abb. 3: Lungenfunktionstest

Aufgabenstellung

a) Lesen Sie aus der gegebenen Lungenvolumsfunktion das Atemzugsvolumen V der Versuchsperson und die Atemfrequenz (Atemzüge/Minute) ab.

V = ____________________ Atemfrequenz = ____________________

b) Kreuzen Sie die zutreffende(n) Aussage(n) über Veränderungen der Atmung und der Parameter a, b, c an:

- ☐ Man weiß, dass bei körperlicher Belastung die Atmung schneller und tiefer wird. In der Funktion V(t) wird dadurch a größer, b kleiner.
- ☐ Die Funktion $V_1(t) = \frac{1}{2}\sin\left(\frac{2\pi}{5}t\right) + 0,25$ beschreibt ein Ausatmen über die Atemruhelage hinaus.
- ☐ Wäre $a < 0$, so würde die Funktion einen Messvorgang beschreiben, bei dem der Proband mit dem Ausatmen begonnen hat.
- ☐ Säuglinge atmen sehr schnell und flach. Die Funktion $V_2(t) = \frac{1}{6}\sin\left(\frac{2\pi}{3}t\right) + \frac{1}{6}$ könnte so eine Atmung beschreiben.
- ☐ Die Funktion $V_3(t) = \frac{1}{4}\cos\left(\frac{2\pi}{5}t\right) + 0,25$ beschreibt ebenfalls eine normale Atmung.

c) Betrachten Sie die Lungenvolumsfunktion der durchschnittlichen Versuchsperson und vervollständigen Sie den folgenden Satz, sodass er mathematisch korrekt ist!

An der Stelle t_1 hat die Funktion V(t) ①, das bedeutet, dass dort der Proband ②.

①		②	
☐	ein lokales Maximum	☐	schon mit dem Ausatmen begonnen hat
☐	eine Wendestelle	☐	nicht weiter einatmen kann
☐	eine Nullstelle	☐	kurzzeitig weder ein- noch ausatmet

d) Betrachten Sie die Lungenvolumsfunktion der durchschnittlichen Versuchsperson und vervollständigen Sie den folgenden Satz, sodass er mathematisch korrekt ist!

An der Stelle t_2 hat die Funktion V(t) ①, das bedeutet, dass zu diesem Zeitpunkt ②.

①		②	
☐	den Wert 35	☐	0,25 ℓ Luft in der Lunge des Probanden sind
☐	den Wert 0,25	☐	35 ℓ Luft in der Lunge des Probanden sind
☐	den Wert (35 | 0,25)	☐	ausgeatmet wird

e) Die Funktion $V_4(t)$ zeigt den Verlauf eines Tests, bei dem der Proband maximal ein- und danach maximal ausatmen musste. Geben Sie die Vitalkapazität (VK) des Probanden sowie seine Totalkapazität (TK) an, wenn für das Residualvolumen 1,3 ℓ angenommen werden!

VK = ____________________ TK = ____________________

Hinweise und Tipps

Teil a

- Atemzugsvolumen: Nehmen Sie die untere Grafik zu Hilfe, um den Begriff zu klären, und versuchen Sie in der oberen Grafik die entsprechenden Werte von der y-Achse abzulesen.
- Atemfrequenz: Bedenken Sie, dass für die Bestimmung der Frequenz das Ein- und Ausatmen zusammengehören.

Teil b

- Gehen Sie von der gegebenen Funktion in der Grafik aus. Welche Veränderungen bedingen die Parameter a, b und c?

Teil c

- Betrachten Sie die Abbildung 1. Welcher Vorgang wird von den steigenden Teilen der Funktion V(t) beschrieben, welcher von den fallenden?

Teil d

- Betrachten Sie die Abbildung 1. Lesen Sie die Koordinaten des zugehörigen Punktes ab und interpretieren Sie, wofür die Werte der x- und y-Koordinate des Punktes stehen.

Teil e

- Nehmen Sie die Abbildung 2 zu Hilfe, um die Begriffe zu klären, und versuchen Sie in der Abbildung 3 die entsprechenden Werte von der y-Achse abzulesen.

Lösungsvorschlag

Teil a $V = \mathbf{0{,}5\ \ell}$ Frequenz = **12 Züge/min**

✓ Für das Volumen V ist die Gesamthöhe des Bogens entscheidend. Bei der Frequenz ist zu beachten, dass ein Atemzug aus Ein- *und* Ausatmen besteht.

Teil b

☐ Man weiß, dass bei körperlicher Belastung die Atmung schneller und tiefer wird. In der Funktion V(t) wird dadurch a größer, b kleiner.

☒ Die Funktion $V_1(t) = \frac{1}{2}\sin\left(\frac{2\pi}{5}t\right) + 0{,}25$ beschreibt ein Ausatmen über die Atemruhelage hinaus.

☒ Wäre $a < 0$, so würde die Funktion einen Messvorgang beschreiben, bei dem der Proband mit dem Ausatmen begonnen hat.

☒ Säuglinge atmen sehr schnell und flach. Die Funktion $V_2(t) = \frac{1}{6}\sin\left(\frac{2\pi}{3}t\right) + \frac{1}{6}$ könnte so eine Atmung beschreiben.

☒ Die Funktion $V_3(t) = \frac{1}{4}\cos\left(\frac{2\pi}{5}t\right) + 0{,}25$ beschreibt ebenfalls eine normale Atmung.

✓ Bei schnellerer und tieferer Atmung werden a und b *beide* größer.

Teil c An der Stelle t_1 hat die Funktion V(t) **ein lokales Maximum**, das bedeutet, dass dort der Proband **kurzzeitig weder ein- noch ausatmet**.

✓ An einer Wendestelle müsste die Funktion ihre Krümmung ändern (an einer Extremstelle ändert sie ihre Monotonie) und für eine Nullstelle müsste ein Schnittpunkt mit der x-Achse vorliegen. Ausatmen findet stets an den monoton fallenden Teilen der Funktion statt und Einatmen an den steigenden Teilen. An den Hochpunkten ist die Funktion weder fallend noch steigend, daher ist dort ein kurzer Moment, in dem der Proband weder ein- noch ausatmet.

Teil d An der Stelle t_2 hat die Funktion V(t) **den Wert 0,25**, das bedeutet, dass zu diesem Zeitpunkt **0,25 ℓ Luft in der Lunge des Probanden sind**.

✓ Eine Funktion kann nur einen Wert haben. Dieser ist der Funktionswert (y-Wert) und ist abhängig vom betrachteten Zeitpunkt (hier x-Wert).

Teil e $VK = 3\ \ell + 2\ \ell = \mathbf{5\ \ell}$ $TK = VK + 1{,}3\ \ell = \mathbf{6{,}3\ \ell}$

✓ Die Vitalkapazität setzt sich aus 3 ℓ Einatmung und 2 ℓ Ausatmung zusammen. Für die Totalkapazität kommt dann noch das Residualvolumen hinzu.

Aufgabe 3: Gehälter

Von den 816 Beschäftigten eines Betriebes sind 522 Frauen. Aus den Personalakten geht hervor, dass die beschäftigten Frauen und Männer folgendermaßen auf die jeweils höchsten Bildungsabschlüsse aufgeteilt sind:

	Frauen	Männer
Allgemeinbildende Pflichtschule	261	98
Berufsbildende mittlere Schule	104	56
Höhere Schule	122	50
Hochschulverwandte Lehranstalt	23	73
Universität, Hochschule	12	17

Die folgende Tabelle zeigt die durchschnittlichen monatlichen Nettobezüge in Euro in diesem Betrieb – aufgeschlüsselt nach Geschlecht und den höchsten Bildungsabschlüssen:

	Frauen	Männer
Allgemeinbildende Pflichtschule	1 236	1 447
Berufsbildende mittlere Schule	1 325	1 690
Höhere Schule	1 755	1 963
Hochschulverwandte Lehranstalt	1 830	2 483
Universität, Hochschule	2 230	3 750

Aufgabenstellung

a) Die Vektoren B_F bzw. B_M listen die Anzahl der Frauen bzw. Männer vom niedrigsten zum höchsten Bildungsabschluss auf. Die Vektoren G_F und G_M geben das Nettoeinkommen für weibliche und männliche Beschäftigte gestaffelt nach Bildungsabschlüssen an.
Geben Sie einen Vektorterm an, um die monatliche Summe der Nettogehälter zu berechnen!

b) Berechnen Sie das Durchschnittseinkommen D_F aller weiblichen Beschäftigten des Betriebs!

c) Stellen Sie die Verteilung der durchschnittlichen Einkommen der männlichen Mitarbeiter in einem Boxplot dar!

d) Bei den Lohnverhandlungen wurden folgende Ergebnisse erzielt: Das Gehalt wird um 2,8 % erhöht, aber mindestens um 45 Euro.
Geben Sie die Vektoren G_F' und G_M' der neu verhandelten Bezüge für weibliche und männliche Beschäftigte gestaffelt nach Bildungsabschlüssen an!
Welche Personengruppe profitiert am meisten von der Lohnerhöhung um 2,8 %? Für welche Personengruppen ist die Lohnerhöhung um 45 Euro lukrativer?

Hinweise und Tipps

Teil a

- Denken Sie an die Skalarmultiplikation.
- Was wird mit dem skalaren Produkt $B_F \cdot G_F$ bzw. $B_M \cdot G_M$ berechnet?

Teil b

- Berechnen Sie die monatliche Summe der Nettobezüge aller weiblichen Beschäftigten.
- Durch welche Rechenoperation erhält man aus der Summe der Nettobezüge das durchschnittliche Gehalt einer Person?

Teil c

- Stellen Sie sich die durchschnittlichen Gehälter der 294 männlichen Mitarbeiter in einer geordneten Liste vor: 98-mal € 1.447, 56-mal € 1.690 usw.
- Überlegen Sie beispielhaft anhand einer geordneten Liste von 10 Gehältern:
  Der Median ist der Mittelwert zwischen dem 5. und 6. Gehalt ($10:2=5$).
  Das 1. Quartil ist das 3. Gehalt ($5:2=2{,}5$).
  Das 2. Quartil ist das 8. Gehalt ($5:2:3=7{,}5$).
  Übertragen Sie diese Überlegungen auf die geordnete Liste von 294 Durchschnittsgehältern.
- Zeichnen Sie den Boxplot mithilfe folgender Skala:

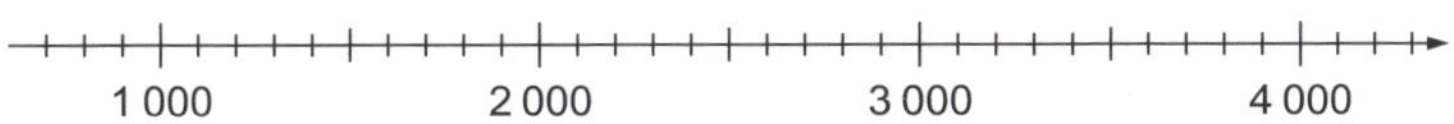

Teil d

- Prozentuelle Lohnerhöhungen mit einem fixen Prozentsatz ergeben bei höheren Grundwerten größere Zuwächse.
- Die durchschnittlichen Nettobezüge werden jeweils um 2,8 %, aber mindestens um 45 Euro steigen.
- Berechnen Sie die neuen durchschnittlichen Nettobezüge und vergleichen Sie die neuen mit den alten Werten.

Lösungsvorschlag

Teil a $G = B_F \cdot G_F + B_M \cdot G_M$

Der Vektor, der die Personenanzahl, geordnet nach Bildungsabschlüssen, angibt, wird skalar multipliziert mit dem Vektor, der die Gehälter, ebenfalls geordnet nach Bildungsabschlüssen, angibt. Die so ermittelten Summen der Nettobezüge aller weiblichen bzw. aller männlichen Mitarbeiter werden addiert.

Teil b $D_F = \frac{B_F \cdot G_F}{522} = \frac{261 \cdot 1\,236 + 104 \cdot 1\,325 + 122 \cdot 1\,755 + 23 \cdot 1\,830 + 12 \cdot 2\,230}{522} = \frac{743\,356}{522}$

$\approx \mathbf{1\,424{,}05}$

Das skalare Produkt $B_F \cdot G_F$ ergibt die Summe der Nettobezüge aller 522 weiblichen Beschäftigten.

Teil c $x_{min} = q_1 = 1\,447$; $x_{med} = 1\,690$; $q_2 = 2\,483$; $x_{max} = 3\,750$

Der Median ist der Mittelwert zwischen dem 147. und 148. Gehalt (294 : 2 = 147).

Das 1. Quartil ist das 74. Gehalt der geordneten Liste (147 : 2 = 73,5). Das Minimum ist gleich dem 1. Quartil, da die durchschnittlichen Nettobezüge der am wenigsten verdienenden 98 männlichen Mitarbeiter 1.447 Euro betragen.

Das 2. Quartil ist das 221. Gehalt der geordneten Liste (147 : 2 · 3 = 220,5).

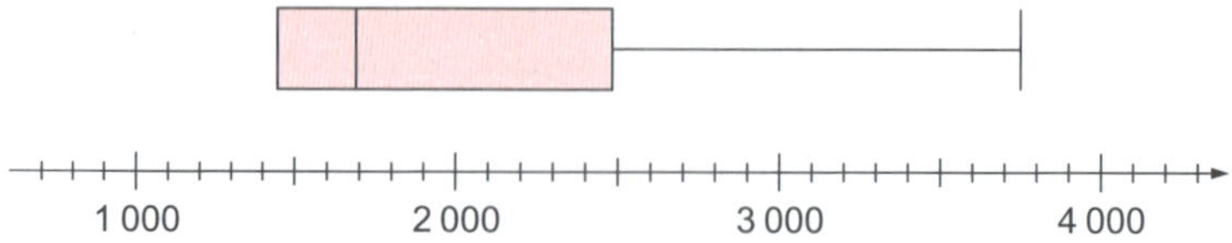

Teil d $G'_F = (1\,281 \mid 1\,370 \mid 1\,804 \mid 1\,881 \mid 2\,292)$

$G'_M = (1\,492 \mid 1\,737 \mid 2\,018 \mid 2\,553 \mid 3\,855)$

Die männlichen Akademiker profitieren am meisten von der prozentuellen Lohnerhöhung: Die Lohnerhöhung beträgt 105 Euro.

Die Lohnerhöhung um 45 Euro ist für drei Gruppen lukrativer als die prozentuelle Lohnerhöhung: für weibliche und männliche Beschäftigte mit Pflichtschulabschluss sowie für weibliche Beschäftigte mit dem Abschluss einer berufsbildenden mittleren Schule.

Aufgabe 4: Schloßbergbahn – Fahrspaß mit Panoramablick

Schon seit 1894 befördert die Grazer Schloßbergbahn ihre Fahrgäste auf den Schloßberg. Während der Fahrt genießt man einen wunderbaren Panoramablick auf die Stadt Graz, da die Wagen mit einem Glasdach ausgestattet sind.

Bei dieser Standseilbahn sind zwei Wagen fest mit einem Drahtseil verbunden, das in der Bergstation über eine Seilscheibe geführt wird. Die beiden Wagen halten sich ungefähr im Gleichgewicht und fahren auf einem Gleis. In der Mitte der Fahrstrecke ist eine Ausweichstelle angelegt.

Aufgabenstellung

a) Der Höhenunterschied zwischen Berg- und Talstation der Schloßbergbahn beträgt 108 m und die durchschnittliche Steigung der Standseilbahn auf den Schloßberg ist 60 %.
Berechnen Sie den Steigungswinkel der Schloßbergbahn!
Welche Länge hat die Strecke der Schloßbergbahn in einem Stadtplan von Graz mit dem Maßstab 1 : 5 000?

b) In der folgenden Grafik ist der Verlauf der Geschwindigkeit v(t) in m/s der Schloßbergbahn vereinfacht dargestellt:

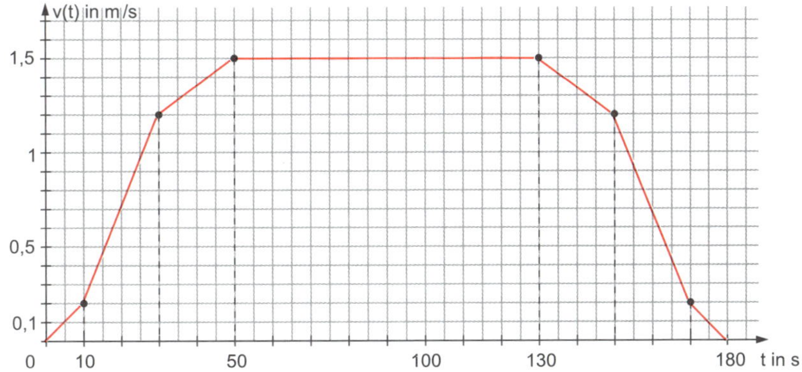

Berechnen Sie die Länge der gesamten Fahrstrecke!

Der Verlauf der Geschwindigkeit ist in der Grafik vereinfacht dargestellt. Beschreiben Sie einen wesentlichen Unterschied zum Verlauf der Geschwindigkeit in Wirklichkeit!

c) Die Funktion v(t) gibt die Geschwindigkeit der Schloßbergbahn nach t Sekunden an. Welcher Sachverhalt kann durch welchen Term berechnet werden? Ordnen Sie die Terme den zutreffenden Sachverhalten zu!

A Beschleunigung nach 30 Sekunden

B Durchschnittsgeschwindigkeit in den ersten 30 Sekunden

C Durchschnittliche Beschleunigung in den ersten 30 Sekunden

D Durchschnittliche Steigung in den ersten 30 Sekunden

E Geschwindigkeit nach 30 Sekunden

F Zurückgelegter Weg nach 30 Sekunden

$v(30)$	$\frac{v(30) - v(0)}{30}$	$\int_0^{30} v(t)\,dt$	$v'(30)$
☐	☐	☐	☐

Hinweise und Tipps

Teil a

- Die Steigung ist der Quotient aus Höhengewinn durch Horizontalentfernung.
- Skizzieren Sie das Steigungsdreieck.
- Mithilfe welcher Winkelfunktion kann aus der Steigung der Steigungswinkel berechnet werden?
- Ermitteln Sie im Steigungsdreieck die Horizontalentfernung: Diese Länge ist relevant für die Angabe im Stadtplan.

Teil b

- Die Länge der Fahrstrecke ist das Integral der Geschwindigkeit in Abhängigkeit von der Zeit.
- Berechnen Sie den Flächeninhalt unter der Kurve.
- Überlegen Sie, wie Sie als Fahrgast die Geschwindigkeitsänderungen erleben würden.

Teil c

- Achten Sie auf die Unterscheidung zwischen der Durchschnittsgeschwindigkeit in einem Zeitintervall und der Momentangeschwindigkeit zu einem bestimmten Zeitpunkt.
- Ebenso ist die durchschnittliche Beschleunigung in einem Zeitintervall von der momentanen Beschleunigung zu einem Zeitpunkt zu unterscheiden.
- Was kann mit der Ableitungsfunktion der Geschwindigkeitsfunktion berechnet werden?
- Was kann mit dem Integral der Geschwindigkeitsfunktion berechnet werden?

Lösungsvorschlag

Teil a Für die Steigung k gilt $k=0{,}6$, für den Steigungswinkel φ gilt $\tan\varphi=k$:
$\varphi=\arctan 0{,}6 \quad\Rightarrow\quad \varphi\approx 30{,}96°$

Der Steigungswinkel beträgt ca. **30,96°**.

Für die horizontale Länge x der Strecke in der Realität gilt:

$$\tan\varphi=\frac{108\text{ m}}{x} \quad\Rightarrow\quad x\cdot\tan\varphi=108\text{ m} \quad\Rightarrow\quad x=\frac{108\text{ m}}{\tan\varphi}=\frac{108\text{ m}}{0{,}6}=180\text{ m}$$

Dies wird mit dem Maßstab des Stadtplans umgerechnet:
$180\text{ m}:5\,000=0{,}036\text{ m}=3{,}6\text{ cm}$

Die horizontale Länge von 180 m ist im Maßstab von 1 : 5 000 als **3,6 cm** lange Strecke dargestellt.

Teil b Für die Gesamtstrecke berechnet man:

$$10\cdot\frac{0{,}2}{2}+20\cdot\frac{0{,}2+1{,}2}{2}+20\cdot\frac{1{,}2+1{,}5}{2}+80\cdot 1{,}5+20\cdot\frac{1{,}2+1{,}5}{2}+20\cdot\frac{0{,}2+1{,}2}{2}+10\cdot\frac{0{,}2}{2}$$
$$=204$$

Die Gesamtstrecke beträgt **204 m**.

Die Beschleunigung (sowie das Abbremsen) erfolgt nicht „ruckartig“, d. h., die „Ecken“ im Graphen sind abgerundet.

Teil c

$v(30)$	$\frac{v(30)-v(0)}{30}$	$\int_0^{30} v(t)\,dt$	$v'(30)$
E	C	F	A

Mit der Ableitung der Geschwindigkeitsfunktion kann die momentane Beschleunigung für einen bestimmten Zeitpunkt berechnet werden. Mit dem Integral der Geschwindigkeitsfunktion kann der zurückgelegte Weg in einem Zeitintervall berechnet werden.

Durchschnittsgeschwindigkeit in den ersten 30 Sekunden:

$$\frac{s(30)-s(0)}{30}$$

Steigung nach 30 Sekunden:

$$k=\frac{y_1-y_0}{x_1-x_0}$$

Die Steigung kann mit der Geschwindigkeitsfunktion nicht ermittelt werden.

Aufgabe 5: Bruttojahreseinkommen

Die folgende Tabelle zeigt das Bruttojahreseinkommen (gemäß § 25 EStG) von unselbständig Erwerbstätigen, aufgegliedert in ArbeiterInnen, Angestellte, Vertragsbedienstete und BeamtInnen, im Jahr 2012 (ohne Lehrlinge).

Bruttojahreseinkommen der unselbständig Erwerbstätigen 2012

Dezil /Quartil	Unselbständig Erwerbstätige	Arbeiter und Arbeiterinnen	Angestellte	Vertragsbedienstete	Beamte und Beamtinnen
	Euro				
			insgesamt		
10 %	2 428	1 353	3 504	10 683	32 590
20 %	7 837	4 083	10 233	17 459	38 161
25 %	**11 227**	**5 995**	**13 807**	**20 352**	**40 477**
30 %	14 365	8 536	16 909	23 020	42 514
40 %	20 027	13 525	22 795	27 051	46 572
50 %	**25 373**	**18 383**	**28 696**	**30 673**	**50 730**
60 %	30 372	22 902	34 785	33 970	55 127
70 %	35 936	27 202	42 200	37 896	59 606
75 %	**39 450**	**29 352**	**46 857**	**40 467**	**62 416**
80 %	43 853	31 666	52 664	43 698	66 580
90 %	58 407	37 814	70 724	54 750	79 986
Arithmetisches Mittel	29 723	19 083	35 646	32 569	54 275
Personen insgesamt	4 076 913	1 628 741	1 911 289	330 397	206 486
Bezugstage je Person	311	281	324	348	366
Durchschnittsalter	39	37	38	41	49
Veränderung (Median) 2011–2012, %	2,1	1,2	2,2	5,4	3,0

Quelle: STATISTIK AUSTRIA, Lohnsteuerdaten – Sozialstatistische Auswertungen. Erstellt am 19. 12. 2013.

Aufgabenstellung

a) Welche Aussagen können anhand der Tabelle getroffen werden? Kreuzen Sie die zutreffende(n) Aussage(n) an!

- ☐ Die Bestverdienenden 10 % der BeamtInnen verdienen 79.986 Euro oder mehr.
- ☐ Rund 162 874 ArbeiterInnen erhalten jährlich höchstens 1.353 Euro brutto.
- ☐ Die Hälfte der Vertragsbediensteten verdient brutto jährlich mindestens 32.596 Euro.
- ☐ Das Jahresbruttoeinkommen von rund 51 621 BeamtInnen beträgt höchstens 40.477 Euro.
- ☐ Die Hälfte der Angestellten verdient brutto zwischen 13.807 Euro und 46.857 Euro.

b) Geben Sie einem Term an, mit dem aus dem arithmetischen Mittel der Jahresbruttoeinkommen der ArbeiterInnen, Angestellten, Vertragsbediensteten und BeamtInnen das Durchschnittsgehalt aller unselbständig Erwerbstätigen berechnet werden kann.

c) Das arithmetische Mittel der Einkommen der unselbständig Erwerbstätigen ist mehr als 4.000 Euro höher als der Median. Formulieren Sie eine Aussage über die Verteilung der Bruttojahreseinkommen, die diese Tatsache erläutert!

d) Der Median der Bruttojahreseinkommen der unselbständig Erwerbstätigen ist im Jahr 2012 laut Tabelle um rund 2,1 % im Vergleich zum Vorjahr gestiegen. Ermitteln Sie ein Intervall für den Median der Bruttojahreseinkommen der unselbständig Erwerbstätigen im Jahr 2011, wobei Sie berücksichtigen, dass die Zunahme um 2,1 % ein gerundeter Wert ist!

Hinweise und Tipps

Teil a

- Die „unselbständig Erwerbstätigen" werden in die Beschäftigungsgruppen „ArbeiterInnen", „Angestellte", „Vertragsbedienstete" und „BeamtInnen" unterteilt.
- In der Zeile „Personen insgesamt" sind alle Beschäftigten je Gruppe aufgelistet. Berechnen Sie, wenn notwendig, entsprechende Anteile.
- 10 % (20 %, 25 %, …) der Anzahl der Beschäftigten verdient höchstens … den in der entsprechenden Zeile angeführten Betrag.
- 10 % (20 %, 25 %, …) der Anzahl der Beschäftigten verdient mindestens … den in der mit 90 % (80 %, 75 %, …) beginnenden Zeile angeführten Betrag.

Teil b

- Die Mittelwerte der Beschäftigungsgruppen können nicht einfach addiert werden, da die Anzahl der Beschäftigten in den einzelnen Beschäftigungsgruppen unterschiedlich ist.
- Für die Berechnung des Durchschnittsgehalts aller unselbständig Erwerbstätigen muss das jeweilige arithmetische Mittel mit der Personenanzahl je Beschäftigungsgruppe „gewichtet" werden.

Teil c

- Überlegen Sie die Eigenschaften des arithmetischen Mittels im Vergleich zu den Eigenschaften des Medians.
- Die Berechnung des arithmetischen Mittels erfolgt, indem die Summe aller Werte durch die Anzahl der Werte dividiert wird.
- Die Ermittlung des Medians erfolgt als „in der Mitte liegender Wert" einer geordneten Liste.

Teil d

- Der Wert von 2011 ist der Grundwert (100 %) und der Wert von 2012 ist der Anteil mit 102,1 %.
- Aufgrund der Rundungsregeln kann die wahre Zunahme P (in %) jeder Wert im halb offenen Intervall [2,05; 2,15) sein.
- Berechnen Sie den Grundwert G mit p = 102,05 % sowie mit p = 102,15 %.
- $G = A \cdot \frac{100}{p}$

Lösungsvorschlag

Teil a

- [x] Die Bestverdienenden 10 % der BeamtInnen verdienen 79.986 Euro oder mehr.
- [x] Rund 162 874 ArbeiterInnen erhalten jährlich höchstens 1.353 Euro brutto.
- [ ] Die Hälfte der Vertragsbediensteten verdient brutto jährlich mindestens 32.596 Euro.
- [x] Das Jahresbruttoeinkommen von rund 51 621 BeamtInnen beträgt höchstens 40.477 Euro.
- [x] Die Hälfte der Angestellten verdient brutto zwischen 13.807 Euro und 46.857 Euro.

90 % der BeamtInnen verdienen höchstens 79.986 Euro, also verdienen 10 % der BeamtInnen mindestens 79 986 Euro.

10 % von 1 628 741 ArbeiterInnen, das sind 162 874,1 ArbeiterInnen, erhalten (höchstens) rund 1.353 Euro.

Das Durchschnittsgehalt der Vertragsbediensteten beträgt 32.569 Euro. Das arithmetische Mittel der Gehälter liegt meist nicht „in der Mitte" der geordneten Liste der Gehälter (im Unterschied zum Median).

25 % von 206 486 BeamtInnen, das sind 51 621,5 BeamtInnen, verdienen höchstens 40.477 Euro.

Zwischen dem 1. und dem 3. Quartil liegen 50 % der Werte.

Teil b

$$\overline{x} = \frac{1\,628\,741 \cdot 19\,083 + 1\,911\,289 \cdot 35\,646 + 330\,397 \cdot 32\,569 + 206\,486 \cdot 54\,275}{4\,076\,913} = \mathbf{29\,723}$$

Teil c Es gibt etliche Ausreißer nach oben, wie die Bestverdienenden 10 % zeigen. Diese wirken sich bei der Berechnung des arithmetischen Mittels aus, jedoch nicht bei der Ermittlung des Medians.

Teil d Der Median der Einkommen der unselbständig Erwerbstätigen 2011 liegt im Intervall **[24 838,97; 24 863,30]**:

$$25\,373 \cdot \frac{100}{102{,}05} = 24\,863{,}302\ldots;\quad 25\,373 \cdot \frac{100}{102{,}15} \approx 24\,838{,}962\ldots$$

Aufgabe 6: Die Cheops-Pyramide

Die älteste und größte der drei Pyramiden von Gizeh ist die Cheops-Pyramide und wird deshalb auch als „Große Pyramide" bezeichnet. Sie ist die höchste Pyramide der Welt und wurde als Grabmal für den ägyptischen König Cheops errichtet, der während der 4. Dynastie im Alten Reich (etwa 2620 bis 2580 v. Chr.) regierte. Sie zählt zu den Sieben Weltwundern der Antike.

In ein dreidimensionales Koordinatensystem eingebettet, bildet die quadratische Pyramide ABCDS eine Miniaturform der Cheops-Pyramide:

$A = \begin{pmatrix} -2 \\ -8 \\ 2 \end{pmatrix}$, $B = \begin{pmatrix} 6 \\ 0 \\ 6 \end{pmatrix}$, $M = \begin{pmatrix} 0 \\ 0 \\ 0 \end{pmatrix}$ und $S = \begin{pmatrix} -5 \\ 2{,}5 \\ 5 \end{pmatrix}$

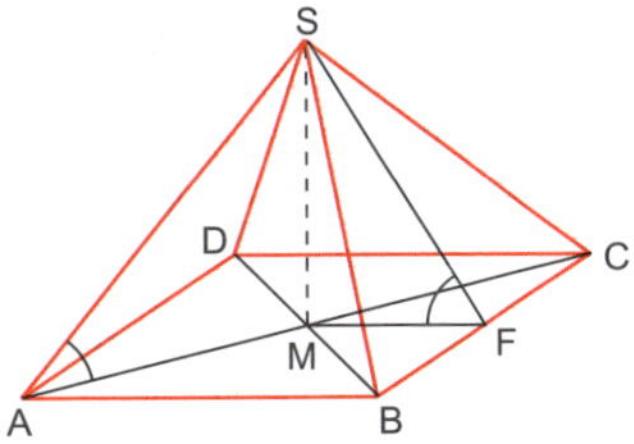

Aufgabenstellung

a) Welche der folgenden Vektorterme sind für die Berechnung der angeführten Eckpunkte richtig? Kreuzen Sie die beiden zutreffenden Aussagen an!

- ☐ $C = M + \overrightarrow{BM}$
- ☐ $D = B + 2 \cdot \overrightarrow{BM}$
- ☐ $C = A + 2 \cdot \overrightarrow{MA}$
- ☐ $D = M + \overrightarrow{BM}$
- ☐ $D = C + \overrightarrow{AB}$

b) Zeigen Sie, dass die Miniaturpyramide eine gerade Pyramide ist!

c) Berechnen Sie das Volumen der Miniaturpyramide!

d) Wird das Volumen der Miniaturpyramide mit dem Faktor 7 200 multipliziert, so erhält man das Volumen der Cheops-Pyramide. Mit welchem Faktor ist die Länge der Seitenkante der Miniaturpyramide zu multiplizieren, um die Länge der Seitenkante der Cheops-Pyramide zu erhalten?

e) Berechnen Sie den Winkel φ, den eine Seitenkante mit der Grundfläche einschließt.
Überlegen und argumentieren Sie, ob der Winkel, der von der Seitenfläche und der Grundfläche eingeschlossen wird, kleiner, gleich groß oder größer als der Winkel ist, der von der Seitenkante und der Grundfläche eingeschlossen wird.

Hinweise und Tipps

Teil a

- Die Punkte der Pyramide entsprechen den Vektoren vom Ursprung des Koordinatensystems zu den Punkten.
- Vektoren werden geometrisch addiert, indem man an die Spitze des ersten Vektors den Schaft des zweiten Vektors anhängt.
- Beachten Sie die Richtung sowie die Orientierung der Vektoren.

Teil b

- Sie können voraussetzen, dass die Grundfläche ABCD ein Quadrat und M dessen Mittelpunkt ist.
- Eine Pyramide ist gerade, wenn die Strecke vom Mittelpunkt der Grundfläche zur Spitze der Pyramide im rechten Winkel auf die Grundfläche steht.
- Welchen Winkel schließen zwei Vektoren ein, deren skalares Produkt null ist?

Teil c

- Berechnen Sie die Länge einer Seitenkante und den Flächeninhalt der Grundfläche.
- Berechnen Sie die Länge des Vektors $\overrightarrow{MS}$.

Teil d

- Eine Länge im Plan wird mit der Maßstabszahl multipliziert, um die Länge in Wirklichkeit zu erhalten.
- Ein Flächeninhalt im Plan wird mit der Maßstabszahl hoch zwei multipliziert, um den Flächeninhalt in Wirklichkeit zu erhalten.
- Ein Volumen im Plan wird mit der Maßstabszahl hoch drei multipliziert, um das Volumen in Wirklichkeit zu erhalten.

Teil e

- Betrachten Sie das rechtwinklige Dreieck AMS. Welche Seitenlängen müssen berechnet werden, um beispielsweise mithilfe des Tangens den Winkel beim Eckpunkt A zu berechnen?
- Vergleichen Sie das Dreieck MFS mit dem Dreieck AMS.

Lösungsvorschlag

Teil a

☐ $C = M + \overrightarrow{BM}$

☒ $D = B + 2 \cdot \overrightarrow{BM}$

☐ $C = A + 2 \cdot \overrightarrow{MA}$

☒ $D = M + \overrightarrow{BM}$

☐ $D = C + \overrightarrow{AB}$

$C = M + \overrightarrow{AM};\ C = A + 2 \cdot \overrightarrow{AM};\ D = C + \overrightarrow{BA}$

Teil b $\overrightarrow{AM} \cdot \overrightarrow{MS} = \begin{pmatrix} 2 \\ 8 \\ -2 \end{pmatrix} \cdot \begin{pmatrix} -5 \\ 2{,}5 \\ 5 \end{pmatrix} = -10 + 20 - 10 = 0$ und $\overrightarrow{BM} \cdot \overrightarrow{MS} = \begin{pmatrix} -6 \\ 0 \\ -6 \end{pmatrix} \cdot \begin{pmatrix} -5 \\ 2{,}5 \\ 5 \end{pmatrix} = 30 - 30 = 0$

Die Vektoren $\overrightarrow{AM}$ und $\overrightarrow{BM}$ spannen die Ebene auf, in der die Grundfläche der Pyramide liegt, und schließen mit $\overrightarrow{MS}$ jeweils einen rechten Winkel ein. Daher ist die Pyramide gerade.

Teil c $V = \frac{1}{3} \cdot G \cdot h$

Dabei ist:

$G = a^2$ mit $a = |\overrightarrow{AB}| = \left| \begin{pmatrix} 8 \\ 8 \\ 4 \end{pmatrix} \right| = \sqrt{144} = 12$

$h = |\overrightarrow{MS}| = \left| \begin{pmatrix} -5 \\ 2{,}5 \\ 5 \end{pmatrix} \right| = \sqrt{56{,}25} = 7{,}5$

$\Rightarrow \quad V = \frac{1}{3} \cdot 12 \cdot 7{,}5 = \mathbf{30\ VE}$

Teil d $\sqrt[3]{7\,200} \approx \mathbf{19}$

Wird das Volumen der Miniaturpyramide mit 7 200 multipliziert, um das tatsächliche Volumen der Cheops-Pyramide zu berechnen, dann ist die Maßstabszahl $\sqrt[3]{7\,200}$.

Teil e $\tan \varphi = \frac{|\overrightarrow{MS}|}{|\overrightarrow{AM}|} \quad \Rightarrow \quad \varphi = \arctan \frac{7{,}5}{\sqrt{72}} \approx \mathbf{41{,}5°}$

In Pyramiden ist der Winkel, der von der Seitenkante und der Grundfläche eingeschlossen wird, immer kleiner als der Winkel, der von der Seitenfläche und der Grundfläche eingeschlossen wird: Die Entfernung der Eckpunkte zum Mittelpunkt ist größer als die Entfernung der Seitenmittelpunkte zum Mittelpunkt.

Aufgabe 7: Verpackungsformen

Die Verpackungsformen von Flüssigkeiten sind vielfältig. Eine Möglichkeit, Getränke zu verpacken, sind Tetraeder, das sind dreiseitige Pyramiden mit gleich langen Seitenkanten.

Aufgabenstellung

a) Die Verpackung wird aus nebenstehendem Schnittmuster hergestellt.
Geben Sie anhand des Schnittmusters eine Formel für den Materialverbrauch M einer Verpackung mit den Variablen a und f an!
Der Materialverbrauch für eine Packung beträgt 200 cm². Die Breite des Falzes f beträgt 1 cm. Berechnen Sie die Länge der Seitenkante a!

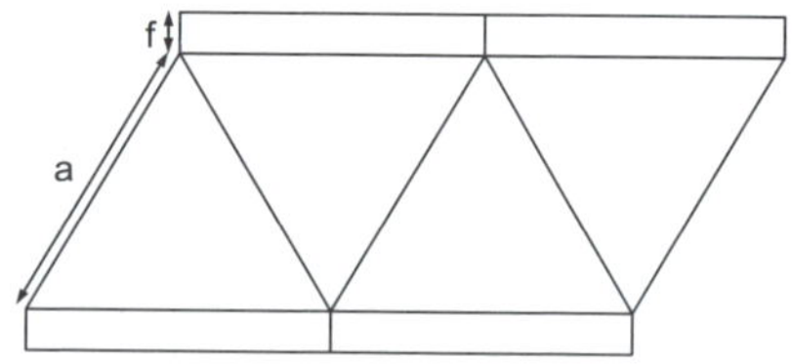

b) Die Verpackungen werden maschinell zugeschnitten. Die Wahrscheinlichkeit, dass die Maschine die Verpackungen korrekt zuschneidet, liegt bei 98 %. Im Rahmen einer Überprüfung werden 5 zufällig ausgewählte Verpackungen kontrolliert.
Berechnen Sie die Wahrscheinlichkeit, dass unter den kontrollierten Verpackungen mindestens eine Verpackung fehlerhaft ist!

c) Ermitteln Sie anhand der Skizzen eine Formel für die Berechnung der Körperhöhe H in Abhängigkeit von der Seitenlänge a!
Geben Sie weiters eine Formel für das Volumen V des Tetraeders in Abhängigkeit von der Seitenlänge a an!

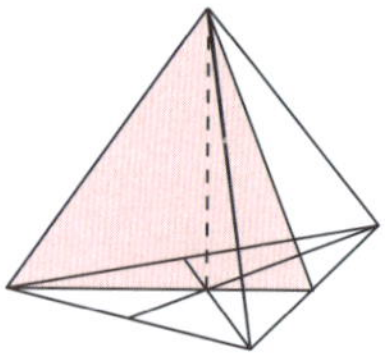

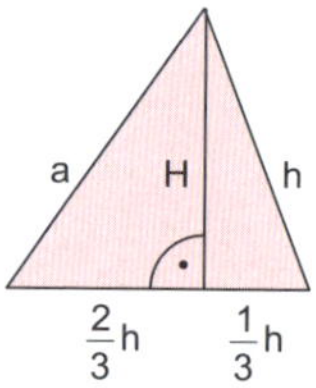

Hinweise und Tipps

Teil a

- Das Schnittmuster besteht aus vier gleichseitigen Dreiecken und vier Rechtecken.
- Setzen Sie die Werte für M bzw. f in die Formel ein. Berechnen Sie a, indem Sie die quadratische Gleichung lösen.

Teil b

- Das Ereignis, dass „mindestens eine“ von fünf Verpackungen fehlerhaft zugeschnitten ist, bedeutet, dass eine, zwei, drei, vier oder alle fünf Verpackungen fehlerhaft sein können.
- Formulieren Sie das Gegenereignis.

Teil c

- Die Seitenflächenhöhe h steht im rechten Winkel auf die Seitenkante a und halbiert diese. Ermitteln Sie eine Formel für die Seitenflächenhöhe h mithilfe des pythagoräischen Lehrsatzes.
- Ermitteln Sie im markierten Dreieck eine Formel für die Körperhöhe H mithilfe des pythagoräischen Lehrsatzes.
- Setzen Sie die Formel für den Flächeninhalt des gleichseitigen Dreiecks sowie der Körperhöhe H in die Volumsformel ein.

Lösungsvorschlag

Teil a Das Schnittmuster besteht aus vier gleichseitigen Dreiecken mit der Seitenkante a und vier Rechtecken mit den Seitenkanten a und f.

Ein gleichseitiges Dreieck mit der Seitenkante a hat den Flächeninhalt:

$A_\Delta = \frac{\sqrt{3}}{4}a^2$

Damit folgt für den Flächeninhalt des Schnittmusters:

$\mathbf{M} = 4A_\Delta + 4af = \mathbf{a^2\sqrt{3} + 4af}$

Mit f = 1 und M = 200 ist nun folgende Gleichung zu lösen:

$$200 = a^2\sqrt{3} + 4a$$

$$\sqrt{3}a^2 + 4a - 200 = 0$$

$$a_{1,2} = \frac{-4 \pm \sqrt{16 + 800\sqrt{3}}}{2\sqrt{3}} \quad \Rightarrow \quad a_1 \approx 9{,}65; \; a_2 \approx -11{,}96 \text{ (entfällt)}$$

Die Seitenkante hat eine Länge von ca. **9,65 cm**.

Teil b Gegenereignis:

P(„keine Verpackung fehlerhaft“) $= 0{,}98^5 \approx 0{,}9039$

$\Rightarrow$ P(„mindestens eine Verpackung fehlerhaft“) $= 1 - 0{,}98^5 \approx 0{,}0961$

Mit einer Wahrscheinlichkeit von ca. **9,6 %** ist mindestens eine von fünf kontrollierten Verpackungen fehlerhaft zugeschnitten.

Teil c Die Seitenflächenhöhe h kann mithilfe des pythagoräischen Lehrsatzes ermittelt werden:

$$a^2 = h^2 + \left(\frac{a}{2}\right)^2 \quad \Rightarrow \quad h^2 = \frac{3}{4}a^2$$

Im markierten Dreieck kann mithilfe des pythagoräischen Lehrsatzes die Körperhöhe H ermittelt werden:

$$a^2 = H^2 + \left(\frac{2}{3}h\right)^2 \quad \Rightarrow \quad H^2 = a^2 - \frac{4}{9}h^2$$

Für h^2 eingesetzt ergibt:

$$H^2 = a^2 - \frac{4}{9}\cdot\frac{3}{4}a^2 \quad \Rightarrow \quad H^2 = a^2 - \frac{1}{3}a^2 \quad \Rightarrow \quad H^2 = \frac{2}{3}a^2 \quad \Rightarrow \quad \mathbf{H = a\sqrt{\frac{2}{3}}}$$

Damit folgt für das Volumen:

$$\mathbf{V} = \frac{G \cdot H}{3} = \frac{1}{3}\cdot\frac{a^2\sqrt{3}}{4}\cdot\frac{a\sqrt{2}}{\sqrt{3}} = \mathbf{\frac{a^3\sqrt{2}}{12}}$$

Standardisierte schriftliche Reifeprüfung – Mathematik
Probematura 1 – Teil 1

Aufgabe 1
Ganze Zahlen

Gegeben sind Aussagen über die Eigenschaften von ganzen Zahlen.

Aufgabenstellung: Kreuzen Sie die zutreffende(n) Aussage(n) an!

- ☐ Jeder ganzen Zahl ist eindeutig ein Punkt auf der Zahlengeraden zugeordnet und die Abstände zwischen den Punkten benachbarter Zahlen sind gleich groß.
- ☐ Der Quotient von einer ganzen Zahl und dem Kehrwert dieser Zahl ergibt immer eins.
- ☐ Der Betrag einer ganzen Zahl ist immer eine natürliche Zahl.
- ☐ Die Menge der ganzen Zahlen ist eine Teilmenge der reellen Zahlen.
- ☐ Die Multiplikation ist in der Zahlenmenge der negativen ganzen Zahlen abgeschlossen.

Aufgabe 2
Lösungen einer Gleichung

Die Gleichung $a=x^2$ wird in $\mathbb{R}$ gelöst.

Aufgabenstellung: Ordnen Sie den Werten a die passenden Lösungsmöglichkeiten zu!

A $a<0$	☐ zwei Lösungen
B $a>0$	☐ keine Lösung
C $a=0$	☐ eine Lösung oder zwei Lösungen
	☐ eine Doppellösung
	☐ keine oder zwei Lösung(en)

Aufgabe 3
Frauen und Männer

In einem Betrieb arbeiten Frauen und Männer. x sei die Anzahl der beschäftigten Frauen und y die Anzahl der beschäftigten Männer. Gegeben sind die Gleichungen $4x=y$ und $y-60=x$.

Aufgabenstellung: Kreuzen Sie jene beiden richtigen Aussagen an, die die Anzahl der beschäftigten Männer und Frauen mathematisch korrekt beschreiben!

- ☐ Es sind viermal so viele Männer wie Frauen beschäftigt.
- ☐ Es sind viermal so viele Frauen wie Männer beschäftigt.
- ☐ Die Anzahl der Männer im Betrieb ist um 60 größer als die Anzahl der im Betrieb beschäftigten Frauen.
- ☐ Die Anzahl der Frauen im Betrieb ist um 60 größer als die Anzahl der im Betrieb beschäftigten Männer.
- ☐ Insgesamt sind 60 Personen im Betrieb beschäftigt.

Aufgabe 4
Lösungsfälle quadratischer Gleichungen

Gegeben sind quadratische Gleichungen sowie verschiedene Zahlenmengen als Grundmenge der Gleichungen.

Aufgabenstellung: Kreuzen Sie je eine der angegebenen Möglichkeiten so an, dass eine mathematisch korrekte Aussage entsteht!

Die Gleichung (1) hat in der Grundmenge der (2) zwei Lösungen.

(1)	(2)
☐ $x^2 + 2x - 2 = 0$	☐ natürlichen Zahlen
☐ $2x^2 + x = 0$	☐ ganzen Zahlen
☐ $x^2 - x + 0{,}25 = 0$	☐ rationalen Zahlen

Aufgabe 5
Theater

Im Akademietheater Wien sind Karten in folgenden Kategorien und Stückzahlen erhältlich:

Akademietheater Sitzplan A (2013)

Preisgruppe	Kategorie	Plätze	Euro
1	Cercle 1.–2. Reihe Parkett 1.–7. Reihe	34 140	51,00
2	Parkett 8.–16. Reihe Balkon Mitte 1. Reihe	192 20	35,00
3	Balkon Mitte 2. Reihe	22	19,00
4	Balkon Mitte 3.–4. Reihe Balkon Seite 1. Reihe	48 24	12,00
5	Balkon Seite 2. Reihe	20	5,00
6	Rollstuhlplatz	32	4,00
7	Stehplätze	32	2,50
	Gesamtanzahl Sitzplätze	500	

Der Vektor B gibt an, wie viele Plätze in den jeweiligen Preiskategorien für eine Vorstellung bereits verkauft wurden: $B = (154|202|13|54|7|2|9)$
Der Preisvektor P listet die Preise nach Preisgruppen auf.

Aufgabenstellung: Ermitteln Sie, wie viele Plätze in der Kategorie „Balkon Mitte 2. Reihe" frei sind! Wie viele Sitzplätze sind insgesamt noch frei? Geben Sie weiters eine Formel an, um die Gesamteinnahmen E beim vorliegenden Buchungsstand zu ermitteln!

Aufgabe 6
Rechenoperationen von Vektoren

Gegeben sind Rechenoperationen und Begriffe zu Vektoren.

Aufgabenstellung: Setzen Sie die Begriffe so ein, dass der Satz mathematisch korrekt ist!

Das Ergebnis einer ① ist stets ②.

①		②	
☐	Addition zweier Vektoren	☐	ein Normalvektor des Vektors/der Vektoren
☐	Skalarmultiplikation zweier Vektoren	☐	ein Einheitsvektor des Vektors/der Vektoren
☐	Multiplikation eines Vektors mit einem Skalar	☐	eine Zahl

Aufgabe 7
Parameterdarstellung einer Geraden

Gegeben sind die Vektoren $A = (2|2|1)$ und $B = (4|6|2)$.

Aufgabenstellung: Geben Sie eine Parameterdarstellung der Geraden durch A und B an!

g: ______________________

Aufgabe 8
Leiter

In der Beschreibung für die Benutzung von Leitern wird darauf hingewiesen, dass der Anstellwinkel zwischen 65° und 70° betragen muss.

Aufgabenstellung: Berechnen Sie, wie hoch eine 4 m lange Leiter unter Einhaltung dieser Richtlinie maximal reicht! Ermitteln Sie weiters die maximale Entfernung von der Wand, in der das Fußende der Leiter aufgestellt werden soll!

Aufgabe 9
Winkelfunktion im Einheitskreis

Gegeben ist der Winkel $\alpha = 100°$.

Aufgabenstellung: Zeichnen Sie den $\sin\alpha$ in der Grafik ein und ermitteln Sie rechnerisch und zeichnerisch den Winkel β, der denselben Sinuswert wie α hat!

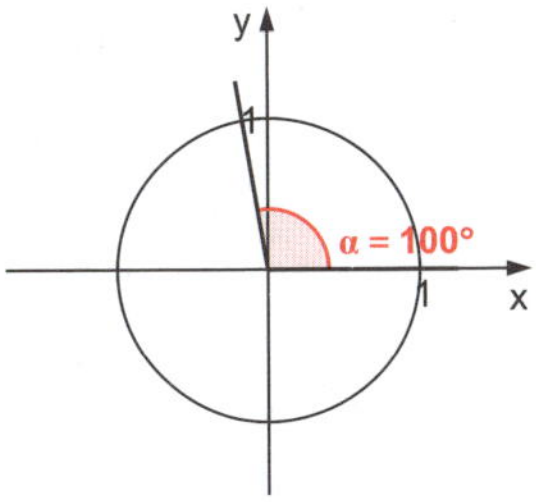

Aufgabe 10
Füllvorgänge von Gartenpools

Fünf Nachbarn einer Gartensiedlung haben idente, zylinderförmige Pools in ihren Gärten. Alle füllen diese mit Wasser. Die Graphen zur Füllhöhe der Pools ergeben sich aus verschiedenen Füllvorgängen.

Aufgabenstellung: Kreuzen Sie die beiden zutreffenden Schaubilder an, wenn um 10:30 Uhr das Füllen des Pools noch nicht beendet war!

☐ 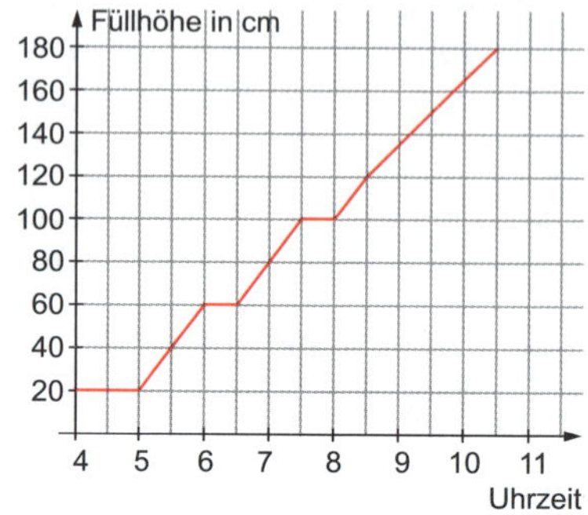

☐ 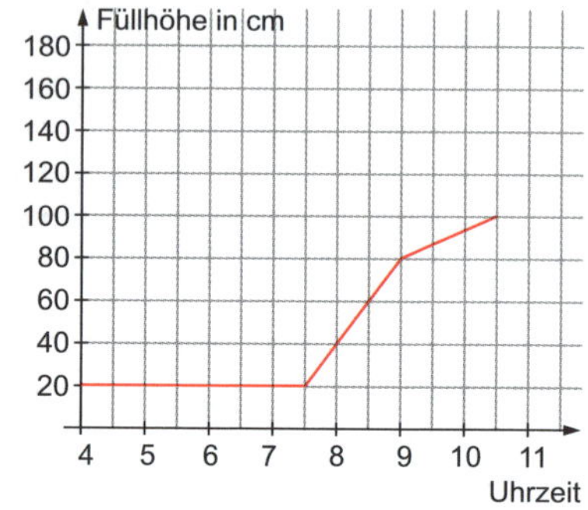

☐ 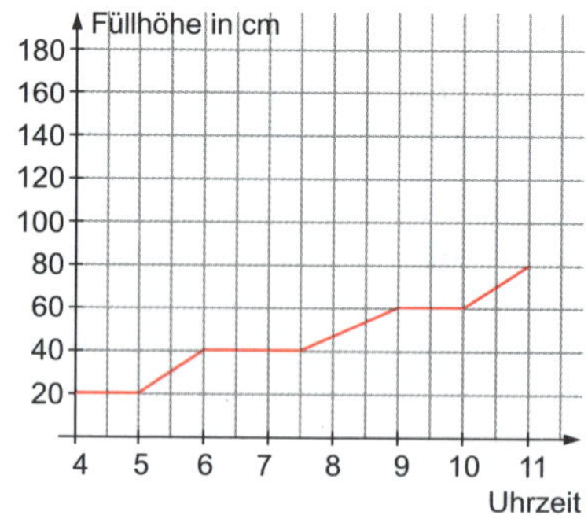

☐ 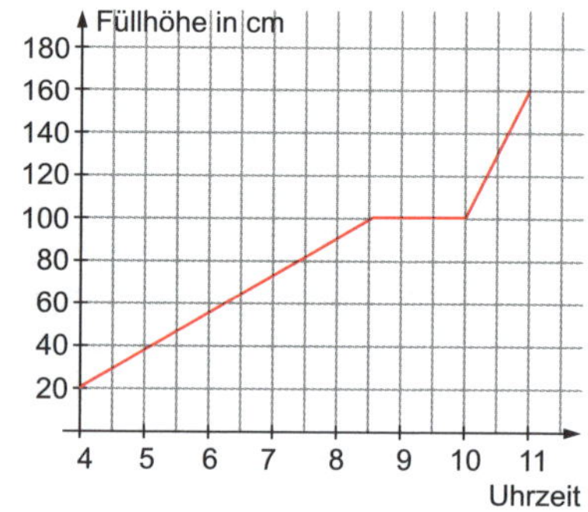

☐ 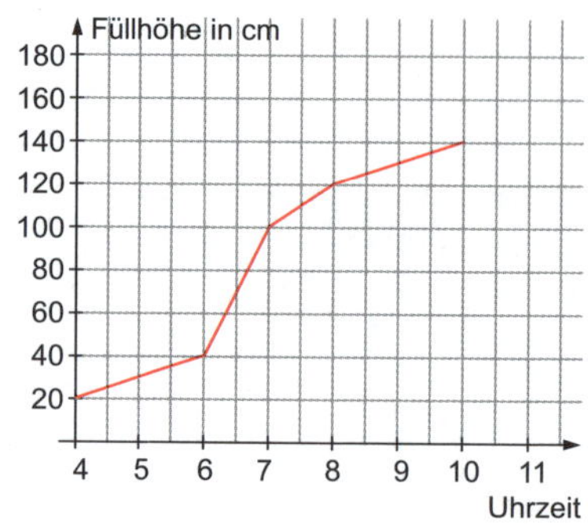

Aufgabe 11
Abbau eines Narkosemedikaments

Der Abbau eines Narkosemedikaments im Körper kann näherungsweise mit einer Exponentialfunktion modelliert werden. N(t) beschreibt die noch im Körper verbleibende Menge des Wirkstoffes in mg nach t Minuten. N(0) ist die zu Beginn der OP verabreichte Medikamentenmenge.

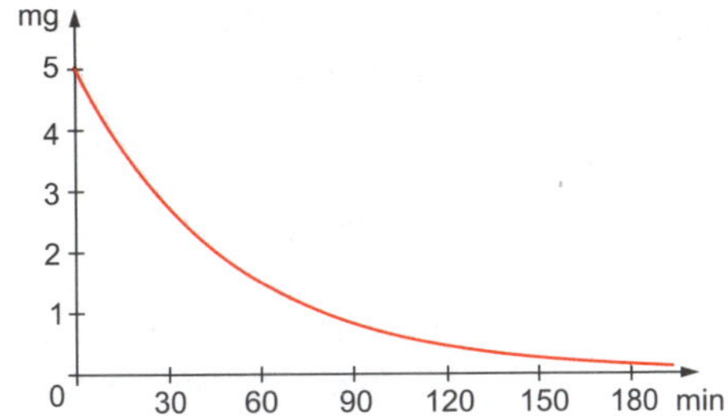

$N(t) = N(0) \cdot 0{,}98^t$ (t in min)

Aufgabenstellung: Erklären Sie anhand des abgebildeten Funktionsgraphen, wann das Medikament restlos vom Körper abgebaut sein wird!

Aufgabe 12
Wertetabellen

Gegeben sind sechs Wertetabellen. Vier dieser Wertetabellen stellen eine besondere Form des Zusammenhangs zwischen x- und y-Werten dar.

Aufgabenstellung: Welche Wertetabellen repräsentieren welchen Zusammenhang? Tragen Sie die Buchstaben in die Kästchen der zutreffenden Zusammenhänge ein!

A x	A y	B x	B y	C x	C y	D x	D y	E x	E y	F x	F y
1	4	1	12	1	12	1	1	1	3	1	8
2	6	2	10	2	6	2	4	2	6	2	6
3	10	3	7	3	4	3	9	3	9	3	4
4	12	4	3	4	3	4	16	4	12	4	2

Quadratischer Zusammenhang	Direkt proportionaler Zusammenhang	Indirekt proportionaler Zusammenhang	Linearer, aber nicht direkt proportionaler Zusammenhang
☐	☐	☐	☐

Aufgabe 13
Gebrochen-rationale Funktionen

Gegeben sind die Graphen der Funktionen $f_1(x) = \frac{a}{x}$ mit $a > 0$ und $f_2(x) = \frac{a}{x^2}$ mit $a > 0$.

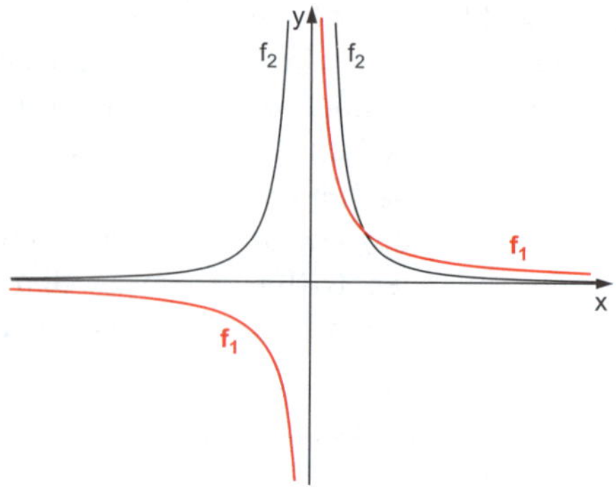

Aufgabenstellung: Welche der folgenden Eigenschaften sind für f_1 bzw. f_2 richtig? Kreuzen Sie die zutreffende(n) Aussage(n) an!

- ☐ Die Koordinatenachsen bilden die Asymptoten der Graphen von f_1 und f_2.
- ☐ Die Definitionsmenge von f_1 und f_2 sind die positiven reellen Zahlen.
- ☐ Der Graph von f_2 ist im Intervall $(-\infty; 0)$ streng monoton steigend und im Intervall $(0; \infty)$ streng monoton fallend.
- ☐ Der Graph von f_1 ist im Intervall $(-\infty; \infty)$ streng monoton fallend.
- ☐ Die Wertemenge von f_2 sind die positiven reellen Zahlen.

Aufgabe 14
Erlösfunktion

Die Funktion zeigt den Erlös beim Verkauf eines Produktes in Abhängigkeit von der Stückzahl.

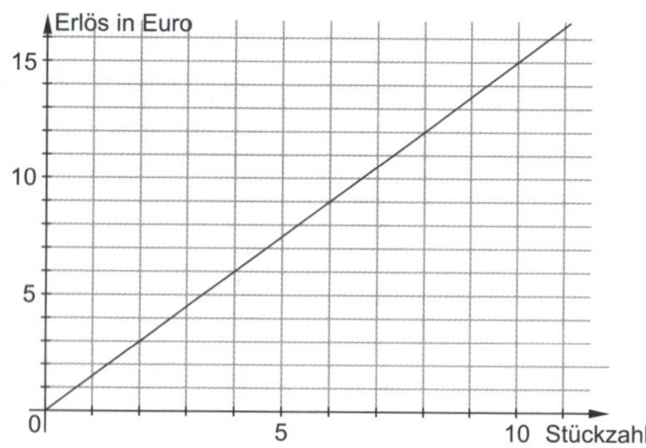

Aufgabenstellung: Beschreiben Sie, welche Bedeutung der Ausdruck

$$\frac{f(8) - f(4)}{8 - 4}$$

in diesem Kontext hat!

Aufgabe 15
Potenzfunktionen

Gegeben sind drei Gleichungen von Potenzfunktionen und fünf Wertetabellen.

Aufgabenstellung: Ordnen Sie den Funktionsgleichungen die richtige Wertetabelle zu!

A x	A y	B x	B y	C x	C y	D x	D y	E x	E y
–3	0,11	–3	–9	–3	1,73	–3	9	–3	–
–2	0,25	–2	–4	–2	1,41	–2	4	–2	–
–1	1	–1	–1	–1	1	–1	1	–1	–
0	–	0	0	0	0	0	0	0	0
1	1	1	–1	1	1	1	1	1	1
2	0,25	2	–4	2	1,41	2	4	2	1,41
3	0,11	3	–9	3	1,73	3	9	3	1,73

$f(x) = x^2$	$g(x) = x^{-2}$	$h(x) = x^{0,5}$
☐	☐	☐

Aufgabe 16
Allgemeine Sinusfunktion

Gegeben ist der Graph einer Sinusfunktion $f(x) = a \cdot \sin(b \cdot x)$ mit $a, b \in \mathbb{Q}$:

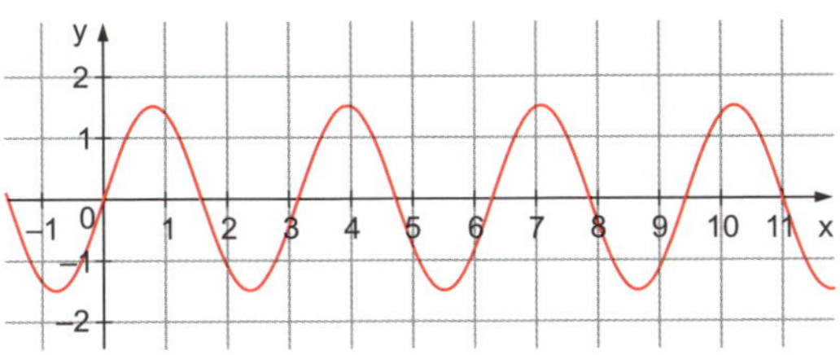

Aufgabenstellung: Ermitteln Sie aus dem Graphen die Parameter a und b und geben Sie die Funktionsgleichung an!

a = ______, b = ______, f(x) = ____________

Aufgabe 17
Ableitungsregeln

Ableitung von Funktionen.

Aufgabenstellung: Ordnen Sie die richtigen Begriffe zu!

Die Ableitung ① zweier Funktionen ist ② der Ableitungen der einzelnen Funktionen.

①		②	
☐	der Verkettung	☐	die Differenz
☐	des Quotienten	☐	die Summe
☐	der Summe	☐	das Produkt

Aufgabe 18
Polynomfunktion

Gegeben ist die Funktion $f(x) = x^2 + 7x - 4$.

Aufgabenstellung: Zeichnen Sie die Ableitungsfunktion f'(x) in das Koordinatensystem!

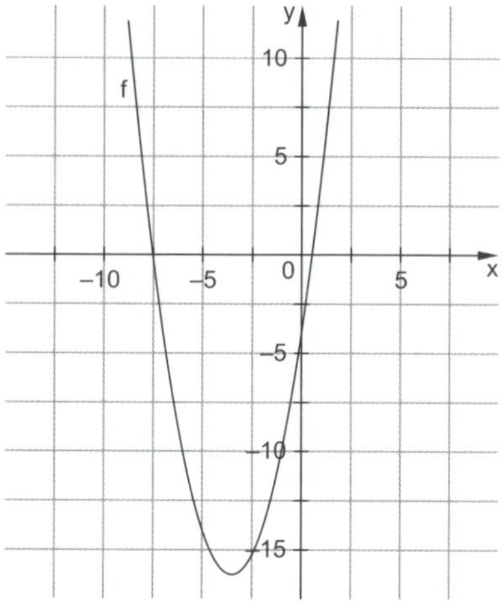

Aufgabe 19
Monotonie und Krümmung

Gegeben sind Eigenschaften einer Funktion und ihrer Ableitungsfunktion. Die Funktion bzw. Ableitungsfunktion wird in bestimmten Intervallen betrachtet.

Aufgabenstellung: Ordnen Sie den Eigenschaften von f(x) in einem Intervall die Eigenschaften von f'(x) in diesem Intervall zu!

f'(x) ist im gegebenen Intervall …

- **A** … streng monoton steigend.
- **B** … im positiven y-Bereich.
- **C** … links (positiv) gekrümmt.
- **D** … im negativen y-Bereich.
- **E** … streng monoton fallend.
- **F** … rechts (negativ) gekrümmt.

f(x) ist im gegebenen Intervall …

- ☐ … streng monoton steigend.
- ☐ … streng monoton fallend.
- ☐ … links (positiv) gekrümmt.
- ☐ … rechts (negativ) gekrümmt.

Aufgabe 20
Taschengeld

Es sei F eine Funktion, deren Funktionswerte F(x) die Anzahl der Schülerinnen und Schüler einer Schule mit einem Taschengeldbetrag von x Euro angeben.

Aufgabenstellung: Was bedeutet in diesem Zusammenhang $\int_{x_1}^{x_2} F(x)\,dx$?

Aufgabe 21
Neue Liste von Daten

Das arithmetische Mittel $\overline{x}$ einer Liste mit 24 Daten lautet: $\overline{x} = 115$
Eine neue Liste wird gebildet, indem zu jedem Element der ersten Liste fünf addiert wird.

Aufgabenstellung: Kreuzen Sie die zutreffende(n) Aussage(n) an!

- ☐ Der Modus wird verfünffacht.
- ☐ Der Mittelwert wird um 5 größer.
- ☐ Der Median verändert sich nicht.
- ☐ Die Spannweite bleibt unverändert.
- ☐ Die Anzahl der Werte und die relativen Häufigkeiten bleiben gleich.

Aufgabe 22
Urlaubsziel Österreich

In einer Tageszeitung wurde folgende Schlagzeile abgedruckt: „Ein Viertel der Urlaubsgäste in Österreich sind Einheimische".

Aufgabenstellung: Wenn man eine Befragung unter einhundert zufällig ausgewählten Urlaubsgästen in Österreich durchführen würde, welche Ergebnisse wären aufgrund dieser Schlagzeile zu erwarten? Kreuzen Sie die zutreffende(n) Aussage(n) an!

- ☐ Drei von vier Urlaubsgästen in Österreich kommen aus dem Ausland.
- ☐ 25 % der ÖsterreicherInnen verbringen ihren Urlaub in Österreich.
- ☐ 75 von 100 Österreich-UrlauberInnen sind ausländische Gäste.
- ☐ Drei Viertel der ÖstereicherInnen verbringen ihren Urlaub im Ausland.
- ☐ Das Verhältnis von einheimischen und ausländischen TouristInnen in Österreich ist 1 : 3.

Aufgabe 23
Test

Bei einem Test wird den verschiedenen Antwortmöglichkeiten die jeweilige Anzahl von richtigen Antworten zugeordnet. Jeder Anzahl von richtigen Antworten wird in weiterer Folge eine Wahrscheinlichkeit zugeordnet:

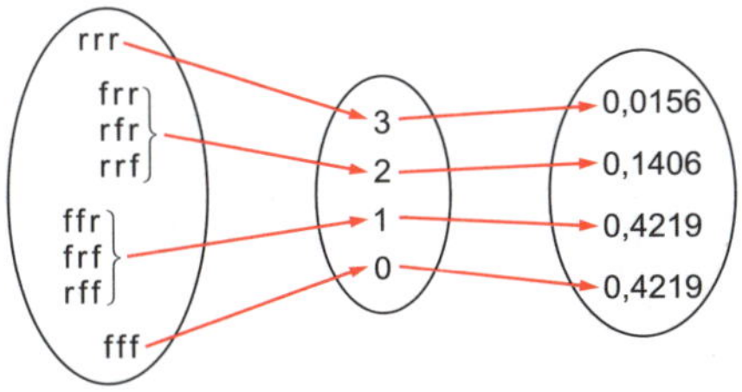

Aufgabenstellung: Aus wie vielen Fragen mit wie vielen Antwortmöglichkeiten besteht dieser Test? Kreuzen Sie je eine der angegebenen Möglichkeiten so an, dass eine mathematisch korrekte Aussage entsteht!

Der Test besteht aus ① Fragen mit jeweils ② Antwortmöglichkeiten, von denen eine richtig ist.

①		②	
☐	zwei	☐	zwei
☐	drei	☐	drei
☐	vier	☐	vier

Aufgabe 24
Binomialverteilung

Welche Bedingungen müssen gelten, damit mit Binomialverteilung (n; p) modelliert werden darf?

Aufgabenstellung: Kreuzen Sie die zutreffende(n) Aussage(n) an!

- ☐ Wenn der Zufallsversuch stets unter gleichen Bedingungen n-mal durchgeführt werden kann.
- ☐ Wenn es zwei voneinander unabhängige Versuchsausgänge gibt.
- ☐ Wenn es zwei voneinander abhängige Versuchsausgänge gibt.
- ☐ Wenn die Wahrscheinlichkeiten für die Versuchsausgänge immer gleich bleiben.
- ☐ Wenn die Wahrscheinlichkeiten für die Versuchsausgänge einander auf 1 ergänzen.

Hinweise und Tipps

Aufgabe 1

- Mit welcher Zahl muss man eine ganze Zahl multiplizieren bzw. dividieren, um 1 zu erhalten?
- Ergibt die Multiplikation zweier negativer Zahlen wiederum eine negative Zahl?

Aufgabe 2

- Zum Lösen der Gleichung muss auf beiden Seiten die Quadratwurzel gezogen werden. Worauf muss man beim Wurzelziehen achten?
- In welcher Zahlenmenge kann auch die Wurzel aus negativen Zahlen gezogen werden?
- Versuchen Sie, die Gleichung zu lösen, indem Sie für a einmal eine positive Zahl, einmal eine negative Zahl und einmal 0 einsetzen.

Aufgabe 3

- Auf beiden Seiten der Gleichung steht dieselbe Zahl (Anzahl der Beschäftigten).
- $4x = y$: y ist die Anzahl der männlichen Beschäftigten. Die Anzahl der weiblichen Beschäftigten x muss erst mit 4 multipliziert werden, damit y erreicht wird.
- $y - 60 = x$: x ist die Anzahl der weiblichen Beschäftigten. Von der Anzahl der männlichen Beschäftigten y muss 60 noch abgezogen werden, um x zu erreichen.

Aufgabe 4

- Lösen Sie die Gleichungen. In welcher Zahlenmenge als Grundmenge hat welche Gleichung zwei Lösungen?

Aufgabe 5

- Rollstuhlplätze und Stehplätze werden nicht zu den Sitzplätzen gezählt.

Aufgabe 6

- Zwei Vektoren werden „zeilenweise“ addiert.
- Einen Vektor multipliziert man koordinatenweise mit einem Skalar.
- Die Skalarmultiplikation zweier Vektoren kommt bei der Winkelberechnung der Vektoren vor.

Aufgabe 7

- Es gilt z. B.: g: $X = A + t \cdot \overrightarrow{AB}$

Aufgabe 8

- Machen Sie eine Skizze. Berechnen Sie im rechtwinkligen Dreieck mit dem größeren Anstellwinkel die maximale Höhe, im Dreieck mit dem kleineren Anstellwinkel die maximale Entfernung von der Wand.

Aufgabe 9

- Zeichnen Sie vom Schnittpunkt des Winkelschenkels mit der Kreislinie den Normalabstand zur x-Achse.
- Übertragen Sie diese Strecke in den 1. Quadranten.
- Zeichnen Sie den Winkelschenkel für β, indem Sie den Koordinatenursprung mit dem Berührpunkt Strecke – Kreislinie verbinden.

Aufgabe 10

- Welche Graphen haben auch nach 10:30 Uhr noch Funktionswerte?

Aufgabe 11

- Auf der 2. Achse (y-Achse) ist die noch im Körper befindliche Menge des Medikaments eingetragen. Wann schneidet der Graph die 1. Achse (x-Achse)?

Aufgabe 12

- Werden die y-Werte entsprechend einer der folgenden Funktionen berechnet? $y = x^2$, $y = kx$, $y = \frac{c}{x}$, $y = kx + d$

Aufgabe 13

- Diese Funktionen sind für $x = 0$ nicht definiert. Diese „Lücke" in der Definitionsmenge ist auch bei der Angabe des Monotonieverhaltens zu berücksichtigen.

Aufgabe 14

- Der Ausdruck stellt einen Differenzenquotienten dar. Was gibt der Differenzenquotient an? Beachten Sie auch, dass hier eine lineare Funktion vorliegt.

Aufgabe 15

- Skizzieren Sie die Funktionsgraphen:

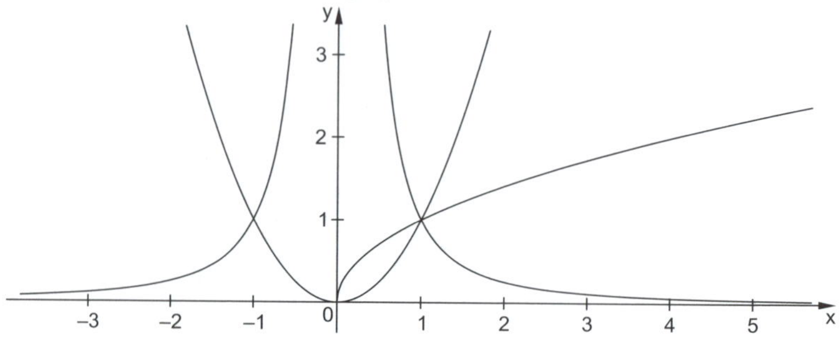

Aufgabe 16

- Skizzieren Sie den Graphen der Sinusfunktion im Koordinatensystem. Beachten Sie, dass die x-Werte in Radiant gegeben sind.
- Der Parameter a streckt den Graphen in y-Richtung, der Parameter b staucht den Graphen in x-Richtung.

Aufgabe 17

- Denken Sie an die Ableitungsregeln.
- Nehmen Sie z. B. die Funktionen $f(x)=x^2$ und $g(x)=\sin x$, bilden Sie die Summe, die Verkettung bzw. den Quotienten und differenzieren Sie.

Aufgabe 18

- Zeichnen Sie eine Tangente und lesen Sie den Anstieg der Tangente ab.
- Was können Sie über den Scheitel sagen?
- Bilden Sie zur Kontrolle die Ableitungsfunktion.

Aufgabe 19

- Skizzieren Sie eine beliebige Funktion und ihre Ableitungsfunktion. Markieren Sie dann die vier gegebenen Eigenschaften und sehen Sie, wie sich die Ableitungsfunktion dort verhält.
- Wählen Sie z. B. $f(x)=x^3+2x^2-4x-3$, $f'(x)=3x^2+4x-4$.

Aufgabe 20

- x_1 und x_2 sind Geldbeträge. Sie sind die Grenzen des Integrals.

Aufgabe 21

- Überlegen Sie anhand konkreter Zahlen, z. B. der Liste 2, 2, 6, ob und wie sich die angeführten Kennzahlen ändern, wenn zu jedem Wert der Liste 5 addiert wird.

Aufgabe 22

- Die Aussage in der Schlagzeile bezieht sich darauf, woher die Urlaubsgäste in Österreich kommen, und nicht darauf, wo die ÖsterreicherInnen Urlaub machen.

Aufgabe 23

- Wie wahrscheinlich ist es, dass man eine Frage richtig beantworten kann, wenn die Wahrscheinlichkeit für drei richtige Antworten bekannt ist?
- $P(r, r, r)=0{,}0156$

Aufgabe 24

- Was wären „voneinander abhängige Versuchsausgänge“?
- Was wären „voneinander unabhängige Versuchsausgänge“?

Lösungsvorschlag

Aufgabe 1
Ganze Zahlen

- [x] Jeder ganzen Zahl ist eindeutig ein Punkt auf der Zahlengeraden zugeordnet und die Abstände zwischen den Punkten benachbarter Zahlen sind gleich groß.
- [ ] Der Quotient von einer ganzen Zahl und dem Kehrwert dieser Zahl ergibt immer eins.
- [x] Der Betrag einer ganzen Zahl ist immer eine natürliche Zahl.
- [x] Die Menge der ganzen Zahlen ist eine Teilmenge der reellen Zahlen.
- [ ] Die Multiplikation ist in der Zahlenmenge der negativen ganzen Zahlen abgeschlossen.

Das Produkt einer ganzen Zahl mit dem Kehrwert der Zahl ergibt 1.
Das Produkt zweier negativer ganzer Zahlen ergibt eine positive ganze Zahl.

Aufgabe 2
Lösungen einer Gleichung

- B zwei Lösungen
- A keine Lösung
- eine Lösung oder zwei Lösungen
- C eine Doppellösung
- keine oder zwei Lösungen

• $0 = x^2$	Quadratwurzel ziehen
$0 = x$	liefert eine Doppellösung
• $a = x^2$ mit $a < 0$	Quadratwurzel ziehen geht nur in $\mathbb{C}$ und nicht in $\mathbb{R}$ (der Ausdruck unter der Wurzel ist negativ)
$\pm\sqrt{\lvert a \rvert}\, i = x$	liefert keine Lösung in $\mathbb{R}$, zwei Lösungen in $\mathbb{C}$
• $a = x^2$ mit $a > 0$	Quadratwurzel ziehen
$\pm\sqrt{a} = x$	liefert zwei Lösungen

Aufgabe 3
Frauen und Männer

- [x] Es sind viermal so viele Männer wie Frauen beschäftigt.
- [ ] Es sind viermal so viele Frauen wie Männer beschäftigt.
- [x] Die Anzahl der Männer im Betrieb ist um 60 größer als die Anzahl der im Betrieb beschäftigten Frauen.
- [ ] Die Anzahl der Frauen im Betrieb ist um 60 größer als die Anzahl der im Betrieb beschäftigten Männer.
- [ ] Insgesamt sind 60 Personen im Betrieb beschäftigt.

Die Gleichungen zu den drei falschen Aussagen lauten (von oben nach unten): $x = 4y$; $x = y + 60$; $x + y = 60$

Aufgabe 4
Lösungsfälle quadratischer Gleichungen

Die Gleichung $\mathbf{2x^2 + x = 0}$ hat in der Grundmenge der **rationalen Zahlen** zwei Lösungen.

Die Gleichung $x^2 + 2x - 2 = 0$ hat die Lösungsmenge $L = \{-1 \pm \sqrt{3}\}$, also zwei irrationale Lösungen.
Die Gleichung $x^2 - x + 0{,}25 = 0$ hat die Lösungsmenge $L = \{\frac{1}{2}\}$, also eine rationale Lösung.

Aufgabe 5
Theater

In der Kategorie „Balkon Mitte, 2. Reihe" sind **9 Plätze** frei. Insgesamt sind noch **70 Sitzplätze** frei.

Die Einnahmen berechnen sich gemäß der Formel: $\mathbf{E = B \cdot P}$

Aufgabe 6
Rechenoperationen von Vektoren

Das Ergebnis einer **Skalarmultiplikation zweier Vektoren** ist stets **eine Zahl**.

Die Addition zweier Vektoren ist ein Vektor, die Multiplikation eines Vektors mit einem Skalar ergibt ein Vielfaches des Vektors.

Aufgabe 7
Parameterdarstellung einer Geraden

g: $X = \begin{pmatrix} 2 \\ 2 \\ 1 \end{pmatrix} + t \cdot \begin{pmatrix} 2 \\ 4 \\ 1 \end{pmatrix}$

Berechnung des Richtungsvektors:

$\overrightarrow{AB} = B - A = \begin{pmatrix} 4 \\ 6 \\ 2 \end{pmatrix} - \begin{pmatrix} 2 \\ 2 \\ 1 \end{pmatrix} = \begin{pmatrix} 2 \\ 4 \\ 1 \end{pmatrix}$

$\overrightarrow{AB}$ und A werden in die Parameterdarstellung eingesetzt.

Aufgabe 8
Leiter

Die Leiter reicht bis in eine Höhe von **3,76 m**.

Das Fußende ist maximal **1,69 m** von der Wand entfernt.

Für die Höhe h bzw. die Entfernung a zur Wand gilt:

$\sin 70° = \frac{h}{4\text{ m}} \quad \Leftrightarrow \quad h = 4\text{ m} \cdot \sin 70° \approx 3{,}76\text{ m}$

$\cos 65° = \frac{a}{4\text{ m}} \quad \Leftrightarrow \quad a = 4\text{ m} \cdot \cos 65° \approx 1{,}69\text{ m}$

Aufgabe 9
Winkelfunktion im Einheitskreis

$\beta = 180° - \alpha = \mathbf{80°}$

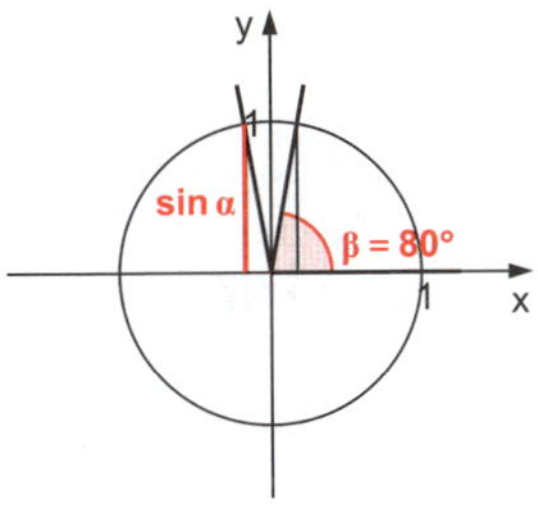

Aufgabe 10
Füllvorgänge von Gartenpools

☐ 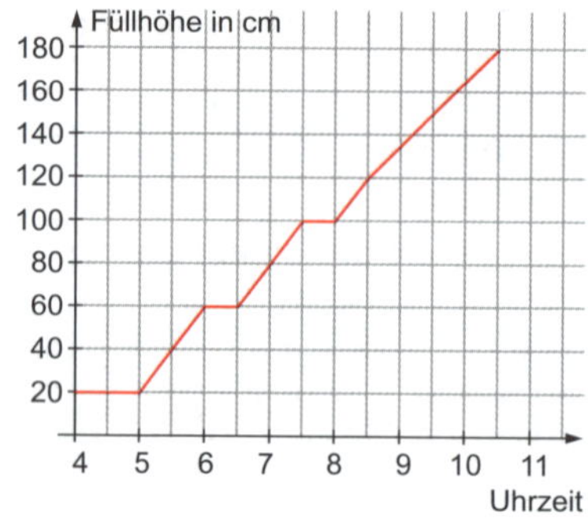

☐ 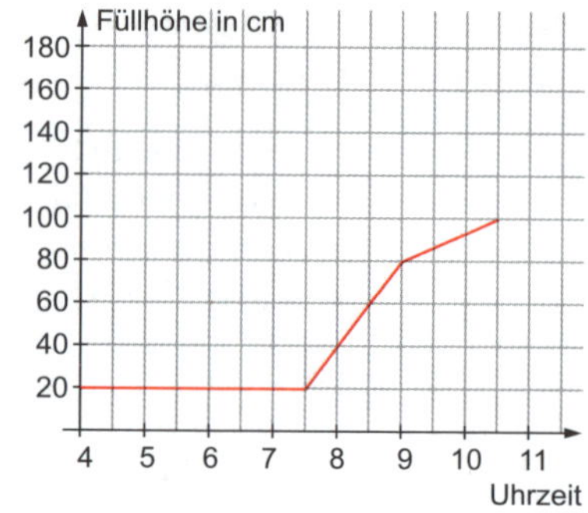

☒ 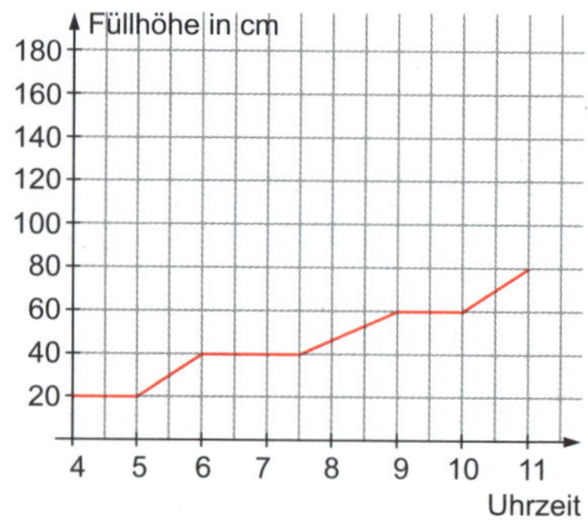

☒ 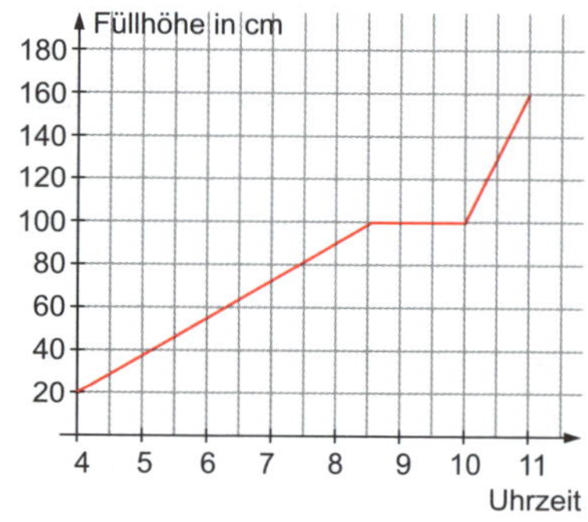

☐ 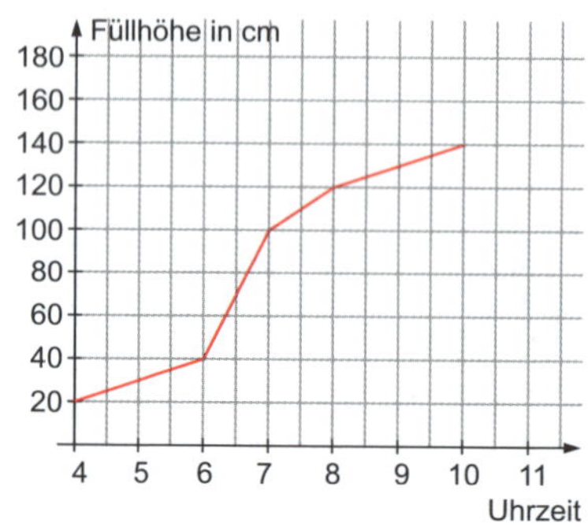

Die ersten beiden Graphen enden exakt um 10:30 Uhr und scheiden somit aus.

Aufgabe 11
Abbau eines Narkosemedikaments

In diesem Modell wird das Medikament niemals ganz abgebaut. Die Funktion N(t) hat keine Nullstelle, also gibt es keinen Schnittpunkt des Graphen mit der 1. Achse. Die Menge des Medikaments wird jedoch beliebig klein.

Aufgabe 12
Wertetabellen

Quadratischer Zusammenhang	Direkt proportionaler Zusammenhang	Indirekt proportionaler Zusammenhang	Linearer, aber nicht direkt proportionaler Zusammenhang
D	E	C	F

Aufgabe 13
Gebrochen-rationale Funktionen

- [x] Die Koordinatenachsen bilden die Asymptoten der Graphen von f_1 und f_2.
- [ ] Die Definitionsmenge von f_1 und f_2 sind die positiven reellen Zahlen.
- [x] Der Graph von f_2 ist im Intervall $(-\infty; 0)$ streng monoton steigend und im Intervall $(0; \infty)$ streng monoton fallend.
- [ ] Der Graph von f_1 ist im Intervall $(-\infty; \infty)$ streng monoton fallend.
- [x] Die Wertemenge von f_2 sind die positiven reellen Zahlen.

Die Definitionsmenge von f_1 und f_2 ist $D = \mathbb{R} \setminus \{0\}$.
f_1 ist in den Intervallen $(-\infty; 0)$ und $(0; \infty)$ streng monoton wachsend.

Aufgabe 14
Erlösfunktion

Die (durchschnittliche) Steigung der Funktion im Intervall [4; 8]; der Erlös bei einem Stück; der durchschnittliche Erlös.

Weil die Funktion linear ist, ist die durchschnittliche Steigung mit der Steigung auf dem gesamten Intervall ident.

Aufgabe 15
Potenzfunktionen

$f(x) = x^2$	$g(x) = x^{-2}$	$h(x) = x^{0,5}$
D	A	E

Die Funktion $h(x) = x^{0,5}$ lässt sich in $h(x) = \sqrt{x}$ umformen. Die Funktionswerte der Wurzelfunktion sind ausschließlich positiv oder null.
$g(x) = x^{-2}$ lässt sich in $g(x) = \frac{1}{x^2}$ umformen.

Aufgabe 16
Allgemeine Sinusfunktion

$a = \mathbf{1{,}5}$, $b = \mathbf{2}$, $f(x) = \mathbf{1{,}5 \cdot \sin(2x)}$

a ist die Amplitude. b kann mit der Formel $b = \frac{2\pi}{p}$ aus der Periode $p = \pi$ bestimmt werden.

Aufgabe 17
Ableitungsregeln

Die Ableitung **der Summe** zweier Funktionen ist **die Summe** der Ableitungen der einzelnen Funktionen.

Die Verkettung zweier Funktionen $f(g(x))$ wird mit der Kettenregel $f'(g(x)) \cdot g'(x)$ abgeleitet. Für das Produkt $f(x) \cdot g(x)$ zweier Funktionen $f(x)$ und $g(x)$ gibt es die Produktregel $f'(x) \cdot g(x) + f(x) \cdot g'(x)$.

Aufgabe 18
Polynomfunktion

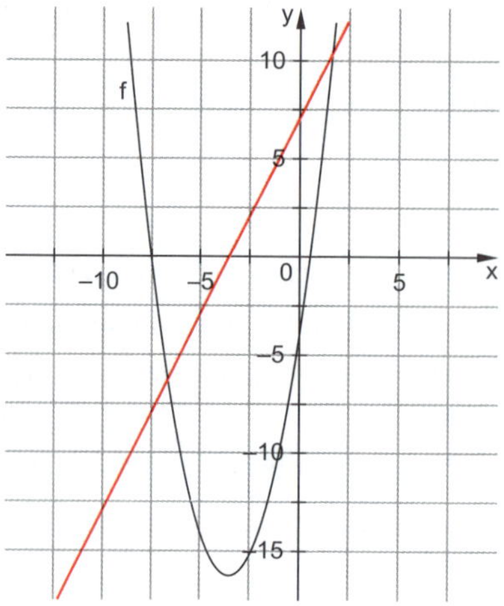

$f'(x) = 2x + 7$

Aufgabe 19
Monotonie und Krümmung

f(x) ist im gegebenen Intervall …

B … streng monoton steigend.
D … streng monoton fallend.
A … links (positiv) gekrümmt.
E … rechts (negativ) gekrümmt.

Ist die Ableitungsfunktion f'(x) positiv bzw. negativ gekrümmt, so lässt sich nichts Interessantes über die Funktion f(x) aussagen.

Aufgabe 20
Taschengeld

Das Integral stellt die Anzahl aller Schülerinnen und Schüler mit einem Taschengeldbetrag zwischen x_1 und x_2 dar.

Mit dem Integral können „kontinuierliche Summen" berechnet werden.

Aufgabe 21
Neue Liste von Daten

- [ ] Der Modus wird verfünffacht.
- [x] Der Mittelwert wird um 5 größer.
- [ ] Der Median verändert sich nicht.
- [x] Die Spannweite bleibt unverändert.
- [x] Die Anzahl der Werte und die relativen Häufigkeiten bleiben gleich.

Die Zentralmaße (Modus, Median, Mittelwert) werden jeweils um 5 erhöht, die Streumaße (Spannweite, Standardabweichung) bleiben unverändert.

Aufgabe 22
Urlaubsziel Österreich

- [x] Drei von vier Urlaubsgästen in Österreich kommen aus dem Ausland.
- [ ] 25 % der ÖsterreicherInnen verbringen ihren Urlaub in Österreich.
- [x] 75 von 100 Österreich-UrlauberInnen sind ausländische Gäste.
- [ ] Drei Viertel der ÖstereicherInnen verbringen ihren Urlaub im Ausland.
- [x] Das Verhältnis von einheimischen und ausländischen TouristInnen in Österreich ist 1:3.

Aus der Aussage, dass ein Viertel der Österreich-Urlauber Einheimische sind, kann nicht abgeleitet werden, dass ein Viertel der ÖsterreicherInnen ihren Urlaub im eigenen Land verbringen.

Aufgabe 23
Test

Der Test besteht aus **drei** Fragen mit jeweils **vier** Antwortmöglichkeiten, von denen eine richtig ist.

$P(X=3)=0{,}25^3=0{,}015625$
$P(X=2)=0{,}25^2\cdot 0{,}75\cdot 3=0{,}140625$
$P(X=1)=0{,}25\cdot 0{,}75^2\cdot 3=0{,}421875$
$P(X=0)=0{,}75^3=0{,}421875$

Aufgabe 24
Binomialverteilung

- [x] Wenn der Zufallsversuch stets unter gleichen Bedingungen n-mal durchgeführt werden kann.
- [x] Wenn es zwei voneinander unabhängige Versuchsausgänge gibt.
- [ ] Wenn es zwei voneinander abhängige Versuchsausgänge gibt.
- [x] Wenn die Wahrscheinlichkeiten für die Versuchsausgänge immer gleich bleiben.
- [x] Wenn die Wahrscheinlichkeiten für die Versuchsausgänge einander auf 1 ergänzen.

Beim „Ziehen mit Zurücklegen“ sind die Wahrscheinlichkeiten voneinander **unabhängig**, beim „Ziehen ohne Zurücklegen“ sind die Wahrscheinlichkeiten voneinander **abhängig**.

Aufgabe 1: Dreieckiger Tisch

Eine Esstischplatte hat annähernd die Form eines gleichseitigen Dreiecks (ABC).

Aufgabenstellung

a) Der Tisch soll umgebaut werden und die Tischplatte soll nur noch auf ein „mittiges“ Tischbein montiert werden.
Gesucht sind die Koordinaten des Lotfußpunktes des mittigen Tischbeines.
Gegeben sind Rechnungen zur Ermittlung dieses Punktes M.
Kreuzen Sie die zutreffende(n) Aussage(n) an!

- ☐ $A + \frac{1}{2} \cdot \overrightarrow{AB} + \frac{1}{3} \cdot \overrightarrow{M_{AB}C}$
- ☐ $C + \frac{2}{3} \cdot \overrightarrow{CM_{AB}}$
- ☐ $B + \frac{1}{3} \cdot \overrightarrow{BM}$
- ☐ $\frac{A + B + C}{3}$
- ☐ $A + \frac{1}{2} \cdot \overrightarrow{AB} + \frac{1}{2} \cdot \overrightarrow{AC}$

b) Gegeben ist von der dreieckigen Tischplatte der Punkt $A = (0 \mid 0)$ sowie die Koordinaten der Vektoren $\overrightarrow{AB} = \begin{pmatrix} 5 \\ 0 \end{pmatrix}$ und $\overrightarrow{AC} = \begin{pmatrix} 2{,}5 \\ 4{,}3 \end{pmatrix}$.

Stellen Sie die Rechnung $\overrightarrow{CB} = \overrightarrow{AB} - \overrightarrow{AC}$ grafisch dar, markieren Sie die Punkte B und C und geben Sie die Koordinaten dieser Punkte an!

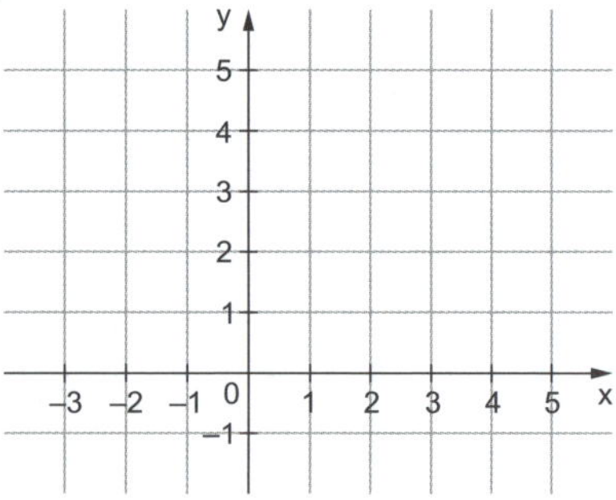

c) Gegeben ist der Vektor $\overrightarrow{AC} = \begin{pmatrix} 2{,}5 \\ 4{,}3 \end{pmatrix}$ des dreieckigen Tisches ABC.
Geben Sie mithilfe dieses Vektors die Gleichung der Geraden durch die Punkte A und C an!

d) Dieser dreieckige Tisch dient einem Verein zum Kartenspielen. Der Verein hat drei Mal so viele männliche wie weibliche Mitglieder. Wären es um 10 Damen mehr, dann wären gleich viele männliche und weibliche Mitglieder im Verein.
Drücken Sie diesen Sachverhalt mit jeweils einer Gleichung aus!

e) Das beliebteste Kartenspiel in diesem Verein ist Schnapsen. Hat man von einer der vier Farben Herz, Karo, Pik oder Treff, von denen genau eine „Trumpf" ist, sowohl die Dame als auch den König in den eigenen Karten, dann kann man einen 20er (falls die Farbe nicht „Trumpf" ist) bzw. 40er (falls die Farbe „Trumpf" ist) rufen.
Bei einer Spielrunde sitzen vier Vereinsmitglieder am Tisch. 20 Karten werden auf die vier Spieler am Tisch aufgeteilt.
Mit welcher Wahrscheinlichkeit hat ein Spieler einen 20er bzw. 40er in den Karten?

Hinweise und Tipps

Teil a

- Der Lotfußpunkt des Tisches ist auch der Schwerpunkt des Dreiecks.

Teil b

- Addieren Sie den entgegengesetzten Vektor.

Teil c

- Mithilfe der Normalvektorform kommen Sie auf die Gleichung einer Geraden.
- Einen Normalvektor eines gegebenen Vektors erhalten Sie, indem Sie die Koordinaten vertauschen und ein Vorzeichen ändern.

Teil d

- m … Anzahl der männlichen Mitglieder,
  f … Anzahl der weiblichen Mitglieder.

Teil e

- Bei 4 Farben gibt es drei 20er und einen 40er.
- Insgesamt gibt es 4 Damen, 4 Könige und 12 weitere Spielkarten.

Lösungsvorschlag

Teil a

- ☒ $A + \frac{1}{2} \cdot \overrightarrow{AB} + \frac{1}{3} \cdot \overrightarrow{M_{AB}C}$
- ☒ $C + \frac{2}{3} \cdot \overrightarrow{CM_{AB}}$
- ☐ $B + \frac{1}{3} \cdot \overrightarrow{BM}$
- ☒ $\frac{A + B + C}{3}$
- ☐ $A + \frac{1}{2} \cdot \overrightarrow{AB} + \frac{1}{2} \cdot \overrightarrow{AC}$

Der Mittelpunkt M eines gleichseitigen Dreiecks ist gleichzeitig der Schwerpunkt, der Höhenschnittpunkt sowie der In- und Umkreismittelpunkt.

Hier wird der Schwerpunkt (in einem allgemeinen Dreieck) rechnerisch beschrieben, der als Schnittpunkt der Schwerlinien ermittelt wird. Diese werden von M im Verhältnis 1 : 2 geteilt.

Der Mittelpunkt M_c der Seite AB teilt die Seite $\overline{AB}$ in zwei gleich lange Teilstrecken $\overline{AM_c}$ und $\overline{M_cB}$. Es gilt daher:

$\overline{AB} : \overline{M_cB} = 2:1$ und analog $\overline{CB} : \overline{M_aB} = 2:1$

Daraus folgt, dass $AC \parallel M_cM_a$ ist. Aufgrund des Strahlensatzes (mit Scheitel B) folgt:

$\overline{AC} : \overline{M_cM_a} = 2:1$

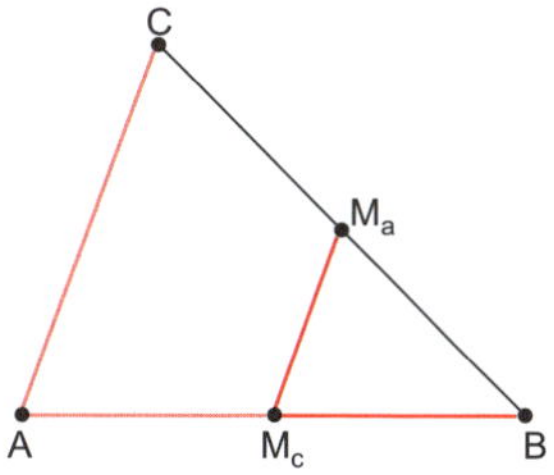

Die Schwerlinien AM_a und CM_c schneiden einander im Schwerpunkt S. Aufgrund des Strahlensatzes (mit Scheitel S und den Parallelen AC und M_cM_a) folgt aus $\overline{AC} : \overline{M_cM_a} = 2:1$ das Verhältnis:

$\overline{AS} : \overline{SM_a} = 2:1$ und analog $\overline{CS} : \overline{SM_c} = 2:1$

Es gilt dann auch:

$\overline{BS} : \overline{SM_b} = 2:1$

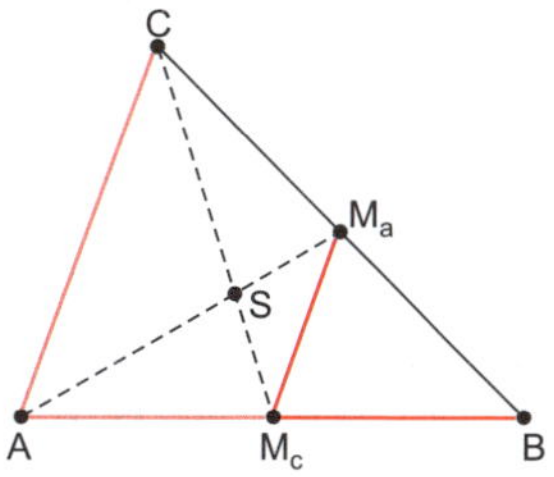

Die 1. Auswahlmöglichkeit $M = A + \frac{1}{2} \cdot \overrightarrow{AB} + \frac{1}{3} \cdot \overrightarrow{M_{AB}C}$ ist **richtig**. Der Weg, der hier beschrieben ist, führt von A zu M_{AB} entlang der Seite AB und entlang der Schwerlinie zu M.

Die 2. Auswahlmöglichkeit $M = C + \frac{2}{3} \cdot \overrightarrow{CM_{AB}}$ ist **richtig**. Der Weg führt von C entlang der Schwerlinie zu M.

Die 3. Auswahlmöglichkeit $M = B + \frac{1}{3} \cdot \overrightarrow{BM}$ ist **falsch**. Es führt der Weg von B entlang der Schwerlinie zu M, jedoch ist der Abstand von B zu M:

$|BM| = \frac{2}{3} |BM_{AC}|$

Die 4. Auswahlmöglichkeit ist **richtig**. Dies ist die Formel $S = \frac{A+B+C}{3}$ zur Berechnung des Schwerpunktes. Eine genaue Erklärung ist im Schulbuch der 6. Klasse zu finden.

Die 5. Auswahlmöglichkeit $M = A + \frac{1}{2} \cdot \overrightarrow{AB} + \frac{1}{2} \cdot \overrightarrow{AC}$ ist **falsch**. Der Weg führt von A entlang der Seite AB zu M_{AB} und dann parallel zur Seite AC. Es müsste jedoch (weil das Dreieck gleichseitig ist) normal zur Seite AB gezeichnet werden.

Teil b Die Rechnung $\overrightarrow{CB} = \overrightarrow{AB} - \overrightarrow{AC}$ lässt sich umformen in $\overrightarrow{CB} = \overrightarrow{AB} + (-\overrightarrow{AC})$.

Starten Sie mit dem Punkt $A = (0|0)$. Zeichnen Sie von A weg den Vektor $\overrightarrow{AB}$ und beschriften Sie den Endpunkt des Vektors mit B. Zeichnen Sie dann den Vektor $\overrightarrow{AC}$ ebenfalls beginnend bei A und beschriften Sie den Endpunkt mit C. Der Vektor $\overrightarrow{CB}$ ist nun die Verbindung von C mit B.

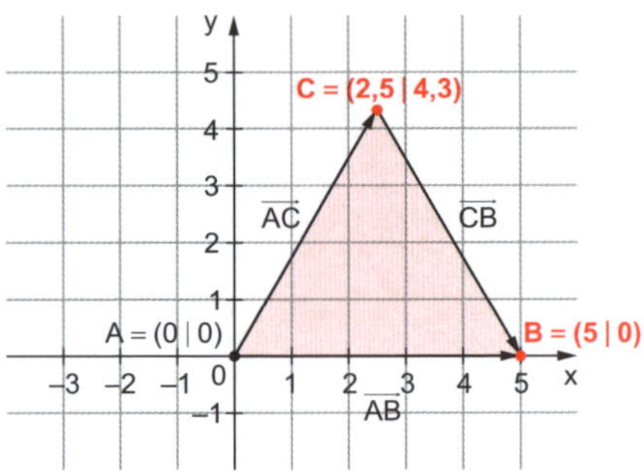

Teil c Normalvektor $\vec{n}$ auf AC: $\begin{pmatrix} -4,3 \\ 2,5 \end{pmatrix}$

Normalvektorform einer Geraden: $\vec{n} \cdot X = \vec{n} \cdot A$

$\begin{pmatrix} -4,3 \\ 2,5 \end{pmatrix} \cdot \begin{pmatrix} x \\ y \end{pmatrix} = \begin{pmatrix} -4,3 \\ 2,5 \end{pmatrix} \cdot \begin{pmatrix} 0 \\ 0 \end{pmatrix}$ … ausmultiplizieren: Gerade g_{AC}: $\mathbf{-4,3x + 2,5y = 0}$

Teil d $\mathbf{3 \cdot f = m}$ Die Anzahl der weiblichen Mitglieder muss noch mit 3 multipliziert werden, um die Anzahl der männlichen Mitglieder zu erhalten.

$\mathbf{f + 10 = m}$ Für die Anzahl der männlichen Mitglieder muss zur Anzahl der weiblichen Mitglieder noch 10 addiert werden.

Teil e $P(\text{20er bzw. 40er}) = \frac{4}{20} \cdot \frac{1}{19} \cdot \frac{18}{18} \cdot \frac{17}{17} \cdot \frac{16}{16} \cdot 10 = 0,1052\ldots \mathrel{\hat{=}} \mathbf{10,5\ \%}$

Hier wird mit der Formel „günstige durch mögliche" gearbeitet. Jeder Mitspieler erhält 5 Karten, die Wahrscheinlichkeiten für die 5 Karten werden multipliziert (1. Pfadregel).
Dabei ist $\frac{4}{20}$ die Wahrscheinlichkeit für eine Dame. Es gibt nämlich 4 Damen und insgesamt 20 Karten. $\frac{1}{19}$ ist die Wahrscheinlichkeit für den zur Dame passenden König. Es ist nur 1 König passend, da er dieselbe Farbe wie die Dame haben muss, und es sind nur noch 19 Karten zur Verfügung. Die Wahrscheinlichkeiten für die 3 weiteren Karten sind jeweils 1, da es für den 40er bzw. 20er nicht relevant ist, welche Karten noch in der Hand sind. Der Faktor $10 = \binom{5}{2}$ ist die Anzahl der möglichen Kombinationen, 2 aus 5 Karten auszuwählen.

Aufgabe 2: Kosten- und Preistheorie

Aufgabenstellung

a) Gegeben sind Begriffe und drei Graphen einer Kostenfunktion.
Ordnen Sie den Funktionsgraphen die passende Beschreibung zu!

A linearer Kostenverlauf	**B** degressiver Kostenverlauf	**C** progressiver Kostenverlauf
D fixer Kostenverlauf	**E** regressiver Kostenverlauf	**F** proportionaler Kostenverlauf

☐
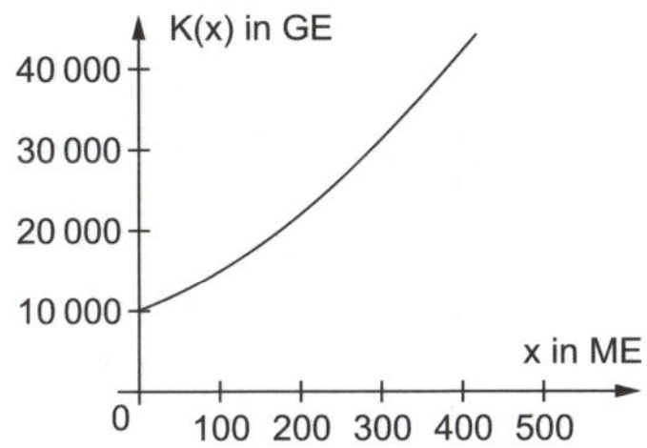

☐
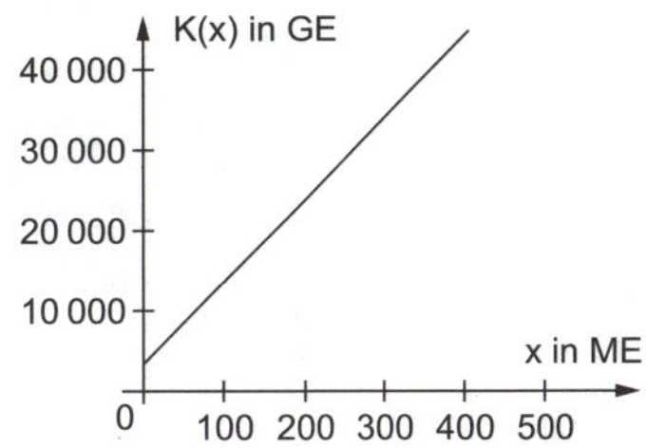

☐
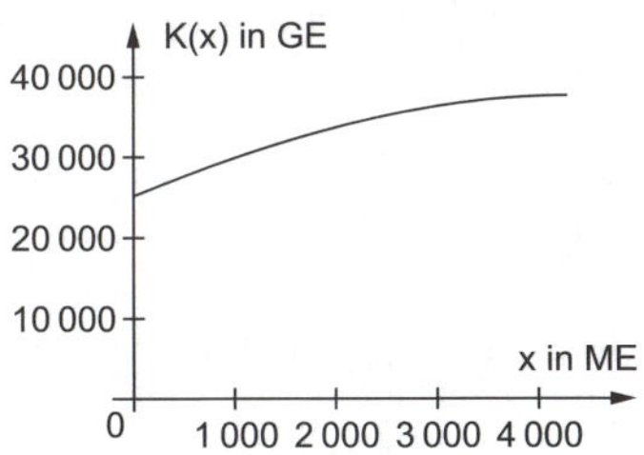

b) Gegeben ist der Graph einer Kostenfunktion K(x) (siehe folgende Seite). Einige Punkte des Funktionsgraphen und ihre zugehörigen x-Werte sind markiert.
Ordnen Sie den Werten K(x) die entsprechende Bedeutung der Kostenfunktion zu!

A Betriebsoptimum	☐ $K(x_1)$
B Grenzkosten	☐ $K(x_2)$
C Kostenkehre	☐ $K(x_3)$
D Gewinnschwelle/Break-Even-Point	☐ $K(x_4)$
E Maximale Kosten	☐ $K(x_5)$
F Fixkosten	
G Gewinngrenze	

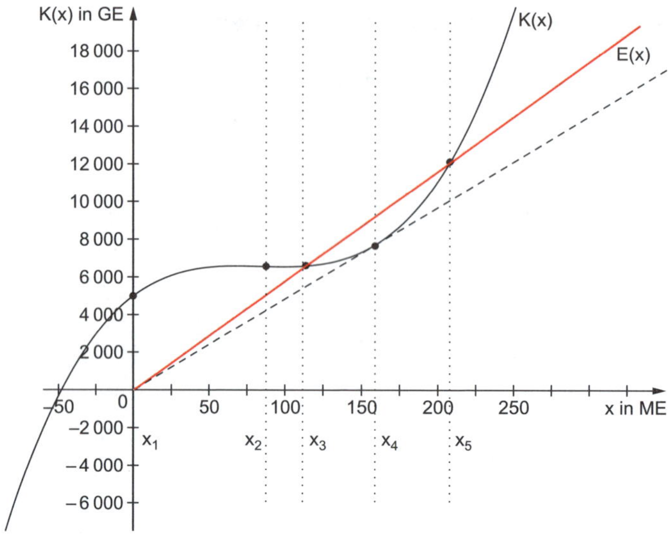

c) Markieren Sie in der oberen Grafik jene(n) Bereich(e), in dem/in denen die Produktion Verluste macht!

d) Von einer Produktionsfirma kennt man die Kostenfunktion $K(x) = x^3 - 15x^2 + 250x + 5\,000$. Der Nachfragepreis beträgt $p = 1\,480$ GE/ME.
Kreuzen Sie die beiden nicht zutreffenden Aussagen zur obigen Angabe an!

- ☐ $E(x) = 1\,480x$
- ☐ $G(x) = -x^3 + 15x^2 + 1\,230x - 5\,000$
- ☐ $G(x) = x^3 - 15x^2 - 1\,230x + 5\,000$
- ☐ Der maximale Gewinn wird mit 25 ME erzielt.
- ☐ Der maximale Gewinn wird mit 26 ME erzielt.

e) Punschstand auf einem Weihnachtsmarkt
Die Standgebühr auf dem Spittelberger Weihnachtsmarkt in Wien kostet 3.445,36 Euro (Stand 2014). Der Weihnachtsmarkt ist vom 14. 11. 2014 bis 23. 12. 2014 täglich geöffnet. Ein Becher Punsch kostet den Standbetreiber 0,90 Euro, er verkauft den Becher Punsch um 3,50 Euro.
Berechnen Sie die Gewinnschwellenmenge (Break-Even-Point)!
(Der Standbesitzer verkauft selbst, es entstehen also keine Personalkosten, Stromkosten und die Kosten zur Reinigung sind in der Standgebühr enthalten. Die Becher werden gratis zur Verfügung gestellt.)
Wie hoch sind in diesem Fall der Erlös bzw. seine Kosten?

Hinweise und Tipps

Teil a

- Überlegen Sie, wie der Graph eines fixen Kostenverlaufes aussehen kann.
- Der Graph eines linearen Kostenverlaufes ist nahezu selbsterklärend.
- Degressive Kosten sind unterproportional, progressive überproportional. Wie können daher die entsprechenden Graphen aussehen?

Teil b

- Lesen Sie aus dem Graphen einige Werte der Kostenfunktion K(x) ab und versuchen Sie, diese zu interpretieren.
- Welche Bedeutung hat die Kostenfunktion an der Stelle $x = 0$?
- Wie kann der Wendepunkt der Kostenfunktion K(x) interpretiert werden?
- Welche Bedeutung haben die Schnittpunkte der Erlösfunktion E(x) mit der Kostenfunktion K(x)?

Teil c

- Gewinn wird erzielt, wenn der Erlös (Umsatz) größer ist als die Kosten. Wann wird ein Verlust gemacht?

Teil d

- Die Erlösfunktion E(x) lässt sich mit $E(x) = p(x) \cdot x$ anschreiben. Die Gewinnfunktion berechnet man mit $G(x) = E(x) - K(x)$. Wie kann der maximale Gewinn ermittelt werden? Denken Sie an die Differenzialrechnung.

Teil e

- Die Gewinnschwelle wird als Nullstelle der Gewinnfunktion berechnet.

Lösungsvorschlag

Teil a

C

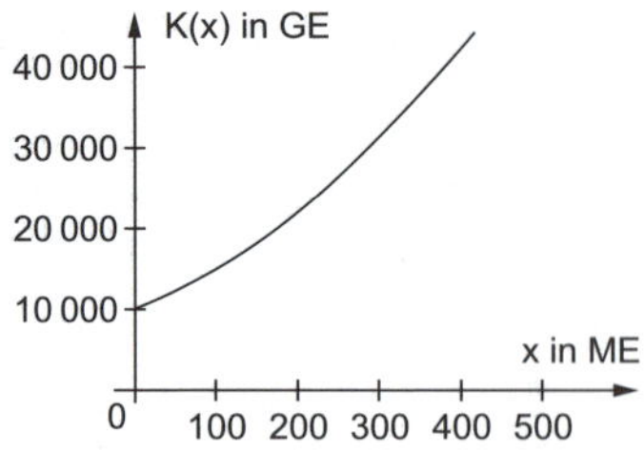

A

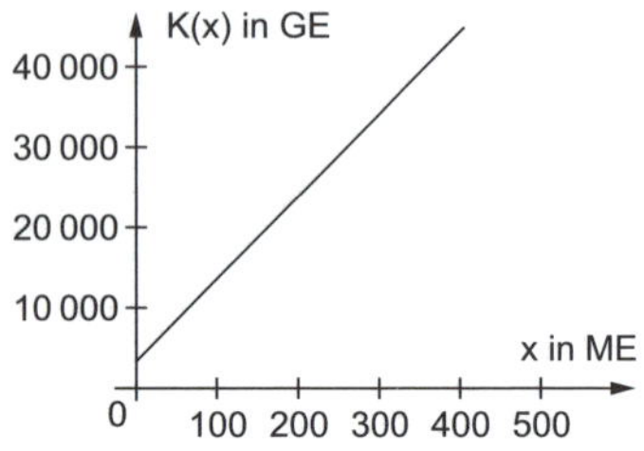

B

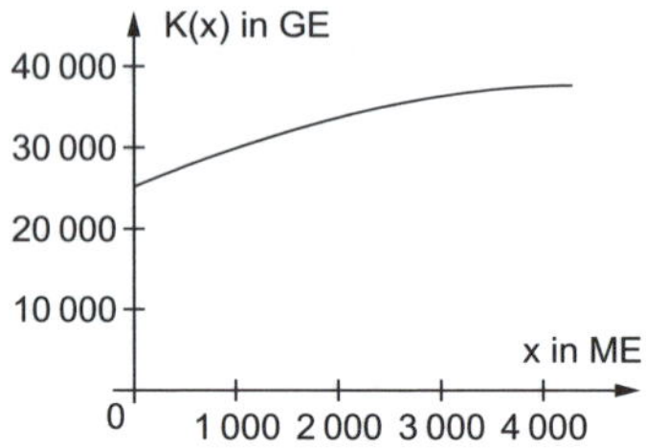

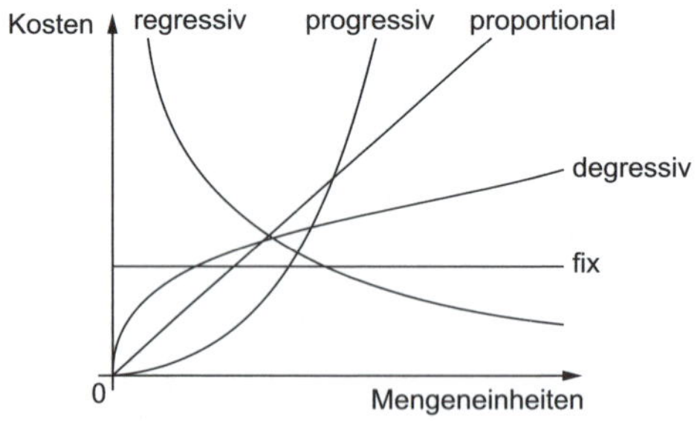

proportionale Kosten (linear)
Die Kosten ändern sich im selben Verhältnis wie die produzierte Stückzahl. Die Stückkosten sind von der Produktionsgröße unabhängig. Sie bleiben konstant und sind identisch mit den Grenzkosten.

lineare Kosten
Lineare Kosten setzen sich aus Fixkosten und Kosten pro Stück zusammen. Der zugehörige Funktionsgraph geht nicht wie bei den proportionalen Kosten durch den Koordinatenursprung.

degressive Kosten (unterproportional)
Die Kosten erhöhen sich im Verhältnis zur Änderung der produzierten Stückzahl in einem geringeren Maße. Die Stückkosten verringern sich somit bei zunehmender Produktion, z. B. Preisnachlass bei hoher Mengenabnahme. Das heißt: Erhöht sich die Stückzahl um 10 %, dann steigen die Kosten um weniger als 10 %.

progressive Kosten (überproportional)
Die Kosten wachsen im Verhältnis zur Änderung der produzierten Stückzahl stärker. Die Stückkosten steigen an, z. B. aufgrund von Überstunden.
Das heißt: Erhöht sich die Stückzahl um 10 %, steigen die Kosten um mehr als 10 %.

regressive Kosten (abnehmend)
Die Kosten und auch die Stückkosten nehmen bei steigender Bezugsgrößenmenge ab (z. B. Heizkosten in Veranstaltungsräumen bei steigender Besucherzahl).
Die Kosten nehmen bei Steigerung der Produktion ab bzw. bei abnehmender Produktion zu, z. B. erhöhte Kühlenergiekosten bei einer wenig gefüllten, offenen Tiefkühltruhe in einem Geschäft oder Heizkosten in Veranstaltungsräumen bei steigender Besucherzahl. Dasselbe gilt für die Stückkosten.

fixe Kosten
Die Kosten bleiben unabhängig von der produzierten Stückzahl konstant. Die Stückkostenfunktion verläuft degressiv. Die Grenzkosten sind null.

Teil b

F $K(x_1)$
C $K(x_2)$
D $K(x_3)$
A $K(x_4)$
G $K(x_5)$

Die gegebene Kostenfunktion ist eine Funktion 3. Grades.
Der Wendepunkt wird auch **Kostenkehre** genannt. Hier ändern sich der Kostenverlauf von degressiv in progressiv (Erhöhung der Produktionsmenge zieht stärkere Erhöhung der Kosten mit sich).
Der **Break-Even-Point** (die Gewinnschwelle) ist der „erste“ Schnittpunkt der Erlös- mit der Kostenfunktion. Ab hier macht die Produktionsfirma Gewinn.
Die **Gewinngrenze** ist der „zweite“ Schnittpunkt der Erlös- mit der Kostenfunktion.
Die **maximalen Kosten** würden einem Hochpunkt der Kostenfunktion entsprechen.
Fixkosten sind jene Kosten, die die Produktionsfirma auf alle Fälle hat, auch ohne dass ein Stück produziert wird (z. B. Miete, …). Sie sind von der erzeugten Menge unabhängig.
Das **Betriebsoptimum** ist jene Produktionsmenge, bei der die Grenzkosten gleich den Durchschnittskosten sind.

$$K'(x) = \overline{K}(x) = \frac{K(x)}{x}$$

Es gibt an, bei welcher Menge man kostendeckend produzieren kann.

Hier sind die Durchschnittskosten $\overline{K}(x) = \frac{K(x)}{x}$ am kleinsten.
Die **Grenzkosten** K'(x) bezeichnen den Kostenzuwachs für eine zusätzlich produzierte Mengeneinheit.

Teil c Zu markieren ist der Bereich zwischen K(x) und E(x) im Bereich $[x_1; x_3]$ und ab x_5.

Teil d

- ☐ $E(x) = 1\,480x$
- ☐ $G(x) = -x^3 + 15x^2 + 1\,230x - 5\,000$
- ☒ $G(x) = x^3 - 15x^2 - 1\,230x + 5\,000$
- ☐ Der maximale Gewinn wird mit 25 ME erzielt.
- ☒ Der maximale Gewinn wird mit 26 ME erzielt.

Es gilt $E(x) = p(x) \cdot x$, also ist $E(x) = 1\,480x$.
Weiters ist $G(x) = E(x) - K(x)$, also:
$G(x) = 1\,480x - (x^3 - 15x^2 + 250x + 5\,000) = -x^3 + 15x^2 + 1\,230x - 5\,000$
Um den maximalen Gewinn zu berechnen, setzt man $G'(x) = 0$ und erhält die Mengeneinheit, bei der der maximale Gewinn erzielt wird:

$$G'(x) = -3x^2 + 30x + 1\,230$$

$$0 = -3x^2 + 30x + 1\,230$$

$$x_{1,2} = \frac{-30 \pm \sqrt{30^2 - 4 \cdot (-3) \cdot 1\,230}}{2 \cdot (-3)} \quad \Rightarrow \quad x_1 \approx -15{,}86 \text{ (entfällt)}, \quad x_2 \approx 25{,}86 \text{ ME}$$

Der maximale Gewinn wird mit der Produktion von 26 Mengeneinheiten erreicht.
$G(26) = -26^3 + 15 \cdot 26^2 + 1\,230 \cdot 26 - 5\,000$
$G(26) = 19\,544$ GE

Teil e

Preisfunktion:	$p = 3{,}50$
Umsatz:	$E(x) = p(x) \cdot x$ $E(x) = 3{,}50x$
Kostenfunktion:	$K(x) = 3\,445{,}36 + 0{,}90x$
Gewinnfunktion:	$G(x) = E(x) - K(x)$ $G(x) = 3{,}50x - 3\,445{,}36 - 0{,}90x$

Gewinnschwelle: $G(x) = 0$

$$0 = 3{,}50x - 3\,445{,}36 - 0{,}90x$$
$$0 = 2{,}60x - 3\,445{,}36$$
$$3445{,}36 = 2{,}60x$$
$$x = 1\,325{,}13846$$
$$x \approx 1\,326 \text{ ME}$$

Ab dem **1 326. Becher Punsch** macht der Standbetreiber Gewinn.

$E(1\,326) = 3{,}50 \cdot 1\,326 = 4\,641$ GE
$K(1\,326) = 3\,445{,}36 + 0{,}90 \cdot 1\,326 = 4\,638{,}76$ GE

Der Erlös beträgt bei 1 326 Bechern Punsch **4 641 GE**, die Kosten **4 638,76 GE**.

Aufgabe 3: AB0-Blutgruppensystem

Das AB0-Blutgruppensystem wurde 1901 vom österreichischen Arzt und späteren Nobelpreisträger Karl Landsteiner entdeckt. Erbliche biochemische Merkmale auf der Oberfläche der roten Blutkörperchen sowie Antikörper bestimmen die Blutgruppe eines Menschen. Weitere Merkmale von Blutgruppen wurden von Karl Landsteiner mit „Rhesus positiv" bzw. „Rhesus negativ" bezeichnet. Das Wissen über Blutgruppen ist u. a. für Bluttransfusionen grundlegend: Sind die Blutgruppen von Spender und Empfänger nicht kompatibel, kommt es zu Verklumpungen der Blutkörperchen.
Die folgende Grafik zeigt die prozentuelle Verteilung der Blutgruppen mit Berücksichtigung des Rhesusfaktors in der österreichischen Bevölkerung (Österreichisches Rotes Kreuz, August 2014).

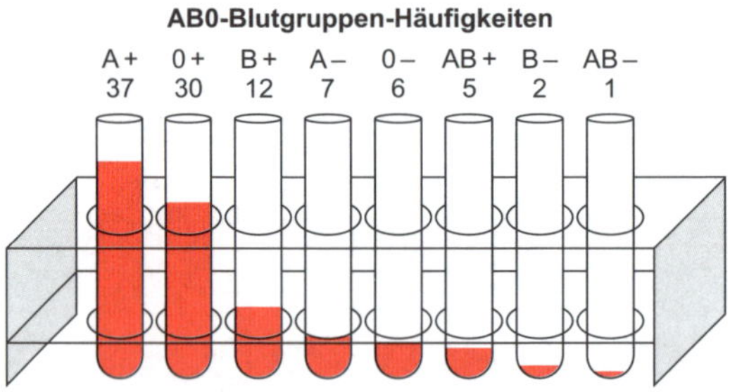

Aufgabenstellung

a) 12 SchülerInnen der 8C spenden Blut.
Welches Modell der Wahrscheinlichkeitsverteilung ist geeignet, die Wahrscheinlichkeit für das Ereignis zu berechnen, dass mindestens zwei SchülerInnen die Blutgruppe A haben? Begründen Sie Ihre Entscheidung!
Berechnen Sie die Wahrscheinlichkeit, dass mindestens zwei SchülerInnen die Blutgruppe A haben!

b) Das Rote Kreuz ruft zum Blutspenden auf. Wie kann die Wahrscheinlichkeit berechnet werden, dass mindestens einer von drei Blutspendern die Blutgruppe B hat? Kreuzen Sie die zutreffenden Terme an!

- ☐ $\binom{3}{0}\cdot 0{,}14^0\cdot 0{,}86^3+\binom{3}{1}\cdot 0{,}14^1\cdot 0{,}86^2+\binom{3}{2}\cdot 0{,}14^2\cdot 0{,}86^1$
- ☐ $0{,}14\cdot 0{,}86^2\cdot 3+0{,}14^2\cdot 0{,}86^1\cdot 3+0{,}14^3$
- ☐ $1-0{,}86^3$
- ☐ $1-0{,}88^3$
- ☐ $\binom{3}{3}\cdot 0{,}14^3\cdot 0{,}86^0+\binom{3}{2}\cdot 0{,}14^2\cdot 0{,}86^1+\binom{3}{1}\cdot 0{,}14^1\cdot 0{,}86^2$

c) Eine Sonderstellung nimmt die Blutgruppe 0 ein: Das Spenderblut der Blutgruppe 0 ist mit allen anderen Blutgruppen kompatibel, Personen mit der Blutgruppe 0 gelten daher als Universalspender.
Mit welchem Modell kann man die Wahrscheinlichkeit berechnen, dass von 100 Personen mindestens 40 Personen die Blutgruppe 0 haben? Welche Bedingung muss dabei erfüllt sein?
Wie groß ist die Wahrscheinlichkeit, dass mindestens 40 von 100 Personen die Blutgruppe 0 haben?

d) Die Blutgruppe AB mit Rhesusfaktor „negativ" ist sehr selten. Berechnen Sie die Wahrscheinlichkeit, dass in einer Kleinstadt mit 25 000 EinwohnerInnen 220 bis 280 Personen die Blutgruppe AB– haben.

Hinweise und Tipps

Teil a

- Sind nur die Blutgruppen von Interesse, dann müssen die Werte für „Rhesus positiv" und „Rhesus negativ" addiert werden.
- Welche Bedingungen müssen erfüllt sein, damit mit dem Modell der Binomialverteilung gerechnet werden kann?
- Formulieren Sie das Gegenereignis zum Ereignis „mindestens zwei der 12 SchülerInnen haben Blutgruppe A". Berechnen Sie die Wahrscheinlichkeit des Gegenereignisses.

Teil b

- Wie groß sind die Wahrscheinlichkeiten, dass ein Blutspender die Blutgruppe B bzw. nicht die Blutgruppe B hat?
- Berechnen Sie die Wahrscheinlichkeit, dass einer, zwei oder drei von drei Blutspendern die Blutgruppe B hat, mithilfe der Binomialverteilung.
- Formulieren Sie das Gegenereignis und berechnen Sie die Wahrscheinlichkeit mithilfe des Gegenereignisses.

Teil c

- Ist die Bedingung $n \cdot p \cdot (1-p) > 9$ für die Berechnung der Wahrscheinlichkeit mit der Normalverteilung erfüllt?
- Berechnen Sie μ und σ für das Auftreten der Blutgruppe 0 und wenden Sie die Standardisierungsformel an, um z zu berechnen.
- Ermitteln Sie die Wahrscheinlichkeit anhand der Tabelle für die Normalverteilung. Es gilt: $1-\Phi(z) = \Phi(-z)$

Teil d

- Die Wahrscheinlichkeit $P(a \leq X \leq b)$ wird bei der Normalverteilung mithilfe der Differenz $P(X=b)-P(X=a)$ berechnet.
- Berechnen Sie μ und σ für das Vorkommen der Blutgruppe AB– und wenden Sie die Standardisierungsformel an, um z zu berechnen.
- Ermitteln Sie die Wahrscheinlichkeiten anhand der Tabelle für die Normalverteilung.

Lösungsvorschlag

Teil a Das Modell der Binomialverteilung ist geeignet: Es liegt ein Bernoulli-Experiment vor, nämlich dass eine Person „Blutgruppe A“ oder „nicht Blutgruppe A“ aufweist:

$P(A) = \frac{37+7}{100} = 0,44$ und $P(\neg A) = 1 - P(A) = 0,56$

Die Überprüfung der Blutgruppe wird 12-mal mit denselben Wahrscheinlichkeiten wiederholt.

$$P(X \geq 2) = 1 - P(X < 2) = 1 - (P(X=0) + P(X=1))$$
$$= 1 - \left(\binom{12}{0} \cdot 0,44^0 \cdot 0,56^{12} + \binom{12}{1} \cdot 0,44^1 \cdot 0,56^{11}\right) \approx 0,9901$$

Mit einer Wahrscheinlichkeit von **99 %** haben mindestens 2 der 12 SchülerInnen die Blutgruppe A.

Teil b

- ☐ $\binom{3}{0} \cdot 0,14^0 \cdot 0,86^3 + \binom{3}{1} \cdot 0,14^1 \cdot 0,86^2 + \binom{3}{2} \cdot 0,14^2 \cdot 0,86^1$
- ☒ $0,14 \cdot 0,86^2 \cdot 3 + 0,14^2 \cdot 0,86^1 \cdot 3 + 0,14^3$
- ☒ $1 - 0,86^3$
- ☐ $1 - 0,88^3$
- ☒ $\binom{3}{3} \cdot 0,14^3 \cdot 0,86^0 + \binom{3}{2} \cdot 0,14^2 \cdot 0,86^1 + \binom{3}{1} \cdot 0,14^1 \cdot 0,86^2$

$P(B) = \frac{12+2}{100} = 0,14$ und $P(\neg B) = 0,86$

P(mindestens einer von drei Blutspendern hat Blutgruppe B)

$= \binom{3}{3} \cdot 0,14^3 \cdot 0,86^0 + \binom{3}{2} \cdot 0,14^2 \cdot 0,86^1 + \binom{3}{1} \cdot 0,14^1 \cdot 0,86^2$

$= 0,14^3 + 3 \cdot 0,14^2 \cdot 0,86^1 + 3 \cdot 0,14 \cdot 0,86^2$

Das Gegenereignis lautet, dass keiner von drei Blutspendern die Blutgruppe B hat: P(mindestens einer von drei Blutspendern hat Blutgruppe B) $= 1 - 0,86^3$

Teil c Mit Binomialverteilung und entsprechender Technologie oder näherungsweise mit der Normalverteilung kann die Wahrscheinlichkeit berechnet werden. Die Normalverteilung führt zu angemessenen Näherungswerten, wenn $n \cdot p \cdot (1-p) > 9$ gilt: $100 \cdot 0,36 \cdot 0,64 = 23,04 > 9$

$$P(X \geq 40) = 1 - \Phi\left(\frac{40-36}{4,8}\right) \approx 1 - \Phi(0,83) = \Phi(-0,83) \approx 0,20327$$

Die Wahrscheinlichkeit, dass mindestens 40 Personen von 100 Personen die Blutgruppe 0 haben, beträgt **20,3 %**.

Teil d $P(AB-) = 0{,}01;\ \mu = 25\,000 \cdot 0{,}01 = 250;\ \sigma = \sqrt{25\,000 \cdot 0{,}01 \cdot 0{,}99} \approx 15{,}73$

$$P(220 \leq X \leq 280) = P(X = 280) - P(X = 220) \approx \Phi\left(\frac{280-250}{15{,}73}\right) - \Phi\left(\frac{220-250}{15{,}73}\right)$$

$$\approx \Phi(1{,}91) - \Phi(-1{,}91) \approx 0{,}97193 - 0{,}02807 \approx 0{,}9439$$

Mit einer Wahrscheinlichkeit von **94,4 %** haben 220 bis 280 Personen von 25 000 EinwohnerInnen die Blutgruppe AB–.

Aufgabe 4: Tageslänge

Die Tageslänge – die Zeitdauer zwischen dem astronomischen Sonnenaufgang und Sonnenuntergang – hängt von der Jahreszeit und der geographischen Lage des Standorts ab. In der folgenden Tabelle sind für Klagenfurt (46° 37' nördliche Breite) die Tageslängen jeweils zu Quartalbeginn aufgelistet (nach: ZAMG, August 2014):

Datum	t ...Tage seit Jahresbeginn	Sonnen-aufgang	Sonnen-untergang	TL Tageslänge (in Stunden)
1. 1. 2014	1	7:47	16:25	8,63
1. 4. 2014	91	6:42	19:32	12,83
1. 7. 2014	182	5:13	21:00	15,78
1. 10. 2014	274	7:01	18:43	11,70

Aufgabenstellung

a) Berechnen Sie mithilfe des Ausdrucks $\frac{TL(91) - TL(1)}{90}$, um wie viele Minuten und Sekunden die Tage zwischen dem 1. Jänner und dem 1. April durchschnittlich länger werden!

Welche Aussagen über die Tageslänge bzw. Veränderung der Tageslänge sind richtig? Kreuzen Sie die zutreffende(n) Aussage(n) an!

- ☐ Die Zunahme der Tageslänge kann nicht negativ sein.
- ☐ Der Differenzenquotient zwischen dem 182. und dem 274. Tag ist negativ, was bedeutet, dass zwischen dem 1. 7. und dem 1. 10. die Tageslänge abnimmt.
- ☐ Ist der Differenzenquotient in einem Zeitintervall positiv, so bedeutet dies eine kontinuierliche Zunahme der Tageslänge in diesem Zeitraum.
- ☐ Am Tag der Sommersonnenwende (21. 6. 2014) ist die Zunahme der Tageslänge null.
- ☐ Die Tageslänge kann nicht negativ sein.

b) Die Tageslänge nimmt im Jahresverlauf periodisch zu und ab und folgt in Abhängigkeit von der Zeit t (in Tagen seit Jahresbeginn) annähernd folgender Funktionsgleichung:

$$TL(t) = a \cdot \sin\left(\frac{2\pi}{365} \cdot (t - 79)\right) + c$$

Das Argument der Sinusfunktion ist im Bogenmaß angegeben.
Berechnen Sie die Parameter a und c mithilfe der Werte vom 1. 1. und 1. 4.!
Wie verändert die Zahl 79 den Graphen der Sinusfunktion?

c) Liegt ein Standort auf der Nordhalbkugel weiter nördlich, dann sind die Unterschiede der Tageslängen im Jahresverlauf umso ausgeprägter.

Verwenden Sie die allgemeine Funktion von Aufgabenteil b. Ermitteln Sie anhand des Graphen von Kiel (siehe Grafik unten) die Werte a und c und geben Sie die Funktionsgleichung für die Tageslänge TL von Kiel an!

a=______; c=______; TL(t)=____________________

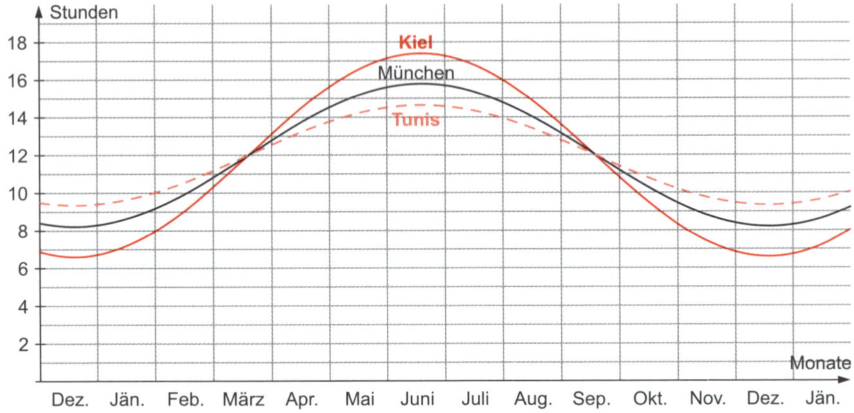

Hinweise und Tipps

Teil a

- Setzen Sie die Tageslängen vom Tag 91 bzw. Tag 1 im Jahr ein.
- Wie werden Stunden bzw. Stundenbruchteile in Minuten umgerechnet? Wie werden Minuten bzw. Minutenbruchteile in Sekunden umgerechnet?
- Nimmt die Tageslänge im Jahresverlauf ständig zu? Welche Bedeutung hat der Tag der Sommersonnenwende in Bezug auf die Tageslänge?

Teil b

- Denken Sie an eine umgekehrte Kurvendiskussion.
- Für die Ermittlung der Parameter a und c werden zwei Gleichungen benötigt.
- Entnehmen Sie aus der Tabelle die Tageslänge TL und die Tage t seit Jahresbeginn vom 1. 1. sowie vom 1. 4.
- Für die Berechnung des Koeffizienten von a muss der Taschenrechner auf Radiant eingestellt sein.
- Lösen Sie das Gleichungssystem mit dem Additionsverfahren.
- Durch welche Veränderung der Funktionsgleichung wird der Graph der Sinusfunktion parallel zur x-Achse verschoben?

Teil c

- Wie verändern die Parameter a bzw. c den Graphen der Funktion $f(x)=a\cdot\sin x+c$ im Vergleich zum Graphen von $\sin x$?
- Der Parameter c verschiebt den Graphen parallel zur y-Achse. Lesen Sie bei einem Wendepunkt ab, um wie viel der Graph der Sinusfunktion nach oben verschoben ist.
- Der Parameter a streckt (oder staucht) den Graphen in y-Richtung. Lesen Sie beim Hochpunkt ab, um welchen Faktor der Graph der Sinusfunktion in y-Richtung gestreckt ist.

Lösungsvorschlag

Teil a $\frac{TL(91)-TL(1)}{90}=\frac{12{,}83\,h-8{,}63\,h}{90}=\frac{4{,}2\,h}{90}=0{,}04\dot{6}\,h=2{,}8\,min=$ **2 min 48 s**

- [ ] Die Zunahme der Tageslänge kann nicht negativ sein.
- [x] Der Differenzenquotient zwischen dem 182. und dem 274. Tag ist negativ, was bedeutet, dass zwischen dem 1. 7. und dem 1. 10. die Tageslänge abnimmt.
- [ ] Ist der Differenzenquotient in einem Zeitintervall positiv, so bedeutet dies eine kontinuierliche Zunahme der Tageslänge in diesem Zeitraum.
- [x] Am Tag der Sommersonnenwende (21. 6. 2014) ist die Zunahme der Tageslänge null.
- [x] Die Tageslänge kann nicht negativ sein.

Die Tageslänge ist immer positiv. Zwischen Winter- und Sommersonnenwende werden die Tage länger, an diesen Tagen selbst ist die Zunahme null und nach der Sommersonnenwende nimmt die Tageslänge ab. Ist der Differenzenquotient in einem Zeitraum positiv, so ist die Tageslänge beim zweiten Datum länger als beim ersten Datum. Liegt aber in diesem Zeitraum die Sommersonnenwende, dann wurden die Tage zunächst länger und danach kürzer (aber in Summe länger).

Teil b

$$8{,}63=a\cdot\sin\left(\frac{2\pi}{365}\cdot(1-79)\right)+c \quad\Leftrightarrow\quad 8{,}63=-0{,}974a+c$$

$$12{,}83=a\cdot\sin\left(\frac{2\pi}{365}\cdot(91-79)\right)+c \quad\Leftrightarrow\quad 12{,}83=0{,}205a+c \quad \Big|\, -$$

$$-4{,}2=-1{,}179a$$

$$\mathbf{a\approx 3{,}56}$$

Einsetzen des Wertes für a in die obere Gleichung liefert:
$8{,}63=-0{,}974\cdot 3{,}56+c \;\Rightarrow\;$ **c ≈ 12,10**

Die Zahl 79 bewirkt eine Verschiebung der Sinusfunktion um 79 Tage nach rechts: Am 79. Tag im Jahr 2014 (20. 3.) sind Tag und Nacht gleich lang (Äquinoktium).

Teil c Der Graph, der die Veränderung der Tageslänge in Kiel im Jahresverlauf darstellt, ist im Vergleich zum Graphen der Sinusfunktion parallel zur y-Achse um 12 nach oben verschoben. Der längste Tag dauert ca. 17,4 Stunden. Zieht man davon die Verschiebung nach oben ab, erhält man 17,4 – 12 = 5,4. Mit dem Faktor 5,4 wird der Graph der Sinusfunktion in y-Richtung gestreckt.

$a\approx\mathbf{5{,}4}$; $c=\mathbf{12}$; $TL(t)=\mathbf{5{,}4\cdot\sin\left(\frac{2\pi}{365}\cdot(t-79)\right)+12}$

Aufgabe 1
Halbebenen

In den Grafiken ist jeweils ein Bereich (Halbebene) farbig markiert.

Aufgabenstellung: Ordnen Sie den rot markierten Bereichen die entsprechende lineare Ungleichung zu!

A $y > 1$	**B** $2x + y \geq -4$	**C** $y > x + 1$
D $-x + 3y < 3$	**E** $x + 3y < 3$	**F** $-\frac{1}{2}x + y > -\frac{1}{2}$

☐ 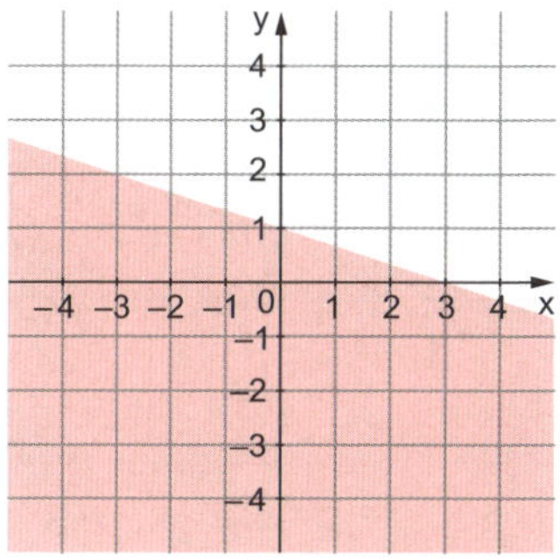

☐ 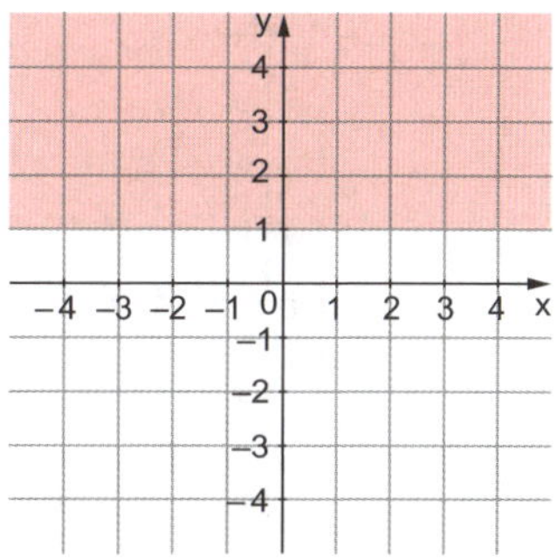

☐ 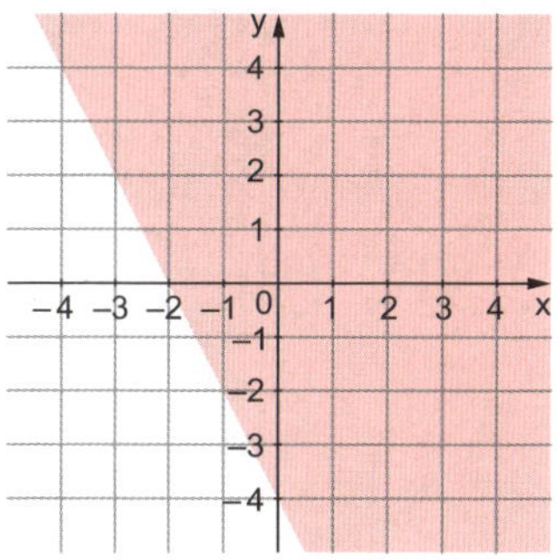

☐ 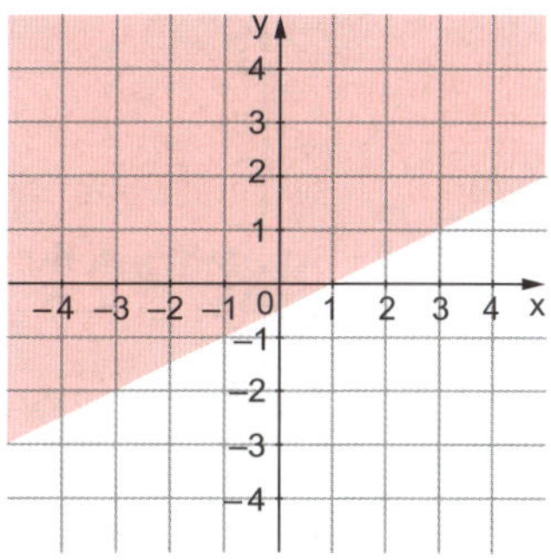

Aufgabe 2
Maßeinheit Zoll

Heinrich I. von England führte im Jahr 1101 die Längeneinheit Inch (deutsch *Zoll*) als Breite seines Daumens ein. Heute werden z. B. die Diagonalen von Bildschirmen von Fernsehgeräten in Zoll angegeben. Es gilt: 1" = 2,54 cm

Aufgabenstellung: Wie viele Zoll hat ein dm? Geben Sie die Bildschirmdiagonale eines 17"-Bildschirmes in cm an!

Aufgabe 3
Äquivalenzumformungen

Gegeben ist die Gleichung $5x^2 + 5x = 0$.

Aufgabenstellung: Welche Gleichungen sind äquivalent zur gegebenen Gleichung? Kreuzen Sie die zwei zutreffenden Gleichungen an!

$x+1=0$	$x^2=-x$	$0{,}74x^2=0{,}74x$	$\frac{1}{4}x^2+\frac{1}{4}x=0$	$5x+5=0$
☐	☒	☐	☒	☐

Aufgabe 4
Einnahmen

Eine Firma erzeugt drei Produkte. Der Absatzvektor $A=(a_1|a_2|a_3)$ gibt den Absatz der Produkte im ersten Halbjahr an, der Absatzvektor $B=(b_1|b_2|b_3)$ den Absatz für das zweite Halbjahr. Die Preise der drei Produkte im ersten Halbjahr sind im Preisvektor $P=(p_1|p_2|p_3)$ zusammengefasst. Im zweiten Halbjahr steigen die Preise aller drei Produkte um 4 %.

Aufgabenstellung: Geben Sie jeweils eine Formel an, um die Einnahmen E der Firma im ersten Halbjahr und die Einnahmen aus dem Absatz der drei Produkte im gesamten Jahr zu berechnen!

Aufgabe 5
Rechenoperationen von Vektoren

Gegeben sind Rechenoperationen und Begriffe zu Vektoren.

Aufgabenstellung: Setzen Sie die Begriffe so ein, dass der Satz mathematisch korrekt ist!

Das Ergebnis einer ① ist stets ②.

①		②	
☐	Addition zweier Vektoren	☐	ein Normalvektor des Vektors
☐	Skalarmultiplikation zweier Vektoren	☒	ein Vielfaches des Vektors
☒	Multiplikation eines Vektors mit einem Skalar	☐	ein Einheitsvektor

Aufgabe 6
Geradendarstellung

Gegeben sind die Punkte $A=(2|3)$ und $B=(1|4)$ auf der Geraden g.

Aufgabenstellung: Welche Gerade verbindet die Punkte A und B? Kreuzen Sie die zwei zutreffenden Geradendarstellungen an!

$g_1\colon X=\binom{2}{3}+s\cdot\binom{-1}{1}$	$g_2\colon \binom{-1}{1}\cdot X=\binom{-1}{1}\cdot\binom{2}{3}$	$g_3\colon y=5-x$	$g_4\colon x-y=1$	$g_5\colon X=\binom{1}{4}+s\cdot\binom{1}{1}$
☒	☐	☒	☐	☐

Aufgabe 7
Rechtwinklige Dreiecke

Gegeben sind vier rechtwinklige Dreiecke.

Aufgabenstellung: Geben Sie für jedes Dreieck an, welche Winkelfunktion definiert ist!

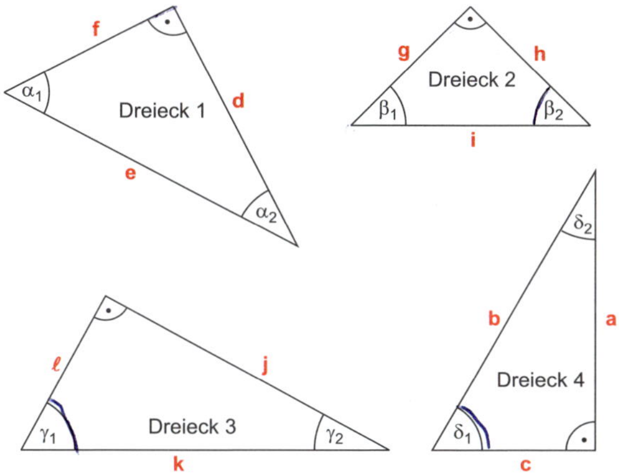

Dreieck 1: tan $\alpha_2 = \frac{f}{d}$ Dreieck 2: sin $\beta_2 = \frac{g}{i}$

Dreieck 3: sin $\gamma_1 = \frac{j}{k}$ Dreieck 4: tan $\delta_1 = \frac{a}{c}$

Aufgabe 8
Winkelfunktionen

Winkel mit positiven bzw. negativen Winkelfunktionswerten liegen in bestimmten Quadranten.

Aufgabenstellung: In welchem Quadrant liegt der Winkel unter folgenden Bedingungen für die Winkelfunktionswerte? Geben Sie jeweils den zugehörigen Quadranten an!

a) $\sin\varphi < 0$ und $\cos\varphi > 0$

b) $\cos\varphi < 0$ und $\tan\varphi < 0$

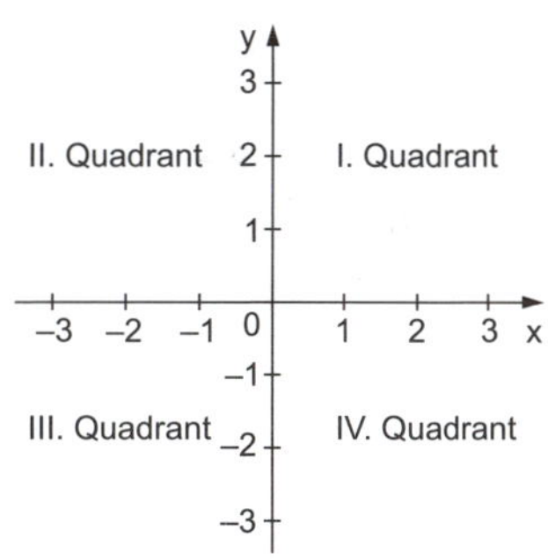

a) 4. Quadrant

b) 2. Quadrant

Aufgabe 9
Quadratische Pyramide

Das Volumen V einer quadratischen Pyramide ist von der Länge der Seitenkante a sowie von der Körperhöhe h abhängig:

$V(a, h) = \frac{a^2h}{3}$

Aufgabenstellung: Wie verändert sich das Volumen, wenn a halbiert und h verdoppelt wird?

$V_2 =$ ½ $\cdot V_1$

Aufgabe 10
Eisenoxid

Eisenoxid (Fe_2O_3) besteht aus Eisen und Sauerstoff in einem Masseverhältnis von 7 : 3. Die Grafik veranschaulicht diesen Zusammenhang.

Aufgabenstellung: Ermitteln Sie mithilfe der Grafik, wie viel Gramm Eisen sich mit 4 g Sauerstoff zu Eisenoxid verbinden, und markieren Sie den entsprechenden Punkt! 9 g

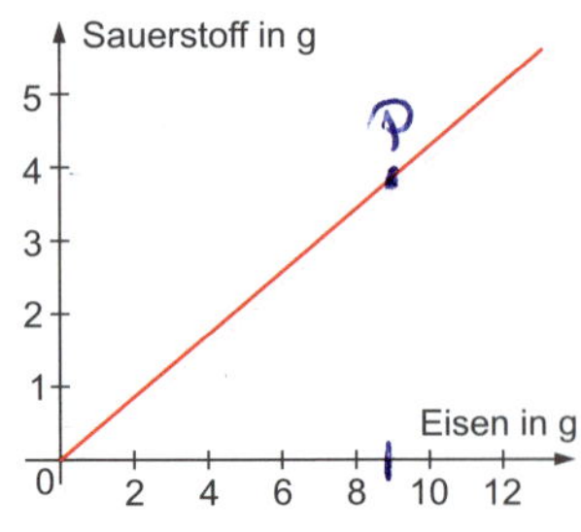

Aufgabe 11
Eigenschaften von Funktionen

Welche Eigenschaft(en) hat die abgebildete Funktion?

Aufgabenstellung: Kreuzen Sie die korrekte(n) Aussage(n) an!

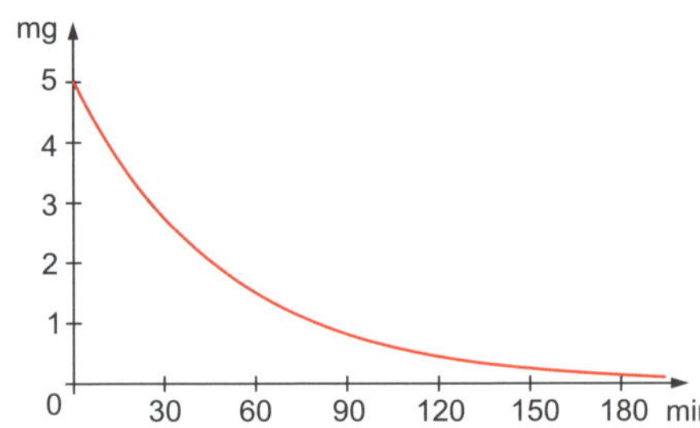

- ☒ Die Funktion hat auf ihrem gesamten Verlauf das gleiche Monotonieverhalten.
- ☒ Die Funktion besitzt kein lokales Maximum.
- ☒ Die Funktion ist asymptotisch bezüglich der x-Achse.
- ☐ Die Funktion ist asymptotisch bezüglich der y-Achse.
- ☐ Die Funktion hat einen Wendepunkt.

Aufgabe 12
Besondere Punkte von Funktionen

Gegeben sind Funktionsgleichungen von linearen und quadratischen Funktionen.

Aufgabenstellung: Ordnen Sie jeder Funktion die passende Eigenschaft zu, indem Sie die Buchstaben in die Kästchen der zutreffenden Funktion eintragen!

A	Hochpunkt an der Stelle $x = 5$	E	$f(x) = -2x^2$
B	Tiefpunkt an der Stelle $x = 2$	D	$f(x) = 2x + 5$
C	Nullstelle bei $x = 0{,}5$	B	$f(x) = (x-2)^2 + 3$
D	Nullstelle bei $x = -2{,}5$	C	$f(x) = -4x + 2$
E	Maximumstelle bei $x = 0$		
F	Minimumstelle bei $x = 0$		

Aufgabe 13
Lineare Funktionen

Gegeben sind lineare Funktionen in unterschiedlicher Darstellung.

Aufgabenstellung: Ordnen Sie den Funktionsdarstellungen die entsprechenden Parameterwerte für d in der Darstellung $y = kx + d$ zu!

A	B	C	D	E	F
$d = -2$	$d = 0{,}75$	$d = 3$	$d = 2$	$d = -4$	$d = 0$

[C] $3x + 4y = 12$

[E] $y = 16x - 4$

[F]

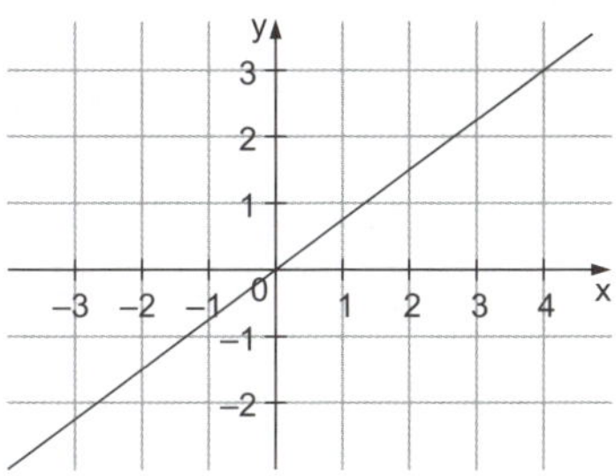

[D]

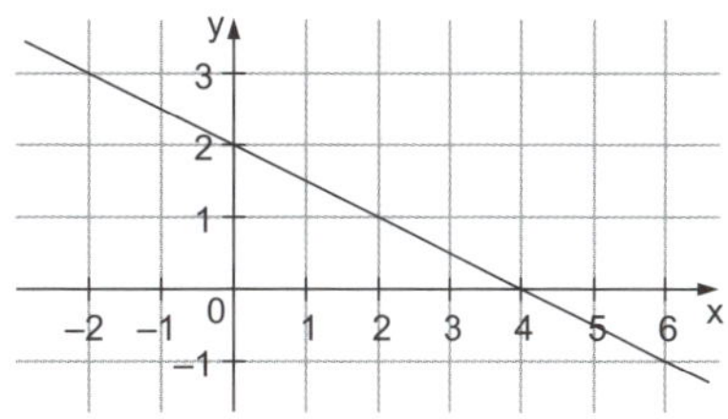

Aufgabe 14
Potenzfunktion

Gegeben ist die Funktionsgleichung $f(x) = a \cdot x^2$ mit $a \neq 0$.

Aufgabenstellung: Vervollständigen Sie den folgenden Satz so, dass er mathematisch korrekt ist!

Ist ①, dann ist der zugehörige Funktionsgraph stets ② im Vergleich zum Graphen von $g(x) = x^2$.

①		②	
☐	$a < 0$	☐	in die positive y-Richtung verschoben
☐	$a = 1$	☐	schmäler
☒	$0 < a < 1$	☒	breiter

Aufgabe 15
Polynomfunktion

Gegeben ist der Graph einer Polynomfunktion.

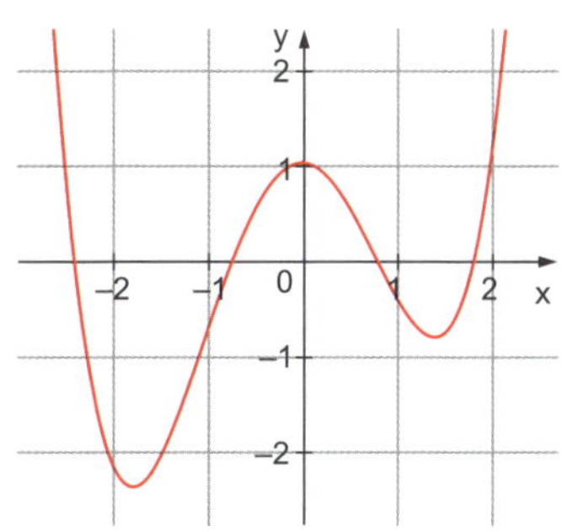

Aufgabenstellung: Kreuzen Sie die zutreffende(n) Aussage(n) über Polynomfunktionen an!

- ☐ Eine Polynomfunktion 4. Grades hat immer zwei Tiefpunkte und einen Hochpunkt.
- ☐ Die abgebildete Funktion ändert zweimal ihr Monotonieverhalten.
- ☐ Eine Polynomfunktion 4. Grades hat immer vier reelle Nullstellen.
- ☒ Die abgebildete Funktion ändert zweimal ihr Krümmungsverhalten.
- ☒ Für eine Polynomfunktion 4. Grades gilt, dass die Anzahl der Nullstellen immer größer ist als die Anzahl der Extremwerte.

Aufgabe 16
Ableitung von Exponentialfunktionen

Gegeben ist die Exponentialfunktion $f(x) = e^{2x}$.

Aufgabenstellung: Geben Sie die Ableitungsfunktion f'(x) an!

$f'(x) =$ $2 \cdot e^{2x}$

Aufgabe 17
Monotonie und Krümmung

Gegeben sind Begriffe zur Beschreibung von Funktionen.

Aufgabenstellung: Vervollständigen Sie den Satz so, dass er mathematisch korrekt ist!

Ist die ① linear mit positivem Anstieg, dann ist ihre ② eine positiv (links) gekrümmte quadratische Funktion.

①		②	
☐	Stammfunktion	☒	Stammfunktion
☒	Ableitungsfunktion	☐	Ableitungsfunktion
☐	Umkehrfunktion	☐	Umkehrfunktion

Aufgabe 18
Markante Punkte einer Funktion

Gegeben sind Aussagen zu Eigenschaften von Funktionen.

Aufgabenstellung: Kreuzen Sie die zutreffende(n) Aussage(n) an!

- ☒ Ein lokales Extremum einer Funktion f(x) liegt stets vor, wenn $f'(x) = 0$ und $f''(x) \neq 0$.
- ☐ X Ist der Tangentenanstieg an einer Stelle der Funktion null, dann ist diese Stelle ein Extremum.
- ☒ Die Wendestelle ist jene Stelle der Funktion, an der die Krümmung ihr Vorzeichen ändert.
- ☒ An einer Wendestelle muss $f''(x) = 0$ sein und es darf kein Extremum der Krümmung vorliegen. $f'''(x) \neq 0$
- ☐ An einer Wendestelle muss $f''(x) = 0$ sein und es muss ein Extremum der Krümmung vorliegen.

Aufgabe 19
Fallschirmsprung

Ein Fallschirmspringer springt aus einem Flugzeug. Der zeitliche Verlauf t (in s) seiner Geschwindigkeit v(t) (in m/s) ist in der nebenstehenden Grafik dargestellt.

Aufgabenstellung: Was bedeutet in diesem Zusammenhang das Integral $\int_{10}^{20} v(t)\,dt$? Kreuzen Sie die zutreffende Aussage an!

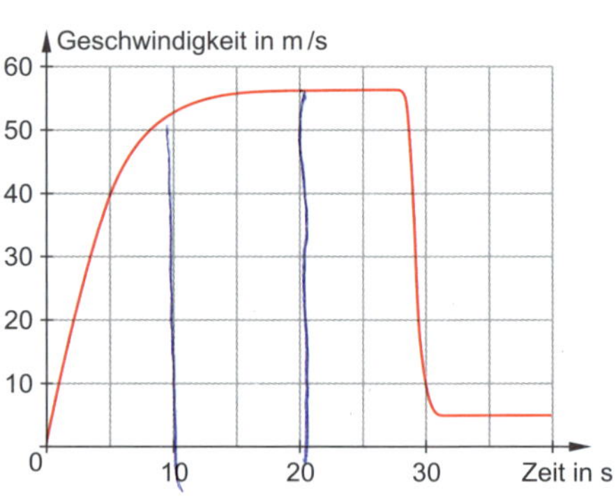

- [ ] Die Beschleunigung zwischen der 10. und 20. Flugsekunde.
- [ ] Die Bremsung durch den Luftwiderstand zwischen der 10. und 20. Sekunde.
- [x] Der zurückgelegte Weg zwischen der 10. und 20. Flugsekunde.
- [ ] Der zurückgelegte Weg der ersten 20 Sekunden.
- [ ] Die Geschwindigkeit zwischen der 10. und 20. Flugsekunde.
- [ ] Die Beschleunigung in den ersten 20 Sekunden.

Aufgabe 20
Masse von Bolzen

Gegeben sind zwei Messreihen mit Daten über die Masse von Bolzen (in dag). Der errechnete Mittelwert beider Listen beträgt $\overline{x} = 5$. Die Standardabweichung der ersten Liste ist $s = 1{,}2$, die der zweiten Liste $s = 1{,}8$.

Aufgabenstellung: Kreuzen Sie die zutreffende(n) Aussage(n) an!

- [ ] Beide Listen haben denselben Median.
- [x] Die Werte der zweiten Liste sind breiter gestreut als die der ersten Liste.
- [ ] Die zweite Liste enthält mehr Daten als die erste Liste.
- [x] Ungefähr zwei Drittel der Werte der zweiten Liste liegen im Intervall [3,2; 6,8].
- [ ] Bei der ersten Liste liegt keine Zahl außerhalb des Intervalls [2,6; 7,4].

Aufgabe 21
Notendurchschnitt

Bei der letzten Mathematikschularbeit in der 8A lag der Notendurchschnitt bei 2,5. Es gab sieben „Sehr gut", sechs „Befriedigend", vier „Genügend" und zwei „Nicht genügend". Die Anzahl der „Gut" ist nicht bekannt.

Aufgabenstellung: Ermitteln Sie, wie viele Schularbeiten mit „Gut" beurteilt wurden!

$\overline{x} = 2{,}5$ $\quad \frac{7\cdot 1 + x\cdot 2 + 6\cdot 3 + 4\cdot 4 + 2\cdot 5}{19+x} = 2{,}5$

$\frac{51+2x}{19+x} = 2{,}5 \quad 51+2x = 2{,}5\cdot(19+x)$

$51+2x = 47{,}5+2{,}5x$

$3{,}5 = 0{,}5x$

$x = 7$

Aufgabe 22
Würfel

In einer Versuchsserie wird ein fairer Würfel oftmals geworfen und das Ereignis, einen „Sechser" zu würfeln, notiert.

Aufgabenstellung: Kreuzen Sie die zwei zutreffenden Aussagen an!

- [ ] Die relative Häufigkeit, bei 5 000 Würfen einen „Sechser" zu würfeln, ist immer gleich groß, wie bei 500 Würfen einen „Sechser" zu würfeln.
- [x] Bei einer sehr großen Anzahl von Würfen nähert sich die relative Häufigkeit, einen „Sechser" zu würfeln, dem Wert $\frac{1}{6} \approx 0{,}167$ an.

- [x] Die relative Häufigkeit, bei 50 000 Würfen einen „Sechser" zu würfeln, kann gleich groß sein wie bei 500 Würfen einen „Sechser" zu würfeln.
- [ ] Liegt nach 800 Würfen die relative Häufigkeit, einen „Sechser" zu würfeln, bei 0,22, dann ist bei den folgenden Würfen die Wahrscheinlichkeit, einen „Sechser" zu würfeln, geringer.
- [ ] Mit zunehmender Anzahl der Würfe nähert sich die Zahlenfolge der relativen Häufigkeiten, einen „Sechser" zu würfeln, dem Grenzwert $\frac{1}{6} \approx 0{,}167$ an.

Aufgabe 23
Defektes Gerät

Firma X produziert technische Geräte. Die Wahrscheinlichkeit, dass ein Gerät nicht funktionstüchtig ist, beträgt 1 %. Es werden drei Geräte überprüft.

Aufgabenstellung: Durch welche Rechenwege sind die Wahrscheinlichkeiten der angeführten Ereignisse zu berechnen? Ordnen Sie die Ereignisse den passenden Rechenwegen zu, indem Sie die Buchstaben in die zutreffenden Kästchen eintragen!

Von drei überprüften Geräten …

A … sind alle drei funktionstüchtig.

B … sind alle drei defekt.

C … ist mindestens eines defekt.

D … ist höchstens eines defekt.

E … sind höchstens zwei defekt.

F … sind mindestens zwei defekt.

$0{,}01^3$	$1-0{,}99^3$	$0{,}99^3+3\cdot 0{,}99^2\cdot 0{,}01$	$0{,}01^3+3\cdot 0{,}01^2\cdot 0{,}99$
B	C	D	F

Aufgabe 24
U-Bahn

In einem U-Bahn-Waggon sitzen 25 Personen, davon fünf ohne Fahrschein. Ein Kontrolleur fragt vier willkürlich ausgewählte Personen nach ihrem Fahrschein.

Aufgabenstellung: Begründen Sie, warum hier nicht mit der Binomialverteilung modelliert werden kann, und verändern Sie die Angabe so, dass Sie mit der Binomialverteilung modellieren dürfen!

Hinweise und Tipps

Aufgabe 1

- Lesen Sie aus dem Graphen die Gleichung für die den Bereich begrenzende Gerade ab und überlegen Sie hinterher, ob die Halbebene ober- oder unterhalb der Gerade liegt.

Aufgabe 2

- 1" = 2,54 cm … auf beiden Seiten durch 2,54 dividieren und in dm umwandeln
- 1 dm = 10 cm

Aufgabe 3

- Führen Sie mit der gegebenen Gleichung Äquivalenzumformungen durch.

Aufgabe 4

- Die Einnahmen berechnet man als skalares Produkt, die Preiserhöhung als Produkt eines Skalars mit dem Preisvektor.

Aufgabe 5

- Versuchen Sie die Rechenoperationen im Koordinatensystem darzustellen.
- Die Addition zweier Vektoren und die Multiplikation eines Vektors mit einem Skalar können Sie recht einfach skizzieren.

Aufgabe 6

- Berechnen Sie den Vektor $\overrightarrow{AB}$ und seinen Normalvektor.
- Es gibt vier Geradendarstellungen im $\mathbb{R}^2$: die Parameterdarstellung, die Normalvektorform, die Gleichung und die lineare Funktion. Welche Elemente benötigen Sie jeweils für diese Darstellungen?

Aufgabe 7

- Wie sind $\sin x$, $\cos x$ bzw. $\tan x$ im rechtwinkligen Dreieck definiert?

Aufgabe 8

- Im Einheitskreis durchlaufen die Winkel das Intervall $[0°; 360°)$: In welchen Quadranten haben die Winkelfunktionswerte welches Vorzeichen?

Aufgabe 9

- Setzen Sie $\frac{a}{2}$ anstelle von a sowie 2h anstelle von h in die Formel ein.

Aufgabe 10

- Die Menge Sauerstoff ist auf der y-Achse abzulesen, die dazugehörige Eisenmenge erhalten Sie über Parallelverschieben der Achsen durch den Funktionsgraphen.

Aufgabe 11

- Monotonieverhalten: steigend/fallend
- Lokales Maximum = Hochpunkt

- Asymptotisches Verhalten: Die Funktion nähert sich einer Gerade beliebig an, ohne sie jemals zu treffen.

Aufgabe 12

- Ist der Graph der Funktion eine Parabel oder eine Gerade? Skizzieren Sie die Funktionsgraphen.

Aufgabe 13

- Der Parameterwert d gibt die Verschiebung der Funktion auf der y-Achse an. Formen sie gegebenenfalls auf die bekannte Form $y = kx + d$ um.

Aufgabe 14

- Skizzieren Sie die Ausgangsfunktion und versuchen Sie, die Auswirkungen von a zu erkennen.
- Wählen Sie beispielsweise für $a = -1$ und $a = 0{,}5$.

Aufgabe 15

- Überlegen Sie sich andere typische Verläufe von Polynomfunktionen 4. Grades.

Aufgabe 16

- Verwenden Sie die Kettenregel.

Aufgabe 17

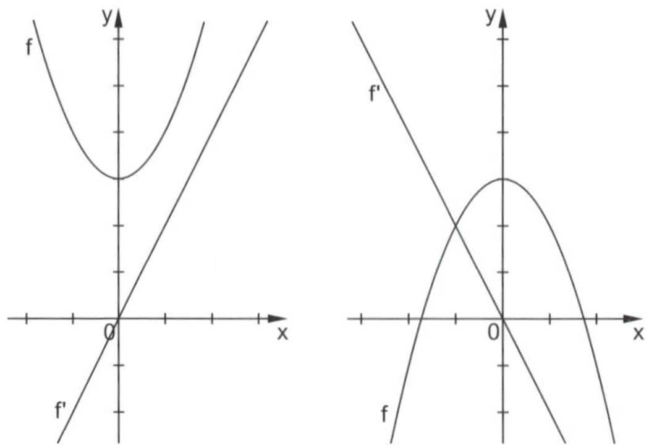

- Betrachten Sie die gegebenen Grafiken. Welche passt zu dem gegebenen Satz?

Aufgabe 18

- Denken Sie an notwendige und hinreichende Bedingungen für Extremstellen und Wendestellen.

Aufgabe 19

- Was bedeutet $v(t) \cdot t$, wenn die Geschwindigkeit konstant ist?
- Denken Sie an eine bekannte Formel.
- Die Grenzen 10 und 20 des Integrals sind Zeitpunkte.

Aufgabe 20 Welche Aussagen können mithilfe des Mittelwerts und der Standardabweichung getroffen werden?

Aufgabe 21 Stellen Sie eine Gleichung zur Berechnung des Notendurchschnitts auf, wobei Sie für die Anzahl der „Gut“ eine Variable einsetzen.

Aufgabe 22 In einem Würfelexperiment werden die gewürfelten Augenzahlen in einer Strichliste notiert. Welcher Zusammenhang besteht zwischen der relativen Häufigkeit der Anzahl der Würfe einer Augenzahl und der Wahrscheinlichkeit, eine bestimmte Augenzahl zu würfeln?

Aufgabe 23 Erstellen Sie ein Baumdiagramm mit drei Ziehungen.

Aufgabe 24 Denken Sie an die Bedingungen für die Binomialverteilung.

Lösungsvorschlag

Aufgabe 1
Halbebenen

E

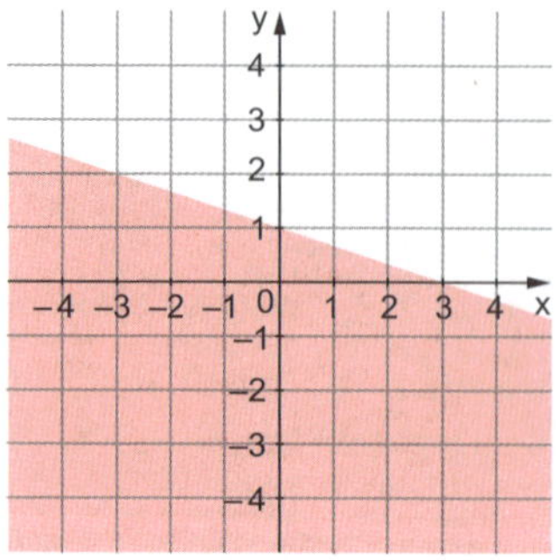

A

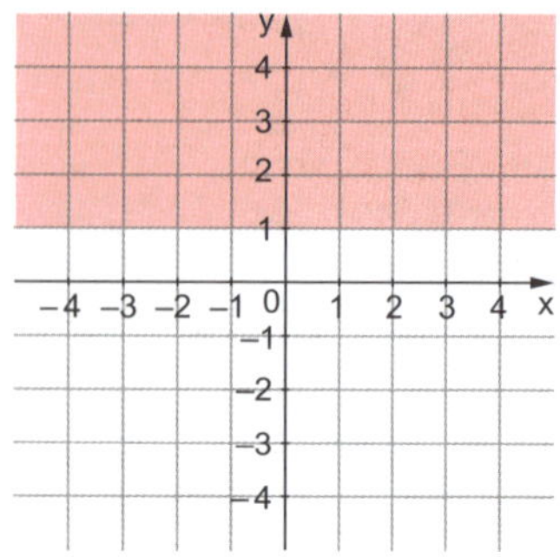

B

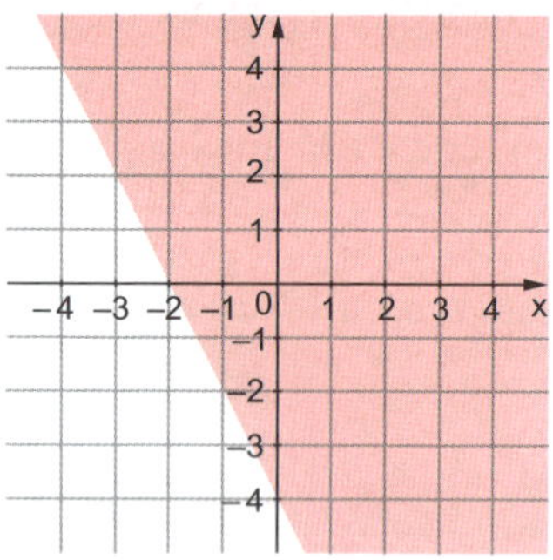

F

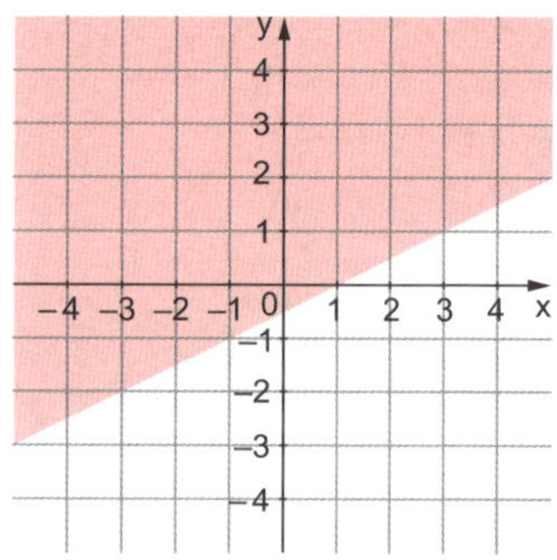

Alternativ können Sie auch aus den Funktionsgleichungen die Steigung k und die Verschiebung d ablesen und mit den Funktionsgraphen vergleichen. Bei manchen ist es dafür notwendig, vorher umzuformen auf $y = kx + d$.

Aufgabe 2
Maßeinheit Zoll

$1'' = 2{,}54$ cm $\quad | : 2{,}54$
$0{,}393700787'' = 1$ cm $\quad$ in dm umwandeln
$3{,}93700787''$ $= 1$ dm
1 dm hat rund 3,94 Zoll.

$17'' = 17 \cdot 2{,}54 =$ **43,18 cm**
Ein 17-Zoll-Bildschirm hat eine Diagonalenlänge von 43,18 cm.

Aufgabe 3
Äquivalenz-
umformungen

$x + 1 = 0$	$x^2 = -x$	$0{,}74x^2 = 0{,}74x$	$\frac{1}{4}x^2 + \frac{1}{4}x = 0$	$5x + 5 = 0$
☐	☒	☐	☒	☐

Äquivalente Gleichungen haben exakt dieselbe Lösungsmenge. Die Division einer Gleichung durch x ist keine Äquivalenzumformung, da die Lösung $x = 0$ „verloren geht“.

Alternative Erklärung: Eine Gleichung darf nicht durch x dividiert werden, weil x den Wert null annehmen könnte und die Division durch null nicht erlaubt ist.

Aufgabe 4
Einnahmen

Für die Einnahmen im ersten Halbjahr gilt $E = A \cdot P$.
Für das gesamte Jahr betragen die Einnahmen $E = A \cdot P + 1{,}04 \cdot B \cdot P$.

Der neue Preis P' ergibt sich aus der Erhöhung der Preise um 4 %:
$P' = P + 0{,}04\,P = (1 + 0{,}04)\,P = 1{,}04\,P$

Aufgabe 5
Rechenoperationen von Vektoren

Das Ergebnis einer **Multiplikation eines Vektors mit einem Skalar** ist stets **ein Vielfaches des Vektors**.

Die Addition zweier Vektoren ist ein Vektor, die Skalarmultiplikation zweier Vektoren liefert eine Zahl.

Aufgabe 6
Geradendarstellung

g_1: $X = \binom{2}{3} + s \cdot \binom{-1}{1}$	g_2: $\binom{-1}{1} \cdot X = \binom{-1}{1} \cdot \binom{2}{3}$	g_3: $y = 5 - x$	g_4: $x - y = 1$	g_5: $X = \binom{1}{4} + s \cdot \binom{1}{1}$
☒	☐	☒	☐	☐

Ein Normalvektor zu $\overrightarrow{AB} = \binom{-1}{1}$ lautet: $\binom{1}{1}$
Daher ist die Verbindungsgerade g in Normalvektorform: g: $\binom{1}{1} \cdot X = \binom{1}{1} \cdot \binom{2}{3}$
Hieraus resultiert die Gleichung $x + y = 5$.

Aufgabe 7
Rechtwinklige Dreiecke

Dreieck 1: $\mathbf{tan}\,\alpha_2 = \frac{f}{d}$ Dreieck 2: $\mathbf{sin}\,\beta_2 = \frac{g}{i}$

Dreieck 3: $\mathbf{sin}\,\gamma_1 = \frac{j}{k}$ Dreieck 4: $\mathbf{tan}\,\delta_1 = \frac{a}{c}$

Im rechtwinkligen Dreieck gilt:
$\sin\alpha = \frac{\text{Gegenkathete}}{\text{Hypotenuse}}$; $\cos\alpha = \frac{\text{Ankathete}}{\text{Hypotenuse}}$; $\tan\alpha = \frac{\text{Gegenkathete}}{\text{Ankathete}}$

Aufgabe 8
Winkelfunktionen

a) IV. Quadrant

b) II. Quadrant

$\sin\varphi$ ist im I. und II. Quadranten positiv, $\cos\varphi$ im I. und IV. Quadranten, $\tan\varphi$ im I. und III. Quadranten.

Aufgabe 9
Quadratische Pyramide

Wenn a halbiert und h verdoppelt wird, gilt: $V_2 = \mathbf{\frac{1}{2}} \cdot V_1$

$V_2 = \frac{1}{3} \cdot (\frac{1}{2}a)^2 \cdot 2h = \frac{1}{2} \cdot \frac{1}{3} a^2 h = \frac{1}{2} V_1$

Aufgabe 10
Eisenoxid

9,34 g Eisen

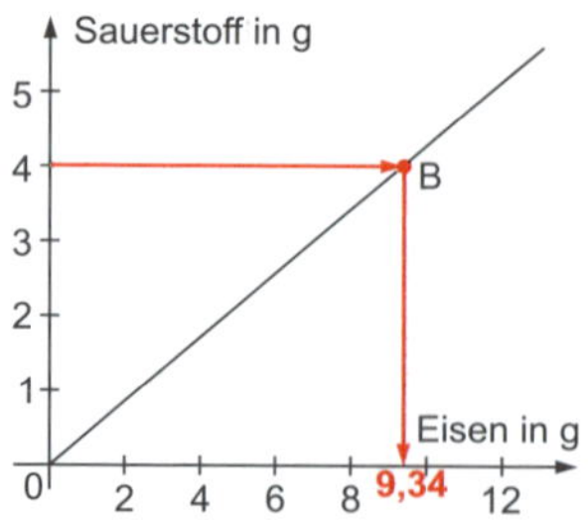

Anmerkung: Das korrekte Einzeichnen und die Schätzung „etwas mehr als 9“ sind hier für eine korrekte Beantwortung ausreichend. Ein derart genauer Wert kann nicht abgelesen werden.

Aufgabe 11
Eigenschaften von Funktionen

- [x] Die Funktion hat auf ihrem gesamten Verlauf das gleiche Monotonieverhalten.
- [x] Die Funktion besitzt kein lokales Maximum.
- [x] Die Funktion ist asymptotisch bezüglich der x-Achse.
- [ ] Die Funktion ist asymptotisch bezüglich der y-Achse.
- [ ] Die Funktion hat einen Wendepunkt.

Es gibt keinen Wendepunkt, weil die Krümmung stets positiv ist.

Aufgabe 12
Besondere Punkte von Funktionen

E $f(x) = -2x^2$
D $f(x) = 2x + 5$
B $f(x) = (x-2)^2 + 3$
C $f(x) = -4x + 2$

Der Graph von $f(x) = -2x^2$ ist nach unten geöffnet und hat daher im Scheitelpunkt ein Maximum. Der Graph von $f(x) = (x-2)^2 + 3$ hat an der Stelle $x = 2$ ein Minimum.

Aufgabe 13
Lineare Funktionen

C $3x + 4y = 12$

E $y = 16x - 4$

F

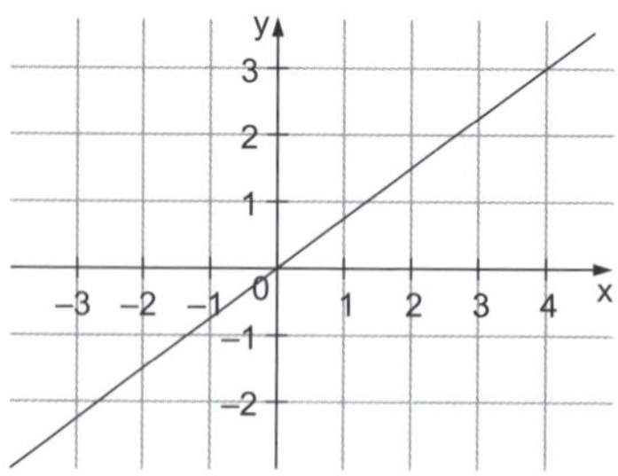

D

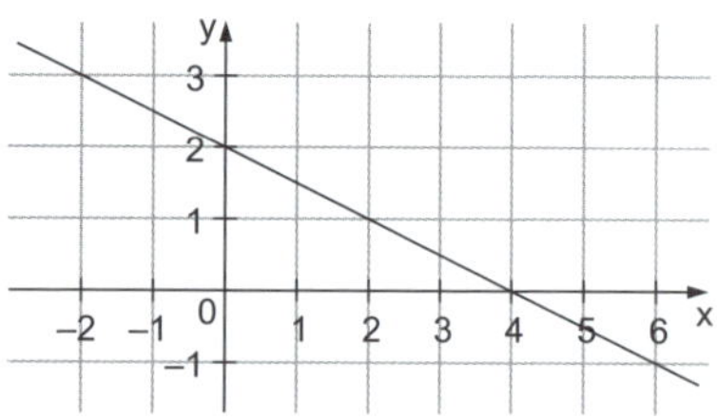

Die erste Geradengleichung kann äquivalent umgeformt werden:
$3x+4y=12 \quad \Leftrightarrow \quad 4y=12-3x \quad \Leftrightarrow \quad y=3-\frac{3}{4}x$

Aufgabe 14
Potenzfunktion

Ist **$0<a<1$**, dann ist der zugehörige Funktionsgraph stets **breiter** im Vergleich zum Graphen von $g(x)=x^2$.

Bei $a<0$ sind alle Funktionswerte negativ, der Graph somit im negativen Bereich. Bei $a=1$ verändert sich der Graph nicht.

Aufgabe 15
Polynomfunktion

- ☐ Eine Polynomfunktion 4. Grades hat immer zwei Tiefpunkte und einen Hochpunkt.
- ☐ Die abgebildete Funktion ändert zweimal ihr Monotonieverhalten.
- ☐ Eine Polynomfunktion 4. Grades hat immer vier reelle Nullstellen.
- ☒ Die abgebildete Funktion ändert zweimal ihr Krümmungsverhalten.
- ☐ Für eine Polynomfunktion 4. Grades gilt, dass die Anzahl der Nullstellen immer größer ist als die Anzahl der Extremwerte.

Eine Polynomfunktion 4. Grades kann 0 bis 4 Nullstellen, 1 bis 3 Extremwerte sowie 0 bis 2 Wendepunkte haben.

Aufgabe 16
Ableitung von Exponentialfunktionen

$f'(x)=\mathbf{2 \cdot e^{2x}}$

Die Regel sagt: $(e^x)'=e^x$; somit wird die Funktion e^{2x} noch mit der Ableitung der Hochzahl (2x) multipliziert (innere Ableitung).

Aufgabe 17
Monotonie und Krümmung

Ist die **Ableitungsfunktion** linear mit positivem Anstieg, dann ist ihre **Stammfunktion** eine positiv gekrümmte quadratische Funktion.

Die 2. Ableitung gibt Auskunft über die Krümmung einer Funktion.

Aufgabe 18
Markante Punkte einer Funktion

- ☒ Ein lokales Extremum einer Funktion f(x) liegt stets vor, wenn $f'(x)=0$ und $f''(x)\neq 0$.
- ☐ Ist der Tangentenanstieg an einer Stelle der Funktion null, dann ist diese Stelle ein Extremum.
- ☒ Die Wendestelle ist jene Stelle der Funktion, an der die Krümmung ihr Vorzeichen ändert.
- ☒ An einer Wendestelle muss $f''(x)=0$ sein und es darf kein Extremum der Krümmung vorliegen.
- ☐ An einer Wendestelle muss $f''(x)=0$ sein und es muss ein Extremum der Krümmung vorliegen.

Extremstellen:
An einer Extremstelle ändert sich das Monotonieverhalten einer Funktion, d. h., die Vorzeichen der Tangentenanstiege ändern sich.

- notwendige Bedingung für Extremstellen: $f'(x)=0$
  An Extremstellen muss die Tangente an den Funktionsgraphen waagrecht sein, darf also keinen Anstieg haben.
- hinreichende Bedingung für Extremstellen: $f''(x)<0$ oder $f''(x)>0$
  Wenn eine waagrechte Tangente an einer Stelle vorliegt und die Krümmung an dieser Stelle positiv (Funktion links gekrümmt) bzw. negativ (Funktion rechts gekrümmt) ist, liegt ein Tiefpunkt bzw. Hochpunkt vor.

Wendestellen:
An einer Wendestelle ändert sich das Krümmungsverhalten einer Funktion, d. h., die Vorzeichen der Krümmung einer Funktion ändern sich.

- notwendige Bedingung für Wendestellen: $f''(x)=0$
  An Wendestellen ist die Krümmung null.
- hinreichende Bedingung für Wendestellen: $f'''(x)\neq 0$
  Es darf an dieser Stelle kein Extremum der Krümmung vorliegen, da sich das Vorzeichen der Krümmung ändern muss.

Aufgabe 19
Fallschirmsprung

- ☐ Die Beschleunigung zwischen der 10. und 20. Flugsekunde.
- ☐ Die Bremsung durch den Luftwiderstand zwischen der 10. und 20. Sekunde.
- ☒ Der zurückgelegte Weg zwischen der 10. und 20. Flugsekunde.
- ☐ Der zurückgelegte Weg der ersten 20 Sekunden.
- ☐ Die Geschwindigkeit zwischen der 10. und 20. Flugsekunde.
- ☐ Die Beschleunigung in den ersten 20 Sekunden.

Die Beschleunigung bzw. Bremsung ist die Ableitung der Geschwindigkeit nach der Zeit.
Da die Integrationsgrenzen 10 s und 20 s sind, kann über die gesamten ersten 20 Sekunden keine Aussage gemacht werden.

Aufgabe 20
Masse von Bolzen

- ☐ Beide Listen haben denselben Median.
- ☒ Die Werte der zweiten Liste sind breiter gestreut als die der ersten Liste.
- ☐ Die zweite Liste enthält mehr Daten als die erste Liste.
- ☒ Ungefähr zwei Drittel der Werte der zweiten Liste liegen im Intervall [3,2; 6,8].
- ☐ Bei der ersten Liste liegt keine Zahl außerhalb des Intervalls [2,6; 7,4].

Listen von Daten mit demselben Mittelwert können verschiedene Mediane haben.
Ist der Wert für die Standardabweichung größer, dann sind die Werte „breiter“ um den Mittelwert gestreut.
Messwerte sind oftmals normalverteilt, d. h., im einfachen Streuungsbereich liegen rund zwei Drittel (68,3 %) der Werte, im doppelten Streuungsbereich sind es 95 %.

Aufgabe 21
Notendurchschnitt

Es gab **sieben** „Gut“.

$$\frac{7\cdot 1+x\cdot 2+6\cdot 3+4\cdot 4+2\cdot 5}{7+x+6+4+2}=2{,}5$$

$$\frac{2x+51}{x+19}=2{,}5 \qquad |\cdot(x+19)$$

$$2x+51=2{,}5(x+19)$$

$$2x+51=2{,}5x+47{,}5 \qquad |-47{,}5-2x$$

$$3{,}5=0{,}5x \qquad |\cdot 2$$

$$7=x$$

Aufgabe 22
Würfel

- ☐ Die relative Häufigkeit, bei 5 000 Würfen einen „Sechser“ zu würfeln, ist immer gleich groß wie bei 500 Würfen einen „Sechser“ zu würfeln.
- ☒ Bei einer sehr großen Anzahl von Würfen nähert sich die relative Häufigkeit, einen „Sechser“ zu würfeln, dem Wert $\frac{1}{6}\approx 0{,}167$ an.
- ☒ Die relative Häufigkeit, bei 50 000 Würfen einen „Sechser“ zu würfeln, kann gleich groß sein, wie bei 500 Würfen einen „Sechser“ zu würfeln.
- ☐ Liegt nach 800 Würfen die relative Häufigkeit, einen „Sechser“ zu würfeln, bei 0,22, dann ist bei den folgenden Würfen die Wahrscheinlichkeit, einen „Sechser“ zu würfeln, geringer.
- ☐ Mit zunehmender Anzahl der Würfe nähert sich die Zahlenfolge der relativen Häufigkeiten, einen „Sechser“ zu würfeln, dem Grenzwert $\frac{1}{6}\approx 0{,}167$ an.

Das Gesetz der großen Zahl besagt, dass sich bei einer (sehr) großen Zahl von Wiederholungen eines Zufallsversuchs die relativen Häufigkeiten den Wahrscheinlichkeiten für das Eintreten eines Ereignisses annähern. Diese „Annäherung“ verläuft allerdings nicht so, wie sich die Folgenglieder einer konvergenten Folge an den Grenzwert annähern; es kann (über lange Strecken) „Umwege“ geben.
Die Wahrscheinlichkeiten für die Ereignisse eines Zufallsversuchs mit Zurücklegen sind bei jeder Wiederholung gleich.

Aufgabe 23
Defektes Gerät

$0{,}01^3$	$1-0{,}99^3$	$0{,}99^3+3\cdot 0{,}99^2\cdot 0{,}01$	$0{,}01^3+3\cdot 0{,}01^2\cdot 0{,}99$
B	C	D	F

P(alle drei Geräte sind funktionstüchtig) $=0{,}99^3$

P(höchstens zwei Geräte sind defekt) $=0{,}99^3+3\cdot 0{,}01\cdot 0{,}99^2+3\,.\,0{,}01^2\cdot 0{,}99$

$=1-0{,}01^3$

Aufgabe 24
U-Bahn

Für eine Modellierung mit der Binomialverteilung muss gelten: Es gibt zwei verschiedene Versuchsausgänge, mit bzw. ohne Fahrschein. Aber: Die Grundmenge bleibt nicht gleich, denn es wird eine kontrollierte Person nicht nochmals kontrolliert werden.

Veränderung: Aus Erfahrung weiß man bei den Wiener Linien, dass ein Viertel der Fahrgäste ohne Fahrschein fährt. Ein Kontrolleur fragt vier willkürlich ausgewählte Personen nach ihrem Fahrschein.

Aufgabe 1: Treffen unter Freunden

Aufgabenstellung

a) Drei Freunde aus den Orten Wien, Wörgl und Klagenfurt wollen ein Treffen „in der Mitte“ organisieren. Wo wird das Treffen stattfinden, wenn alle drei Freunde denselben Weg zurücklegen wollen (Luftlinie)?
Berechnen Sie die Koordinaten des Treffortes auf eine Dezimalstelle genau!
Die Koordinaten für das in die Karte eingezeichnete Koordinatensystem sind: Wien (7 | 4), Wörgl (–5 | 1), Klagenfurt (1,5 | –2,5)

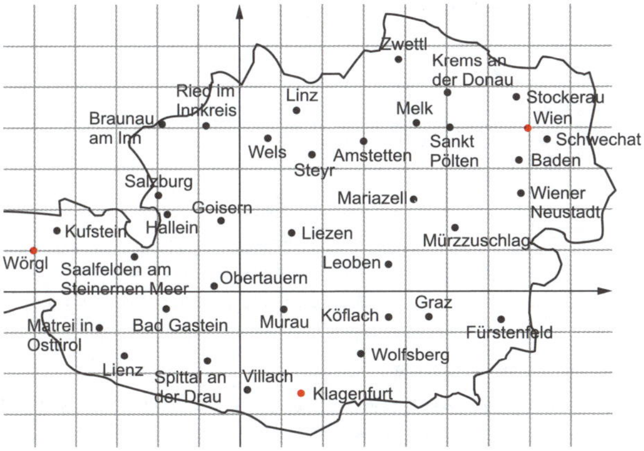

b) Ein Teil der Fahrt eines der Freunde ist durch das nebenstehende Weg-Zeit-Diagramm (Zeit t in min, Weg s in km) dargestellt.
Ordnen Sie den Tätigkeiten die Intervalle $[t_1; t_2]$ zu!

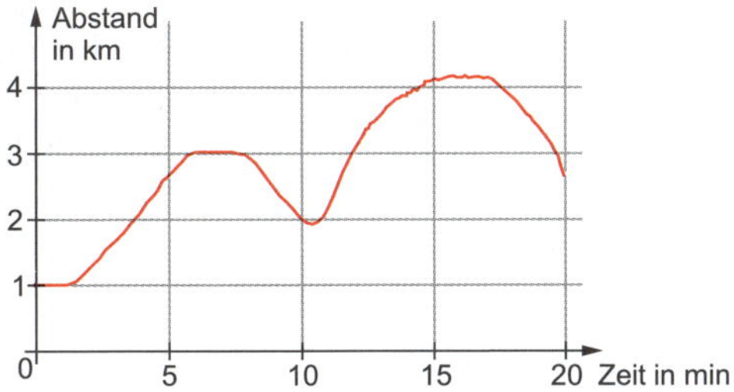

A Beschleunigen	☐ [1,5; 6]
B Bremsen	☐ [8; 10,5]
C Fahren mit konstanter Geschwindigkeit	☐ [6; 8]
D Stehen	☐ [12; 13]
E Rückwärts fahren	
F Fahren mit 15 km/h	

c) Einer der drei Freunde fährt mit durchschnittlich 85 km/h, ein anderer mit einer Durchschnittsgeschwindigkeit von 110 km/h zum Treffpunkt, der von beiden gleich weit entfernt ist. Der schnellere Fahrer benötigt 1 h 35 min für diese Strecke.
Um wie viele Minuten später muss der Schnellere wegfahren, damit beide gleichzeitig den Zielort erreichen?

d) Ein Teil der Autofahrt eines der drei Freunde ist hier grafisch in einem Geschwindigkeits-Zeit-Diagramm dargestellt.
Beschreiben Sie den Verlauf der Beschleunigung dieser Autofahrt. Markieren und beschriften Sie hierfür verwendete t-Werte in der Grafik (t_1, t_2, t_3, …)!

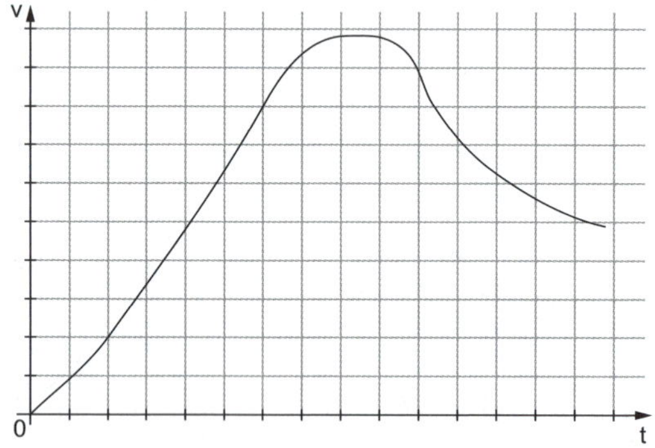

e) **Mittlere Beschleunigung**
Die Beschleunigung von zwei unterschiedlichen Autos wird vom Hersteller in folgender Form angegeben:
Ferrari F430: Beschleunigung von 0 auf 100 km/h in 3,9 Sekunden
VW Polo 1.4: Beschleunigung von 0 auf 100 km/h in 12,9 Sekunden
Berechnen Sie für beide Fahrzeugmodelle die mittlere Beschleunigung im gegebenen Geschwindigkeitsintervall!

Hinweise und Tipps

Teil a Überlegen Sie, welcher merkwürdige Punkt im Dreieck von allen Eckpunkten gleich weit entfernt liegt.

Teil b Lesen Sie aus der Grafik heraus, wie sich der Weg in einem Zeitintervall ändert.

Teil c Stellen Sie mit den Informationen aus dem Text ein Gleichungssystem in zwei Variablen (t_1, t_2) auf. Denken Sie an die Formel $s = v \cdot t$.

Teil d Nimmt die Geschwindigkeit im betrachteten Zeitraum zu, dann spricht man von einer positiven Beschleunigung. Nimmt die Geschwindigkeit im betrachteten Zeitraum ab, dann liegt eine negative Beschleunigung bzw. Verzögerung vor.

Teil e Berechnung der mittleren Beschleunigung:

$$\text{Mittlere Beschleunigung} = \frac{\text{Geschwindigkeitsänderung}}{\text{dafür benötigte Zeit}} \qquad \overline{a} = \frac{v_2 - v_1}{t_2 - t_1} = \frac{\Delta v}{\Delta t}$$

Lösungsvorschlag

Teil a Der Treffpunkt wird als Umkreismittelpunkt des Dreiecks (Eckpunkte sind die Wohnorte der Freunde) berechnet. Dazu müssen zwei Streckensymmetralen miteinander geschnitten werden. Wien (7 | 4), Wörgl (–5 | 1), Klagenfurt (1,5 | –2,5)
Wien … V, Wörgl … W, Klagenfurt … K

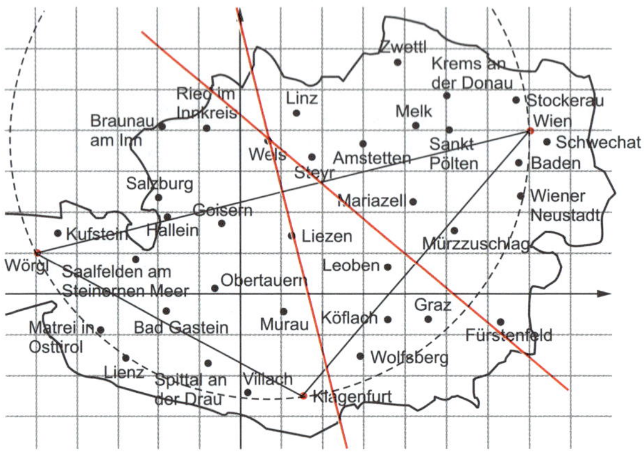

Mitte von WV:

$$M_{WV} = \left(\frac{-5+7}{2} \,\middle|\, \frac{1+4}{2}\right) = (1 \,|\, 2,5)$$

Der Vektor $\overrightarrow{WV} = \begin{pmatrix} 7-(-5) \\ 4-1 \end{pmatrix} = \begin{pmatrix} 12 \\ 3 \end{pmatrix}$ ist ein Normalvektor $\vec{n}$ zur Streckensymmetrale von WV.

Normalvektorform der Streckensymmetrale von WV: $\vec{n} \cdot X = \vec{n} \cdot M_{WV}$

Streckensymmetrale von WV: $12x + 3y = 19,5$

Mitte von KV:

$$M_{KV} = \left(\frac{1,5+7}{2} \,\middle|\, \frac{-2,5+4}{2}\right) = (4,25 \,|\, 0,75)$$

Der Vektor $\overrightarrow{KV} = \begin{pmatrix} 7-1,5 \\ 4-(-2,5) \end{pmatrix} = \begin{pmatrix} 5,5 \\ 6,5 \end{pmatrix}$ ist ein Normalvektor $\vec{n}$ der Streckensymmetrale von KV.

Normalvektorform der Streckensymmetrale von KV: $\vec{n} \cdot X = \vec{n} \cdot M_{KV}$

Streckensymmetrale von KV: $5,5x + 6,5y = 28,25$

Schnitt der Streckensymmetralen durch Lösen des Gleichungssystems:

$$\begin{array}{lll} \text{I} & 12x+3y=19{,}5 & |\cdot 6{,}5 \\ \text{II} & 5{,}5x+6{,}5y=28{,}25 & |\cdot(-3) \quad \text{Additionsverfahren} \\ \hline \text{I+II} & 78x-16{,}5x=126{,}75-84{,}75 & \\ & 61{,}5x=42 & |:61{,}5 \\ & x\approx 0{,}683 & \end{array}$$

einsetzen in I $\quad 12\cdot 0{,}683+3y=19{,}5$

$$y\approx 3{,}77$$

Die Koordinaten des Treffpunktes lauten **(0,7 | 3,8)**. Der Treffpunkt liegt in der Nähe von Wels.

Teil b

- **C** [1,5; 6]
- **E** [8; 10,5]
- **D** [6; 8]
- **B** [12; 13]

Teil c 1. Freund: $s=85\cdot t_1$ und

2. Freund (schneller als Freund 1): $s=110\cdot t_2$

$1\text{ h }35\text{ min}=1\frac{35}{60}\text{ h}=1{,}58\dot{3}\text{ h}$

I $\quad s=85\cdot t_1$

II $\quad s=110\cdot 1{,}58\dot{3}=174{,}1\dot{6}$

einsetzen in I $\quad 174{,}1\dot{6}=85\cdot t_1$

$$t_1\approx 2{,}0490\text{ h}\approx 2\text{ h }3\text{ min}$$

Die Differenz der Fahrtzeiten berechnen:
Der schnellere von den beiden Freunden muss **28 min später** wegfahren, damit die Freunde gleichzeitig den Zielort erreichen.

Teil d Im Intervall

- $[t_0; t_8]$ nimmt die Geschwindigkeit zu, somit liegt eine positive Beschleunigung vor,
- $[t_8; t_9]$ bleibt die Geschwindigkeit gleich, d. h., es gibt keine Beschleunigung,
- $[t_9; t_{14}]$ nimmt die Geschwindigkeit ab und das bedeutet eine Verzögerung.

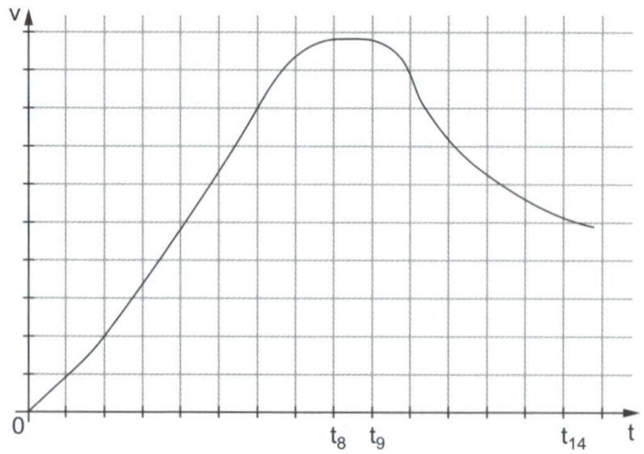

Teil e Umrechnung der Geschwindigkeit 100 km/h in m/s:

$100\,\frac{\text{km}}{\text{h}} = 100\,\frac{1\,000\text{ m}}{3\,600\text{ s}} = \frac{100\text{ m}}{3{,}6\text{ s}} \approx 27{,}8\,\frac{\text{m}}{\text{s}}$

Ferrari F430: Beschleunigung von 0 auf 100 km/h in 3,9 Sekunden:

$\overline{a}(\text{Ferrari}) = \frac{\Delta v}{\Delta t}$

$\overline{a}(\text{Ferrari}) = \frac{27{,}8\,\frac{\text{m}}{\text{s}} - 0\,\frac{\text{m}}{\text{s}}}{3{,}9\text{ s}} \approx \mathbf{7{,}1\,\frac{m}{s^2}}$

VW Polo: Beschleunigung von 0 auf 100 km/h in 12,9 Sekunden

$\overline{a}(\text{VW Polo}) = \frac{\Delta v}{\Delta t}$

$\overline{a}(\text{VW Polo}) = \frac{27{,}8\,\frac{\text{m}}{\text{s}} - 0\,\frac{\text{m}}{\text{s}}}{12{,}9\text{ s}} \approx \mathbf{2{,}2\,\frac{m}{s^2}}$

Aufgabe 2: Einnahmen

Die folgende Tabelle gibt einen Überblick über die Verkaufszahlen von drei neu eingeführten Produkten im ersten Halbjahr:

	Filiale A	Filiale B	Filiale C	Filiale D
Produkt 1	330	198	127	213
Produkt 2	125	186	210	114
Produkt 3	203	216	319	289

Die Vektoren F_A, F_B, F_C und F_D geben die in den jeweiligen Filialen verkauften Stückzahlen der drei Produkte an: $F_A = (330 \mid 125 \mid 203)$ usw.
Der Vektor $P = (38{,}4 \mid 28{,}5 \mid 23{,}4)$ gibt die Preise der drei Produkte inklusive 20 % MWSt an.

Aufgaben-stellung

a) Die Filialen A und B liegen in Wien, die Filialen C und D in Niederösterreich. Um den Absatz in den zwei Bundesländern zu vergleichen, wird der Vektor $V = F_C + F_D - (F_A + F_B)$ berechnet.
Kreuzen Sie die zwei zutreffenden Aussagen über den Vektor V an!

- ☐ Insgesamt wurden in den Wiener Filialen mehr Stück dieser drei Produkte abgesetzt als in den niederösterreichischen Filialen.
- ☐ Der Vektor V gibt an, dass der Erlös aus dem Verkauf der drei Produkte in Niederösterreich höher war als in Wien.
- ☐ Das Minus bei der x-Komponente bedeutet, dass die Filialen in Wien eine größere Stückzahl von Produkt 1 abgesetzt haben.
- ☐ Die niederösterreichischen Filialen haben von Produkt 2 mehr und von Produkt 3 deutlich mehr Stück abgesetzt als die Wiener Filialen.
- ☐ Das Minus bei der x-Komponente bedeutet, dass die Filialen in Wien mit Produkt 1 Verluste gemacht haben.

b) Führen Sie die angegebenen Berechnungen durch und interpretieren Sie die Ergebnisse:

(1) $X = \frac{100}{120} \cdot P$

(2) $Y = P \cdot (F_A + F_B + F_C + F_D)$

c) Die Geschäftsleitung trifft folgende Entscheidung, um die Einnahmen der drei Produkte im 2. Halbjahr zu erhöhen: Die Preise werden um 4 % gesenkt, wodurch eine Absatzsteigerung von 8 % erwartet wird.
Geben Sie eine Formel an, um die erwarteten Einnahmen E' zu berechnen.
Welche prozentuelle Einnahmensteigerung wird von der Geschäftsleitung erwartet?

Hinweise und Tipps

Teil a

- Berechnen Sie den Vektor V.
- Der Vektor V gibt an, wie viel Stück der drei Produkte in den Filialen in Niederösterreich mehr verkauft wurden als in den Filialen in Wien.

Teil b

- Multiplizieren Sie jeden der drei Preise mit $\frac{100}{120}$.
- X ist ein Vektor.
- Denken Sie daran, dass die Preise inklusive 20 % MWSt sind.
- Berechnen Sie das skalare Produkt aus dem Preisvektor und dem Summenvektor der Verkaufszahlen im ersten Halbjahr.
- Y ist eine Zahl.

Teil c

- Die Preise werden um 4 % gesenkt; die neuen Preise betragen daher 96 % der ursprünglichen Preise.
- Erwartet wird eine Absatzsteigerung von 8 %; der Absatz im 2. Halbjahr beträgt daher 108 % des Absatzes im 1. Halbjahr.
- Die Einnahmen E' sind das skalare Produkt des Vektors mit den gesenkten Preisen mit dem Vektor mit dem erwarteten Absatz.

Lösungsvorschlag

Teil a $F_A = (330|125|203)$, $F_B = (198|186|216)$,
$F_C = (127|210|319)$, $F_D = (213|114|289)$

$$\Rightarrow \quad V = (127+213-330-198\,|\,210+114-125-186\,|\,319+289-203-216)$$
$$= (-188\,|\,13\,|\,189)$$

- ☐ Insgesamt wurden in den Wiener Filialen mehr Stück dieser drei Produkte abgesetzt als in den niederösterreichischen Filialen.
- ☐ Der Vektor V gibt an, dass der Erlös aus dem Verkauf der drei Produkte in Niederösterreich höher war als in Wien.
- ☒ Das Minus bei der x-Komponente bedeutet, dass die Filialen in Wien eine größere Stückzahl von Produkt 1 abgesetzt haben.
- ☒ Die niederösterreichischen Filialen haben von Produkt 2 mehr und von Produkt 3 deutlich mehr Stück abgesetzt als die Wiener Filialen.
- ☐ Das Minus bei der x-Komponente bedeutet, dass die Filialen in Wien mit Produkt 1 Verluste gemacht haben.

Von Produkt 1 wurden in Niederösterreich 188 Stück weniger verkauft als in Wien; von Produkt 2 wurden in Niederösterreich 13 Stück mehr verkauft und ebenfalls war der Absatz von Produkt 3 in Niederösterreich um 189 Stück höher. Insgesamt wurden in Niederösterreich 14 Stück mehr verkauft.

Teil b (1) **$X = (32\,|\,23{,}75\,|\,19{,}5)$**

X gibt die Preise der drei Produkte ohne Mehrwertsteuer an.

(2) $Y = (38{,}4\,|\,28{,}5\,|\,23{,}4) \cdot (868\,|\,635\,|\,1\,027) = 38{,}4 \cdot 868 + 28{,}5 \cdot 635 + 23{,}4 \cdot 1\,027$
$= $ **75.460,50 [Euro]**

Y gibt die Gesamteinnahmen der vier Filialen mit den drei Produkten im 1. Halbjahr an.

Teil c Gesenkter Preis: $\frac{96}{100} \cdot P$; erhöhter Absatz: $\frac{108}{100} \cdot (F_A + F_B + F_C + F_D)$

$$E' = 0{,}96 \cdot P \cdot 1{,}08 \cdot (F_A + F_B + F_C + F_D) = 0{,}96 \cdot 1{,}08 \cdot P \cdot (F_A + F_B + F_C + F_D)$$
$$= 1{,}0368 \cdot P \cdot (F_A + F_B + F_C + F_D)$$

E' sind 103,68 % der Einnahmen aus dem 1. Halbjahr, das sind um 3,68 % mehr als im 1. Halbjahr.
Die Geschäftsleitung erwartet eine Einnahmesteigerung von **3,68 %**.

Aufgabe 3: Lineare Optimierung

Ein einfaches Verfahren, um Optimierungsprobleme wie optimale Bestellmengen oder Arbeitszeiten, die von wenigen Parametern abhängen, zu lösen, ist die lineare Optimierung. Dabei wird für jede Bedingung eine Ungleichung aufgestellt und mit einer Halbebene veranschaulicht. Einfach gesprochen enthält der überlappende Bereich aller dieser Halbebenen am Ende jene Punkte, für die alle Bedingungen zutreffen.
Hier hat sich ein Fahrradhändler von seinem Steuerberater die optimale Bestellanzahl für die Bestellung von Rennrädern und Mountainbikes ermitteln lassen, um seinen Gewinn zu maximieren.

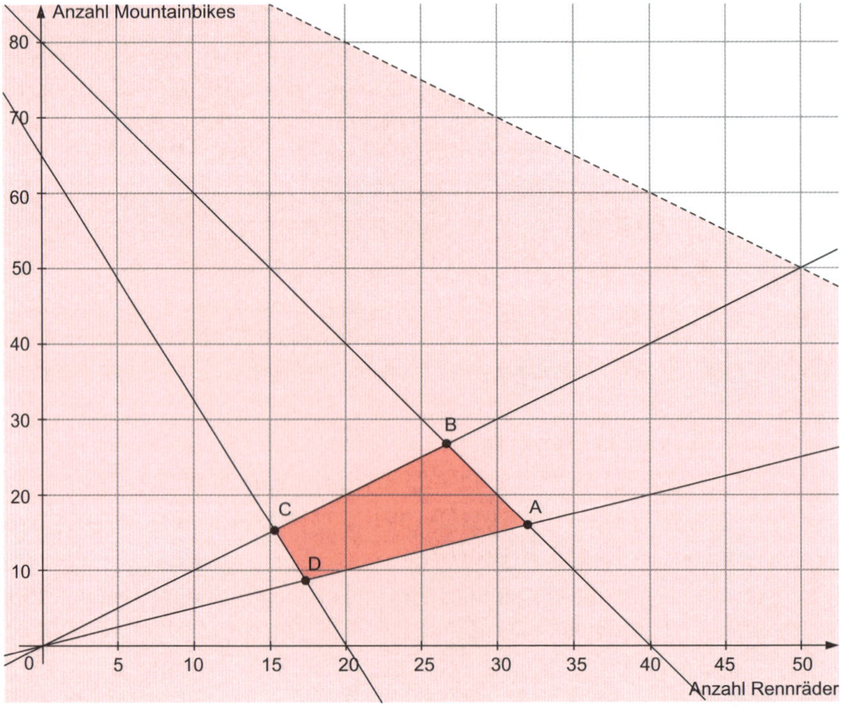

Abb. 1

Die Bedingungen, die der Händler zu berücksichtigen hat, werden in Form von Ungleichungen dargestellt, wobei x die Anzahl der Rennräder und y die Anzahl der Mountainbikes angibt. Die Einkaufspreise für die beiden Fahrräder betragen € 420 für Rennräder und € 210 für Mountainbikes.

Aufgabenstellung

a) Eine der dargestellten Ungleichungen lautet $420x + 210y \leq 16\,800$.
Interpretieren Sie diese Ungleichung im gegebenen Kontext!

b) Ordnen Sie die gegebenen Bedingungen des Händlers den entsprechenden Ungleichungen zu!

A	Es werden auf jeden Fall Rennräder benötigt.	☐	$y + x \leq 100$
B	Es sollen mindestens halb so viele Rennräder wie Mountainbikes bestellt werden.	☐	$x > 0$
C	Der Händler möchte mindestens halb so viele Mountainbikes wie Rennräder bestellen.	☐	$y < 100$
D	Die Marktlage erlaubt, höchstens 100 Mountainbikes zu bestellen.	☐	$y \geq \frac{x}{2}$
E	Der Steuerberater empfiehlt dem Händler, weniger als 100 Mountainbikes zu bestellen.		
F	Der Händler hat insgesamt nur Platz für höchstens 100 Räder.		

c) Für welche Zahlen $y \in \mathbb{N}$ ist das Zahlenpaar $(18 \mid y)$ Lösung der Ungleichung $420x + 210y \leq 16\,800$? Argumentieren Sie, warum die Grundmenge $\mathbb{N}$ hier sinnvoll ist!

d) Eine der Ungleichungen, die der Steuerberater definiert hat, lautet $13x + 4y \geq 260$. Welche der gegebenen Halbebenen entspricht dieser Ungleichung? Kreuzen Sie die zutreffende Grafik an!

☐ 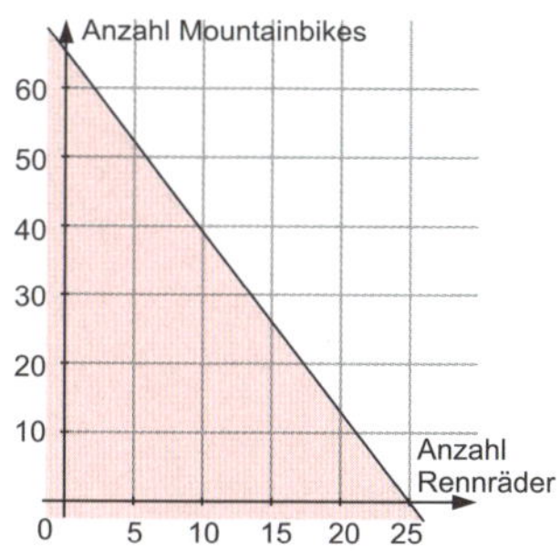

☐ 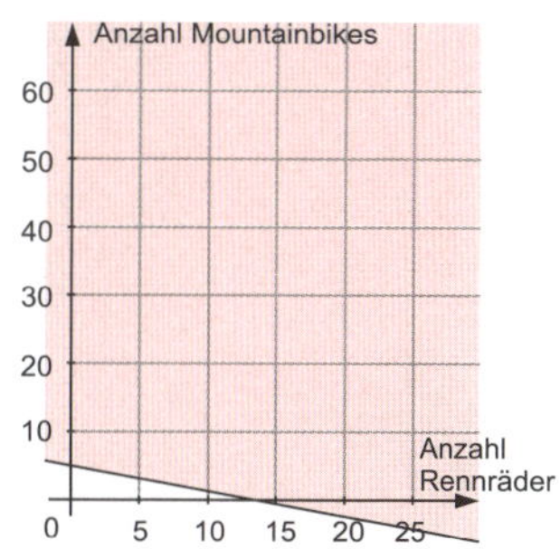

☐ 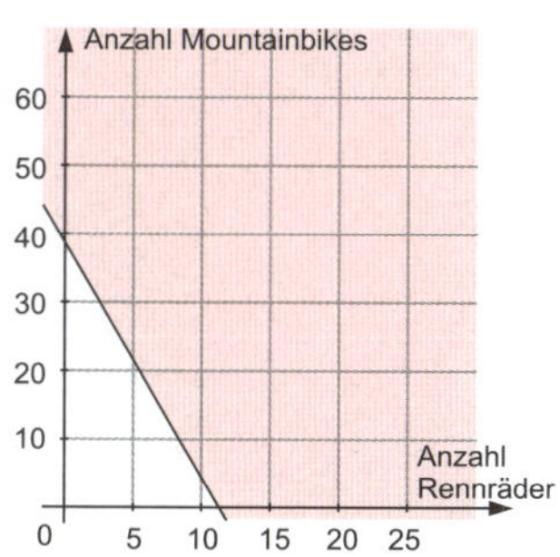

☐ 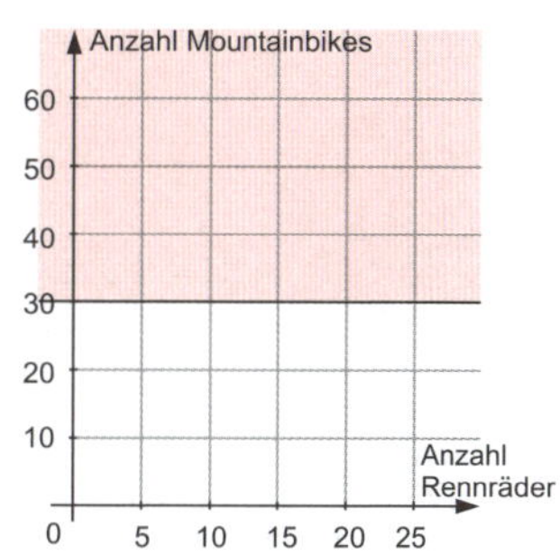

☐ 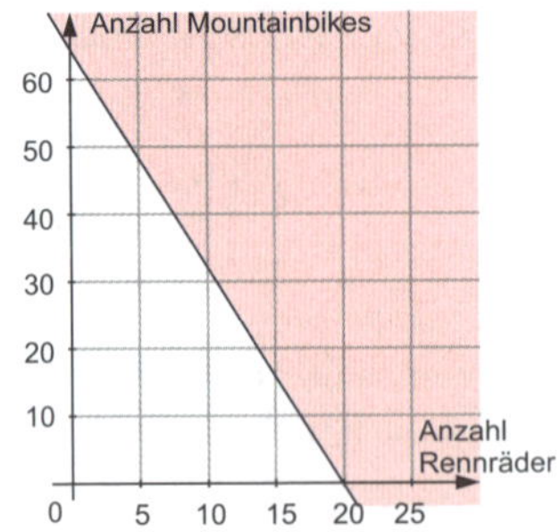

☐ 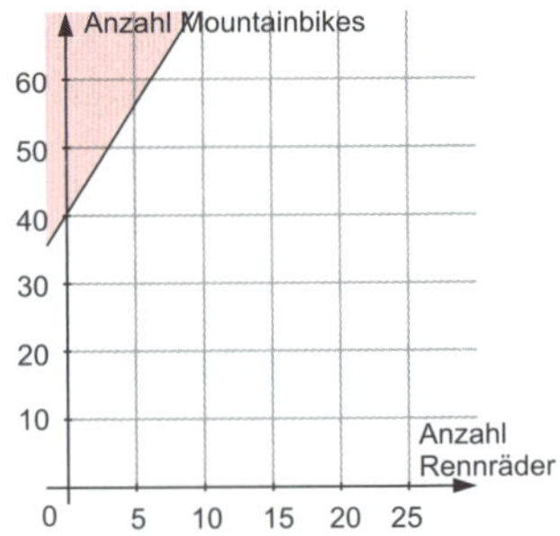

e) Der überlappende Bereich aller Halbebenen in der Abbildung 1 gibt jene Zahlenpaare (x | y) an, die alle geforderten Bedingungen erfüllen. Geben Sie zwei solche Zahlenpaare an!

f) Die optimale Bestellmenge ist das Zahlenpaar am Rand des gemeinsamen Bereichs aller Halbebenen, bei dem die Zielfunktion c den größten Abschnitt auf der y-Achse hat.
Als Zielfunktion wurde c: $26x + 11y = 0$ definiert. Verschieben Sie diese Funktion c durch die infrage kommenden Punkte und geben Sie das Zahlenpaar an, das für den Fahrradhändler die optimale Lösung beschreibt! Wofür stehen die Koordinaten des Zahlenpaars (x | y) dieses optimalen Punktes?

Hinweise und Tipps

Teil a Wenn ein Fahrrad des ersten Typs 420 Euro im Einkauf kostet und davon x Stück bestellt werden, wofür steht dann der Term 420x?

Teil b Beachten Sie in den Aussagen die entscheidenden Wörter wie „höchstens" oder „weniger als".

Teil c Setzen Sie für x die Zahl ein und formen Sie die Ungleichung nach y um. Welche Zahlen kommen für die Anzahl der Fahrräder infrage?

Teil d Formen Sie die Ungleichung so um, dass Sie in der Form $y = kx + d$ die Parameter k und d ablesen und mit den Halbebenen vergleichen können.

Teil e Der überlappende Bereich aller Ungleichungen in Abbildung 1 liegt ausschließlich im ersten Quadranten, es kommen also nur Zahlenpaare mit positivem Vorzeichen infrage. Wählen Sie die x-Koordinate frei und lesen Sie eine mögliche y-Koordinate innerhalb des Bereiches dazu ab.

Teil f Der überlappende Bereich, der alle Bedingungen erfüllt, hat vier Randpunkte (d. h. Ecken).

Formen Sie die Zielgerade so um, dass sie die Steigung ablesen und einzeichnen können.

Verschieben Sie die Zielgerade c durch alle Randpunkte und kontrollieren Sie, in welchem der Punkte die Zielfunktion c den größten Achsenabschnitt auf der y-Achse erzielt.

Lösungsvorschlag

Teil a $420x + 210y \leq 16\,800$

Die Bestellsumme für beide Fahrradtypen muss unter 16.800 Euro liegen. 420x beschreibt den Geldbetrag, der für die bestellten Rennräder zu bezahlen ist – analog beschreibt 210y den für die bestellten Mountainbikes.

Teil b

F $y + x \leq 100$

A $x > 0$

E $y < 100$

C $y \geq \frac{x}{2}$

Zur Bedingung **B** gehört die Ungleichung $x \geq \frac{y}{2}$, zu **D** $y \leq 100$.

Teil c

$$\begin{aligned} 420x + 210y &\leq 16\,800 \quad && x = 18 \text{ einsetzen und nach y umformen} \\ 7\,560 + 210y &\leq 16\,800 \\ 210y &\leq 9\,240 \\ \mathbf{y} &\mathbf{\leq 44} \end{aligned}$$

Die bestellte Anzahl an Mountainbikes darf höchstens 44 sein. Als Lösungen kommen also die Zahlen aus der Menge $L = \{0; 1; 2; \ldots; 43; 44\}$ infrage. Die Grundmenge $\mathbb{N}$ ist hier sinnvoll, weil es sich um die Anzahl von Fahrrädern handelt, die nicht negativ werden kann, und jedenfalls eine natürliche Zahl sein muss (der Händler kann nicht z. B. 24,68 Fahrräder bestellen).

Teil d

Zur gegebenen Ungleichung gehört die Gleichung $13x + 4y = 260$, die äquivalent zu $y = 65 - \frac{13}{4}x$ umgeformt werden kann.
Hierzu passen nur noch zwei Halbebenen. Welche davon die richtige ist, kann durch eine Punktprobe herausgefunden werden. Kontrollieren Sie zusätzlich die Nullstelle der Randfunktion, indem Sie $y = 0$ setzen. So erhalten Sie $x = 20$.

☐
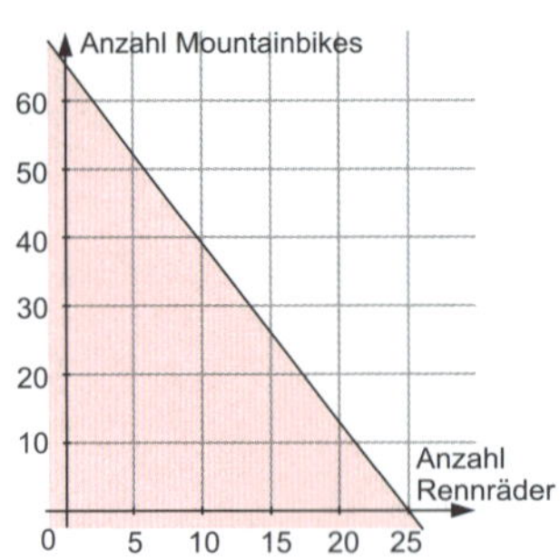

☐
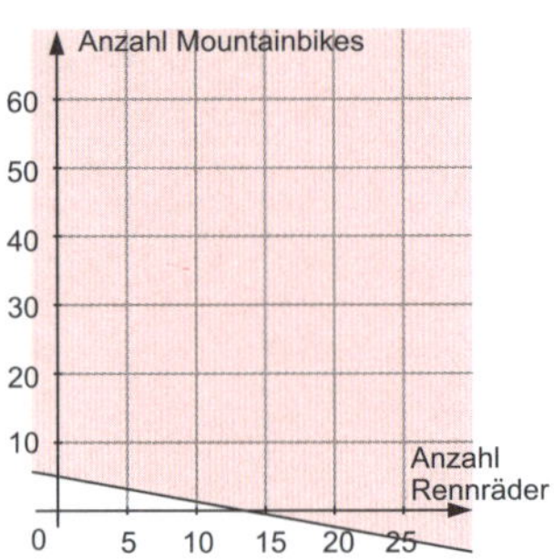

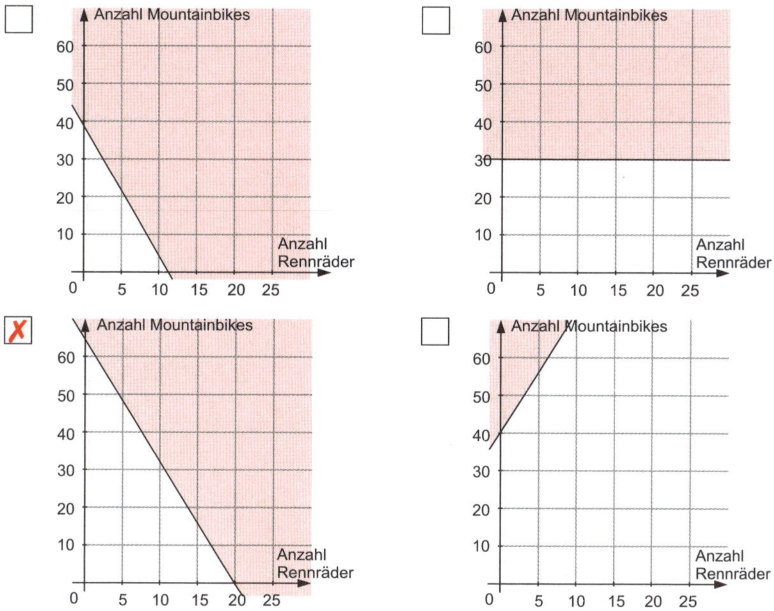

Teil e Zwei mögliche Zahlenpaare sind:
$X_1 = (24 | 15)$ oder $X_2 = (26 | 20)$

Teil f Die optimale Bestellmenge ist das Zahlenpaar **$A = (32 | 16)$**, also 32 Stück Rennräder und 16 Stück Mountainbikes.

Für das Einzeichnen der Zielfunktion c formen Sie die Gleichung nach y um und erhalten so $y = -\frac{26}{11}x + 0$. Die Steigung beträgt also ca. –2,36. Zum Einzeichnen in die Abbildung 1 müssen Sie nun überlegen, dass für 10 Einheiten (wie in der Grafik) eine Veränderung von y um 23,6 Einheiten einhergeht.

Mit den Koordinaten der Randpunkte A, B, C und D kann man direkt die Geradengleichungen der Zielfunktion aufstellen, wenn sie durch den jeweiligen Punkt verläuft. Aus geometrischen Überlegungen kommen offensichtlich nur $A = (32 | 16)$ und $B = (26{,}67 | 26{,}67)$ als optimale Punkte infrage:
durch A: $26x + 11y = 1\,008$; durch B: $26x + 11y = 986{,}79$
Wenn c durch den Punkt A verläuft, ist der Achsenabschnitt auf der y-Achse am größten.

Beachten Sie: Die Koordinaten von B können aus der Zeichnung natürlich nicht so genau abgelesen werden; man erkennt in der Abbildung 1 aber jedenfalls, dass beide Koordinaten von B etwa 27 sind, und auch damit ist A noch der optimale Punkt.

In der folgenden Grafik sind die beiden in Aufgabenteil e gewählten Punkte sowie die in Aufgabenteil f ermittelte Zielfunktion eingetragen.

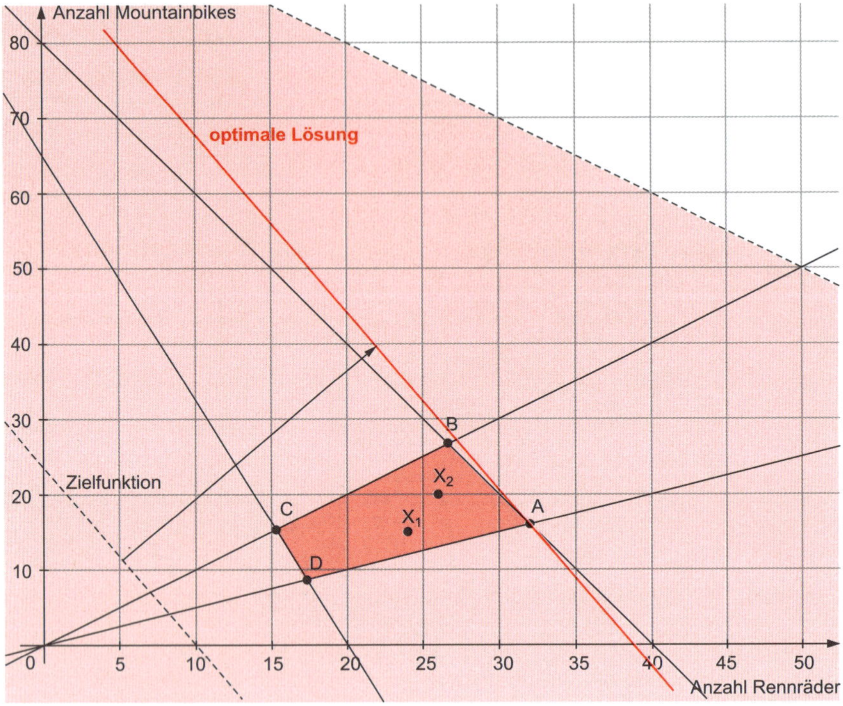

Aufgabe 4: Führerscheinprüfung

Als Vorbereitung für die theoretische Führerscheinprüfung werden von einer Fahrschule drei Varianten angeboten: ein zweiwöchiger Intensivkurs, ein dreiwöchiger Abendkurs und ein Onlinekurs.
Im Rahmen einer Untersuchung wurden die Chancen der drei Gruppen erhoben, beim erstmaligen Antreten die Führerscheinprüfung zu schaffen: Die Auswertung von 525 KandidatInnen ergab, dass 56 % der KandidatInnen am Intensivkurs teilnahmen und $\frac{5}{6}$ davon erfolgreich waren; 36 % besuchten den Abendkurs, davon sind $\frac{2}{3}$ beim ersten Antreten durchgekommen und die restlichen PrüfungskandidatInnen absolvierten den Onlinekurs, wobei $\frac{4}{7}$ die Prüfung beim erstmaligen Antreten bestanden.

Aufgabenstellung

a) Vervollständigen Sie das Baumdiagramm:
E … Erfolg, M … Misserfolg (beim erstmaligen Antreten)

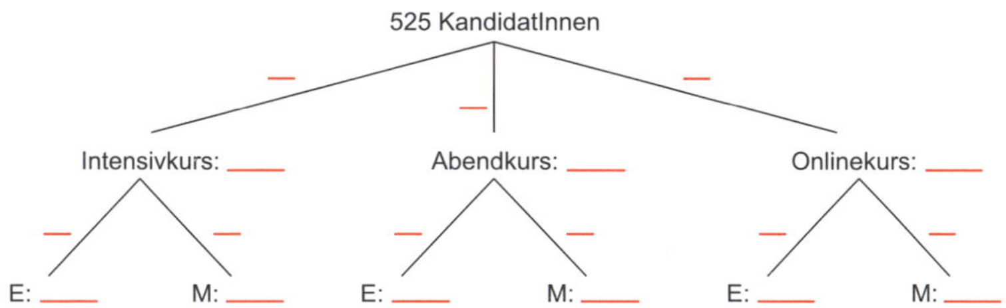

Welche Fragestellung kann mithilfe von welchem Term gelöst werden? Ordnen Sie die Terme den Fragen zu!

Mit welcher Wahrscheinlichkeit hat eine Kandidatin bzw. ein Kandidat …

- ☐ … den Abendkurs besucht und die Prüfung beim ersten Mal geschafft?
- ☐ … die Prüfung beim erstmaligen Antreten geschafft?
- ☐ …, die bzw. der die Prüfung auf Anhieb geschafft hat, den Onlinekurs besucht?
- ☐ …, die bzw. der die Prüfung nicht beim ersten Mal geschafft hat, den Intensivkurs besucht?

A	B	C	D	E	F
$\frac{126}{189}$	$\frac{395}{525}$	$\frac{49}{130}$	$\frac{126}{525}$	$\frac{24}{525}$	$\frac{24}{395}$

b) Bei einem Wissenstest, der auf die theoretische Führerscheinprüfung vorbereitet, werden den KandidatInnen 20 Fragen gestellt. Die TeilnehmerInnen des Intensivkurses konnten durchschnittlich 16 Fragen richtig beantworten, die TeilnehmerInnen des Abendkurses 14 und die KandidatInnen, die den Onlinekurs absolvierten, beantworteten im Schnitt 13 Fragen richtig.

Wie groß ist die Wahrscheinlichkeit, dass eine Teilnehmerin bzw. ein Teilnehmer des Intensivkurses mindestens 18 der 20 Fragen richtig beantwortet?

Wie viele Fragen muss man einer Teilnehmerin bzw. einem Teilnehmer des Abendkurses stellen, damit mit einer Wahrscheinlichkeit von mehr als 98 % zumindest eine Frage richtig beantwortet wird?

Beschreiben Sie – bezugnehmend auf die Angaben der TeilnehmerInnen des Onlinekurses – ein passendes Ereignis A zu folgender Berechnung:

$$P(A) = \binom{20}{11} \cdot 0{,}65^{11} \cdot 0{,}35^{9} + \binom{20}{12} \cdot 0{,}65^{12} \cdot 0{,}35^{8} + \binom{20}{13} \cdot 0{,}65^{13} \cdot 0{,}35^{7} + \binom{20}{14} \cdot 0{,}65^{14} \cdot 0{,}35^{6}$$

Hinweise und Tipps

Teil a

- Ergänzen Sie auf den Pfaden des Baumdiagramms die Werte für die Teilnahme an einem der Kurse sowie die Werte für Erfolg bzw. Misserfolg beim erstmaligen Antreten der TeilneherInnen des jeweiligen Kurses.
- Berechnen Sie jeweils die entsprechenden Anteile.
- Wie viele KandidatInnen haben den Kurs beim erstmaligen Antreten geschafft?
- Auf welche Personengruppe sowie auf welche Grundgesamtheit bezieht sich die jeweilige Fragestellung?

Teil b

- Ermitteln Sie, mit welcher Wahrscheinlichkeit die TeilnehmerInnen von jedem Kurs eine Frage richtig beantworten.
- Rechnen Sie mit der Binomialverteilung: $P(X \geq 18)$
- Die Wahrscheinlichkeit, dass mindestens eine von n gestellten Fragen richtig beantwortet wird, soll mehr als 98 % betragen. Rechnen Sie mit dem Gegenereignis: die Wahrscheinlichkeit, dass von n gestellten Fragen keine richtig beantwortet wird.
- Die Variable n – die Anzahl der Fragen, die zu stellen ist – ist die Hochzahl. Lösen Sie die Exponentialgleichung durch Logarithmieren beider Seiten der Ungleichung.
- Wie viele Fragen werden bei Ereignis A gestellt und wie viele werden richtig beantwortet?

Lösungsvorschlag

Teil a Auf den ersten drei Pfaden werden die Werte entsprechend der Teilnahme an den verschiedenen Kursen eingetragen. Auf den weiteren Pfaden werden für den jeweiligen Kurs die Werte für den Prüfungserfolg bzw. -misserfolg eingetragen.

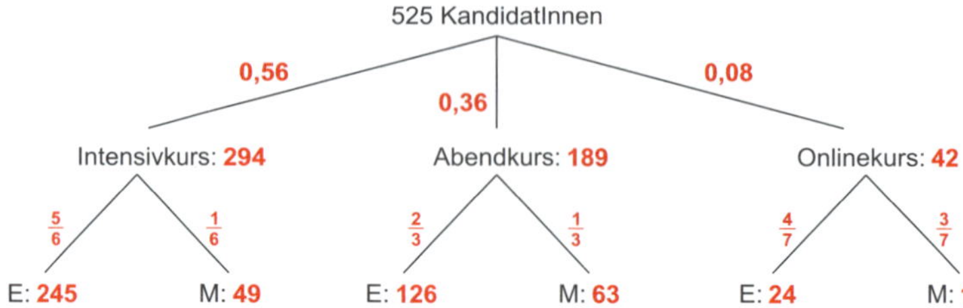

Mit welcher Wahrscheinlichkeit hat eine Kandidatin bzw. ein Kandidat …

- D … den Abendkurs besucht und die Prüfung beim ersten Mal geschafft?
- B … die Prüfung beim erstmaligen Antreten geschafft?
- F …, die bzw. der die Prüfung auf Anhieb geschafft hat, den Onlinekurs besucht?
- C …, die bzw. der die Prüfung nicht beim ersten Mal geschafft hat, den Intensivkurs besucht?

126 von 525 KandidatInnen haben den Abendkurs besucht und waren beim erstmaligen Antreten erfolgreich.
395 von 525 KandidatInnen waren beim erstmaligen Antreten erfolgreich.
24 von 395 erfolgreichen KandidatInnen haben den Onlinekurs besucht.
49 von 130 KandidatInnen, die die Prüfung nicht beim erstmaligen Antreten geschafft haben, haben den Intensivkurs besucht.
$\frac{126}{189}$ … 126 von den 189 TeilnehmerInnen des Abendkurses haben die Prüfung beim ersten Mal geschafft.
$\frac{24}{525}$ … 24 von 525 TeilnehmerInnen haben den Onlinekurs besucht und die Prüfung auf Anhieb geschafft.

Teil b Die Wahrscheinlichkeit, dass eine Person, die den Intensivkurs absolviert hat, eine Frage richtig beantwortet, beträgt $\frac{16}{20} = 0,8$. Für die gesuchte Wahrscheinlichkeit erhält man:

$$P(X \geq 18) = P(X = 18) + P(X = 19) + P(X = 20)$$
$$= \binom{20}{18} \cdot 0,8^{18} \cdot 0,2^2 + \binom{20}{19} \cdot 0,8^{19} \cdot 0,2^1 + \binom{20}{20} \cdot 0,8^{20} \cdot 0,2^0 \approx 0,2061$$

Die Wahrscheinlichkeit, dass eine Teilnehmerin bzw. ein Teilnehmer des Intensivkurses mindestens 18 der 20 Fragen richtig beantwortet, beträgt ca. **20,6 %**.

Die Wahrscheinlichkeit, dass eine Person, die den Abendkurs absolviert hat, eine Frage richtig beantwortet, beträgt $\frac{14}{20} = 0{,}7$. Das Gegenereignis, eine Frage nicht richtig zu beantworten, hat daher die Wahrscheinlichkeit $\frac{6}{20} = 0{,}3$.

Die gesuchte Anzahl von Fragen sei n. Dann soll gelten:

$$\begin{aligned} P(\geq 1 \text{ von n Fragen richtig}) &> 0{,}98 \\ 1 - P(\text{keine von n Fragen richtig}) &> 0{,}98 \\ P(\text{keine von n Fragen richtig}) &< 0{,}02 \\ 0{,}3^n &< 0{,}02 \\ n \cdot \ln 0{,}3 &< \ln 0{,}02 \qquad \Big|: \ln 0{,}3 < 0 \\ n &> \frac{\ln 0{,}02}{\ln 0{,}3} = 3{,}249\ldots \end{aligned}$$

Einer Teilnehmerin bzw. einem Teilnehmer des Abendkurses müssen **mindestens vier Fragen** gestellt werden, damit mit einer Wahrscheinlichkeit von mehr als 98 % wenigstens eine Frage richtig beantwortet wird.

Die Wahrscheinlichkeit, dass eine Person, die den Onlinekurs absolviert hat, eine Frage richtig beantwortet, beträgt $\frac{13}{20} = 0{,}65$. Das Ereignis A passt daher zu folgender Beschreibung:

A … Eine Person, die den Onlinekurs absolviert hat, beantwortet 11 bis 14 von 20 Fragen richtig.

Standardisierte schriftliche Reifeprüfung – Mathematik
Matura 2015 – Teil 1

Aufgabe 1
Taschengeld

Tim hat x Wochen lang wöchentlich € 8, y Wochen lang wöchentlich € 10 und z Wochen lang wöchentlich € 12 Taschengeld erhalten.

Aufgabenstellung: Geben Sie in Worten an, was in diesem Zusammenhang durch den Term $\frac{8x + 10y + 12z}{x + y + z}$ dargestellt wird!

Aufgabe 2
Fahrenheit und Celsius

Während man in Europa die Temperatur in Grad Celsius (°C) angibt, verwendet man in den USA die Einheit Grad Fahrenheit (°F). Zwischen der Temperatur T_F in °F und der Temperatur T_C in °C besteht ein linearer Zusammenhang.
Für die Umrechnung von °F in °C gelten folgende Regeln:

- 32 °F entsprechen 0 °C.
- Eine Temperaturzunahme um 1 °F entspricht einer Zunahme der Temperatur um $\frac{5}{9}$ °C.

Aufgabenstellung: Geben Sie eine Gleichung an, die den Zusammenhang zwischen der Temperatur T_F (°F, Grad Fahrenheit) und der Temperatur T_C (°C, Grad Celsius) beschreibt!

Aufgabe 3
Gehälter

Die Gehälter der 8 Mitarbeiter/innen eines Kleinunternehmens sind im Vektor $G = \begin{pmatrix} G_1 \\ G_2 \\ \vdots \\ G_8 \end{pmatrix}$ dargestellt.

Aufgabenstellung: Geben Sie an, was der Ausdruck (das Skalarprodukt) $G \cdot \begin{pmatrix} 1 \\ 1 \\ 1 \\ 1 \\ 1 \\ 1 \\ 1 \\ 1 \end{pmatrix}$ in diesem Kontext bedeutet!

Aufgabe 4
Parameterdarstellung einer Geraden

Die zwei Punkte $A=(-1|-6|2)$ und $B=(5|-3|-3)$ liegen auf einer Geraden g in $\mathbb{R}^3$.

Aufgabenstellung: Geben Sie eine Parameterdarstellung dieser Geraden g unter Verwendung der konkreten Koordinaten der Punkte A und B an!

g: X = ______________________________

Aufgabe 5
Vektoren

Gegeben sind zwei Vektoren $\vec{a}=\begin{pmatrix}2\\3\end{pmatrix}$ und $\vec{b}=\begin{pmatrix}b_1\\-4\end{pmatrix}$.

Aufgabenstellung: Bestimmen Sie die unbekannte Koordinate b_1 so, dass die beiden Vektoren $\vec{a}$ und $\vec{b}$ normal aufeinander stehen!

b_1 = ______________________________

Aufgabe 6
Sehwinkel

Der Sehwinkel ist derjenige Winkel, unter dem ein Objekt von einem Beobachter wahrgenommen wird. Die nachstehende Abbildung verdeutlicht den Zusammenhang zwischen dem Sehwinkel α, der Entfernung r und der realen („wahren") Ausdehnung g eines Objekts in zwei Dimensionen.

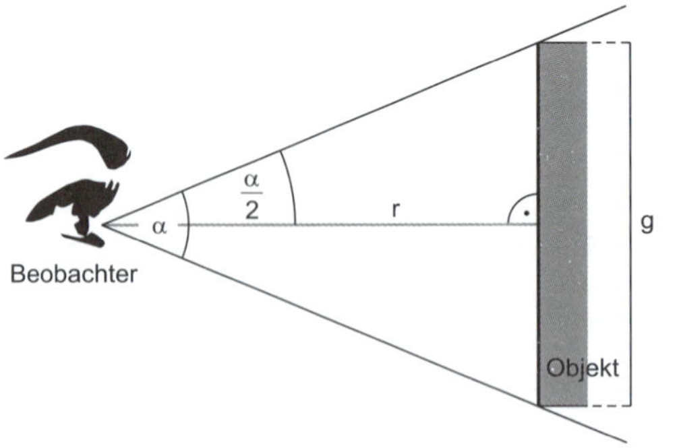

Aufgabenstellung: Geben Sie eine Formel an, mit der die reale Ausdehnung g dieses Objekts mithilfe von α und r berechnet werden kann!

g = ______________________________

Aufgabe 7
Volumen eines Drehkegels

Das Volumen V eines Drehkegels hängt vom Radius r und der Höhe h ab. Es wird durch die Formel $V = \frac{1}{3} \cdot r^2 \cdot \pi \cdot h$ beschrieben.

Aufgabenstellung: Eine der nachstehenden Abbildungen stellt die Abhängigkeit des Volumens eines Drehkegels vom Radius bei konstanter Höhe dar.

Kreuzen Sie die entsprechende Abbildung an!

☐ 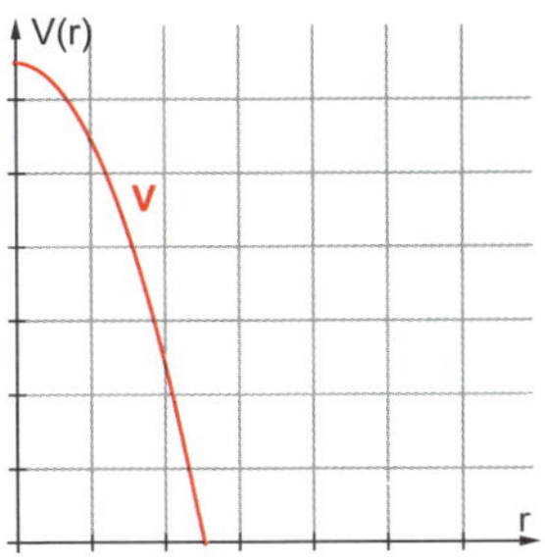

☐ 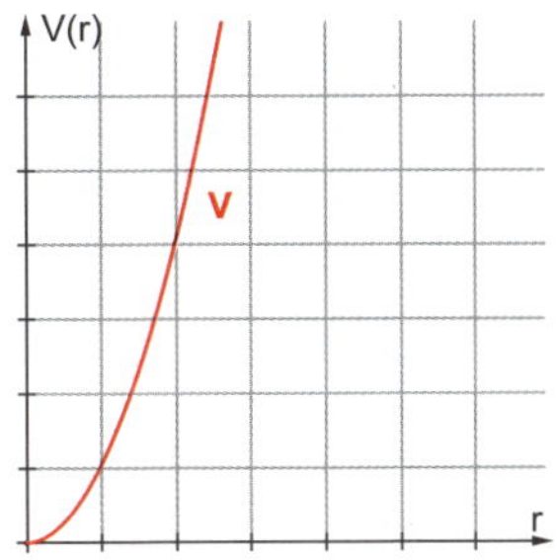

☐ 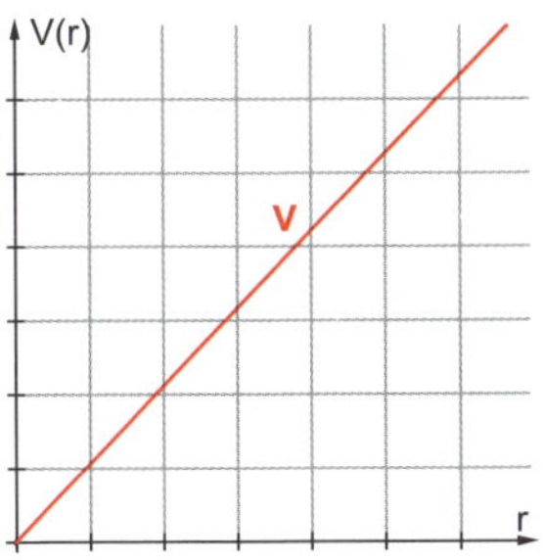

☐ 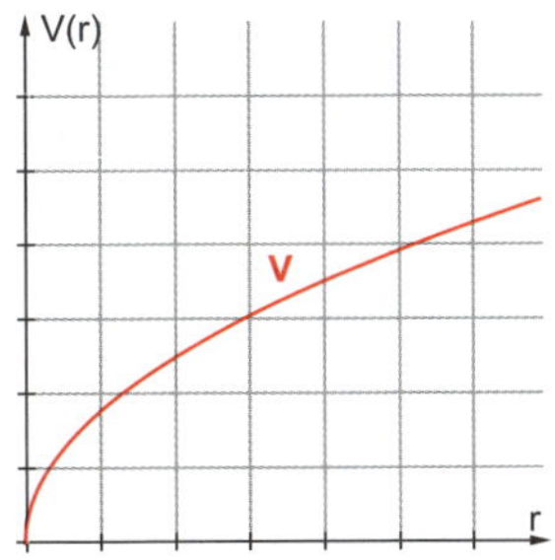

☐ 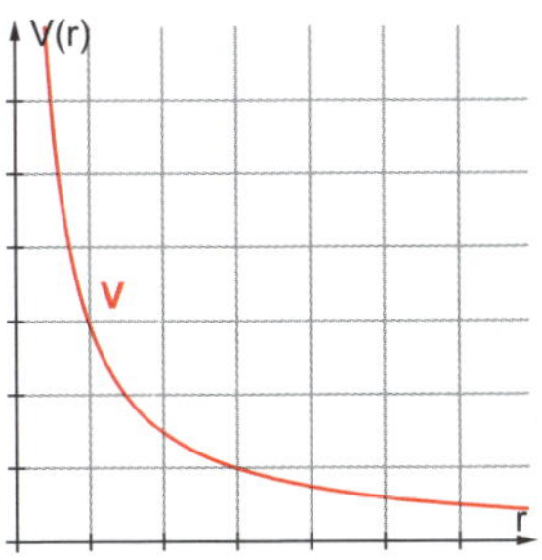

☐ 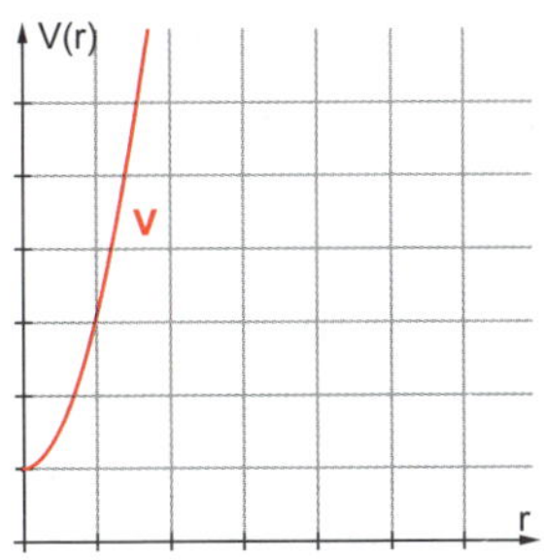

Aufgabe 8
Lorenz-Kurve

Die in der unten stehenden Abbildung dargestellte Lorenz-Kurve kann als Graph einer Funktion f verstanden werden, die gewissen Bevölkerungsanteilen deren jeweiligen Anteil am Gesamteinkommen zuordnet.

Dieser Lorenz-Kurve kann man z. B. entnehmen, dass die einkommensschwächsten 80 % der Bevölkerung über ca. 43 % des Gesamteinkommens verfügen. Das bedeutet zugleich, dass die einkommensstärksten 20 % der Bevölkerung über ca. 57 % des Gesamteinkommens verfügen.

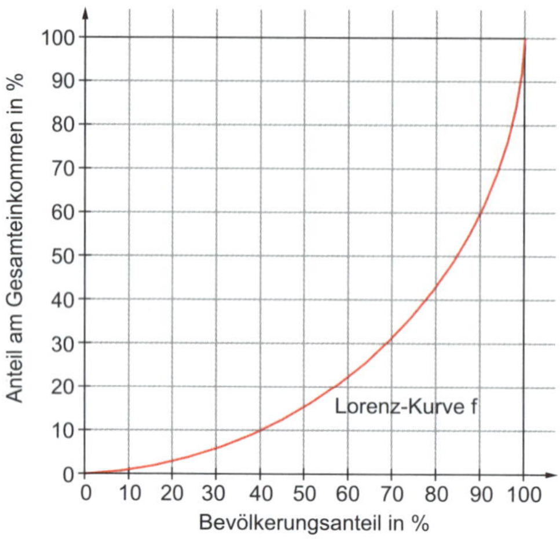

Aufgabenstellung: Kreuzen Sie die beiden für die oben dargestellte Lorenz-Kurve zutreffenden Aussagen an!

- ☐ Die einkommensstärksten 10 % der Bevölkerung verfügen über ca. 60 % des Gesamteinkommens.
- ☐ Die einkommensstärksten 40 % der Bevölkerung verfügen über ca. 90 % des Gesamteinkommens.
- ☐ Die einkommensschwächsten 40 % der Bevölkerung verfügen über ca. 10 % des Gesamteinkommens.
- ☐ Die einkommensschwächsten 60 % der Bevölkerung verfügen über ca. 90 % des Gesamteinkommens.
- ☐ Die einkommensschwächsten 90 % der Bevölkerung verfügen über ca. 60 % des Gesamteinkommens.

Aufgabe 9

Den Graphen einer Polynomfunktion skizzieren

Eine Polynomfunktion f hat folgende Eigenschaften:

- Die Funktion ist für $x \leq 0$ streng monoton steigend.
- Die Funktion ist im Intervall $[0; 3]$ streng monoton fallend.
- Die Funktion ist für $x \geq 3$ streng monoton steigend.
- Der Punkt $P = (0 \mid 1)$ ist ein lokales Maximum (Hochpunkt).
- Die Stelle 3 ist eine Nullstelle.

Aufgabenstellung: Erstellen Sie anhand der gegebenen Eigenschaften eine Skizze eines möglichen Funktionsgraphen von f im Intervall $[-2; 4]$!

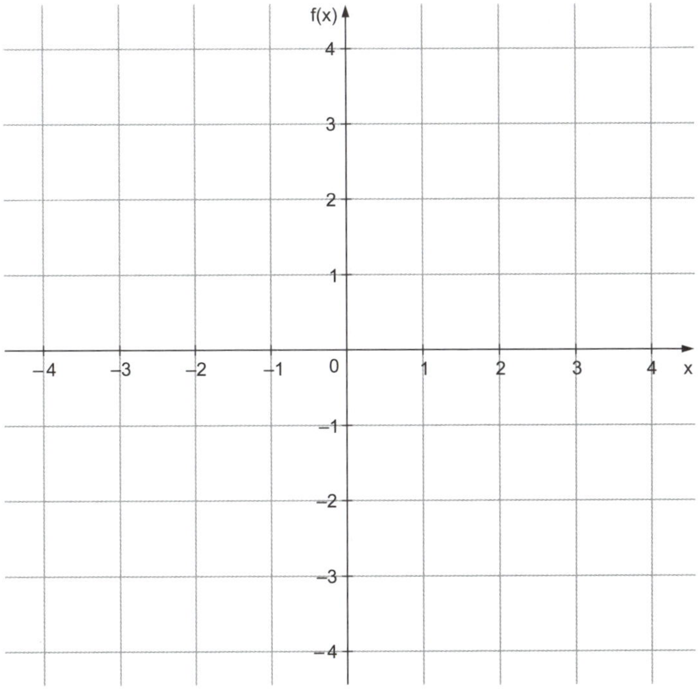

Aufgabe 10
Produktions-kosten

Ein Betrieb gibt für die Abschätzung der Gesamtkosten $K(x)$ für x produzierte Stück einer Ware folgende Gleichung an: $K(x) = 25x + 12\,000$.

Aufgabenstellung: Interpretieren Sie die beiden Zahlenwerte 25 und 12 000 in diesem Kontext!

Aufgabe 11
Technetium

Für eine medizinische Untersuchung wird das radioaktive Isotop $^{99m}_{43}\mathrm{Tc}$ (Technetium) künstlich hergestellt. Dieses Isotop hat eine Halbwertszeit von 6,01 Stunden.

Aufgabenstellung: Geben Sie an, wie lange es dauert, bis von einer bestimmten Ausgangsmenge Technetiums nur noch ein Viertel vorhanden ist!

Aufgabe 12
Sinusfunktion

Die nachstehende Abbildung zeigt den Graphen einer Funktion f mit $f(x) = a \cdot \sin(b \cdot x)$ mit $a, b \in \mathbb{R}$.

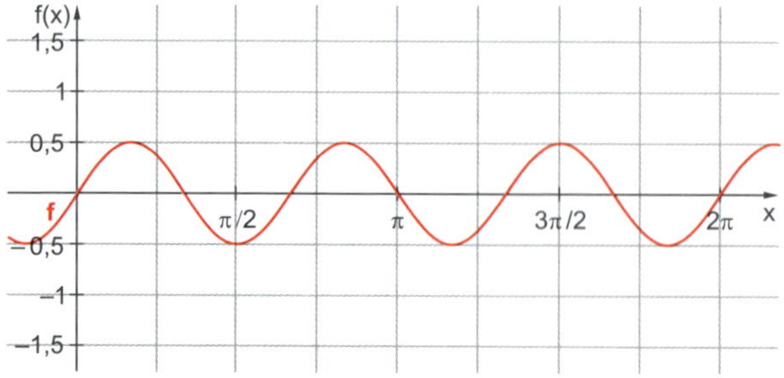

Aufgabenstellung: Geben Sie die für den abgebildeten Graphen passenden Parameterwerte von f an!

a = ______________________   b = ______________________

Aufgabe 13
Preis-änderungen

Ein Fernsehgerät wurde im Jahr 2012 zum Preis P_0 verkauft, das gleiche Gerät wurde im Jahr 2014 zum Preis P_2 verkauft.

Aufgabenstellung: Ergänzen Sie die Textlücken im folgenden Satz durch Ankreuzen der jeweils richtigen Satzteile so, dass eine korrekte Aussage entsteht!

Der Term ① gibt die absolute Preisänderung von 2012 auf 2014 an, der Term ② die relative Preisänderung von 2012 auf 2014.

①	②
☐ $\frac{P_0}{P_2}$	☐ $\frac{P_2}{P_0}$
☐ $P_2 - P_0$	☐ $\frac{P_0 - P_2}{2}$
☐ $\frac{P_2 - P_0}{2}$	☐ $\frac{P_2 - P_0}{P_0}$

Aufgabe 14
Mittlere Änderungsrate der Temperatur

Ein bestimmter Temperaturverlauf wird modellhaft durch eine Funktion T beschrieben.
Die Funktion $T: [0; 60] \to \mathbb{R}$ ordnet jedem Zeitpunkt t eine Temperatur T(t) zu. Dabei wird t in Minuten und T(t) in Grad Celsius angegeben.

Aufgabenstellung: Stellen Sie die mittlere Änderungsrate D der Temperatur im Zeitintervall [20; 30] durch einen Term dar!

D = ______________________ °C/min

Aufgabe 15
Kredit

Ein langfristiger Kredit soll mit folgenden Bedingungen getilgt werden: Der offene Betrag wird am Ende eines jeden Jahres mit 5 % verzinst, danach wird jeweils eine Jahresrate von € 20.000 zurückgezahlt.

Aufgabenstellung: y_2 stellt die Restschuld nach Bezahlung der zweiten Rate zwei Jahre nach Kreditaufnahme dar, y_3 die Restschuld nach Bezahlung der dritten Rate ein Jahr später. Stellen Sie y_3 in Abhängigkeit von y_2 dar!

$y_3 =$ ____________________

Aufgabe 16
Zusammenhang zwischen Funktion und Ableitungsfunktion

In der folgenden Abbildung ist der Graph einer Polynomfunktion f dargestellt:

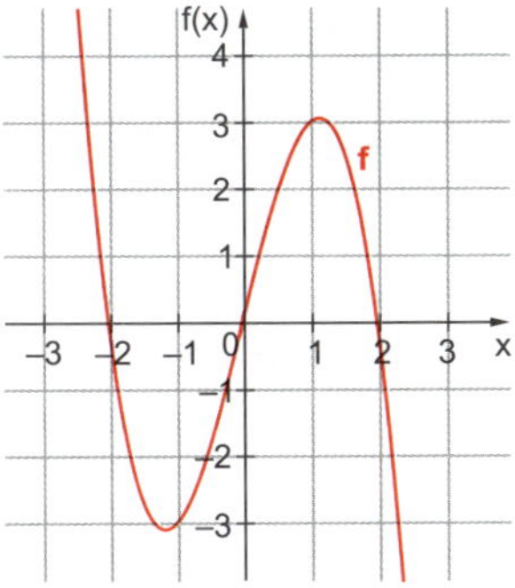

Aufgabenstellung: Ergänzen Sie die Textlücken im folgenden Satz durch Ankreuzen der jeweils richtigen Satzteile so, dass eine korrekte Aussage entsteht!

Die erste Ableitung der Funktion f ist ①, und daraus folgt: ②.

①		②	
☐	im Intervall [–1; 1] negativ	☐	f hat im Intervall [–1; 1] eine Nullstelle
☐	im Intervall [–1; 1] gleich null	☐	f ist im Intervall [–1; 1] streng monoton steigend
☐	im Intervall [–1; 1] positiv	☐	f hat im Intervall [–1; 1] eine Wendestelle

Aufgabe 17
Graph einer Ableitungsfunktion

Die nachstehende Abbildung zeigt den Graphen der Ableitungsfunktion f' mit $f'(x) = \frac{1}{4} \cdot x^2 - \frac{1}{2} \cdot x - 2$ einer Polynomfunktion f.

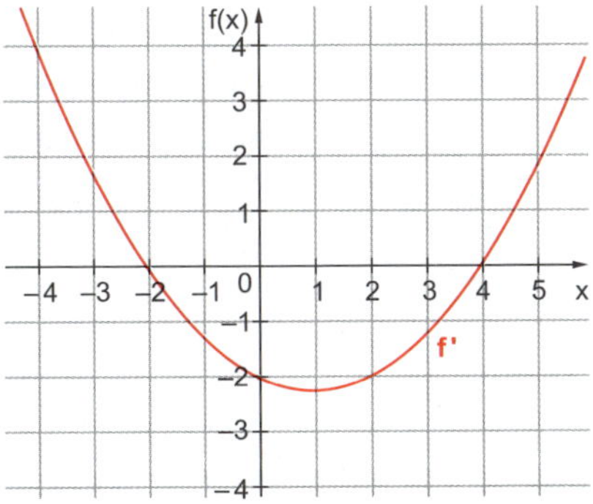

Aufgabenstellung: Welche der folgenden Aussagen über die Funktion f sind richtig?
Kreuzen Sie die beiden zutreffenden Aussagen an!

- ☐ Die Funktion f hat im Intervall [–4; 5] zwei lokale Extremstellen.
- ☐ Die Funktion f ist im Intervall [1; 2] monoton steigend.
- ☐ Die Funktion f ist im Intervall [–4; –2] monoton fallend.
- ☐ Die Funktion f ist im Intervall [–4; 0] linksgekrümmt (d. h. $f''(x) > 0$ für alle $x \in [-4; 0]$).
- ☐ Die Funktion f hat an der Stelle $x = 1$ eine Wendestelle.

Aufgabe 18
Integral einer Funktion f

Die nachstehende Abbildung zeigt den Graphen der Polynomfunktion f. Alle Nullstellen sind ganzzahlig. Die Fläche, die vom Graphen der Funktion f und der x-Achse begrenzt wird, ist schraffiert dargestellt. A bezeichnet die Summe der beiden schraffierten Flächeninhalte.

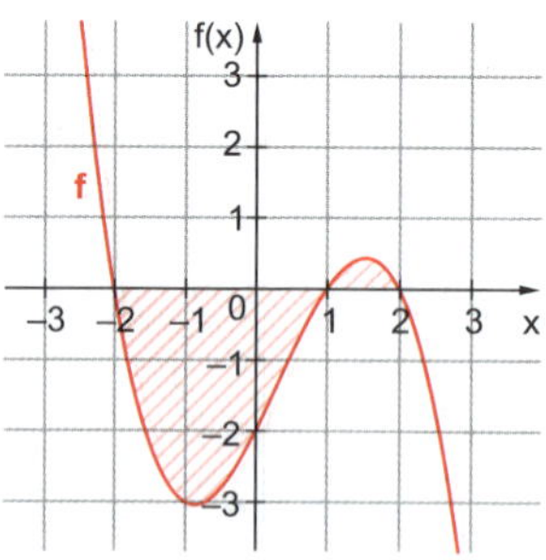

Aufgabenstellung: Geben Sie einen korrekten Ausdruck für A mithilfe der Integralschreibweise an!

A = ____________________

Aufgabe 19
Internetplattform

Die Nutzung einer bestimmten Internetplattform durch Jugendliche wird für Mädchen und Burschen getrennt untersucht. Dabei wird erfasst, wie oft die befragten Jugendlichen diese Plattform pro Woche besuchen. Die nachstehenden Kastenschaubilder (Boxplots) zeigen das Ergebnis der Untersuchung.

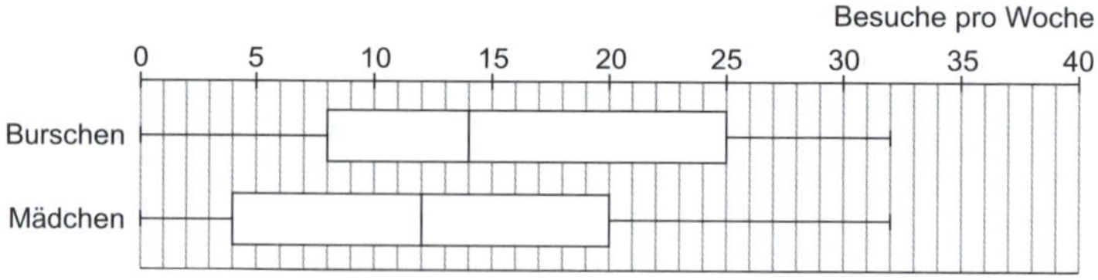

Aufgabenstellung: Kreuzen Sie die beiden zutreffenden Aussagen an!

- ☐ Der Median der Anzahl von Besuchen pro Woche ist bei den Burschen etwas höher als bei den Mädchen.
- ☐ Die Spannweite der wöchentlichen Nutzung der Plattform ist bei den Burschen größer als bei den Mädchen.
- ☐ Aus der Grafik kann man ablesen, dass genauso viele Mädchen wie Burschen die Plattform wöchentlich besuchen.
- ☐ Der Anteil der Burschen, die mehr als 20-mal pro Woche die Plattform nützen, ist zumindest gleich groß oder größer als jener der Mädchen.
- ☐ Ca. 80 % der Mädchen und ca. 75 % der Burschen nützen die Plattform genau 25-mal pro Woche.

Aufgabe 20
Nettojahreseinkommen

Im Jahre 2012 gab es in Österreich unter den etwas mehr als 4 Millionen unselbstständig Erwerbstätigen (ohne Lehrlinge) 40 % Arbeiterinnen und Arbeiter, 47 % Angestellte, 8 % Vertragsbedienstete und 5 % Beamtinnen und Beamte (Prozentzahlen gerundet).

Die folgende Tabelle zeigt deren durchschnittliches Nettojahreseinkommen (arithmetisches Mittel).

	arithmetisches Mittel der Nettojahreseinkommen 2012 (in Euro)
Arbeiterinnen und Arbeiter	14 062
Angestellte	24 141
Vertragsbedienstete	22 853
Beamtinnen und Beamte	35 708

Datenquelle: Statistik Austria (Hrsg.) (2014). Statistisches Jahrbuch Österreichs 2015. Wien: Verlag Österreich. S. 246.

Aufgabenstellung: Ermitteln Sie das durchschnittliche Nettojahreseinkommen (arithmetisches Mittel) aller in Österreich unselbstständig Erwerbstätigen (ohne Lehrlinge)!

Aufgabe 21
Mehrere Wahrscheinlichkeiten

In einer Unterrichtsstunde sind 15 Schülerinnen und 10 Schüler anwesend. Die Lehrperson wählt für Überprüfungen nacheinander zufällig drei verschiedene Personen aus dieser Schulklasse aus. Jeder Prüfling wird nur einmal befragt.

Aufgabenstellung: Kreuzen Sie die beiden zutreffenden Aussagen an!

☐ Die Wahrscheinlichkeit, dass die Lehrperson drei Schülerinnen auswählt, kann mittels $\frac{15}{25} \cdot \frac{14}{25} \cdot \frac{13}{25}$ berechnet werden.

☐ Die Wahrscheinlichkeit, dass die Lehrperson als erste Person einen Schüler auswählt, ist $\frac{10}{25}$.

☐ Die Wahrscheinlichkeit, dass die Lehrperson bei der Wahl von drei Prüflingen als zweite Person eine Schülerin auswählt, ist $\frac{24}{25}$.

☐ Die Wahrscheinlichkeit, dass die Lehrperson drei Schüler auswählt, kann mittels $\frac{10}{25} \cdot \frac{9}{24} \cdot \frac{8}{23}$ berechnet werden.

☐ Die Wahrscheinlichkeit, dass sich unter den von der Lehrperson ausgewählten Personen genau zwei Schülerinnen befinden, kann mittels $\frac{15}{25} \cdot \frac{14}{24} \cdot \frac{23}{23}$ berechnet werden.

Aufgabe 22
Elfmeterschießen

In einer Fußballmannschaft stehen elf Spieler als Elfmeterschützen zur Verfügung.

Aufgabenstellung: Deuten Sie den Ausdruck $\binom{11}{5}$ im gegebenen Kontext!

Aufgabe 23
Erwartungswert des Gewinns

Bei einem Gewinnspiel gibt es 100 Lose. Der Lospreis beträgt € 5. Für den Haupttreffer werden € 100 ausgezahlt, für zwei weitere Treffer werden je € 50 ausgezahlt und für fünf weitere Treffer werden je € 20 ausgezahlt. Für alle weiteren Lose wird nichts ausgezahlt.
Unter *Gewinn* versteht man *Auszahlung minus Lospreis.*

Aufgabenstellung: Berechnen Sie den Erwartungswert des Gewinns aus der Sicht einer Person, die ein Los kauft!

Aufgabe 24
Tennisspiel

Stefan und Helmut spielen im Training 5 Sätze Tennis. Stefan hat eine konstante Gewinnwahrscheinlichkeit von 60 % für jeden gespielten Satz.

Aufgabenstellung: Es wird folgender Wert berechnet:

$\binom{5}{3} \cdot 0,4^3 \cdot 0,6^2 = 0,2304$

Geben Sie an, was dieser Wert im Zusammenhang mit der Angabe aussagt!

Hinweise und Tipps

Aufgabe 1

- Überlegen Sie, welche Bedeutung die Ausdrücke 8x, 10y und 12z im Kontext haben.
- Was bedeutet der Term $x+y+z$ in diesem Zusammenhang?

Aufgabe 2

- $0\,°C = 32\,°F$
- Stellen Sie zunächst die Zunahme von $\frac{5}{9}$ °C in einem Term dar.
- Machen Sie ein Zahlenbeispiel und füllen Sie die Tabelle aus.

°F	32	33	34	35	…	
°C	0	$\frac{5}{9}$	$\frac{10}{9}$	…	…	

Aufgabe 3

- Wie wird das Skalarprodukt zweier Vektoren berechnet?
- Überlegen Sie, welche Bedeutung diese Rechnung im gegebenen Kontext hat.

Aufgabe 4

- Die Parameterdarstellung einer Geraden lautet $g\colon X = P + t \cdot \overrightarrow{PQ}$, wobei P und Q Punkte der Geraden sind und $t \in \mathbb{R}$ der Parameter ist.

Aufgabe 5

- Mithilfe des Skalarproduktes können Sie eine Aussage über die Orthogonalität zweier Vektoren treffen.
- Wie liegen zwei Vektoren zueinander, wenn ihr skalares Produkt null ist?
- Es ist eine Gleichung nach b_1 zu lösen.

Aufgabe 6

- Denken Sie an die Definition der Winkelfunktionen im rechtwinkeligen Dreieck.
- Beschriften Sie im rechtwinkeligen Dreieck die Seiten mit Ankathete, Gegenkathete und Hypotenuse.
- Finden Sie eine geeignete Winkelfunktion.

Aufgabe 7

- Für das Volumen eines Drehkegels gilt die Formel $V(r) = \frac{1}{3} \cdot r^2 \cdot \pi \cdot h$.
- Wenn die Höhe h konstant ist und die Volumsformel $V(r) = \frac{1}{3} \cdot r^2 \cdot \pi \cdot h$ als Funktion vom Radius r aufgefasst wird, welcher Funktionstyp liegt dann vor?
- Denken Sie daran, dass der fett hervorgehobene Klammerausdruck in der Formel $V(r) = \left(\boldsymbol{\frac{1}{3} \cdot \pi \cdot h}\right) \cdot r^2$ ein konstanter Faktor ist.

Aufgabe 8

- Zeichnen Sie den in der Angabe genannten Punkt im Graphen ein. Markieren Sie dazu auf der ersten Achse die 80 % und auf der zweiten Achse den zugehörigen Funktionswert.
- Ändern Sie die Antwortmöglichkeit so um, dass ihre Aussage mit „Die einkommensschwächsten … % der Bevölkerung …“ beginnt.

Aufgabe 9

- Färben Sie zuerst im gegebenen Koordinatensystem die angegebenen Intervalle.
- Zeichnen Sie die gegebenen Punkte des Graphen im Koordinatensystem ein. Wo liegen die Nullstellen einer Funktion?
- Zeichnen Sie den gegebenen Hochpunkt ein und bedenken Sie, wie der Verlauf des Graphen in der Nähe eines Hochpunktes sein muss.
- Versuchen Sie danach mit Pfeilen, der gegebenen Monotonie entsprechend, für jedes Intervall eine Richtung des Graphen zu skizzieren und verbinden Sie dann die bekannten Punkte zu einem fertigen Graphen.

Aufgabe 10

- Versuchen Sie anhand des Funktionsterms herauszufinden, welcher Funktionstyp hier vorliegt (lineare Funktion, quadratische Funktion, …).
- Finden Sie die charakteristischen Parameter der Funktion K(x) und überlegen Sie, welche Aussagen Sie über diese Parameter k und d treffen können.

Aufgabe 11

- Nach Ablauf der „Halbwertszeit“ ist von einer bestimmten Menge nur mehr die Hälfte übrig.
- Bedenken Sie, dass ein Viertel die Hälfte der Hälfte ist.

Aufgabe 12

- Zeichnen Sie in das gegebene Koordinatensystem die Standardsinusfunktion $s(x) = \sin x$ ein. Vergleichen Sie den Verlauf der Standardsinusfunktion mit dem der gegebenen Funktion.
- Der Faktor a gibt in der Funktionsgleichung die Amplitude der Schwingung an.
- Der Koeffizient b vor dem Argument gibt die Frequenz der Schwingung an.

Aufgabe 13

- Der Begriff absolute Änderung beschreibt eine Änderung als Zahl in Euro, während eine relative Änderung die Veränderung eines Wertes in Relation zum Ursprungswert angibt. Sie kann auch als Prozentsatz dargestellt werden.

Aufgabe 14

- Der Begriff „mittlere Änderungsrate“ ist ein Synonym für den Differenzenquotienten $\frac{f(b) - f(a)}{b - a}$.

Aufgabe 15

- Beginnen Sie mit den Schulden y_1 nach dem ersten Jahr, wenn y_0 der aufgenommene Kreditwert ist.
- Bedenken Sie, dass die 5 % der Schulden hinzukommen. Die Schulden überschreiten daher einen Wert von 100 %.

Aufgabe 16

- Die erste Ableitung f'(x) einer Funktion f(x) gibt den Wert der Steigung ihrer Tangente an einer bestimmten Stelle x an.
- Für die Lücke 1 müssen Sie sich also fragen, was es bedeutet, wenn die Ableitung in einem Intervall positiv, negativ oder gleich null ist.
- Für die Lücke 2 können Sie die Aussagen mit dem gezeichneten Graphen vergleichen. Alle Aussagen betreffen ein ablesbares Intervall und die gegebene Funktion f.

Aufgabe 17

- Wie viele Nullstellen hat die Funktion f'? Welcher Zusammenhang besteht zwischen der Anzahl der Nullstellen von f' und der Anzahl der Extremstellen der Funktion f?
- Welche Bedeutung hat das Vorzeichen der Funktionswerte von f' für das Monotonieverhalten von f?
- Welcher Zusammenhang besteht zwischen dem Monotonieverhalten der Funktion f' und dem Krümmungsverhalten der Funktion f?

Aufgabe 18

- Bedenken Sie, dass das Flächenstück, das von der x-Achse und vom Graphen der Funktion f begrenzt wird, teils unterhalb und teils oberhalb der x-Achse liegt.
- Das bestimmte Integral $\int_{-2}^{1} f(x)\,dx$ ergibt eine negative Zahl. Der Betrag dieser Zahl gibt den Inhalt dieses Flächenstücks korrekt an.
- Beachten Sie:

$$A = \left|\int_{-2}^{1} f(x)\,dx\right| = -\int_{-2}^{1} f(x)\,dx = \int_{1}^{-2} f(x)\,dx = \int_{-2}^{1} |f(x)|\,dx$$

Aufgabe 19

- Welche fünf statistischen Kennzahlen sind in einem Kastenschaubild (Boxplot) ablesbar?
- Welche Aussagen können anhand der Werte für den Median bzw. die Quartile zuverlässig getroffen werden?
- Ist die Anzahl der befragten Personen in einem Kastenschaubild (Boxplot) bzw. in den einzelnen Abschnitten des Kastenschaubilds ablesbar?
- Können anhand eines Kastenschaubilds Aussagen wie z. B. über ein 80 %-Quantil getroffen werden?

Aufgabe 20

- Die unterschiedliche Anzahl von Personen in den aufgelisteten Arbeitsverhältnissen („Arbeiterinnen und Arbeiter“, „Angestellte“, „Vertragsbedienstete“, „Beamtinnen und Beamte“) ist bei der Berechnung des durchschnittlichen Jahreseinkommens zu berücksichtigen.
- Was versteht man unter einem „gewichteten arithmetischen Mittel“?

Aufgabe 21

- Wie groß ist die Wahrscheinlichkeit, einen Schüler bzw. eine Schülerin (als erste Person) auszuwählen?
- Wie groß ist die Wahrscheinlichkeit, zwei Schüler, zwei Schülerinnen bzw. einen Schüler und eine Schülerin (in beliebiger Reihenfolge) auszuwählen?
- Mit welcher Wahrscheinlichkeit wird eine Dreiergruppe mit drei Schülern, drei Schülerinnen bzw. zwei Schülerinnen und einem Schüler (in beliebiger Reihenfolge) ausgewählt?

Aufgabe 22

- Überlegen Sie anhand eines analogen Beispiels: Wie viele unterschiedliche Paare für ein Tennisspiel können aus einer Gruppe von vier Spielern ausgewählt werden? Mit welchem Term kann die Anzahl der Paare aus einer Gruppe mit vier Personen berechnet werden?
- Aus einer Fußballmannschaft mit elf Spielern sollen fünf Spieler ausgewählt werden. Wie viele Möglichkeiten der Auswahl (ohne Berücksichtigung der Reihenfolge) gibt es? Mit welchem Term kann die Anzahl unterschiedlich zusammengesetzter Fünfergruppen aus einer Mannschaft mit elf Spielern berechnet werden?

Aufgabe 23

- Würde man beim Kauf aller Lose einen Gewinn oder einen Verlust machen?
- Mit welcher Wahrscheinlichkeit erhält man den Haupttreffer? Wie groß ist die Wahrscheinlichkeit, € 50 bzw. € 20 zu gewinnen?
- Addieren Sie die Produkte aus Gewinn mal Gewinnwahrscheinlichkeit und berücksichtigen Sie den Preis für ein Los.

Aufgabe 24

- Mit welcher Wahrscheinlichkeit gewinnt bzw. verliert Helmut? Mit welcher Wahrscheinlichkeit gewinnt bzw. verliert Stefan?
- Der Term $0{,}4^k$ gibt die Wahrscheinlichkeit an, mit der Helmut in k Sätzen gewinnt bzw. Stefan in k Sätzen verliert.
- Für wie viele der fünf gespielten Sätze gibt der Term $\binom{5}{3} \cdot 0{,}4^3 \cdot 0{,}6^2$ die Gewinnwahrscheinlichkeit von Helmut an?

Lösungsvorschlag

Aufgabe 1
Taschengeld

8x ist jener Geldbetrag, den Tim nach x Wochen in Summe erhalten hat, wenn er wöchentlich € 8 bekommt.
10y ist jener Geldbetrag, den Tim nach y Wochen in Summe erhalten hat, wenn er wöchentlich € 10 bekommt.
12z ist jener Geldbetrag, den Tim nach z Wochen in Summe erhalten hat, wenn er wöchentlich € 12 bekommt.
Die Summe $(8x+10y+12z)$ der drei oben genannten Beträge wird nun durch die Summe der Wochen $(x+y+z)$, in denen Tim Geld bekommen hat, dividiert.

Der Term gibt die Höhe des **durchschnittlich erhaltenen Taschengelds** pro Woche in Euro an.

Aufgabe 2
Fahrenheit und Celsius

Die Tabelle aus den Tipps lautet:

°F	32	33	34	35	36	37
°C	0	$\frac{5}{9}$	$\frac{5}{9}\cdot 2$	$\frac{5}{9}\cdot 3$	$\frac{5}{9}\cdot 4$	$\frac{5}{9}\cdot 5$
			$\frac{5}{9}\cdot(34-32)$	$\frac{5}{9}\cdot(35-32)$	$\frac{5}{9}\cdot(36-32)$	…

Aus der Angabe entnimmt man $T_F = 0\,°C + 32$ (für $T_F = 32\,°F$) bzw. durch Umformung $T_F - 32 = 0\,°C$.
Da der Zuwachs von 1 °F einem Zuwachs von $\frac{5}{9}$ °C entspricht, kann der Ausdruck $T_F - 32$ mit $\frac{5}{9}$ multipliziert werden, um T_C zu erhalten:

$$\mathbf{(T_F - 32)\cdot \frac{5}{9} = T_C}$$

Durch Umformung der Gleichung erhalten Sie eine zweite akzeptierte Lösung:

$$(T_F - 32)\cdot \frac{5}{9} = T_C \quad \Big| : \frac{5}{9}$$

$$T_F - 32 = T_C \cdot \frac{9}{5} \quad | +32$$

$$\mathbf{T_F = \frac{9}{5}\cdot T_C + 32}$$

Aufgabe 3
Gehälter

Das Skalarprodukt stellt die **Summe der Gehälter** der 8 Mitarbeiter/innen dar.

$$G \cdot \begin{pmatrix}1\\1\\1\\1\\1\\1\\1\\1\end{pmatrix} = G_1\cdot 1 + G_2\cdot 1 + G_3\cdot 1 + G_4\cdot 1 + G_5\cdot 1 + G_6\cdot 1 + G_7\cdot 1 + G_8\cdot 1 = \sum_{i=1}^{8} G_i$$

Aufgabe 4
Parameterdarstellung einer Geraden

Die Parameterdarstellung lautet allgemein g: $X = A + t \cdot \overrightarrow{AB}$ $(t \in \mathbb{R})$.
Zunächst wird der Richtungsvektor der Geraden g berechnet:

$$\overrightarrow{AB} = B - A = \begin{pmatrix} 5 \\ -3 \\ -3 \end{pmatrix} - \begin{pmatrix} -1 \\ -6 \\ 2 \end{pmatrix} = \begin{pmatrix} 6 \\ 3 \\ -5 \end{pmatrix}$$

Die Parameterdarstellung von g lautet:

$$g\colon\ \mathbf{X} = \begin{pmatrix} -1 \\ -6 \\ 2 \end{pmatrix} + t \cdot \begin{pmatrix} 6 \\ 3 \\ -5 \end{pmatrix}$$

Aufgabe 5
Vektoren

$\vec{a} \cdot \vec{b} = 0 \quad \Leftrightarrow \quad \vec{a} \perp \vec{b}$
Setzen Sie die Gleichung $\vec{a} \cdot \vec{b} = 0$ an und berechnen Sie b_1.

$$\begin{pmatrix} 2 \\ 3 \end{pmatrix} \cdot \begin{pmatrix} b_1 \\ -4 \end{pmatrix} = 0$$

$$2 \cdot b_1 + 3 \cdot (-4) = 0$$

$$2 \cdot b_1 - 12 = 0 \qquad |+12$$

$$2 \cdot b_1 = 12$$

$$\mathbf{b_1 = 6}$$

Der Vektor $\vec{b}$, der zum Vektor $\vec{a}$ normal steht, lautet $\begin{pmatrix} 6 \\ -4 \end{pmatrix}$.

Aufgabe 6
Sehwinkel

Im rechtwinkeligen Dreieck gilt:

$$\tan \varphi = \frac{\text{Gegenkathete}}{\text{Ankathete}}$$

Beim gegebenen Dreieck gilt daher:

$$\tan\left(\frac{\alpha}{2}\right) = \frac{\frac{g}{2}}{r}$$

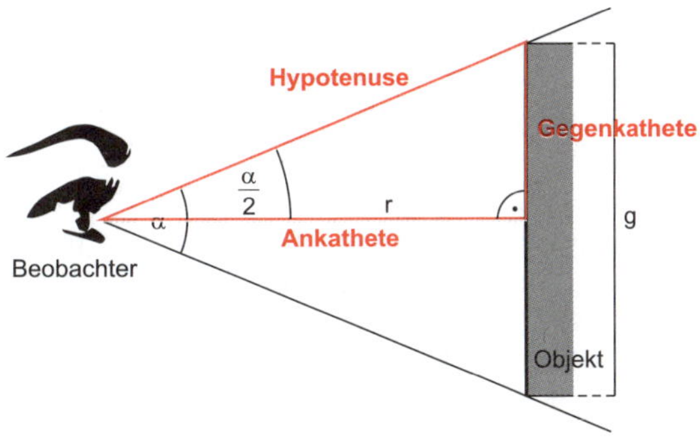

Nun wird die Gleichung umgeformt mit $\alpha \in (0°; 180°)$ im Gradmaß bzw. $\alpha \in (0; \pi)$ im Bogenmaß:

$$\tan\left(\frac{\alpha}{2}\right) = \frac{\frac{g}{2}}{r} \qquad |\cdot r$$

$$r \cdot \tan\left(\frac{\alpha}{2}\right) = \frac{g}{2} \qquad |\cdot 2$$

$$\mathbf{2 \cdot r \cdot \tan\left(\frac{\alpha}{2}\right)} = g$$

Aufgabe 7
Volumen eines Drehkegels

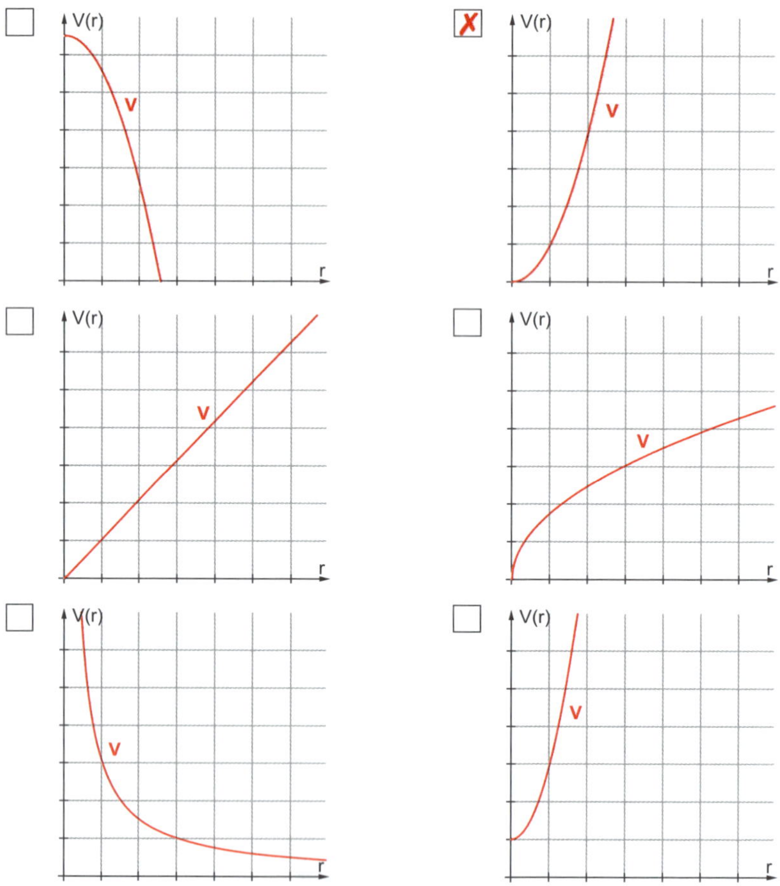

Der gesuchte Graph stellt die Veränderung des Volumens eines Drehkegels bei zunehmendem Radius dar. Es ist also klar, dass je größer der Radius des Drehkegels wird, umso größer auch das Volumen wird; damit scheiden die beiden fallenden Graphen (links oben und links unten) sofort aus.

Der Graph rechts unten kommt nicht infrage, weil ein Drehkegel mit Radius r = 0 nicht existiert, sein Volumen wäre dann 0. Das heißt, dass der gesuchte Graph jedenfalls durch den Ursprung verlaufen muss.

Bei der Funktion $V(r) = \left(\frac{1}{3} \cdot \pi \cdot h\right) \cdot r^2$ ist bei konstanter Höhe h die Variable r quadratisch und der hervorgehobene Ausdruck ein konstanter Faktor. Es liegt eine Potenzfunktion, genauer eine **quadratische Funktion** vor, ihr Graph hat die Form einer **Parabel**.

Daher stellt der markierte Funktionsgraph die Abhängigkeit des Volumens V des Drehkegels vom Radius r bei konstanter Höhe dar. Es ist in der Grafik erkennbar, dass mit wachsendem Radius r auch das Volumen V größer wird.

Der Graph links oben könnte auch eine quadratische Funktion darstellen. Allerdings ist die Parabel nach unten hin offen, was bedeuten würde, dass entweder der hervorgehobene Faktor oder r^2 negativ sein müsste. Beides ist allerdings unmöglich ($r^2 > 0$, $h > 0$).
Der Graph links in der Mitte stellt eine lineare Funktion dar.
Der Graph links unten hat die Form eines Hyperbelastes und zeigt die Funktion $f(x) = \frac{1}{x}$ $(x > 0)$.
Der Graph rechts in der Mitte stellt eine Wurzelfunktion dar.
Der Graph rechts unten zeigt eine quadratische Funktion, jedoch ist der Graph entlang der V(r)-Achse verschoben. Diesen Summanden $a \neq 0$ gibt es jedoch nicht in der gegebenen Funktionsgleichung: $V(r) \neq \left(\frac{1}{3} \cdot \boldsymbol{\pi} \cdot \mathbf{h}\right) \cdot r^2 + a$

Aufgabe 8
Lorenz-Kurve

- ☐ Die einkommensstärksten 10 % der Bevölkerung verfügen über ca. 60 % des Gesamteinkommens.
- ☐ Die einkommensstärksten 40 % der Bevölkerung verfügen über ca. 90 % des Gesamteinkommens.
- ☒ Die einkommensschwächsten 40 % der Bevölkerung verfügen über ca. 10 % des Gesamteinkommens.
- ☐ Die einkommensschwächsten 60 % der Bevölkerung verfügen über ca. 90 % des Gesamteinkommens.
- ☒ Die einkommensschwächsten 90 % der Bevölkerung verfügen über ca. 60 % des Gesamteinkommens.

Antwortmöglichkeit 1 ist **falsch**. Die Aussage bedeutet, dass die einkommensschwächsten 90 % der Bevölkerung über ca. 40 % des Gesamteinkommens verfügen würden. Aus dem Graphen kann allerdings abgelesen werden, dass die einkommensschwächsten 90 % der Bevölkerung über ca. 60 % des Gesamteinkommens verfügen. Daraus folgt, dass die einkommensstärksten 10 % der Bevölkerung über ca. 40 % des Gesamteinkommens verfügen.

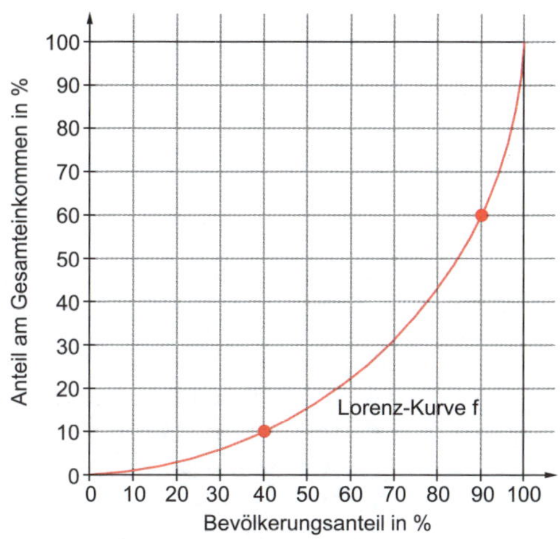

Antwortmöglichkeit 2 ist **falsch**. Der Umkehrschluss ist, dass die einkommensschwächsten 60 % der Bevölkerung über ca. 10 % des Gesamteinkommens verfügen, es sind allerdings ca. 22 % des Gesamteinkommens.
Antwortmöglichkeit 3 ist **richtig**: Dies kann aus dem Graphen abgelesen werden.
Antwortmöglichkeit 4 ist **falsch**, da aus dem Graphen abzulesen ist, dass die einkommensschwächsten 60 % der Bevölkerung über ca. 22 % des Gesamteinkommens verfügen.
Antwortmöglichkeit 5 ist **richtig**: Dies kann aus dem Graphen abgelesen werden.

Aufgabe 9
Den Graphen einer Polynomfunktion skizzieren

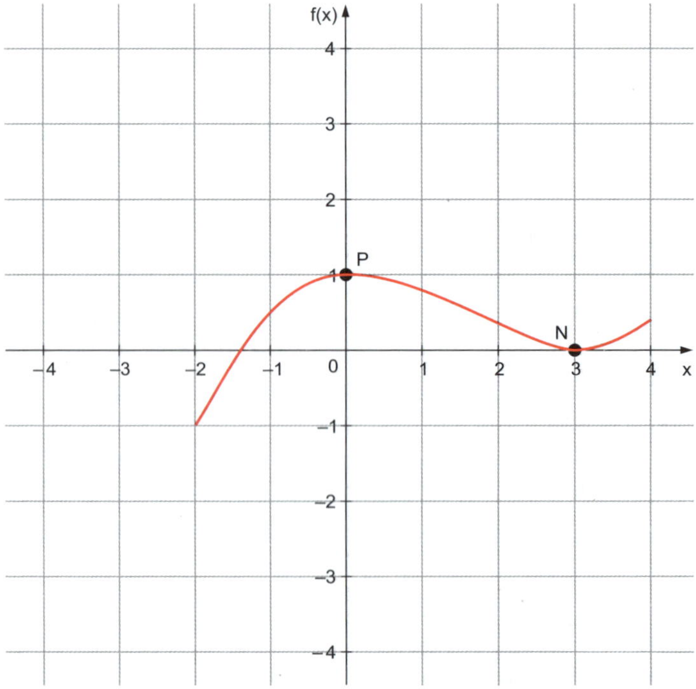

Markieren Sie die im Text erwähnten Intervalle und überlegen Sie einen möglichen Monotonieverlauf für jedes Intervall. Zeichnen Sie zudem die gegebenen Punkte ein. Achten Sie bei Ihrer Skizze darauf, dass der Graph beim Hochpunkt tatsächlich am höchsten ist und dort gleichzeitig eine waagrechte Tangente denkbar ist. Dasselbe gilt für die Nullstelle $x = 3$: Auch dort muss eine waagrechte Tangente möglich sein, weil sich dort die Monotonie umkehrt. Das muss aus Ihrer Skizze deutlich hervorgehen.

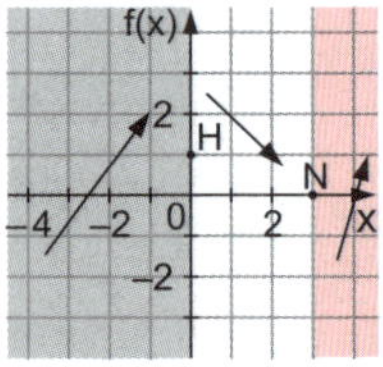

Aufgabe 10
Produktionskosten

Mögliche Interpretationen:
25 … der Kostenzuwachs für die Produktion eines weiteren Stücks, das sind zusätzliche (variable) Kosten, die pro Stück für die Produktion anfallen.
12 000 … das sind Fixkosten, also jene Kosten, die unabhängig von der produzierten Stückzahl anfallen.

Es handelt sich hier um eine lineare Funktion der Form $y = kx + d$ mit $k = 25$ und $d = 12\,000$.
Bei linearen Funktionen beschreibt k den Zuwachs, wenn x um einen Wert steigt. Hier steht k also für die Kosten eines Stücks, da x die Anzahl der produzierten Stücke beschreibt (bei einem Stück 25, bei zwei 50, …).
Der Wert d beschreibt die Verschiebung des Graphen auf der y-Achse, also den Wert der Funktion, wenn $x = 0$ ist. Hier sind das die Kosten, wenn noch gar kein Stück ($x = 0$) produziert wurde, oder mit anderen Worten: die Fixkosten der Produktion.

Aufgabe 11
Technetium

Nach Ablauf der Halbwertszeit ist noch die Hälfte des Isotops vorhanden. Wenn die Halbwertszeit noch einmal vergeht, ist von der Hälfte nur mehr die Hälfte vorhanden, und das ist ein Viertel der ursprünglichen Menge. Zu berechnen ist also:

$6{,}01\text{ h} \cdot 2 = \mathbf{12{,}02\text{ h}}$

Aufgabe 12
Sinusfunktion

Lesen Sie aus dem Graphen die höchste Auslenkung der Funktion (= Amplitude) z. B. am Punkt $\left(\frac{3\pi}{2} \middle| \frac{1}{2}\right)$ mit dem Wert $\mathbf{a = \frac{1}{2}}$ ab. Der Faktor a hat ein positives Vorzeichen, weil die Schwingung den gleichen Verlauf hat wie die ursprüngliche Sinusschwingung.

Innerhalb eines Kreisumlaufs (also von 0 bis 2π) schwingt die gegebene Funktion 3-mal, die Standardsinusfunktion hingegen nur einmal. Für den Wert des Koeffizienten gilt daher $\mathbf{b = 3}$.

Vergleichen Sie die Sinusfunktion $s(x) = \sin x$ in der Grafik mit der gegebenen Funktion.

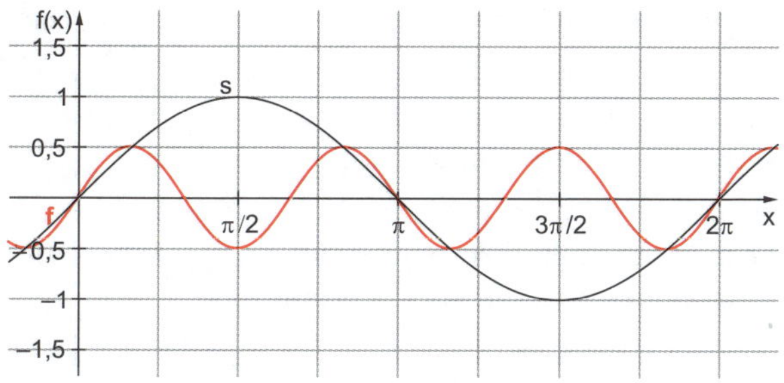

Aufgabe 13
Preis-änderungen

Der Term $\mathbf{P_2 - P_0}$ gibt die absolute Preisänderung von 2012 auf 2014 an, der Term $\mathbf{\frac{P_2 - P_0}{P_0}}$ die relative Preisänderung von 2012 auf 2014.

$P_2 - P_0$ gibt den Unterschied der Preise in Euro an.
Der Bruchterm bezieht sich dabei auf den Ausgangswert P_0, also den Preis aus 2012. Die relative Änderung kann auch in Prozent ausgedrückt werden.

Aufgabe 14
Mittlere Änderungsrate der Temperatur

$$D = \frac{T(30) - T(20)}{30 - 20}\ °C/\min = \mathbf{\frac{T(30) - T(20)}{10}}\ °C/\min$$

Setzen Sie in den Differenzenquotienten den Funktionswert der Funktion am Ende des Intervalls minus dem Funktionswert der Funktion am Beginn des gefragten Intervalls ein. Im Nenner steht die Länge des Intervalls.

Aufgabe 15
Kredit

Wir beginnen mit den Schulden y_1 nach dem ersten Jahr, wenn y_0 der aufgenommene Kreditwert ist. Weil der Restbetrag mit 5 % verzinst wird, müssen 105 % der Schulden berechnet werden, davon wird allerdings die Jahresrate von 20 000 abgezogen, sodass als Restschulden y_1 bleibt:
$y_1 = y_0 \cdot 1{,}05 - 20\,000$

Nach dem zweiten Jahr sieht das ganz ähnlich aus:
$y_2 = y_1 \cdot 1{,}05 - 20\,000$

Und schließlich der gefragte Term am Ende des dritten Jahres:

$y_3 = \mathbf{y_2 \cdot 1{,}05 - 20\,000}$

Aufgabe 16
Zusammenhang zwischen Funktion und Ableitungsfunktion

Die erste Ableitung der Funktion f ist **im Intervall [–1; 1] positiv**, und daraus folgt: **f ist im Intervall [–1; 1] streng monoton steigend**.

Eine negative Ableitung in einem Intervall bedeutet, dass alle Tangenten an den Funktionsgraphen in diesem Intervall fallende Geraden sind. Das passiert nur dort, wo die Funktion selbst monoton fallend ist.

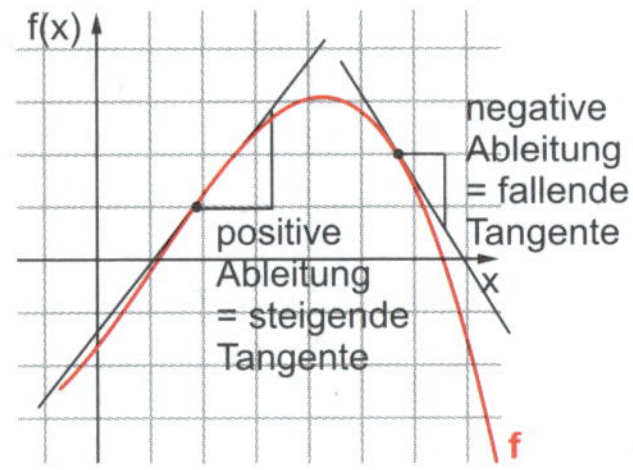

Die Ableitung einer Funktion ist nur dort 0, wo waagrechte Tangenten an den Funktionsgraphen gezeichnet werden können, das sind Extrem- oder Sattelstellen.

Die gegebene Funktion f ist im Intervall [–1; 1] streng monoton steigend und hat daher dort eine positive erste Ableitung.

Für die Lücke 2 ist die Nullstelle im Intervall [–1; 1] zwar richtig, dies folgt aber nicht aus der positiven Ableitung. Eine positive Ableitung heißt ja nur, dass die Funktion dort steigend sein muss, sie kann aber zum Beispiel auch zur Gänze oberhalb der Achse liegen und trotzdem steigend sein, dann hätte sie dort keine Nullstelle.
Für die Wendestelle gilt dasselbe: Auch diese liegt bei f im Intervall [–1; 1], ist aber keine Folge der positiven Ableitung.

Aufgabe 17
Graph einer Ableitungsfunktion

- [x] Die Funktion f hat im Intervall [–4; 5] zwei lokale Extremstellen.
- [ ] Die Funktion f ist im Intervall [1; 2] monoton steigend.
- [ ] Die Funktion f ist im Intervall [–4; –2] monoton fallend.
- [ ] Die Funktion f ist im Intervall [–4; 0] linksgekrümmt (d. h. $f''(x)>0$ für alle $x \in [-4; 0]$).
- [x] Die Funktion f hat an der Stelle $x=1$ eine Wendestelle.

Antwortmöglichkeit 1 ist **richtig**: An den Stellen $x=-2$ und $x=4$ hat die Funktion f' Nullstellen und die Funktion f Extremwerte.

Antwortmöglichkeit 2 ist **falsch**, da die Funktionswerte von f' im Intervall [1; 2] negativ sind. Die Ableitungsfunktion f' gibt in jedem Punkt die Steigung der Tangente von f an. Sind die Steigungen der Tangenten in einem Intervall negativ, dann ist die Funktion f in diesem Intervall streng monoton fallend.

Antwortmöglichkeit 3 ist **falsch**: Die Funktionswerte von f' im Intervall [–4; –2] sind größer oder gleich null und daher ist die Funktion f in diesem Intervall monoton steigend.

Antwortmöglichkeit 4 ist **falsch**, da im Intervall [–4; 0] die Funktion f' streng monoton fallend und somit die Funktion f rechtsgekrümmt ist, d. h., es gilt $f''(x)<0$ für alle $x \in [-4; 0]$.

Antwortmöglichkeit 5 ist **richtig**: An der Stelle $x=1$ hat die Ableitungsfunktion f' einen Extremwert und die Funktion f eine Wendestelle.

Aufgabe 18
Integral einer Funktion f

Der Flächeninhalt A der schraffierten Fläche kann auf verschiedene Weisen korrekt angeschrieben werden:

Das Integral wird bei der Nullstelle gesplittet und der Inhalt des Flächenstücks unterhalb der x-Achse wird als Betrag des bestimmten Integrals (einer Zahl) berechnet:

$$A = \left| \int_{-2}^{1} f(x)\,dx \right| + \int_{1}^{2} f(x)\,dx$$

Das Integral wird bei der Nullstelle gesplittet und für die Berechnung des Inhalts des Flächenstücks unterhalb der x-Achse wird das Ergebnis des bestimmten Integrals mit (–1) multipliziert:

$$A = -\int_{-2}^{1} f(x)\,dx + \int_{1}^{2} f(x)\,dx \quad \text{bzw.} \quad A = \int_{1}^{2} f(x)\,dx - \int_{-2}^{1} f(x)\,dx$$

Die schraffierte Fläche wird mittels Integral der Betragsfunktion von f berechnet:

$$A = \int_{-2}^{1} |f(x)|\,dx + \int_{1}^{2} f(x)\,dx \quad \text{bzw.} \quad A = \int_{-2}^{2} |f(x)|\,dx$$

Aufgabe 19
Internetplattform

- [x] Der Median der Anzahl von Besuchen pro Woche ist bei den Burschen etwas höher als bei den Mädchen.
- [ ] Die Spannweite der wöchentlichen Nutzung der Plattform ist bei den Burschen größer als bei den Mädchen.
- [ ] Aus der Grafik kann man ablesen, dass genauso viele Mädchen wie Burschen die Plattform wöchentlich besuchen.
- [x] Der Anteil der Burschen, die mehr als 20-mal pro Woche die Plattform nützen, ist zumindest gleich groß oder größer als jener der Mädchen.
- [ ] Ca. 80 % der Mädchen und ca. 75 % der Burschen nützen die Plattform genau 25-mal pro Woche.

Antwortmöglichkeit 1 ist **richtig**: Der Median bei den Burschen liegt bei 14 Besuchen der Plattform pro Woche, bei den Mädchen bei 12.

Antwortmöglichkeit 2 ist **falsch**, da die Spannweite $r = 32$ bei beiden Geschlechtern gleich ist.

Antwortmöglichkeit 3 ist **falsch**, weil ein Kastenschaubild (Boxplot) keine Information darüber liefert, wie viele Personen befragt wurden. Die Anzahl der befragten Mädchen bzw. Burschen kann gleich, aber auch (sehr) unterschiedlich sein.

Antwortmöglichkeit 4 ist **richtig**: Ca. ein Viertel der Mädchen nützt diese Plattform mindestens 20-mal pro Woche, während ca. ein Viertel der Burschen diese Plattform 25-mal pro Woche oder öfter nützt.

Antwortmöglichkeit 5 ist **falsch**. Ca. 75 % der Burschen nützen diese Plattform höchstens (nicht: „genau“) 25-mal pro Woche. Über die Nutzung der Plattform bei den Mädchen kann anhand des Kastenschaubilds (nur) ausgesagt werden, dass ca. 75 % der Mädchen die Plattform höchstens 20-mal pro Woche nützen. Eine Aussage über die Nutzung der Plattform von 80 % der Mädchen ist aufgrund der Grafik nicht möglich.

Aufgabe 20
Nettojahreseinkommen

Bei der Berechnung des durchschnittlichen Nettojahreseinkommens aller unselbstständig Erwerbstätigen im Jahre 2012 wird das arithmetische Mittel der Nettojahreseinkommen entsprechend dem Anteil der Personen im jeweiligen Arbeitsverhältnis gewichtet:
„Arbeiterinnen und Arbeiter" – 40 % der unselbstständig Erwerbstätigen – verdienen durchschnittlich € 14.062 im Jahr; „Angestellte" – 47 % der unselbstständig Erwerbstätigen – verdienen durchschnittlich € 24.141 im Jahr usw.

$\overline{x} = 14\,062 \cdot 0{,}4 + 24\,141 \cdot 0{,}47 + 22\,853 \cdot 0{,}08 + 35\,708 \cdot 0{,}05 = 20\,584{,}71$

Das durchschnittliche Nettojahreseinkommen beträgt **€ 20.584,71**.

Aufgabe 21
Mehrere Wahrscheinlichkeiten

- ☐ Die Wahrscheinlichkeit, dass die Lehrperson drei Schülerinnen auswählt, kann mittels $\frac{15}{25} \cdot \frac{14}{25} \cdot \frac{13}{25}$ berechnet werden.
- ☒ Die Wahrscheinlichkeit, dass die Lehrperson als erste Person einen Schüler auswählt, ist $\frac{10}{25}$.
- ☐ Die Wahrscheinlichkeit, dass die Lehrperson bei der Wahl von drei Prüflingen als zweite Person eine Schülerin auswählt, ist $\frac{24}{25}$.
- ☒ Die Wahrscheinlichkeit, dass die Lehrperson drei Schüler auswählt, kann mittels $\frac{10}{25} \cdot \frac{9}{24} \cdot \frac{8}{23}$ berechnet werden.
- ☐ Die Wahrscheinlichkeit, dass sich unter den von der Lehrperson ausgewählten Personen genau zwei Schülerinnen befinden, kann mittels $\frac{15}{25} \cdot \frac{14}{24} \cdot \frac{23}{23}$ berechnet werden.

Antwortmöglichkeit 1 ist **falsch**. Wurde bereits eine Schülerin ausgewählt, dann verringert sich die Anzahl der Mädchen und ebenfalls die SchülerInnenzahl der Klasse um 1. Die Wahrscheinlichkeit, drei Schülerinnen auszuwählen, beträgt daher $\frac{15}{25} \cdot \frac{14}{24} \cdot \frac{13}{23}$.

Antwortmöglichkeit 2 ist **richtig**, denn zehn der 25 SchülerInnen sind Burschen.

Antwortmöglichkeit 3 ist **falsch**. In dieser Klasse sind 15 Schülerinnen und somit beträgt die Wahrscheinlichkeit, als zweite Person eine Schülerin auszuwählen, $\frac{15}{24}$, wenn die erste Person ein Bursche ist, bzw. $\frac{14}{24}$, wenn die erste Person ein Mädchen ist.

Antwortmöglichkeit 4 ist **richtig**. Nach jedem ausgewählten Schüler verringert sich sowohl die Anzahl der Burschen als auch die SchülerInnenzahl der Klasse.

Antwortmöglichkeit 5 ist **falsch**. Es gibt zehn Burschen in der Klasse und der Schüler kann als erster, als zweiter oder als dritter ausgewählt werden:

$$\frac{10}{25} \cdot \frac{15}{24} \cdot \frac{14}{23} + \frac{15}{25} \cdot \frac{10}{24} \cdot \frac{14}{23} + \frac{15}{25} \cdot \frac{14}{24} \cdot \frac{10}{23} = \frac{15}{25} \cdot \frac{14}{24} \cdot \frac{10}{23} \cdot 3$$

Aufgabe 22
Elfmeterschießen

Der Ausdruck $\binom{11}{5}$ gibt die Anzahl der Möglichkeiten an, von den elf Spielern einer Mannschaft fünf Schützen für das Elfmeterschießen – unabhängig von der Reihenfolge des Antretens – auszuwählen.

Der Binomialkoeffizient $\binom{11}{5}$ gibt an, dass es 462 Möglichkeiten gibt, Gruppen mit fünf Spielern aus einer Mannschaft mit elf Spielern zu bilden, wobei die Reihenfolge in den Fünfergruppen keine Rolle spielt.

Aufgabe 23
Erwartungswert des Gewinns

Der Erwartungswert des Gewinns wird berechnet als die Summe der Produkte „Gewinnwahrscheinlichkeit mal Auszahlungsbetrag" abzüglich des Lospreises:

$E = \frac{1}{100} \cdot 100 + \frac{2}{100} \cdot 50 + \frac{5}{100} \cdot 20 - 5 = -2$

Der Erwartungswert des Gewinns beträgt **€ –2**.

Alternativ wird der Erwartungswert des Gewinns berechnet als die Summe von Verlustwahrscheinlichkeit mal Lospreis und den Produkten der Gewinnwahrscheinlichkeiten mal „Auszahlungsbeträge abzüglich des Lospreises":

$E = \frac{92}{100} \cdot (-5) + \frac{5}{100} \cdot 15 + \frac{2}{100} \cdot 45 + \frac{1}{100} \cdot 95 = -2$

Der Erwartungswert des Gewinns beträgt **€ –2**.

Es kann ein Verlust von € 2 erwartet werden.

Aufgabe 24
Tennisspiel

Hier sind mehrere Formulierungen korrekt.
P(„Stefan gewinnt")=0,6 bzw. P(„Helmut gewinnt")=0,4 bzw.
P(„Stefan verliert")=0,4 bzw. P(„Helmut verliert)=0,6
Der Term $0{,}4^3 \cdot 0{,}6^2$ gibt die Wahrscheinlichkeit an, dass Helmut drei Sätze gewinnt und zwei Sätze verliert. Dies entspricht dem Produkt der Wahrscheinlichkeiten entlang eines Pfades in einem fünfstufigen Baumdiagramm (fünf Sätze werden gespielt). Für die Berechnung der Wahrscheinlichkeit, dass Helmut drei von fünf Sätzen gewinnt und zwei Sätze verliert – in beliebiger Reihenfolge –, ist das Produkt $0{,}4^3 \cdot 0{,}6^2$ mit der Anzahl der Pfade im Baumdiagramm zu multiplizieren.
Es werden fünf Sätze gespielt: Aus der Sicht von Helmut gibt das 5-Tupel (g, g, g, v, v) an, dass er die ersten drei Sätze gewinnt und dann zwei verliert; das 5-Tupel (g, v, g, g, v) gibt ebenfalls an, dass Helmut drei Sätze gewinnt und zwei verliert. Der Term $\binom{5}{3}$ gibt die Anzahl aller 5-Tupel an, in denen Helmut dreimal gewinnt und zweimal verliert.

Der Wert $\binom{5}{3} \cdot 0{,}4^3 \cdot 0{,}6^2 = 0{,}2304$ gibt die Wahrscheinlichkeit an, …

… **mit der Helmut genau 3 von 5 Sätzen im Training gewinnt.**
… **mit der Helmut genau 2 von 5 Sätzen im Training verliert.**
… **mit der Stefan genau 2 von 5 Sätzen im Training gewinnt.**
… **mit der Stefan genau 3 von 5 Sätzen im Training verliert.**

Aufgabe 1: 200-m-Lauf

In der Leichtathletik gibt es für Läufer/innen spezielle Trainingsmethoden. Dazu werden Trainingspläne erstellt. Es ist dabei sinnvoll, bei Trainingsläufen Teilzeiten zu stoppen, um Stärken und Schwächen der Läuferin/des Läufers zu analysieren.

Zur Erstellung eines Trainingsplans für eine Läuferin wurden die Teilzeiten während eines Trainingslaufs gestoppt. Für die 200 Meter lange Laufstrecke wurden bei diesem Trainingslauf 26,04 Sekunden gemessen. Im nachstehenden Diagramm ist der zurückgelegte Weg s(t) in Abhängigkeit von der Zeit t für diesen Trainingslauf mithilfe einer Polynomfunktion s vom Grad 3 modellhaft dargestellt.

Für die Funktion s gilt die Gleichung $s(t) = -\frac{7}{450}t^3 + 0{,}7t^2$ (s(t) in Metern, t in Sekunden).

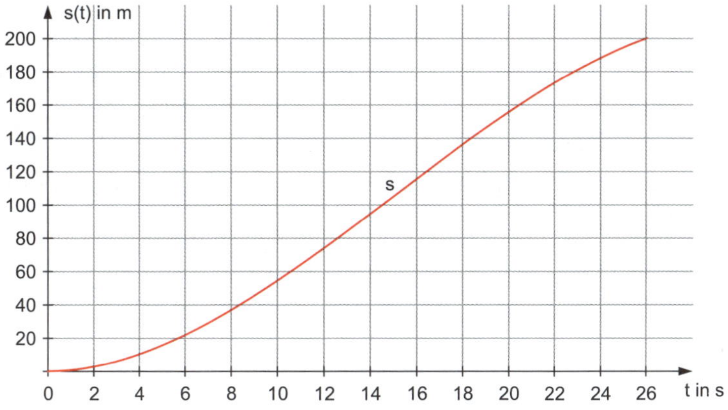

Aufgabenstellung

a) Berechnen Sie die Wendestelle der Funktion s!

Interpretieren Sie die Bedeutung der Wendestelle in Bezug auf die Geschwindigkeit der Läuferin!

b) **A** Bestimmen Sie die mittlere Geschwindigkeit der Läuferin für die 200 Meter lange Laufstrecke in Metern pro Sekunde!

Der Mittelwertsatz der Differenzialrechnung besagt, dass unter bestimmten Voraussetzungen in einem Intervall [a; b] für eine Funktion f mindestens ein $x_0 \in (a; b)$ existiert, sodass $f'(x_0) = \frac{f(b) - f(a)}{b - a}$ gilt. Interpretieren Sie diese Aussage im vorliegenden Kontext für die Funktion s im Zeitintervall [0; 26,04]!

Hinweise und Tipps

Teil a

- Gegeben ist eine Funktion, die den zurückgelegten Weg s(t) in Abhängigkeit von der Zeit t darstellt. Welche Funktionen geben den Zusammenhang zwischen Zeit und Geschwindigkeit bzw. Zeit und Beschleunigung an?
- Denken Sie an die Ableitungen einer Funktion.
- Welcher Zusammenhang besteht zwischen dem Wendepunkt einer Funktion und ihren Ableitungsfunktionen?
- Interpretieren Sie den Wendepunkt mithilfe der Geschwindigkeit der Läuferin.
- Die Beschleunigung ist die zweite Ableitung einer Weg-Zeit-Funktion.

Teil b

- [A] Der erste Teil dieser Aufgabe (mittlere Geschwindigkeit) ist eine Ausgleichsaufgabe. Falls Sie diese Aufgabe richtig lösen, wird der Punkt im Teil 1 Ihrer Matura eingerechnet. Diese Aufgabe sollten Sie auf jeden Fall lösen!
- Es wird zwischen der mittleren Geschwindigkeit in einem gegebenen Zeitintervall (Differenzenquotient) und der Momentangeschwindigkeit zu einem bestimmten Zeitpunkt (Differenzialquotient) unterschieden.
- Ermitteln Sie den Differenzenquotienten im Intervall [0; 26,04].
- Beachten Sie das gegebene Zeitintervall [0; 26,04] aus der Angabe! Es ist im Graphen nicht vollständig eingezeichnet.

Lösungsvorschlag

Teil a Die Wendestelle einer Polynomfunktion vom Grad 3 ist jene Stelle x, an der die zweite Ableitung null und die dritte Ableitung ungleich null ist. An dieser Stelle ändert die Funktion ihr Krümmungsverhalten.
Leiten Sie die gegebene Funktion s(t) dreimal ab, indem Sie die Potenz- und die Summenregel sowie die Regel „konstanter Faktor“ anwenden.

$s(t) = -\frac{7}{450}t^3 + 0,7t^2$

$s'(t) = -\frac{7}{450} \cdot 3 \cdot t^2 + 0,7 \cdot 2 \cdot t$ 1. Ableitung

$s'(t) = -\frac{7}{150}t^2 + 1,4t$ 1. Ableitung vereinfachen

$s''(t) = -\frac{7}{150} \cdot 2 \cdot t + 1,4$ 2. Ableitung

$s''(t) = -\frac{7}{75}t + 1,4$ 2. Ableitung vereinfachen

$s'''(t) = -\frac{7}{75}$ 3. Ableitung

$s''(t) = 0$ und $s'''(t) \neq 0$ Berechnung des Wendepunktes

$-\frac{7}{75}t + 1,4 = 0 \quad |-1,4$

$-\frac{7}{75}t = -1,4 \quad |:\left(-\frac{7}{75}\right)$

$t = 15$

Es muss gelten: $s'''(15) \neq 0$

$s'''(15) = -\frac{7}{75} \neq 0$

Die **Wendestelle** der Funktion s liegt bei **$t = 15$ s**.

Interpretation:
In den ersten 15 Sekunden wird die Läuferin immer schneller, nach 15 Sekunden erreicht sie ihre höchste Geschwindigkeit, danach wird sie langsamer.

Teil b Die mittlere Geschwindigkeit der Läuferin im Intervall [0; 26,04] wird mit dem Differenzenquotienten berechnet:

$\overline{v} = \frac{s(26,04) - s(0)}{26,04 - 0} = \frac{200 - 0}{26,04} = \frac{200}{26,04} = 7,68049\ldots$

Die **mittlere Geschwindigkeit** der Läuferin für die 200 Meter lange Laufstrecke beträgt **ca. $7,68 \frac{m}{s}$**.

Der Mittelwertsatz der Differenzialrechnung sagt, dass **im Intervall [0; 26,04] zumindest ein Zeitpunkt t** existiert, an dem die **Momentangeschwindigkeit** der Läuferin **gleich der mittleren Geschwindigkeit** ihres 200-m-Laufs ist.

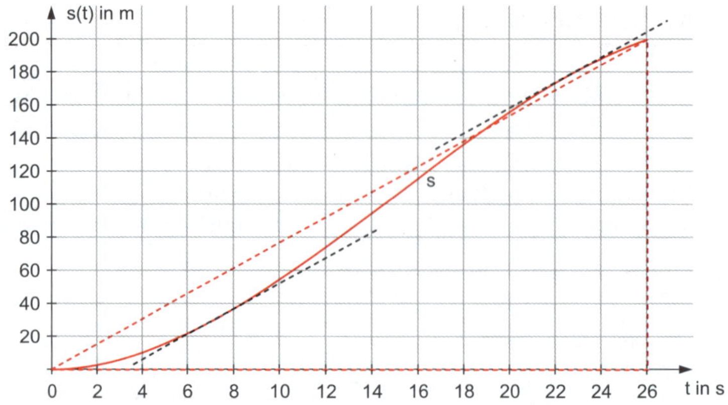

Die Graphik veranschaulicht den Mittelwertsatz der Differenzialrechnung:
Man kann erkennen, dass die rote Sekante im angegebenen Intervall [0; 26,04] parallel zu den zwei schwarz eingezeichneten Tangenten ist.
Der Sekantenanstieg ist der Differenzenquotient der gegebenen Funktion im Intervall [0; 26,04], der Tangentenanstieg ist der Differenzialquotient der gegebenen Funktion.
Hier sieht man, dass es zwei Zeitpunkte gibt, an denen die Momentangeschwindigkeit der Durchschnittsgeschwindigkeit im Intervall [0; 26,04] entspricht.

Aufgabe 2: Altersbestimmung

Die Radiokohlenstoffdatierung, auch ^{14}C-Methode genannt, ist ein Verfahren zur Altersbestimmung von kohlenstoffhaltigen Materialien. Das Verfahren beruht darauf, dass in abgestorbenen Organismen die Menge an gebundenen radioaktiven ^{14}C-Atomen gemäß dem Zerfallsgesetz exponentiell abnimmt, während der Anteil an ^{12}C-Atomen gleich bleibt. Lebende Organismen sind von diesem Effekt nicht betroffen, da sie ständig neuen Kohlenstoff aus der Umwelt aufnehmen, sodass der ^{14}C-Anteil nahezu konstant bleibt und somit auch das Verhältnis zwischen ^{14}C und ^{12}C.

Die Anzahl der noch vorhandenen ^{14}C-Atome in einem abgestorbenen Organismus wird durch die Funktion N beschrieben. Für diese Anzahl N(t) der ^{14}C-Atome t Jahre nach dem Tod des Organismus gilt daher näherungsweise die Gleichung $N(t) = N_0 \cdot e^{-\lambda \cdot t}$, wobei N_0 die Anzahl der ^{14}C-Atome zum Zeitpunkt $t = 0$ angibt und die Zerfallskonstante für ^{14}C den Wert $\lambda = 1{,}21 \cdot 10^{-4}$ pro Jahr hat.

Eine frische Probe enthält pro Billion (10^{12}) Kohlenstoffatomen nur ein ^{14}C-Atom. Die Nachweisgrenze von ^{14}C liegt bei einem Atom pro Billiarde (10^{15}) Kohlenstoffatomen (also einem Tausendstel der frischen Probe).

Aufgabenstellung

a) **A** Berechnen Sie die Halbwertszeit von ^{14}C!

Zeigen Sie, dass nach zehn Halbwertszeiten die Nachweisgrenze von ^{14}C unterschritten ist!

b) Im Jahr 1991 wurde in den Ötztaler Alpen von Wanderern die Gletschermumie „Ötzi" entdeckt. Die ^{14}C-Methode ergab, dass bereits 47 % ± 0,5 % der ursprünglich vorhandenen ^{14}C-Atome zerfallen waren (d. h., das Messverfahren hat einen Fehler von ±0,5 % der in der frischen Probe vorhandenen Anzahl an ^{14}C-Atomen).
Berechnen Sie ein Intervall für das Alter der Gletschermumie zum Zeitpunkt ihres Auffindens!

Angenommen, Ötzi wäre nicht im Jahr $t_1 = 1991$, sondern zu einem späteren Zeitpunkt t_2 gefunden worden.
Geben Sie an, welche Auswirkung auf die Breite des für das Alter der Gletschermumie ermittelten Intervalls dies hat (den gleichen Messfehler vorausgesetzt)!
Begründen Sie Ihre Aussage anhand der unten abgebildeten Grafik!

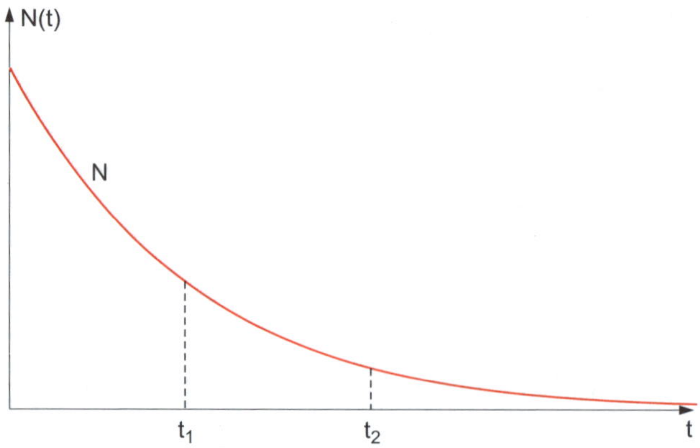

c) N(t) beschreibt die Anzahl der ^{14}C-Atome zum Zeitpunkt t.
Interpretieren Sie N'(t) im Hinblick auf den radioaktiven Zerfallsprozess!

Nach den Gesetzmäßigkeiten des radioaktiven Zerfalls zerfällt pro Zeiteinheit ein konstanter Prozentsatz p der vorhandenen Menge an ^{14}C-Atomen. Welche der folgenden Differenzengleichungen beschreibt diese Gesetzmäßigkeit? Kreuzen Sie die zutreffende Differenzengleichung an!

- ☐ $N(t+1) - N(t) = p$
- ☐ $N(t+1) - N(t) = -p$
- ☐ $N(t+1) - N(t) = p \cdot t$
- ☐ $N(t+1) - N(t) = -p \cdot t$
- ☐ $N(t+1) - N(t) = p \cdot N(t)$
- ☐ $N(t+1) - N(t) = -p \cdot N(t)$

Hinweise und Tipps

Teil a

A Der erste Teil dieser Aufgabe (Halbwertszeit) ist eine Ausgleichsaufgabe. Falls Sie diese Aufgabe richtig lösen, wird der Punkt im Teil 1 Ihrer Matura eingerechnet. Diese Aufgabe sollten Sie auf jeden Fall lösen!

- Die Halbwertszeit τ ist jene Zeit, in der sich die Anzahl der Atome halbiert.
- Setzen Sie $N(t) = \frac{1}{2} \cdot N_0 = 0{,}5 \cdot N_0$.

Teil b

- Überlegen Sie, wie viel an ^{14}C-Atomen laut Angabe zerfallen sind bzw. wie viel noch vorhanden sind.
- Wenn Ötzi später gefunden worden wäre, dann wären weniger ^{14}C-Atome in der frischen Probe vorhanden gewesen als im Jahr 1991.

Teil c

- Bei der ersten Ableitung einer Funktion handelt es sich immer um eine momentane Änderung.

Lösungsvorschlag

Teil a Es gilt die Gleichung $N(t) = N_0 \cdot e^{-\lambda \cdot t}$.

Berechnung der Halbwertszeit τ:

$$
\begin{aligned}
0{,}5 \cdot N_0 &= N_0 \cdot e^{-\lambda \cdot \tau} && |: N_0 \ (\neq 0) \\
0{,}5 &= e^{-\lambda \cdot \tau} && |\ln \\
\ln 0{,}5 &= \ln e^{-\lambda \cdot \tau} && |\text{Rechenregel } \ln u^r = r \cdot \ln u \text{ anwenden} \\
\ln 0{,}5 &= -\lambda \cdot \tau \cdot \ln e && |\ln e = 1 \\
\ln 0{,}5 &= -\lambda \cdot \tau && |:(-\lambda) \\
\frac{\ln 0{,}5}{-\lambda} &= \tau && \lambda = 1{,}21 \cdot 10^{-4} \text{ (lt. Angabe)} \\
\frac{\ln 0{,}5}{-1{,}21 \cdot 10^{-4}} &= \tau \\
\tau &= 5\,728{,}489\ldots
\end{aligned}
$$

Die **Halbwertszeit** von ^{14}C beträgt **ca. 5 728 Jahre**.

Laut Angabe liegt die Nachweisgrenze von ^{14}C bei einem Atom pro Billiarde (10^{15}) Kohlenstoffatomen (also einem Tausendstel der frischen Probe).
Es muss gezeigt werden, dass nach 10 Halbwertszeiten die Nachweisgrenze von ^{14}C unterschritten ist.

Ansatz: N(t) ist die Anzahl der ^{14}C-Atome nach t Jahren (nach dem Tod des Organismus).

$N(10 \cdot \tau) = N_0 \cdot e^{-\lambda \cdot 10 \cdot \tau}$

$\tau = 5\,728$ einsetzen (τ wird bei der Überprüfung gerundet):

$N(10 \cdot 5\,728) = N_0 \cdot e^{-\lambda \cdot 10 \cdot 5\,728} = N_0 \cdot 0{,}0009771\ldots$

$N_0 \cdot 0{,}0009771 < \frac{1}{1\,000} \cdot N_0$

Da nach zehn Halbwertszeiten weniger als ein Tausendstel der frischen Probe vorhanden ist, ist die Nachweisgrenze unterschritten.

Alternativ kann auch nach einer weiteren Methode vorgegangen werden.
Da sich bei zehn Halbwertszeiten die Menge der frischen Probe stets halbiert, gilt folgender Ansatz:

$\left(\frac{1}{2}\right)^{10} = 0{,}0009765625 < \frac{1}{1\,000}$

Dies entspricht dem Faktor aus der obigen Lösung (bis auf Rundungsfehler).

Teil b Laut Angabe waren beim Fund von Ötzi zwischen 46,5 % und 47,5 % der ursprünglichen ^{14}C-Atome zerfallen. Das heißt, es waren noch 52,5 % bis 53,5 % der ursprünglichen ^{14}C-Atome vorhanden.

Die Zerfallsformel lautet: $N(t) = N_0 \cdot e^{-\lambda \cdot t}$

Zu den beiden Prozentwerten werden die zwei Zeitpunkte t_1 und t_2 berechnet:

$$\begin{aligned} 0{,}525 \cdot N_0 &= N_0 \cdot e^{-\lambda \cdot t_2} && |:N_0 \\ 0{,}525 &= e^{-\lambda \cdot t_2} && |\ln \\ \ln 0{,}525 &= -\lambda \cdot t_2 && |:(-\lambda) \\ \frac{\ln 0{,}525}{-\lambda} &= t_2 && \lambda = 1{,}21 \cdot 10^{-4} \text{ (lt. Angabe)} \\ t_2 &\approx 5\,325 \end{aligned}$$

Analog wird t_1 berechnet:

$$\begin{aligned} 0{,}535 \cdot N_0 &= N_0 \cdot e^{-\lambda \cdot t_1} \\ &\vdots \\ t_1 &\approx 5\,169 \end{aligned}$$

Das **Alter von Ötzi** zum Zeitpunkt des Auffindens liegt im Intervall **[5 169; 5 325] Jahre**.

Wenn Ötzi später gefunden worden wäre, dann wären weniger ^{14}C-Atome als im Jahr 1991 in der frischen Probe vorhanden gewesen. Da der Messfehler ±0,5 % lautet, ist das Intervall auf der N(t)-Achse stets 1 %, also immer gleich groß, unabhängig vom Zeitpunkt des Fundes.
Das konstante Intervall auf der N(t)-Achse rutscht bei späterem Fund weiter nach unten und das Intervall auf der t-Achse rückt weiter nach rechts. Die Kurve wird für große t-Werte flacher, daher wird das **Intervall der t-Werte breiter**.

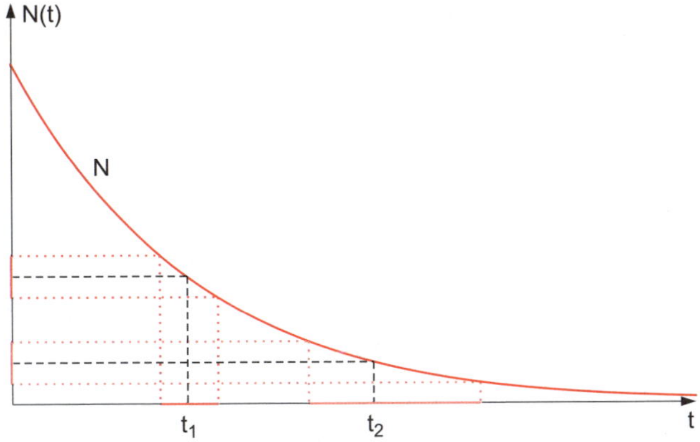

Teil c N'(t) beschreibt die momentane Änderungsrate der Anzahl der ^{14}C-Atome in einer frischen Probe zu einem bestimmten Zeitpunkt t. Es handelt sich hier um die **momentane Zerfallsgeschwindigkeit der ^{14}C-Atome zum Zeitpunkt t**.

- [ ] $N(t+1) - N(t) = p$
- [ ] $N(t+1) - N(t) = -p$
- [ ] $N(t+1) - N(t) = p \cdot t$
- [ ] $N(t+1) - N(t) = -p \cdot t$
- [ ] $N(t+1) - N(t) = p \cdot N(t)$
- [x] $N(t+1) - N(t) = -p \cdot N(t)$

Differenzengleichung: Die linken Seiten $N(t+1) - N(t)$ der Gleichungen geben die Anzahl der zerfallenen ^{14}C-Atome pro Zeiteinheit an. Hier wird von der Anzahl der ^{14}C-Atome zum Zeitpunkt $t+1$ die Anzahl der ^{14}C-Atome zum Zeitpunkt t subtrahiert.
Die letzte Differenzengleichung ist **richtig**: Die rechte Seite $-p \cdot N(t)$ der Gleichung beschreibt den Anteil der vorhandenen ^{14}C-Atome zum Zeitpunkt t.

Die erste und die zweite Differenzengleichung sind **falsch**, denn die Anzahl der zerfallenen ^{14}C-Atome pro Zeiteinheit entspricht nicht dem konstanten Prozentsatz p.
Die dritte und die vierte Differenzengleichung sind **falsch**, denn die Anzahl der zerfallenen ^{14}C-Atome pro Zeiteinheit entspricht nicht dem Produkt des konstanten Prozentsatzes mit dem Zeitpunkt t. Dieses Produkt ist nicht sinnvoll.
Die fünfte Differenzengleichung ist **falsch**, denn hier wäre die Differenz positiv.

Aufgabe 3: Blutgruppen

Die wichtigsten Blutgruppensysteme beim Menschen sind das AB0-System und das Rhesussystem. Es werden dabei die vier Blutgruppen A, B, AB und 0 unterschieden. Je nach Vorliegen eines bestimmten Antikörpers, den man erstmals bei Rhesusaffen entdeckt hat, wird bei jeder Blutgruppe noch zwischen Rhesus-positiv (+) und Rhesus-negativ (–) unterschieden. A– bedeutet z. B. Blutgruppe A mit Rhesusfaktor negativ.

In den nachstehenden Diagrammen sind die relativen Häufigkeiten der vier Blutgruppen in Österreich und Deutschland und im weltweiten Durchschnitt ohne Berücksichtigung des Rhesusfaktors dargestellt.

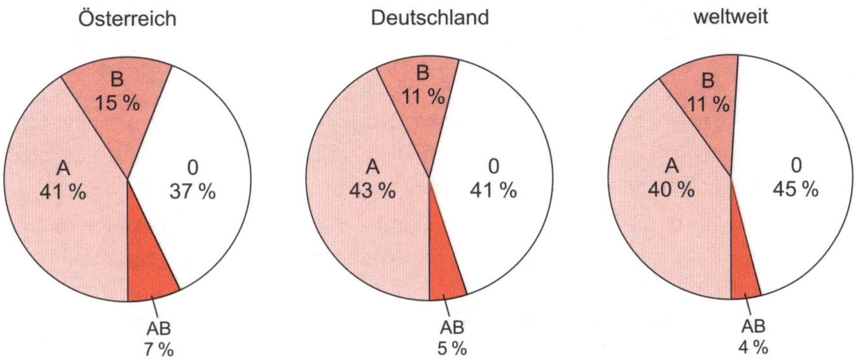

Die nachstehende Tabelle enthält die relativen Häufigkeiten der Blutgruppen in Deutschland und Österreich zusätzlich aufgeschlüsselt nach den Rhesusfaktoren.

	A+	A–	B+	B–	0+	0–	AB+	AB–
Deutschland	37 %	6 %	9 %	2 %	35 %	6 %	4 %	1 %
Österreich	33 %	8 %	12 %	3 %	30 %	7 %	6 %	1 %

Daten nach: DRK-Blutspendedienste, Österreichisches Rotes Kreuz, bloodbook.com

Aufgrund von Unverträglichkeiten kann für eine Bluttransfusion nicht Blut einer beliebigen Blutgruppe verwendet werden. Jedes Kreuz (X) in der nachstehenden Tabelle bedeutet, dass eine Transfusion vom Spender zum Empfänger möglich ist.

	Spender							
Empfänger	0–	0+	B–	B+	A–	A+	AB–	AB+
AB+	X	X	X	X	X	X	X	X
AB–	X		X		X		X	
A+	X	X			X	X		
A–	X				X			
B+	X	X	X	X				
B–	X		X					
0+	X	X						
0–	X							

Aufgabenstellung

a) [A] Geben Sie diejenigen Blutgruppen an, die laut der abgebildeten Diagramme sowohl in Österreich als auch in Deutschland häufiger anzutreffen sind als im weltweiten Durchschnitt!

Jemand argumentiert anhand der gegebenen Diagramme, dass die Blutgruppe B in Deutschland und Österreich zusammen eine relative Häufigkeit von 13 % hat.
Entscheiden Sie, ob diese Aussage richtig ist, und begründen Sie Ihre Entscheidung!

b) Eine in Österreich lebende Person X hat Blutgruppe A–.

Geben Sie anhand der in der Einleitung angeführten Daten und Informationen die Wahrscheinlichkeit an, mit der diese Person X als Blutspender/in für eine zufällig ausgewählte, in Österreich lebende Person Y geeignet ist!

Wie viele von 100 zufällig ausgewählten Österreicherinnen/Österreichern kommen als Blutspender/in für die Person X infrage? Geben Sie für die Anzahl der potenziellen Blutspender/innen näherungsweise ein um den Erwartungswert symmetrisches Intervall mit 90 % Wahrscheinlichkeit an!

c) In einer österreichischen Gemeinde, in der 1 800 Einwohner/innen Blut spenden könnten, nahmen 150 Personen an einer freiwilligen Blutspendeaktion teil. Es wird angenommen, dass die Blutspender/innen eine Zufallsstichprobe darstellen. 72 Blutspender/innen hatten Blutgruppe A.

Berechnen Sie aufgrund dieses Stichprobenergebnisses ein symmetrisches 95 %-Konfidenzintervall für den tatsächlichen (relativen) Anteil p der Einwohner/innen dieser Gemeinde mit Blutgruppe A, die Blut spenden könnten!

Die Breite des Konfidenzintervalls wird vom Konfidenzniveau (Sicherheitsniveau) und vom Umfang der Stichprobe bestimmt. Geben Sie an, wie jeweils einer der beiden Parameter geändert werden müsste, um eine Verringerung der Breite des Konfidenzintervalls zu erreichen! Gehen Sie dabei von einem unveränderten (gleichbleibenden) Stichprobenergebnis aus.

d) Blutgruppenmerkmale werden von den Eltern an ihre Kinder weitervererbt. Dabei sind die Wahrscheinlichkeiten in der nachstehenden Tabelle angeführt.

Blutgruppe der Eltern	mögliche Blutgruppe des Kindes			
	A	B	AB	0
A und A	93,75 %	–	–	6,25 %
A und B	18,75 %	18,75 %	56,25 %	6,25 %
A und AB	50 %	12,5 %	37,5 %	–
A und 0	75 %	–	–	25 %
B und B	–	93,75 %	–	6,25 %
B und AB	12,5 %	50 %	37,5 %	–
B und 0	–	75 %	–	25 %
AB und AB	25 %	25 %	50 %	–
AB und 0	50 %	50 %	–	–
0 und 0	–	–	–	100 %

Daten nach: DRK-Blutspendedienste

Eine Frau mit Blutgruppe A und ein Mann mit Blutgruppe 0 haben zwei (gemeinsame) leibliche Kinder.
Berechnen Sie die Wahrscheinlichkeit, dass beide Kinder die gleiche Blutgruppe haben!

Ein Kind aus der Nachbarschaft dieser Familie hat Blutgruppe 0.
Gibt es eine Blutgruppe bzw. Blutgruppen, die der leibliche Vater dieses Kindes sicher nicht haben kann? Begründen Sie Ihre Antwort anhand der gegebenen Daten!

Hinweise und Tipps

Teil a

A Der erste Teil dieser Aufgabe (Blutgruppen) ist eine Ausgleichsaufgabe. Falls Sie diese Aufgabe richtig lösen, wird der Punkt im Teil 1 Ihrer Matura eingerechnet. Diese Aufgabe sollten Sie auf jeden Fall lösen!

- Vergleichen Sie die relativen Häufigkeiten in den drei Kreisdiagrammen, in denen das Vorkommen der verschiedenen Blutgruppen in Österreich, in Deutschland bzw. weltweit dargestellt ist.
- Beachten Sie, dass nur dann eine sinnvolle Aussage mithilfe des Mittelwerts aus zwei relativen Häufigkeiten getroffen werden kann, wenn die Anzahl, auf die sich die relativen Häufigkeiten beziehen, gleich groß ist.

Teil b

- Für welche Blutgruppen ist eine Konserve mit der Blutgruppe A– geeignet? Mit welchen relativen Häufigkeiten treten diese Blutgruppen in Österreich auf?
- Welche Blutgruppen sind als Spenderblut für eine Person mit der Blutgruppe A– geeignet? Mit welcher Wahrscheinlichkeit treten diese Blutgruppen in Österreich auf? Wie viele von 100 Personen können als BlutspenderInnen für einen Empfänger mit der Blutgruppe A– erwartet werden?
- Schätzen Sie ein um den Erwartungswert ($\mu = 15$) symmetrisches Intervall, in dem die Zahl der potenziellen BlutspenderInnen aus 100 zufällig ausgewählten Personen mit 90 %iger Wahrscheinlichkeit liegt.

Teil c

- Ermitteln Sie den relativen Anteil der SpenderInnen mit Blutgruppe A in der Gruppe, die an der freiwilligen Blutspendeaktion teilnahmen.
- Schätzen Sie ein um den relativen Anteil der freiwilligen SpenderInnen mit der Blutgruppe A ($h = 0{,}48$) symmetrisches Intervall, das mit 95 %iger Wahrscheinlichkeit den relativen Anteil der Personen mit Blutgruppe A in der Gemeinde angibt.
- Wie wirkt sich eine Erhöhung des Konfidenzniveaus auf die Breite des Konfidenzintervalls aus? Wie wirkt sich eine Erhöhung des Stichprobenumfangs auf die Breite des Konfidenzintervalls aus?

Teil d

- Welche Blutgruppen können Kinder von Eltern mit der Blutgruppe A bzw. 0 haben?
- Zeichnen Sie ein zweistufiges Baumdiagramm, in dem die verschiedenen Möglichkeiten der Blutgruppen dieser zwei Kinder dargestellt sind.
- Bei welchen Blutgruppen der Eltern kann das Kind nicht die Blutgruppe 0 haben?

Lösungsvorschlag

Teil a Die Blutgruppen **A** und **AB** sind laut der abgebildeten Diagramme in Österreich und in Deutschland häufiger als weltweit anzutreffen.

Die Aussage, dass „die Blutgruppe B in Deutschland und Österreich zusammen eine relative Häufigkeit von 13 % hat", ist **nicht richtig**, weil die Anzahl der EinwohnerInnen in den beiden genannten Ländern nicht gleich groß ist. Bei der Berechnung einer relativen Häufigkeit, die für Österreich und Deutschland gelten soll, müssten die beiden relativen Häufigkeiten entsprechend den Einwohnerzahlen gewichtet werden.

Teil b Laut Tabelle kommt eine Person X mit der Blutgruppe A– als SpenderIn für die Blutgruppen AB+, AB–, A+ und A– infrage. Entsprechend den relativen Häufigkeiten dieser Blutgruppen in Österreich wird die Wahrscheinlichkeit, dass Person X für eine zufällig ausgewählte Person Y als SpenderIn geeignet ist, mit 48 % berechnet:

$$\underbrace{0,06}_{AB+}+\underbrace{0,01}_{AB-}+\underbrace{0,33}_{A+}+\underbrace{0,08}_{A-}=0,48=\mathbf{48\ \%}$$

Eine Person mit der Blutgruppe A– kann laut Tabelle Spenden der Blutgruppen A– und 0– erhalten. Die Wahrscheinlichkeit, dass ein zufällig ausgewählter Spender bzw. eine zufällig ausgewählte Spenderin eine der beiden Blutgruppen hat, beträgt 15 %.

Für das gesuchte um den Erwartungswert μ symmetrische Intervall $[\mu-z\cdot\sigma;\ \mu+z\cdot\sigma]$ soll laut Angabe gelten, dass die Anzahl der potenziellen BlutspenderInnen mit 90 %iger Wahrscheinlichkeit in diesem Intervall liegt:
$P(\mu-z\cdot\sigma\le \text{Anzahl}\le\mu+z\cdot\sigma)=0,9$

Berechnung des Erwartungswerts μ und der Standardabweichung σ:
$\mu=n\cdot p=100\cdot 0,15=15$
$\sigma=\sqrt{n\cdot p\cdot(1-p)}=\sqrt{100\cdot 0,15\cdot 0,85}=\sqrt{12,75}\approx 3,57$

Ermitteln von z (durch Nachschlagen in der Tabelle „Normalverteilung"):

$$\begin{aligned} 2\cdot\Phi(z)-1&=0,9 && \mid +1\\ 2\cdot\Phi(z)&=1,9 && \mid :2\\ \Phi(z)&=0,95 && \text{Tabelle}\\ z&=1,645 \end{aligned}$$

Berechnen der Intervallgrenzen:
$\mu-z\cdot\sigma\approx 15-1,645\cdot 3,57\approx 9,1$
$\mu+z\cdot\sigma\approx 15+1,645\cdot 3,57\approx 20,9$

Von 100 zufällig ausgewählten Personen liegt im **Intervall [9; 21]** mit 90 %iger Wahrscheinlichkeit die Anzahl der möglichen SpenderInnen für eine Person mit der Blutgruppe A–.
Zwischen 9 und 21 der 100 zufällig ausgewählten Personen kommen als BlutspenderInnen für die Person X (mit Blutgruppe A–) mit 90 %iger Wahrscheinlichkeit infrage.

Teil c Von den 150 BlutspenderInnen haben 72 die Blutgruppe A: Der relative Anteil der Personen mit Blutgruppe A in der Zufallsstichprobe der SpenderInnen beträgt $h = \frac{72}{150} = 0{,}48$.
Für das gesuchte Konfidenzintervall $\left[h - z \cdot \sqrt{\frac{h \cdot (1-h)}{n}}; h + z \cdot \sqrt{\frac{h \cdot (1-h)}{n}}\right]$ soll laut Angabe gelten, dass der relative Anteil p der Personenanzahl mit der Blutgruppe A unter den 1 800 EinwohnerInnen dieser Gemeinde mit 95 %iger Wahrscheinlichkeit in diesem Intervall liegt:

$$P\left(h - z \cdot \sqrt{\frac{h \cdot (1-h)}{n}} \le p \le h + z \cdot \sqrt{\frac{h \cdot (1-h)}{n}}\right) = 0{,}95$$

Ermitteln von z (durch Nachschlagen in der Tabelle „Normalverteilung“):

$$\begin{aligned} 2 \cdot \Phi(z) - 1 &= 0{,}95 && \mid +1 \\ 2 \cdot \Phi(z) &= 1{,}95 && \mid : 2 \\ \Phi(z) &= 0{,}975 && \text{Tabelle} \\ z &= 1{,}96 \end{aligned}$$

Berechnen der Intervallgrenzen:

$$p_1 = h - z \cdot \sqrt{\frac{h \cdot (1-h)}{n}} = 0{,}48 - 1{,}96 \cdot \sqrt{\frac{0{,}48 \cdot 0{,}52}{150}} \approx 0{,}48 - 0{,}08 = 0{,}4$$

$$p_2 = h + z \cdot \sqrt{\frac{h \cdot (1-h)}{n}} = 0{,}48 + 1{,}96 \cdot \sqrt{\frac{0{,}48 \cdot 0{,}52}{150}} \approx 0{,}48 + 0{,}08 = 0{,}56$$

Mit 95 %iger Wahrscheinlichkeit liegt der Anteil der EinwohnerInnen dieser Gemeinde mit Blutgruppe A im **Intervall [40 %; 56 %]**.

Die Wahrscheinlichkeit, dass **zwischen 40 % und 56 %** der EinwohnerInnen dieser Gemeinde die Blutgruppe A haben, liegt bei 95 %.

Die Breite des Konfidenzintervalls wird bei gleichbleibendem Stichprobenergebnis vom Konfidenzniveau und vom Umfang der Stichprobe bestimmt:
Eine **größere Stichprobe** führt stets zu einer **Verringerung der Breite** des Konfidenzintervalls.
Eine **Abnahme des Konfidenzniveaus** führt stets zu einem **schmaleren Konfidenzintervall**.

Teil d Kinder von Eltern mit der Blutgruppe A bzw. 0 haben mit einer Wahrscheinlichkeit von 75 % Blutgruppe A und von 25 % Blutgruppe 0.

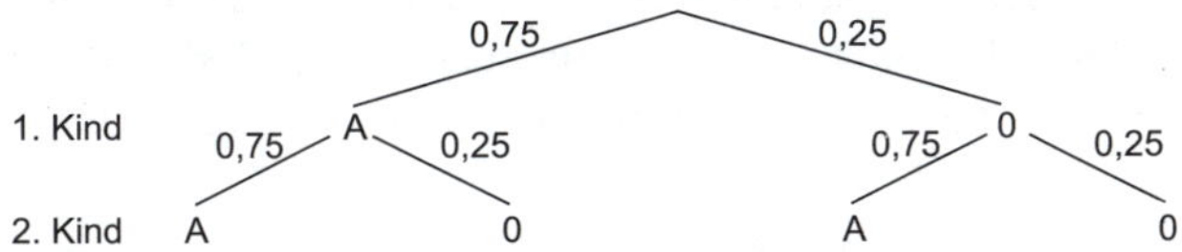

Berechnung der Wahrscheinlichkeit, dass zwei Kinder dieselbe Blutgruppe, also entweder beide A oder beide 0, haben:

$0,75^2 + 0,25^2 = 0,625$

Die Wahrscheinlichkeit, dass beide Kinder dieselbe Blutgruppe haben, beträgt **62,5 %**.

Der leibliche Vater kann nicht die **Blutgruppe AB** haben:
Laut Tabelle kann kein Kind, von dem ein Elternteil die Blutgruppe AB hat, die Blutgruppe 0 haben.

Aufgabe 4: Füllen eines Gefäßes

Der Innenraum eines 20 cm hohen Gefäßes hat in jeder Höhe h eine rechteckige, horizontale Querschnittsfläche. Ihre Länge beträgt am Boden 10 cm und nimmt dann mit der Höhe linear bis auf 16 cm zu, ihre Breite beträgt in jeder Höhe 12 cm.

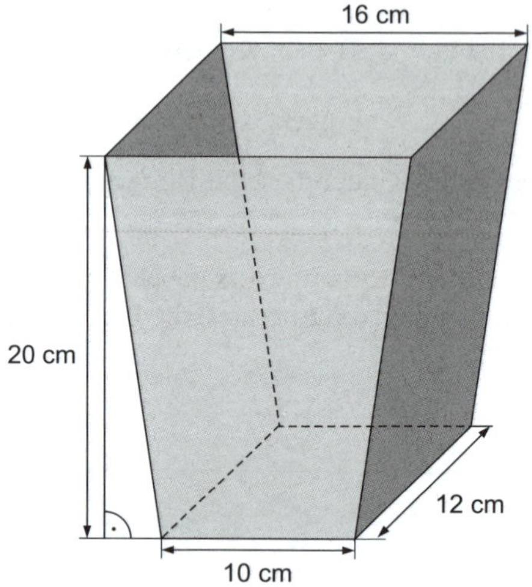

Aufgabenstellung

a) A Geben Sie eine Formel für die Länge a(h) der rechteckigen Querschnittsfläche in der Höhe h an!

In das Gefäß wird Flüssigkeit gefüllt.

Geben Sie an, was der Ausdruck $12 \cdot \int_0^{15} a(h)\, dh$ in diesem Zusammenhang bedeutet!

b) Das leere Gefäß wird bis zum Rand mit Flüssigkeit gefüllt.
Nach t Sekunden befindet sich die Wassermenge q(t) (in $m\ell$) im Gefäß. Die Füllung dauert 39 Sekunden. Für $t \in [0; 39]$ gilt: $q'(t) = 80$.

Interpretieren Sie $q'(t) = 80$ im gegebenen Zusammenhang!

Ermitteln Sie $\frac{q(t_2) - q(t_1)}{t_2 - t_1}$ für beliebige t_1, t_2 mit $t_1 < t_2$ aus dem gegebenen Zeitintervall!

c) Das Fassungsvermögen des Gefäßes (in $m\ell$) bis zur Höhe x kann durch das Integral $\int_0^x (3{,}6 \cdot h + 120)\, dh$ dargestellt werden.

Ermitteln Sie, bei welcher Höhe x das Wasser im Gefäß steht, wenn man 2,5 Liter Wasser in das Gefäß gießt!

Interpretieren Sie den im Integral vorkommenden Wert 3,6 im gegebenen Kontext!

Hinweise und Tipps

Teil a A Der erste Teil dieser Aufgabe (Längenformel) ist eine Ausgleichsaufgabe. Falls Sie diese Aufgabe richtig lösen, wird der Punkt im Teil 1 Ihrer Matura eingerechnet. Diese Aufgabe sollten Sie auf jeden Fall lösen!

- Versuchen Sie für die Seitenkante des Gefäßes eine Funktion aufzustellen, wobei Sie die Steigung bestimmen und die kleinere Breite als Ausgangswert annehmen.
- Beim Einfüllen der Flüssigkeit: Überlegen Sie, was das Produkt $12 \cdot a(h)$ bedeutet, wenn 12 die eine Seitenlänge des Gefäßes ist und a(h) die andere. Was beschreibt daraus folgend das Integral?

Teil b

- q'(t) ist die momentane Änderung der Wassermenge zu einem Zeitpunkt t und diese ist laut Angabe konstant. Von welchem Funktionstyp muss daher die ursprüngliche Funktion q sein? Benützen Sie die charakteristische Eigenschaft dieses Funktionstyps, um die Zahl 80 im Kontext zu interpretieren.
- Bevor Sie den Wert des Ausdrucks $\frac{q(t_2)-q(t_1)}{t_2-t_1}$ berechnen können, müssen Sie aus der Gleichung $q'(t) = 80$ die Funktion q(t) ermitteln. Wählen Sie dann für die Berechnung zwei beliebige (möglichst einfache) Zeitpunkte aus dem gegebenen Intervall.

Teil c

- Beachten Sie die unterschiedlichen Einheiten. In der Funktion kommen Milliliter vor, das Fassungsvermögen ist jedoch in Liter gegeben.
- Setzen Sie das Fassungsvermögen als Ergebnis des Integrals ein, integrieren Sie die Funktion wie gewohnt und setzen Sie danach die Grenzen ein. Lösen Sie nun die entstandene Gleichung nach x auf.
- Tipp zur Interpretation: Die zu integrierende Funktion $(3{,}6h + 120)$ muss eine Funktion sein, die die Querschnittsfläche in einer bestimmten Höhe beschreibt, denn nur so kann das Volumen berechnet werden. (Das Integral summiert sozusagen unendlich viele Querschnittsflächen.) Welcher Funktionstyp ist $(3{,}6h + 120)$? Welche Bedeutung hat 3,6 in diesem Zusammenhang?

Lösungsvorschlag

Teil a Weil die Breite des Gefäßes überall gleich ist, genügt es, sich über die Trapezfläche vorne Gedanken zu machen. Die Seitenkanten sind Geraden und die Ausgangsbreite ist 10 cm. Wenn es noch gelingt, die Steigung der Seitenkanten zu bestimmen, wäre eine Funktion für diese Kanten festgelegt, mit der dann eine Länge a(h) in beliebiger Höhe h berechnet werden könnte.

Betrachten Sie für die Steigung das Dreieck ABC, das für eine bessere Vergleichbarkeit mit linearen Funktionen gedreht wurde.

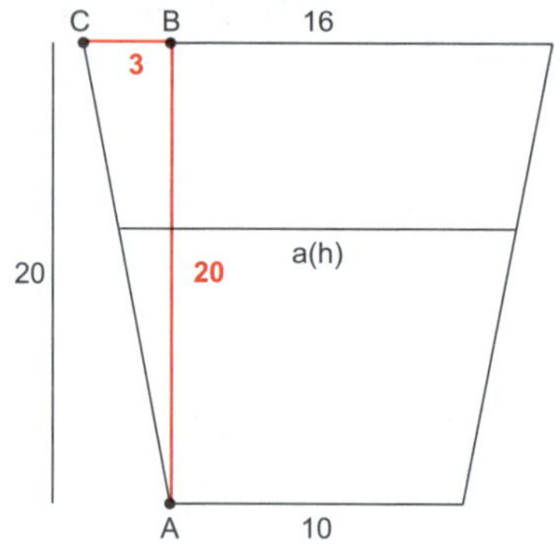

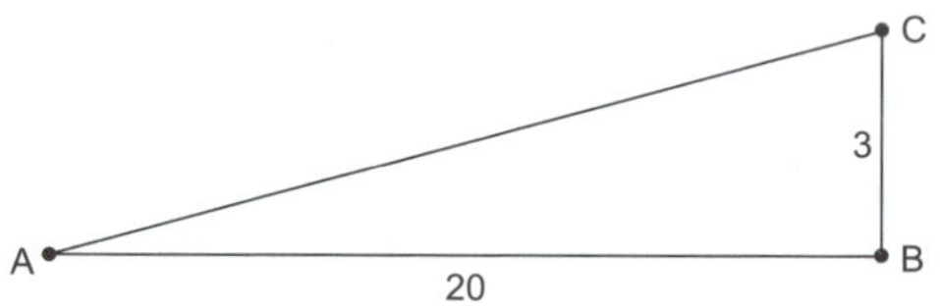

Anstatt nun die Zunahme der Länge a(h) auf *beiden* Seiten des Trapezes zu berücksichtigen, kann das Dreieck auch verändert werden. Der gesamte Unterschied der beiden Parallelseiten beträgt 6 cm (von 10 auf 16 cm). Anstatt also 2-mal eine Veränderung um 3 cm zu veranschaulichen, kann gleich das Steigungsdreieck auf 6 cm verändert werden.

Für die Bestimmung der Änderung gehen wir von einer allgemeinen linearen Funktion $y = kx + d$ aus. Weil hier h die unabhängige Variable ist und ein Ausdruck für die Seitenlänge a gefunden werden soll, benennen wir die Funktion mit $a(h) = k \cdot h + d$ und verschieben das gedrehte Trapez in den Koordinatenursprung. Die Höhe h des Trapezes (= des Gefäßes) befindet sich nun auf der x-Achse.

Beachten Sie nun das ausgedehnte Dreieck ABC mit der vergrößerten Seite $\overline{BC} = 6$ cm:

$a(0) = 10$ Länge der unteren Kante

$a(20) = 16$ In der Höhe 20 cm (also am oberen Rand des Gefäßes) beträgt die Länge des Gefäßes 16 cm (das entspricht dem Punkt $C = (20 \mid 16)$).

Die Steigung k ist daher: $k = \frac{6}{20} = \frac{3}{10}$

Als Funktionsterm erhält man daraus:

$\mathbf{a(h) = \frac{3}{10} \cdot h + 10}$

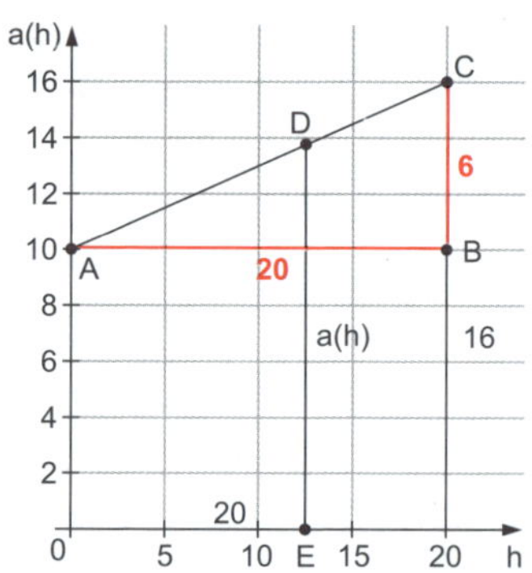

Interpretation des Integrals:
Der Ausdruck $12 \cdot a(h)$ berechnet die Querschnittsfläche in der Höhe h. Das Integral berechnet damit die Summe aller Querschnittsflächen des Gefäßes, und das ist das Volumen.

$\int 12 \cdot a(h)\,dh = 12 \cdot \int a(h)\,dh$ berechnet das Volumen, wobei der konstante Faktor 12 herausgehoben werden darf. Beim Integral $12 \cdot \int_0^{15} a(h)\,dh$ geben die Integrationsgrenzen 0 und 15 an, dass die Flüssigkeit bis in eine Höhe von 15 cm gefüllt wird, also bis 5 cm unter den Rand des Gefäßes.

Teil b Da die Ableitung $q'(t)$ der Funktion konstant ist, muss $q(t)$ eine lineare Funktion sein. Die **Wassermenge rinnt** also **gleichmäßig** (pro Zeiteinheit kommt gleich viel Wasser) in das Gefäß.

Da $q'(t) = 80$, erhält man durch einmaliges Integrieren $q(t) = 80t + c$. Die Konstante ist $c = 0$, weil zu Beginn der Füllung das Gefäß leer ist. Die Funktion lautet also $q(t) = 80t$.

Um den Differenzenquotienten (die mittlere Änderungsrate oder die durchschnittliche Füllgeschwindigkeit) zu berechnen, wählt man z. B. $t_1 = 10$ und $t_2 = 20$ Sekunden:

$$\frac{q(t_2) - q(t_1)}{t_2 - t_1} = \frac{80 \cdot 20 - 80 \cdot 10}{20 - 10} = \mathbf{80} \text{ [Milliliter pro Sekunde]}$$

Natürlich können Sie sich die Rechnung ersparen, wenn Sie wissen, dass für lineare Funktionen die mittlere Änderungsrate gleich der Steigung der Funktion ist. Die $80 \frac{m\ell}{sek}$ können Sie also direkt aus der Funktion $q(t)$ ablesen.

Teil c

$2{,}5\ \ell = 2\,500\ m\ell$	Einsetzen in das gegebene Integral
$\int_0^x (3{,}6 \cdot h + 120)\,dh = 2\,500$	Integrieren der Funktion
$\left[1{,}8h^2 + 120h\right]_0^x = 2\,500$	Einsetzen der Grenzen 0 und x und Umformen
$1{,}8x^2 + 120x - 2\,500 = 0$	Auflösen dieser quadratischen Gleichung nach x

$$x_{1,2} = \frac{-120 \pm \sqrt{120^2 - 4 \cdot 1{,}8 \cdot (-2\,500)}}{2 \cdot 1{,}8}$$

$$= \frac{-120 \pm \sqrt{32\,400}}{3{,}6} = \frac{-120 \pm 180}{3{,}6}$$

$$x_1 = \frac{50}{3} \text{ cm} \approx \mathbf{16{,}7\ cm}$$

Die zweite Lösung $x_2 = -\frac{250}{3}$ cm kommt nicht infrage, da der Füllstand keinesfalls negativ sein kann.

Interpretation von 3,6:

Die lineare Funktion $(3{,}6h + 120)$ beschreibt die Querschnittsfläche in der Höhe h des Gefäßes. 3,6 ist also die Zunahme der Fläche pro cm Höhe. Wenn man 1 cm weiter oben im Gefäß die Querschnittsfläche erneut berechnet, hat sich ihr Flächeninhalt um 3,6 cm^2 vergrößert.